Haberhauer/Kaczmarek (Hrsg.)
Taschenbuch der Antriebstechnik

Herausgeber

Prof. Dr.-Ing. Horst Haberhauer, Hochschule Esslingen

Dipl.-Ing. Manfred Kaczmarek, Rheinische Akademie Köln

Autoren

Dipl.-Ing. Markus Albrecht, Ortlinghaus-Werke GmbH Wermelskirchen, (Kapitel 4.9.3)

Prof. Dr.-Ing. Norbert Babel, Hochschule Landshut, (Kapitel 5.1.1.3, 5.1.1.4)

Dr.-Ing. Ulrich Bräckelmann, Bosch Rexroth AG Elchingen, (Kapitel 3.3, 5.3.1, 9.4)

Prof. Prof. h. c. mult. Dr.-Ing. Peter F. Brosch, Hochschule Hannover, (Kapitel 3.1, 3.1.1, 3.1.4, 3.1.5, 6, 7, 8)

Dipl.-Ing. Roland Denefleh, SEW-EURODRIVE GmbH & Co KG Bruchsal, (Kapitel 5.1.1, 5.1.1.1, 5.1.1.2)

Dipl.-Ing. Josef Eisenburger, Chr. Mayr GmbH + Co. KG Mauerstetten, (Kapitel 4.6)

Dipl.-Ing. (FH) Jörg Giebler, BoschRexroth Electric Drives and Controls GmbH Lohr am Main, (Kapitel 9.5)

Prof. Dr.-Ing. Horst Haberhauer, Hochschule Esslingen, (Kapitel 2, 3, 4, 4.9, 4.9.1, 5)

Prof. Dr.-Ing. Anton Haberkern, Hochschule Esslingen, (Kapitel 5.1.3)

Dr.-Ing. Wolfgang Hildebrandt, GKN Driveline International GmbH Lohmar, (Kapitel 4.2.4)

Dipl.-Ing. Manfred Kaczmarek, Rheinische Akademie Köln, (Kapitel 1)

Prof. Dipl.-Ing. Werner Klement, Hochschule Esslingen, (Kapitel 5.2)

Dr.-Ing. Torsten Kretschmer, Stieber GmbH Heidelberg, (Kapitel 4.8)

Dipl.-Ing. Gunthart Mau, SEW-EURODRIVE GmbH & Co KG Bruchsal, (Kapitel 9.1, 9.2, 9.3)

Dr.-Ing. Volker Middelmann, Voith Turbo GmbH Crailsheim, (Kapitel 4.7.2, 5.3.2)

Dr.-Ing. Rüdiger Neumann, Festo AG & Co. KG Esslingen, (Kapitel 3.2)

Prof. Dr.-Ing. Eugen Nolle, Hochschule Esslingen, (Kapitel 3.1.2, 3.1.3)

Prof. Dr.-Ing. habil. Frank Helmut Schäfer, Hochschule für Angewandte Wissenschaften Hamburg, (Kapitel 5.1.2)

Dr.-Ing. Günter Schäfer, Technische Universität Clausthal-Zellerfeld, (Kapitel 4.1, 4.4, 4.5, 4.9.2)

Dipl.-Ing. (FH) Ulrike Schwanke, Hochschule Esslingen, (Kapitel 4.2, 4.3, 4.7, 4.7.1, 5.1.1.3)

Taschenbuch der Antriebstechnik

Herausgegeben von
Prof. Dr.-Ing. Horst Haberhauer und
Dipl.-Ing. Manfred Kaczmarek

Mit 359 Bildern und 47 Tabellen

Fachbuchverlag Leipzig
im Carl Hanser Verlag

FSC www.fsc.org
MIX
Papier aus verantwortungsvollen Quellen
FSC® C013736

Bibliografische Information der Deutschen Nationalbibliothek
Die Deutsche Nationalbibliothek verzeichnet diese Publikation in der Deutschen Nationalbibliografie; detaillierte bibliografische Daten sind im Internet über http://dnb.d-nb.de abrufbar.

ISBN 978-3-446-42770-9
E-Book-ISBN 978-3-446-43426-4

Umschlagbild: Bosch Rexroth AG Lohr

Fachbuchverlag Leipzig im Carl Hanser Verlag

www.hanser-fachbuch.de
Lektorat: Jochen Horn
Herstellung: Katrin Wulst
Satz: Manuela Treindl, Fürth
Druck und Bindung: Kösel, Krugzell
Printed in Germany

Vorwort

Das „Taschenbuch der Antriebstechnik" beschreibt die wichtigsten antriebstechnischen mechanischen und elektrischen Komponenten sowie ihr Verhalten beim Anfahren und im Betrieb einer Anlage. Da es eine Vielzahl von verschiedenen Maschinen und Anlagen gibt, sind deren Antriebssysteme unterschiedlich aufgebaut und kombiniert.

Außer den „klassischen" Maschinen und Anlagen werden in den einzelnen Kapiteln auch spezielle Themen der Antriebstechnik sowie wichtige Antriebskomponenten und -systeme behandelt. Des Weiteren werden im Buch Berechnungen zur Antriebstechnik erläutert. Eine umfangreiche Beispielsammlung von antriebstechnischen Situationen ergänzt die Ausführungen. Die Berechnungen und Beispiele werden zusätzlich durch Skizzen und Bilder veranschaulicht. Ein Kapitel „Anwendungen" beschäftigt sich mit der Umsetzung der Antriebstechnik in Verbindung mit kompletten Anlagen zu einem funktionierenden Ganzen. Abbildungen und Formeln ergänzen den Text. Literatur- und Quellenangaben am Ende des jeweiligen Kapitels ermöglichen ein Vertiefen der aufgeführten Themen.

Studierende des Maschinen- und Anlagenbaus sowie der Elektrotechnik finden in diesem Werk viele nützliche Tipps und Informationen zum Nachschlagen sowie für eine erfolgreiche Klausurvorbereitung. Erfahrene, in der Praxis tätige Ingenieure erhalten in den einzelnen Kapiteln kurzgefasst die für eine Antriebsauslegung wichtigen aktuellen Hinweise und Berechnungsgrundlagen.

Ergänzende Anregungen und Hinweise aus dem Leserkreis sind bei Herausgebern und Verlag stets willkommen. Unserem Lektor, Herrn *Jochen Horn*, danken wir für die unermüdliche Betreuung während der Entstehung dieses Buches.

Esslingen und Nörvenich, Frühjahr 2014

Horst Haberhauer
Manfred Kaczmarek

Inhaltsverzeichnis

1 Einleitung

Dipl.-Ing. Manfred Kaczmarek

1.1 Historie

In der Vergangenheit wurde die Arbeitsenergie oft unter schwierigen Bedingungen vom Menschen aufgebracht. Geniale Konstrukteure änderten dies durch ihren regen Erfindergeist. Archimedes (287–212 v. Chr.) entwarf (ca. 240 v. Chr.) und baute unter anderem nach physikalischen Gesetzmäßigkeiten eine mehrstufige Zahnradwinde (Bild 1.1).

Durch die Kombination von Zahnrädern wird die Handkurbelkraft durch die zusammenwirkenden Getriebestufen untersetzt und damit reduziert. Die Geschwindigkeit der am Seil hängenden Last wird hierdurch ebenfalls verringert. Außerdem wird eine rotatorische in eine translatorische Bewegung umgesetzt.

Auch der Spieltrieb der Menschen im 1. Jahrhundert n. Chr. sorgte für interessante Konstruktionen (Bild 1.2).

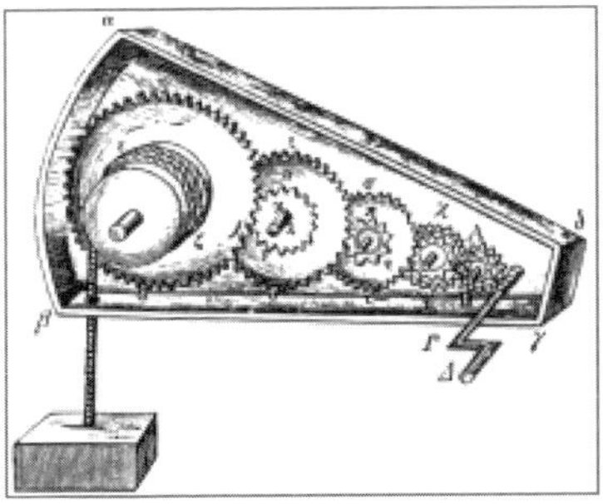

Bild 1.1 Mehrstufige Zahnradwinde

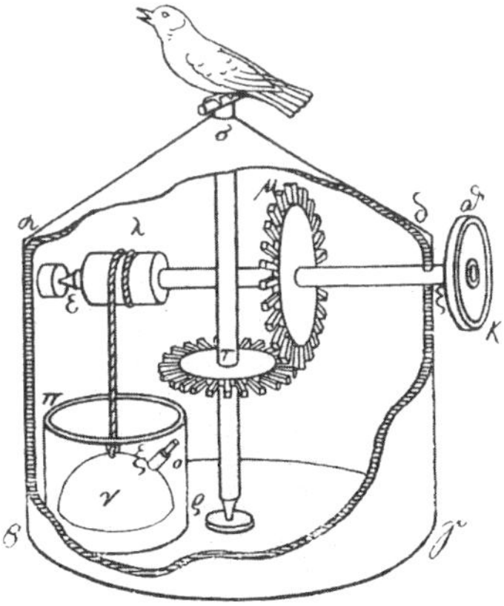

Bild 1.2 Automatenspielzeug mit einem Winkelgetriebe

Franz Reuleaux, Hochschullehrer und Verfasser der „Theoretischen Kinematik" und Mitbegründer der Technischen Hochschule in Aachen, war auch ein aufmerksamer Reisender. Er brachte aus dem Vorderen Orient die Erkenntnis mit, dass dort die technische Wiege der Zahnräder mit geschränkten Achsen liegt. Sie wurden in Wasserhebungsmaschinen, den sog. Göpelschöpfwerken, eingesetzt.

Ein weiteres interessantes Beispiel aus der historischen Antriebstechnik ist die zentrale Leistungsübertragung zu einzelnen Maschinen hin. Das Antriebselement war dabei die Transmissionswelle. Bild 1.3 zeigt eine Anordnung. Hier sieht man eine an der Hallendecke befestigte und gelagerte Transmissionswelle. Von dort aus gehen die einzelnen Riemen auf die Stufenscheiben der Produktionsmaschinen. Durch die unterschiedlichen Stufendurchmesser hat man die Möglichkeit, verschiedene Drehzahlen zu erreichen. Nachteilig bei dieser Art von Leistungsabgabe war, dass die zentral installierte Kraftmaschine auch dann in Betrieb sein musste, wenn nur eine leistungsabnehmende Maschine benötigt wurde. Dies sorgte für einen sehr schlechten Wirkungsgrad des Systems.

Mit dem Einzelantrieb begann eine neue Antriebsära. Der 1927 entwickelte Vorgelegemotor war eine technisch und wirtschaftlich gute Lösung.

Bild 1.3 Transmission in einer metallverarbeitenden Fabrik [1.4]

Die Motor-Getriebe-Einheit (Bild 1.4) mit nachgeschaltetem Riementrieb (Bild 1.5) wurde auch als Deckenkonstruktion ausgeführt. Die schon damals kompakte Form ist der Vorläufer der heutigen Getriebemotoren. Diese wirtschaftliche Kombination von Motor und Getriebe verringert den Platzbedarf erheblich.

Bild 1.4 Motor-Getriebe-Einheit

Bild 1.5 Motor-Getriebe-Einheit mit Riemenantrieb [1.2]

1.2 Antriebstechnik heute

Durch eine kontinuierliche Weiterentwicklung sind Antriebe und Antriebselemente in ihrer Bauform kompakter geworden. Das heißt, heute hat man bei kleiner gewordenem Bauteilvolumen eine verhältnismäßig hohe Leistungsübertragung.

Die Werkstoffwissenschaft hat korrosionsbeständigere und verschleißärmere Stähle entwickelt und auf den Markt gebracht. Hierdurch wurden sowohl die Einsatzgebiete vergrößert als auch die Lebensdauer von Motoren, Getrieben und Antriebselementen (Kupplung, Bremse, Gelenkwelle usw.) verlängert.

Auch wenn im Laufe der Jahrhunderte erhebliche Verbesserungen in der Technik Einzug gehalten haben, muss beim jeweiligen Antrieb immer die besondere Charakteristik berücksichtigt werden. Die Auswahl zwischen elektrischem, pneumatischem oder hydraulischem Antrieb muss dem jeweiligen, konstruktiv zu lösenden Fall optimal zugeordnet werden.

1.2.1 Elektrische Antriebstechnik

Die Vorteile der elektrischen Antriebe sind:

- einfache Bedienbarkeit,
- gute Steuerfähigkeit,
- wartungsarmer Betrieb.

Bild 1.6 zeigt ein komplettes Hubwerk. Hierbei ist das Drehmoment des Antriebs drehzahl- und drehrichtungsabhängig ausgelegt. Da Hubwerke auch häufig im Offshore-Bereich eingesetzt werden, muss die gesamte Ausführung für einen robusten Betrieb konzipiert sein.

Eine wiederum andere Antriebskonfiguration benötigen Papier- und Druckmaschinen, Walzanlagen und Verseilmaschinen. Bild 1.7 zeigt den Trocknungsbereich einer Papiermaschine. Der Gleichlaufantrieb dieses Anlagentyps sorgt für eine konstante Geschwindigkeits-, Drehzahl- und Drehmomentenregelung.

Bild 1.6 Hubwerk mit Getriebe, Kupplung und Elektromotor [1.3]

Bild 1.7 Trocknungsbereich einer Papiermaschine [1.5]

Bild 1.8 Stemmtor der Schleuse Münster (*Fa. Bosch Rexroth AG*)

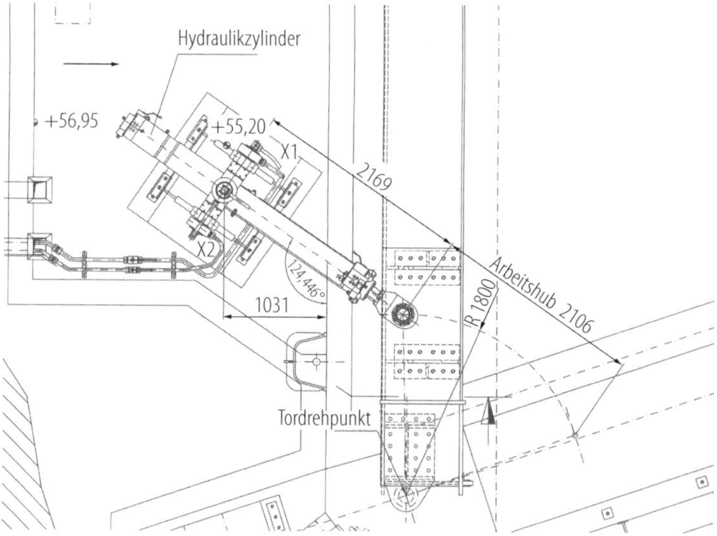

Bild 1.9 Antriebsbereich der Schleuse (*Fa. Bosch Rexroth AG*)

1.2.2 Hydraulische Antriebe

Wählt man für den Antrieb einer Maschine einen hydraulischen Antrieb aus, so werden damit folgende Forderungen erfüllt:

- hohe Kraftdichte,
- kompakte Bauform und
- dauerhafte Robustheit.

Vor allen Dingen wird diese Technik in mobilen Fahrzeugen sowie Anlagen, die große Kräfte benötigen, eingesetzt.

Um eine Schleuse sicher und störungsfrei zu betreiben, werden hydraulische Anlagen verwendet, die große Lasten störungsfrei bewegen und auch im Nassbetrieb einwandfrei arbeiten (Bilder 1.8 und 1.9). Die Verstellbewegung des Klapptors erfolgt mit einem Hydraulikzylinder. Zum Schließen des Tors erzeugt der Zylinder eine Druckkraft von 450 kN, zum Öffnen eine Zugkraft von 315 kN.

Ein weiteres Beispiel für sinnvollen Hydraulikeinsatz ist die Verstelleinheit der Rotorblätter an einer Windkraftanlage (Bild 1.10). Um sich den idealen Windverhältnissen anzupassen, müssen die Rotorblätter axial verstellbar sein. Hierfür sind drei hydraulische Stellzylinder vorgesehen. Der Steuerungsblock sitzt hier direkt am Zylinder und sorgt damit für eine kompakte Antriebseinheit.

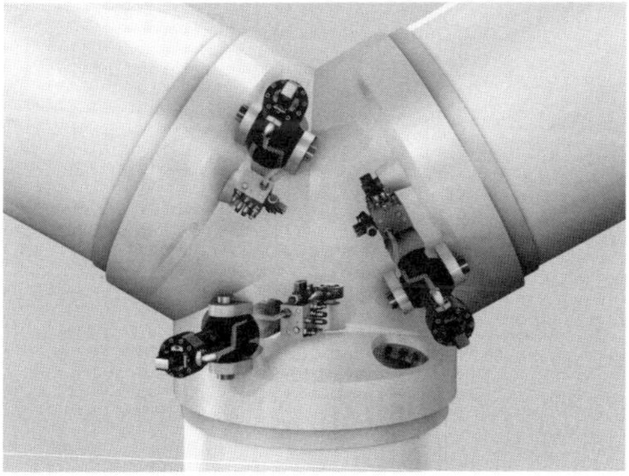

Bild 1.10 Rotorblattverstellung (*Fa. Rexroth*)

1.2.3 Pneumatische Antriebe

Ein großes Einsatzgebiet für die Pneumatik ist der Montage- und Handhabungsbereich. Da man hier bei gleichzeitig kurzen Reaktionszeiten in der Regel nur „mittelgroße" Kräfte braucht, arbeiten diese Antriebe in einem kostengünstigen und wirtschaftlichen Bereich. Im Bild 1.11 wird als Beispiel die Handhabung eines Pakets gezeigt. Das Transportgut wird in der Station einer Rollenbahn um 180° gedreht. Das ankommende Paket gibt dem Zylinder links über eine Lichtschranke den Impuls zum Ausfahren, dessen Hub eine 90°-Stellung des klappbaren Rollenbahnteils bewirkt. Die nächsten 90° werden durch die dann folgende Schwenkbewegung erreicht.

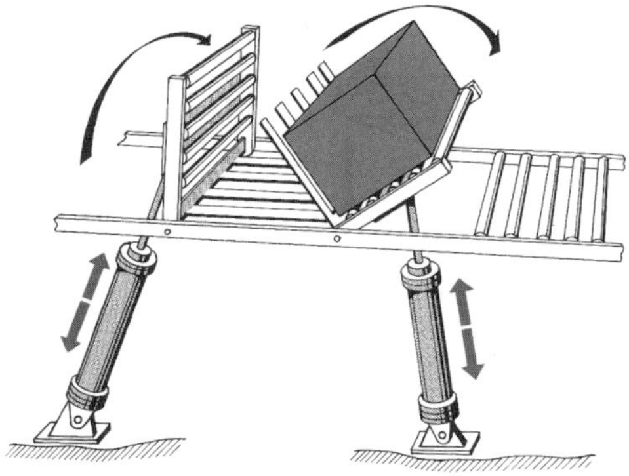

Bild 1.11 Wenden eines Transportguts ([1.7])

1.2.4 Resümee zur Antriebsauslegung

Bei der Wahl des geeigneten Antriebs ist die angetriebene Maschine oder Anlage der bestimmende Ausgangspunkt für die optimale Antriebslösung. Folgende Fragen sind dabei zu beantworten:

- Welche Kräfte, Momente usw. treten auf?
- In welchen vorhandenen Steuerungsablauf muss der Antrieb eventuell integriert werden?
- Welche Umgebungseinflüsse sind vorhanden (evtl. spezielle Dichtungen und Materialien vorsehen)?
- Was ist am Montageort an Energie vorhanden und braucht nicht teuer neu installiert zu werden (Druckluft, Hydraulikaggregat, Strom)?
- Müssen evtl. am Befestigungsfundament schwingungsmildernde Vorkehrungen getroffen werden?

Quellen und weiterführende Literatur

[1.1] *Gleisberg, H.:* Technikgeschichte in Einzeldarstellung. VDI-Verlag 1970

[1.2] *Mack, F. J.; Wagner-Ams, M.:* Getriebemotoren: Prinzip, Aufbau und Einsatz. Landsberg: moderne industrie, 2001

[1.3] Firma ZOLLERN: Prospekt Antriebstechnik

[1.4] Wikimedia (Hathorn, B.) 2012

[1.5] Wikimedia (Nosko, E.) 1973

[1.6] Firma REXROTH: Hydraulik und Elektronik im Stahlwasserbau/Hydraulische Steuerungstechnik für Windenergieanlagen

[1.7] *Deppert, W.; Stoll, K.:* Pneumatische Steuerungen. Würzburg: Vogel, 1977

2 Antriebssystem

Prof. Dr.-Ing. Horst Haberhauer

2.1 Definition

Antriebssystem ist der allgemeine Sammelbegriff für alle technischen Systeme, die etwas antreiben. Antriebssysteme gibt es zu verschiedenen Zwecken und in unterschiedlichen Ausführungen, die mit unterschiedlichen Energiequellen angetrieben werden können. Jedes System kann durch folgende Merkmale beschrieben werden:

- die Systemgrenze,
- die Ein- und Ausgangsgrößen,
- die Elemente.

Die **Systemgrenze** trennt das System von seiner Umgebung. Dadurch wird festgelegt, was innerhalb und was außerhalb des Systems liegt.

Wichtigste **Eingangsgröße** ist die Energie. Folgende Energiequellen stehen zur Verfügung:

- elektrische Energie (Stromnetz),
- pneumatische Energie (Druckluftnetz),
- chemische Energie (Benzin, Diesel, Gas).

Auch Steuersignale (z. B. Ein/Aus, Drehzahl usw.) sind ebenfalls Eingangsgrößen, die zum Steuerungs-/Regelungssystem gehören.

Die **Ausgangsgrößen** sind Bewegungs- und Stellvorgänge, die für den Arbeitsprozess der Arbeitsmaschine benötigt werden.

Die antreibende Seite (Eingang) wird als **Kraftmaschine** bezeichnet und wandelt elektrische, pneumatische oder chemische Energie in mechanische Energie um. Am Abtrieb steht der Nutzen des Antriebssystems zur Verfügung. Die Abtriebsseite (Ausgang) wird als **Arbeitsmaschine** bezeichnet.

Über Art und Anordnung der darin enthaltenen **Elemente** können unterschiedliche Antriebssysteme definiert werden (Bilder 2.1 bis 2.3). In den

Bildern 2.1 und 2.2 sind Antriebssysteme für rotatorische und lineare Bewegungs- und Stellvorgänge dargestellt, die elektrisch angetrieben werden. Das Subsystem Steuerung/Regelung ist nur in Bild 2.1 aufgeführt, da auf die Steuerungs- und Regelungstechnik hier nicht näher eingegangen wird. Hierfür gibt es umfangreiche spezielle Literatur.

Antriebssysteme mit elektrischem Antrieb können auch ohne Getriebe verwendet werden. Man spricht dann von **Direktantrieben**, wie in Kap. 3.1.5 beschrieben.

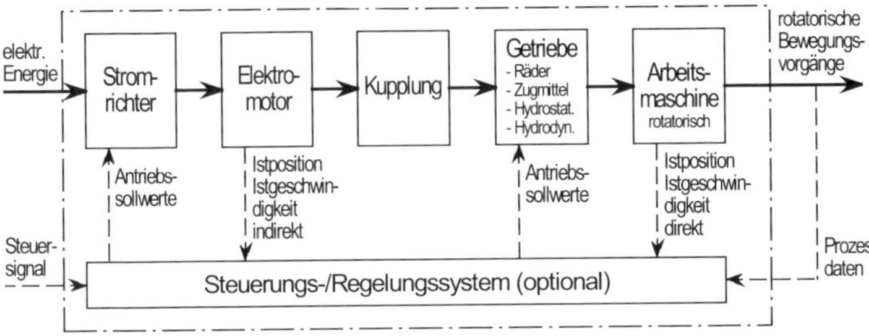

Bild 2.1 Antriebssystem für rotatorische Bewegungsvorgänge mit elektrischem Antrieb

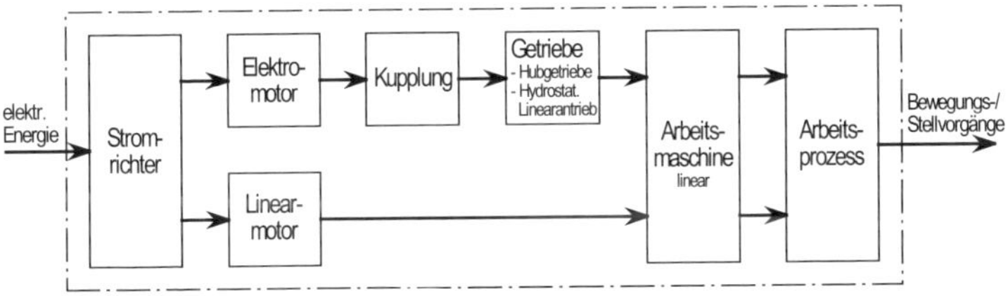

Bild 2.2 Antriebssystem für lineare Bewegungsvorgänge mit elektrischem Antrieb

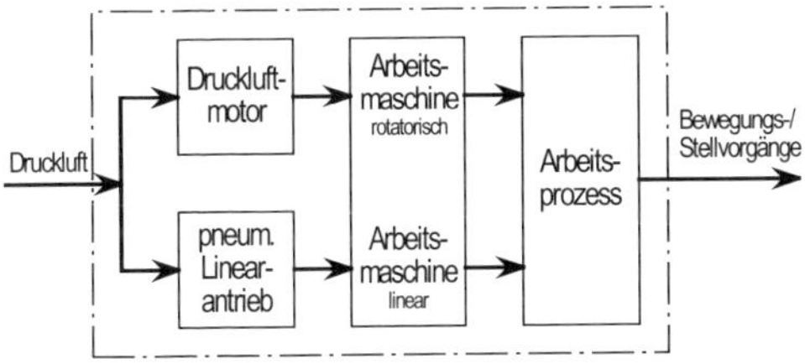

Bild 2.3 Antriebssystem mit pneumatischem Antrieb

Voraussetzung für Antriebssysteme mit pneumatischem Antrieb ist die Verfügbarkeit eines Druckluftnetzes (Kap. 3.2).

Antriebssysteme, in denen chemische Energie gewandelt wird (Turbinen oder Verbrennungsmotoren), sind spezielle Anwendungen (z. B. im Fahrzeug- oder Flugzeugbau), die hier nicht näher behandelt werden.

2.2 Aufgaben

Aus der vorhergehenden Definition ergeben sich die wichtigsten Aufgaben eines Antriebssystems:

- Energiewandlung mit möglichst hohem Wirkungsgrad,
- Realisierung von Bewegungs- und Stellvorgängen entsprechend den vorgegebenen statischen und dynamischen Genauigkeitsanforderungen.

Die Einsatzmöglichkeiten sind entsprechend groß. Typische Anwendungsgebiete der Antriebstechnik sind die Realisierung von Bewegungsvorgängen z. B. für:

- spanende Bearbeitungsprozesse,
- Umformprozesse,
- Transportprozesse,
- Stellvorgänge,
- Positioniervorgänge.

Dank der guten Verfügbarkeit und des hohen Wirkungsgrades sowie der hervorragenden Steuer- und Regeleigenschaften werden häufig elektrische Antriebe verwendet. Bei Stellvorgängen in automatisierten Fertigungseinrichtungen haben aber auch pneumatische Antriebe große Bedeutung.

Der **Motor** eines Antriebssystems muss so dimensioniert sein, dass er in allen vorgesehenen Betriebsfällen die von der Arbeitsmaschine benötigte Energie zur Verfügung stellt.

In der Regel fließt die Energie vom Netz zur Arbeitsmaschine. Bei elektrischen Antrieben ist jedoch auch eine Umkehrung des Energieflusses möglich (Bild 2.4).

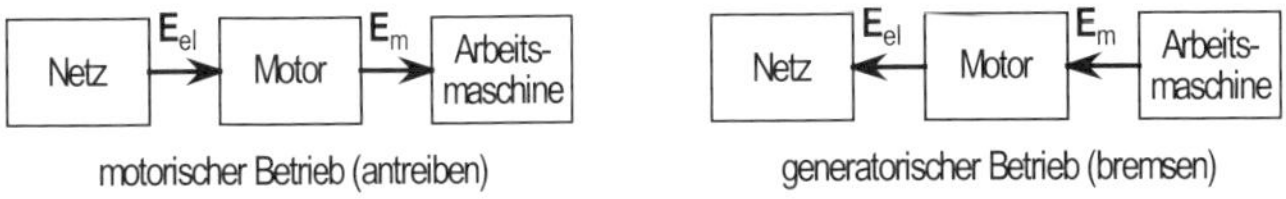

Bild 2.4 Energiefluss in einem Antriebssystem

Im Bremsbetrieb wirkt dann der Motor als Generator, der Strom erzeugt. Eine spezielle Anwendung sind Windkraftanlagen, bei denen die Windenergie Rotoren in Bewegung versetzt, die wiederum einen Generator antreiben.

2.3 Arbeitsmaschinen

Im Maschinenbau steht der Begriff Arbeitsmaschine für eine Einheit, die mechanische Energie aufnimmt und rotatorische oder translatorische (lineare) Bewegungsenergie abgibt. Sie verrichtet also eine Arbeit, die sowohl in rotatorischer Form (Moment × Winkel) als auch in translatorischer Form (Kraft × Weg) vorliegen kann.

Abhängig von ihren Aufgaben sind überaus viele unterschiedliche Arbeitsmaschinen im Einsatz. Man unterscheidet zwischen stationären und mobilen Arbeitsmaschinen.

Stationäre Arbeitsmaschinen verrichten ihre Arbeit stets am selben Ort und sind meist an ein stationäres Energienetz angeschlossen. Das Maschinengewicht spielt hier eine untergeordnete Rolle. Wichtig sind optimierte Arbeitsprozesse (z.B. kurze Taktzeiten) und Wirkungsgradeffizienz. Beispiele für stationäre Arbeitsmaschinen sind:

- Werkzeugmaschinen und Industrieroboter,
- Förderanlagen, Krane und Aufzüge,
- Pumpen und Gebläse,
- Ventile und Schieber.

Mobile Arbeitsmaschinen können dagegen ihren Einsatzort durch eigenen oder fremden Antrieb verändern. Die Energieversorgung ist in der Regel ebenfalls nicht stationär. Mobile Arbeitsmaschinen sind gleichzeitig Fahrzeuge, zu deren Aufgabe neben der reinen Fahrt die Verrichtung von Arbeitsprozessen gehört. Beispiele für mobile Arbeitsmaschinen sind:

- Baumaschinen,
- Landmaschinen,
- Kehrmaschinen.

Die vom Motor aufzubringende Leistung, z. B. in Form von Drehmoment und Drehzahl, ist abhängig vom Arbeitsprozess und kann sehr unterschiedliche Zeitfunktionen annehmen. Für viele Arbeitsmaschinen lassen sich jedoch definierte Zusammenhänge zwischen Drehzahl und dem dafür erforderlichen Drehmoment angeben. Bild 2.5 zeigt einige typische Arbeitsmaschinencharakteristiken, welche die Abhängigkeit des auf die Motorwelle bezogenen Lastdrehmoments $M_{L(M)}$ zur Motordrehzahl n_M angibt. Das erhöhte Losbrechmoment, das beim Anfahren aus dem Stillstand heraus durch den Übergang von Haftreibung zur Gleitreibung entsteht, ist in den dargestellten Kennlinien nicht berücksichtigt.

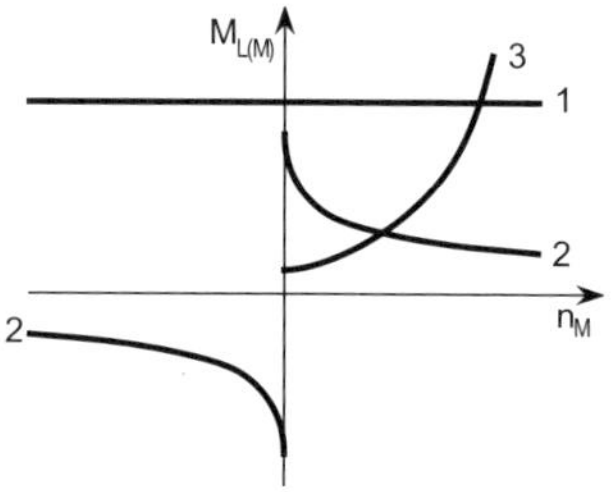

Bild 2.5 Typische Drehzahl-Drehmomenten-Kennlinien von Arbeitsmaschinen.
Kennlinie 1: Konstante Gewichtskraft als Last. Typisch für Hubgetriebe.
Kennlinie 2: Maschinen mit überwiegendem Reibmoment.
Typisch für Werkzeugmaschinen, Rührwerke, Fahrwerke usw.
Kennlinie 3: Maschinen mit Gas- und Flüssigkeitsreibung.
Typisch für Gebläse, Lüfter, Pumpen.

2.4 Bewegungsgleichungen

Die Kräfte- und die Momentenbilanz eines Antriebssystems sind die fundamentalen Beziehungen des Bewegungsablaufes und werden als Bewegungsgleichungen bezeichnet.

2.4.1 Kenngrößen des Bewegungsablaufes

Eine Bewegung kann durch die Zeitfunktionen $s(t)$ und $\varphi(t)$ sowie ihren Ableitungen nach der Zeit beschrieben werden:

	Translatorisch	**Rotatorisch**
Weg	$s(t)$	$\varphi(t)$
Geschwindigkeit	$v(t)=\frac{\mathrm{d}s(t)}{\mathrm{d}t}$	$\omega(t)=\frac{\mathrm{d}\varphi(t)}{\mathrm{d}t}$
Beschleunigung	$a(t)=\frac{\mathrm{d}v(t)}{\mathrm{d}t}=\frac{\mathrm{d}^2s(t)}{\mathrm{d}t^2}$	$\varepsilon(t)=\frac{\mathrm{d}\omega(t)}{\mathrm{d}t}=\frac{\mathrm{d}^2\varphi(t)}{\mathrm{d}t^2}$

Für eine **gleichförmige Bewegung** (konstante Geschwindigkeit) gilt:

Translation: $s = v \cdot t$

Rotation: $\varphi = \omega \cdot t$

Für eine **konstant beschleunigte Bewegung** gilt:

Translation: $s(t) = \frac{1}{2} a \cdot t^2$ und $v(t) = a \cdot t$

Rotation: $\varphi(t) = \frac{1}{2} \varepsilon \cdot t^2$ und $\omega(t) = \varepsilon \cdot t$

Als **Drehzahl** oder **Umlauffrequenz** n wird die Anzahl der Umdrehungen je Zeiteinheit bezeichnet:

$$n(t) = \frac{\omega(t)}{2\pi}$$

2.4.2 Kräfte, Momente und Leistung

Bei einer **gleichförmigen Bewegung** ohne Getriebe und ohne Berücksichtigung der Verluste sind die antreibende Kraft F_M und die Widerstandskraft der Arbeitsmaschine F_L gleich groß. Gleiches gilt bei Rotationsbewegungen. Auch hier sind das Motordrehmoment M_M und das Lastmoment M_L gleich groß. Bei Verwendung eines Getriebes ist die Übersetzung i zu berücksichtigen. Alle auftretenden Reibungsverluste innerhalb des Antriebssystems werden mit dem Wirkungsgrad η berücksichtigt. Das Lastdrehmoment, das der Motor aufbringen muss, wird auch als **Widerstandsmoment** M_W bezeichnet und ist das auf die Motorwelle bezogene Lastmoment $M_{L(M)}$. Es gilt dann:

Energiefluss: Motor ⇨ Arbeitsmaschine

$$M_W = M_{L(M)} = M_L \cdot \frac{1}{\eta} \cdot \frac{1}{i}$$

Energiefluss: Arbeitsmaschine ⇨ Motor

$$M_W = M_{L(M)} = M_L \cdot \eta \cdot \frac{1}{i}$$

Die erforderliche stationäre Antriebsleistung, die der Motor zur Verfügung stellen muss, ergibt sich aus

$$P_M = M_{L(M)} \cdot \omega_M$$

2.4.3 Beschleunigungskräfte und -momente

Bei einer **ungleichförmigen Bewegung** treten dynamische Kräfte bzw. Momente auf.

Beschleunigungskraft: $F_B = m \cdot a = m \cdot \frac{dv}{dt}$

Beschleunigungsmoment: $M_B = J \cdot \varepsilon = J \cdot \frac{d\omega}{dt}$

In m und J sind alle bewegten Massen bzw. Trägheitsmomente von Motor, Arbeitsmaschine und Übertragungselementen enthalten (Bild 2.6). Für das Gesamt-Trägheitsmoment des Antriebs, bezogen auf die Motorwelle gilt:

$$J = J_M + \frac{J_L}{i^2}$$

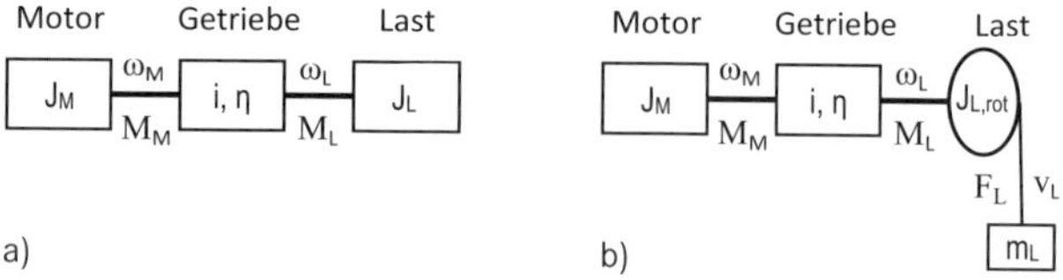

Bild 2.6 Antriebssystem mit a) rotatorischen Bewegungen, b) zusätzlich translatorisch bewegten Massen

Werden zusätzliche Massen linear bewegt, setzt sich das Last-Trägheitsmoment aus den rotatorisch bewegten Massen der Arbeitsmaschine $J_{L,rot}$ und den translatorisch bewegten Massen m_L zusammen.

$$J_L = J_{L,rot} + \left(\frac{v_L}{\omega_L}\right)^2 \cdot m_L$$

2.4.4 Anlaufzeit

Um ein Antriebssystem vom Stillstand aus in Bewegung zu setzen, ist eine Beschleunigung erforderlich. Auch Geschwindigkeits- und Drehzahländerungen benötigen eine Beschleunigung. Für eine Erhöhung der Geschwindigkeit ist eine positive, bei einer Reduzierung eine negative Beschleunigung (bremsen) notwendig.

Um ein translatorisches Antriebssystem in Bewegung zu setzen, muss die antreibende Kraft F_M (z. B. eines Linearmotors) größer sein als die Last F_L:

$$F_B = F_M - F_L$$

Für eine Rotationsbewegung gilt dann entsprechend:

$$M_B = M_M - M_{L(M)}$$

Die Zeit t_H, die ein Antriebssystem benötigt, um von der Drehzahl n_0 bis zur Motordrehzahl n_M hochzufahren, lässt sich dann mit folgender Beziehung bestimmen:

$$t_H = \int_{\omega_0}^{\omega_M} \frac{J}{M_B} \cdot d\omega_M = \int_{\omega_0}^{\omega_M} \frac{J}{M_M - M_{L(M)}} \cdot d\omega_M$$

Mit der Annahme einer linearen Drehzahländerung von n_1 auf n_2 ergibt sich die einfache Gleichung für die **Hochlaufzeit**:

$$t_H = \frac{J}{M_M - M_{L(M)}} \cdot (\omega_2 - \omega_1)$$

Die Hochlaufzeit wird somit von dem zur Verfügung stehenden Beschleunigungsmoment M_B bestimmt. Der stationäre Betriebspunkt ergibt sich als Schnittpunkt der Drehzahl-Drehmomenten-Kennlinien des Motors und der Arbeitsmaschine (Bild 2.7).

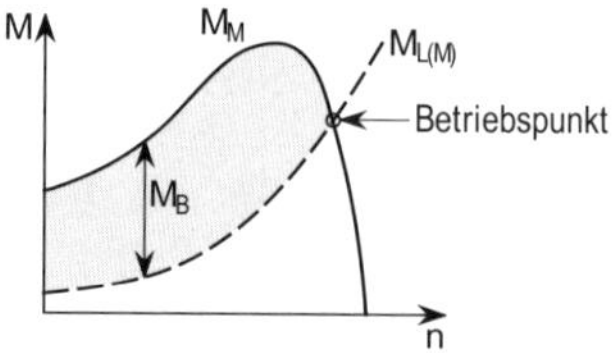

Bild 2.7 Beispiel eines Pumpenantriebes mit Asynchronmaschine

3 Antriebe

Prof. Dr.-Ing. Horst Haberhauer

Als **Antrieb** wird eine konstruktive Einheit (Motor genannt) bezeichnet, die mittels Energiewandlung eine Arbeitsmaschine entweder direkt oder über ein Getriebe antreibt. Sehr häufig werden elektrische Motoren als Antriebe verwendet. Aber auch mit pneumatischen Motoren können Maschinen angetrieben werden. Während elektrische Motoren mithilfe elektrischer Energie (Stromnetz) angetrieben werden, benötigen pneumatische Motoren ein Druckluftnetz.

Eine Besonderheit stellen die **Hydromotoren** dar, da hierbei das Fluid immer zurückgeleitet werden muss. Sie sind daher nur in einem Kreislauf einsetzbar. Die Kombination Pumpe – Motor wird auch als **Hydrogetriebe** bezeichnet und in Kap. 5.3.1 ausführlich behandelt.

3.1 Elektrische Antriebe

Prof. Prof. h. c. mult. Dr.-Ing. Peter F. Brosch

Elektrische Antriebe umfassen einen sehr großen Bereich. Weiterhin gehört zu jedem Antrieb noch ein Umfeld, das von der Stromrichtertechnik (Kap. 7, Leistungselektronik), Regelungstechnik und Messtechnik (Kap. 6) abgedeckt wird. Da immer mehr Antriebe mit variabler Drehzahl geregelt arbeiten, werden Stellglieder benötigt (Bild 3.1). Durch die Fortschritte in der Elektronik – bei den Leistungshalbleiterschaltern und der Mikroprozessortechnik – werden immer mehr elektronische Stellglieder eingesetzt. Unter diesen Stellgliedern versteht man:

- netzgeführte Stromrichter,
- Steller in Gleich- oder Wechselstrom-/Drehstromtechnik und
- Frequenzumrichter.

Diese elektronischen Stellglieder sind im Kapitel 7 beschrieben.

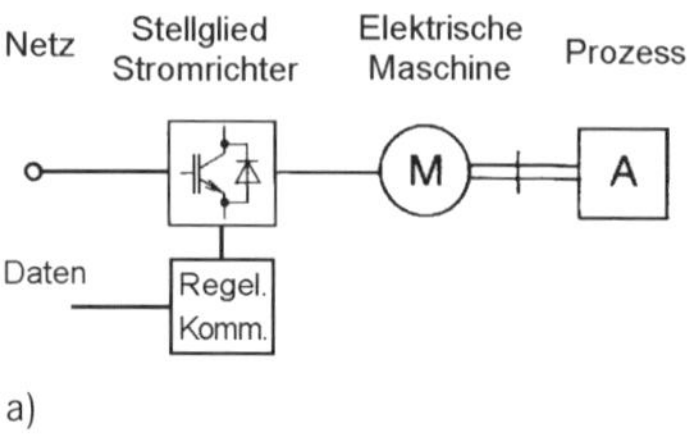

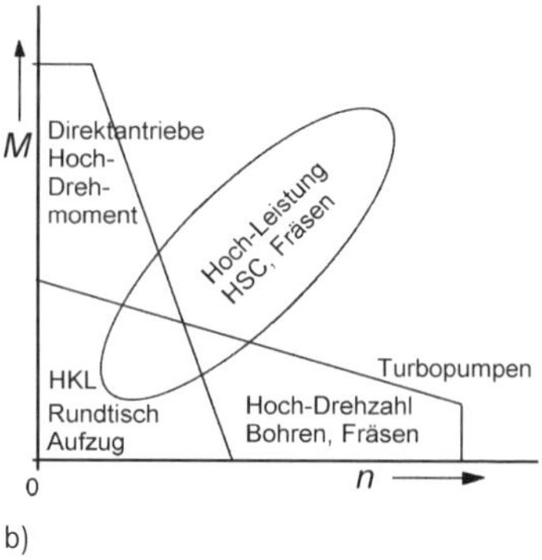

Bild 3.1 Elektrischer Antrieb. a) allgemein, b) Einsatzbeispiele

Übersicht

Bild 3.2 zeigt einen elektrischen Antrieb mit dem entsprechenden Umfeld. Je nach Leistung, Einsatzort und Qualität findet man anwenderspezifische und allgemeine Anforderungen, die vom Antrieb zu erfüllen sind. Besonders der Trend zum sparsamen Einsatz von Energie führte zu zahlreichen Gesetzesvorschriften in den einzelnen Ländern. Diese sind bei Exportanlagen zu beachten.

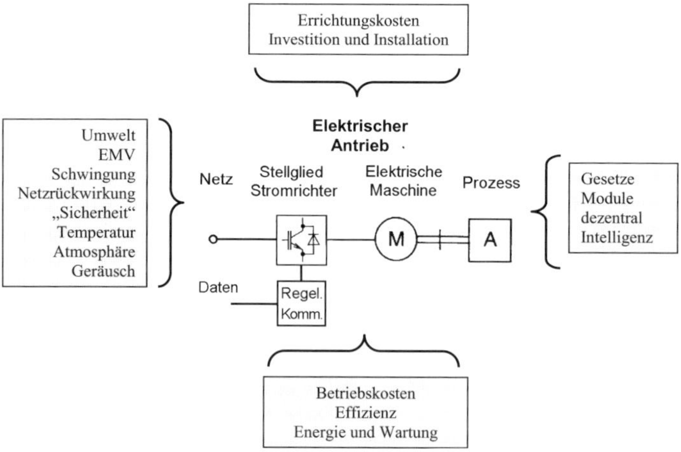

Bild 3.2 Elektrischer Antrieb mit Umfeld

Elektrische Antriebe haben ein breites Spektrum. Sie unterscheiden sich grob in den charakteristischen Größen

- Leistung: 0,1 W bis 10 GW,
- Drehmoment: 0,1 mN m bis 100 kN m,
- Drehzahl: 0,01 min^{-1} bis 1 000 000 min^{-1}.

Im Laufe der langen Entwicklung wurden viele Arten von elektrischen Maschinen entwickelt und eingesetzt. Entsprechend der allgemeinen Entwicklung der Anwendung der Automatisierungstechnik sind verschiedene Konstruktionen wieder vom Markt verschwunden. Tabelle 3.1 zeigt ein Schema mit den Maschinen, die heute in der Antriebstechnik in Industrie, Gebäudetechnik und Haushalt eine Rolle spielen und die in diesem Taschenbuch behandelt werden. Ansonsten wird auf die Literatur verwiesen.

Tabelle 3.1 Elektrische Maschinen

Drehfeldmaschinen	Stromwendermaschinen
Synchronmaschinen	*Gleichstrommaschinen*
▪ Vollpolmaschinen ▪ Schenkelpolmaschinen ▪ Reluktanz-Synchronmaschinen ▪ Elektronisch kommutierte Maschinen ▪ Schrittmotor	*Universalmotoren*
Asynchronmaschinen	
▪ Kurzschlussläufer ▪ Schleifringläufer	
Hilfsstrangmaschinen	
▪ Kondensatormotor ▪ Spaltpolmotor	

Elektrische Maschinen – Kraft und Drehmoment

Seit James Watt werden Maschinen etwas unglücklich über die Leistung definiert. Für seine Maschinen war die äquivalente „Pferdeleistung" an den Pumpen bestimmend. Elektrische Maschinen entwickeln aber nach dem Prinzip des stromdurchflossenen Leiters im Magnetfeld ein Drehmoment. Das sind die z. B. für die Baugröße bestimmenden Werte, wobei der drehmomentbildende Strom und das Drehmoment proportional sind. Das Drehmoment wird bereits vom Stillstand bis zur höchsten Drehzahl entwickelt. Von der anstehenden Drehzahl hängt die momentane Leistung ab. So lassen sich aus Maschinen mit einem kleinen Drehmoment durch hohe

Drehzahlen (Winkelgeschwindigkeiten) gewaltige Leistungen generieren ($P = M \cdot \omega$). Dies sieht man z. B. an Turbozentrifugalpumpen (Bild 3.3 a). Gleiches gilt für die Kraftentwicklung bei Linearmotoren sinngemäß.

Das Drehmoment bleibt aber immer bestimmende Größe. Im stationären Betrieb herrscht zwischen Motor und Last Drehmomentgleichgewicht. Eine Leistung stellt sich ein. Bei dynamischen Vorgängen überwiegt das treibende oder bremsende Drehmoment. Selbst bei einem gewaltigen Walzenantrieb ist im Anlaufpunkt die Leistung null, auch wenn das Drehmoment 10 000 N m beträgt. Gleiches gilt für Linearmotoren sinngemäß (z. B. bei anfahrenden Magnetschwebebahnen, Bild 3.3 b).

a) b)

Bild 3.3 Heizungspumpen (a) und Linearantrieb (b) (Transrapid in Schanghai)

Betriebsquadranten

Antriebe unterscheiden sich durch die benötigten Betriebsquadranten. Diese entscheiden auch über den Aufwand. In Bild 3.4 sind Antriebsbeispiele genannt, um den Betrieb zu verdeutlichen. Gerade der 2-Quadranten-Betrieb kann Verwirrung stiften, wenn die Quadranten nicht klar bestimmt werden. Der 4-Quadranten-Betrieb bringt Vorteile bei der Energierückgewinnung, wenn die Umfeldbedingungen stimmen.

Software

Durch die Zunahme der elektrischen Antriebe in Anlagen und Gebäuden, spielt die Software der Geräte eine immer größere Rolle. **Motion Control** ist ohne aufwendige Software mit entsprechenden Werkzeugen (Tools) weder einfach zu planen noch in Betrieb zu nehmen. Bild 3.5 zeigt die vorauszusehende Entwicklung. Dabei geht der klassische Maschinenbauanteil zurück, während der Elektro- und Informationsanteil steigt.

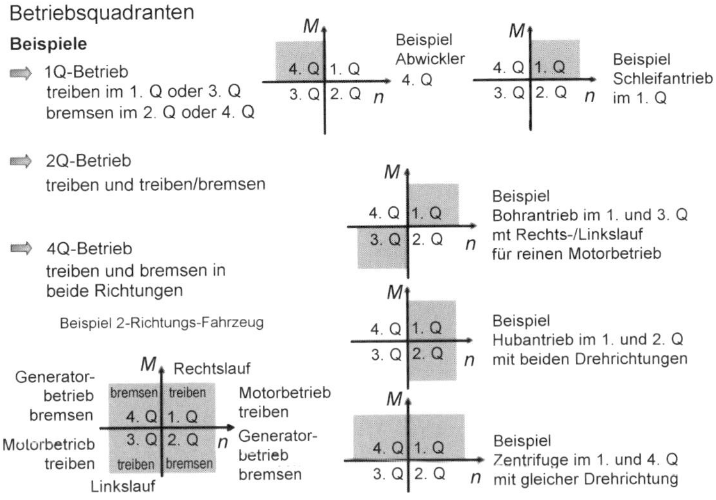

Bild 3.4 Betriebsquadranten (*M* Drehmoment)

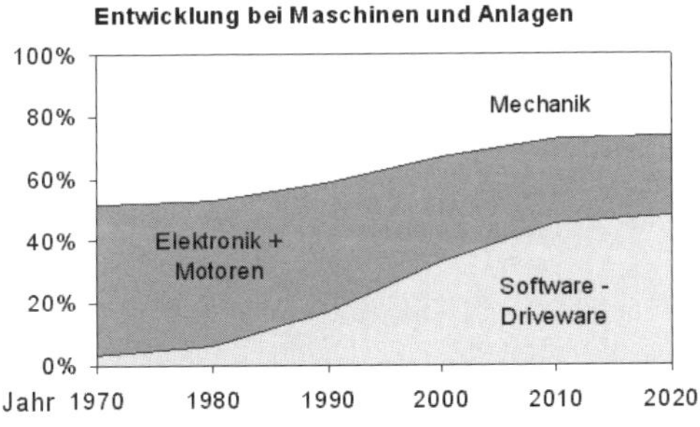

Bild 3.5 Entwicklung in der Antriebstechnik

Energieeinsatz

Elektrische Antriebe wandeln heute etwa 2/3 der erzeugten Elektroenergie in mechanische Energie. Sie sind moderne Energie- und Leistungswandler mit ganz geringen Verlusten, d.h. hohem Wirkungsgrad. Etwa 2/3 der mechanischen Energie wird in Zentrifugallüftern oder Pumpen weiterverarbeitet.

Antriebe sind elektrische Energiewandler, die i. Allg. dem Netz elektrische Energie entnehmen, um den Hauptteil der Energie in der Maschine umgewandelt an der Welle als mechanische Energie – mit geringen Wandelverlusten – an die Arbeitsmaschine (Prozess) abzugeben. Dem Versorgungsnetz wird so Leistung entzogen, die in der Arbeitsmaschine meist vollständig in Wärme umgesetzt wird. Ein Beispiel hierfür sind Drehmaschinen, bei denen die Wärmeenergie im Drehspan zu finden ist.

Mindestwirkungsgrade

Weltweit gelten in verschiedenen Ländern für elektrische Maschinen und Geräte Mindestwirkungsgrade für den Bemessungspunkt. Auch die Messverfahren für die Effizienzmessung sind durch Normen vorgeschrieben (Kap. 8).

3.1.1 Gleichstrommotor

Prof. Prof. h. c. mult. Dr.-Ing. Peter F. Brosch

3.1.1.1 Übersicht

Die großen Vorteile des Gleichstromantriebs (DC-Antrieb) liegen in der einfachen Drehzahlverstellung und der guten Regelbarkeit des Drehmoments. Dies machte ihn über mehrere Jahrzehnte bis in die 80er-Jahre zum Standardantrieb in fast allen Einsatzbereichen der Antriebstechnik und sichert ihm heute noch große Einsatzfelder, aber auch Nischen.

Die jährliche Statistik des Zentralverbands Elektrotechnik- und Elektronikindustrie (ZVEI) weist wieder leicht steigende Umsätze bei Gleichstrommotoren für den industriellen Einsatz auf. Dies ist auf die Überarbeitung des Motoren-Designs durch die Anbieter und durch Retrofit-Einsätze bei Großanlagen zurückzuführen. Immer noch interessant sind Gleichstromantriebe im Leistungsbereich unter ca. 250 W bei Kleinantrieben oder über 75 kW bis zu einigen MW für den speziellen industriellen Einsatz. Der große Bereich der DC-Kleinmotoren, z. B. für den Einsatz im Pkw, in Spielzeugen usw., gewinnt laufend an Bedeutung, auch wenn es sich dort oft um stark angepasste Sonderkonstruktionen handelt.

3.1.1.2 Gleichstrommaschine

Während Gleichstrommotoren kleiner Leistung direkt an eine Batterie (z. B. 1,5 ... 3 V), an das 12- oder 48-V-Bordnetz oder an ein DC-Netz geschaltet werden, arbeiten drehzahlvariable Antriebe in der Industrie über Stellglieder am Drehstromnetz. Diese Stellglieder – Halbleiterstromrichter (siehe Kap. 7) – erzeugen aus dem 50-Hz-Drehstromnetz Gleichstrom variabler Spannung, wobei oft Treiben und Bremsen erwünscht und bei DC-Antrieben leicht realisierbar ist.

Vor der näheren Betrachtung der einzelnen Komponenten sollen im Folgenden die wichtigsten Systemeigenschaften der drehzahlveränderbaren Stromrichterantriebe mit fremderregten oder permanentmagneterregten Gleichstrommotoren (PM-Motoren) kurz aufgezählt werden:

- gute Regeleigenschaften bei Drehzahl und Drehmoment,
- hoher Drehzahlstellbereich,
- hohe Rundlaufgüte, besonders bei kleinen Drehzahlen,
- geringe Achshöhe,
- relativ hohe Dynamik,
- geringer Aufwand im Stromrichterleistungsteil durch Thyristoren,
- einfacher 4-Quadranten-Betrieb,
- guter Wirkungsgrad,
- überlastungsfähig im Kurzzeitbereich.

Außerdem sind DC-Antriebe in der gesamten Industrie bestens eingeführt, und das Personal ist für Inbetriebnahme, Betrieb und Wartung eingearbeitet. Den genannten Vorteilen stehen jedoch zu bedenkende Nachteile gegenüber:

- mechanischer Verschleiß an Bürsten und Stromwender,
- Probleme am Stromwender bei Stillstandslast,
- Begrenzung der maximalen Drehzahl durch die Stromwendung,
- starke Verteuerung bei höherer Schutzart als IP 23,
- erhebliche Netzrückwirkungen, wie Grundschwingungs-Blindleistung und systembedingte Oberschwingungen in Spannung und Strom.

Die konstruktionsbedingten Fakten wurden bei den heute eingesetzten neuen Maschinen stark reduziert.

3.1.1.3 Arbeitsprinzip und Aufbau

Das Arbeitsprinzip im Motorbetrieb beruht auf der Kraftwirkung eines stromdurchflossenen Leiters im Magnetfeld. Daraus resultiert der Motoraufbau (Bild 3.6). Die Magnetpole sind im **Ständer** (feststehender Teil) angeordnet. Sie werden aus einer eigenen Spannungsquelle gleichstromerregt (fremderregt) oder von Permanentmagnet-Polen (Seltenerde-Magnete oder Ferrite) erzeugt. Der **Läufer** (Anker, drehender Teil) trägt in isoliert ausgekleideten Nuten eine in sich geschlossene Durchmesserwicklung. Die Teilspulen sind jeweils an die Lamellen des Stromwenders geführt, und ihre Wickelköpfe sind durch Bandagen gegen Fliehkräfte geschützt. Je größer die Teilspulenanzahl ist, desto gleichmäßiger ist das entwickelte Drehmoment über dem Drehwinkel und desto besser ist der Rundlauf. Der Strom wird dem Läufer mechanisch über **Kohlebürsten**, die auf den Stromwenderlamellen schleifen, zugeführt. Dreht sich der Läufer, arbeitet das Bürsten-Stromwender-System als selbstgesteuerter mechanischer Wechselrichter und schaltet den zugeführten Gleichstrom in den Teilwicklungen so in Wechselstrom im Anker um, dass die Stromrichtung trotz Drehung in den unter den Ständerpolen liegenden Leitern gleich bleibt. Die Bürsten sind in der neutralen Zone zwischen den Polen so angeordnet, dass das größte Drehmoment entsteht. Zwischen den Hauptpolen sind zur Verbesserung der Stromwendung **Wendepole** eingebaut. Mit der eckigen Kontur moderner Motoren wird nicht nur Baugröße (Achshöhe) eingespart, sondern diese Formgebung bewirkt auch eine gute Wärmeabgabe an das Kühlmittel, weil die vielen Lüftungskanäle sehr eng sind. DC-Motoren sind in ihrer Grundbauform durchzugsbelüftet (IP 23) und fremdgekühlt (IC 01). Der Ankerstrom erregt „ungewollt" ein Ankerquerfeld mit Rückwirkungen auf das Hauptfeld (Ankerrückwirkung). Um die negativen Folgen der Ankerrückwirkung bei großen Motoren möglichst aufzuheben, werden dort in Nuten der Hauptpole vom Ankerstrom durchflossene **Kompensations**-

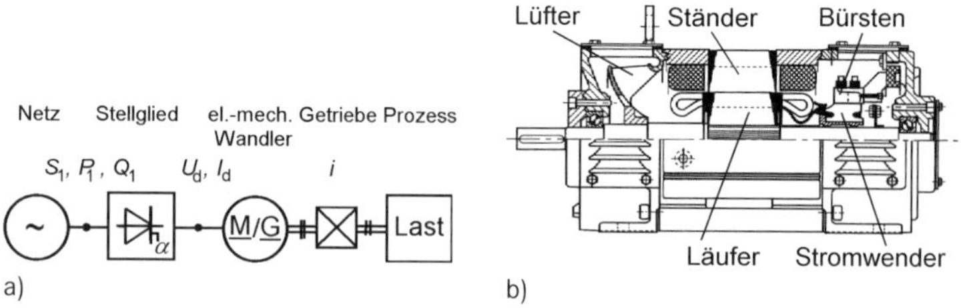

Bild 3.6 DC-Antriebsstrang (a) und Schnitt (b) durch eine moderne durchzugsbelüftete Gleichstrommaschine (Leistungsbereich kW). Ständer und Läufer sind geblecht.

wicklungen eingelegt. Zur Drehzahlerfassung können Tachogenerator, Resolver oder Inkrementalgeber an die Welle angebaut werden.

3.1.1.4 Vorteile des Motors

Die Qualität eines DC-Antriebs lässt sich an den Eckpunkten der Drehzahl-Leistungs-Kennlinie zeigen. Bild 3.7 b zeigt die Eigenschaften:

- beste Drehmomentqualität bei kleinen Drehzahlen (A),
- hohe Maximal-Drehzahl (B),
- hohes Drehmoment bei hoher Leistung (C),
- hohe Drehzahl bei voller Leistung (D).

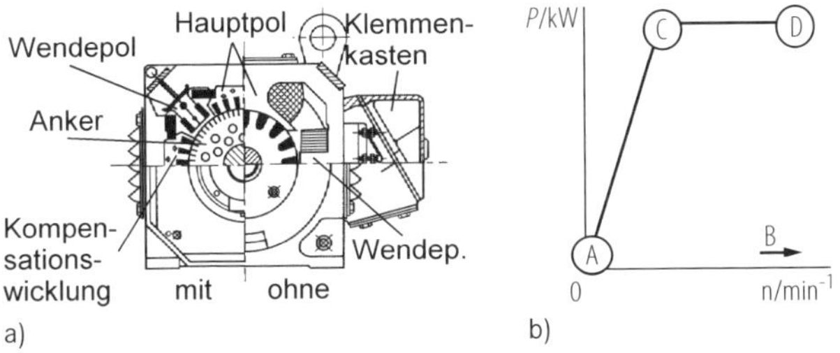

Bild 3.7 a) Schnittbild und b) Eckpunkte der Drehzahl-Leistungs-Kennlinie

3.1.1.5 Betriebskennlinien

Das Ersatzschaltbild eines fremderregten DC-Motors (fGM) zeigt Bild 3.8 a. Anker (A1, A2) und Feld (F1, F2) werden aus verschiedenen Quellen (Stromrichtern) gespeist, so sind sie auch getrennt regelbar.

Der fremderregte DC-Motor zeigt zwei Abhängigkeiten der Drehzahl - einmal von der Ankerspannung $n \sim U$ und zum anderen vom fremderregten Erregerfeld (Fluss) $n \sim 1/\phi$. Folglich erhält man zur Veränderung der Drehzahl n auch zwei Eingriffsmöglichkeiten und damit zwei Drehzahlstellbereiche (Bild 3.8 b).

Aus der Spannungsgleichung des Ankerkreises (Bild 3.8 a) $U = U_i + I\,R = k\,\phi\,\omega + I\,R$ erhält man durch Multiplikation mit dem Strom I die Leistungsbilanz: $U\,I = U_i\,I + I^2\,R$. Durch Vergleich der mechanischen mit der elektrischen Leistung: $M\,\omega = U_i\,I = k\,\phi\,\omega\,I$ erhält man das Drehmoment $M = k\,\phi\,I$. Die Drehzahl n bzw. Winkelgeschwindigkeit ω erhält man aus der Spannungsgleichung durch Einsetzen zu:

$$2\pi n = \omega = \frac{U}{k\,\phi} + \frac{R}{(k\,\phi)^2}\,M$$

U Spannung, U_i induzierte Spannung, I Strom, R Wicklungswiderstand, k Maschinenkonstante, ϕ magnetischer Fluss, M Drehmoment, ω Winkelgeschwindigkeit, n Drehzahl

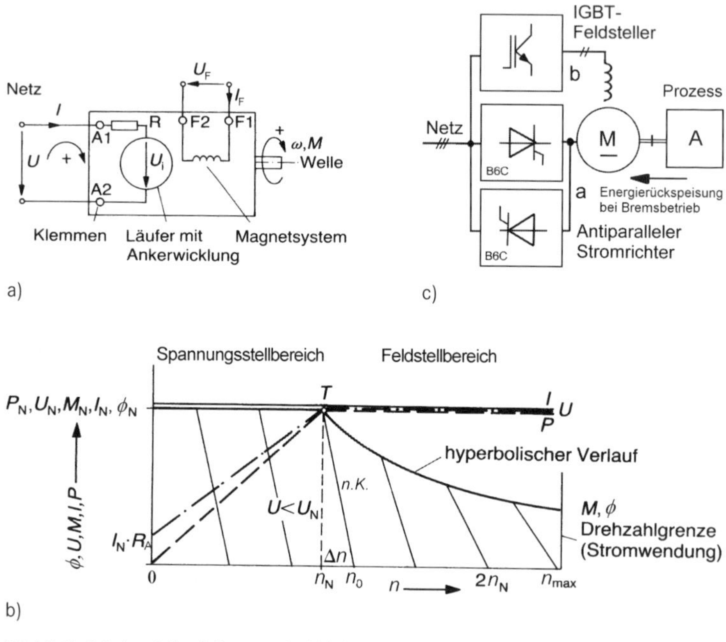

Bild 3.8 DC-Antrieb. a) Ersatzschaltbild der fremderregten Gleichstrommaschine mit Zählpfeilen, b) Drehzahl-Drehmoment-Kennlinienfeld für Motorbetrieb (T Typenpunkt), c) einfache Energierückspeisung über antiparallelen Stromrichter (B6C)A(B6C). n. K. ist die „natürliche" Kennlinie des Motors für U_N und ϕ_N.

Spannungsstellbereich (Grunddrehzahlbereich)

Im **Grunddrehzahlbereich** – bei konstantem Erregerfluss ϕ – steigt die Drehzahl n mit steigender Speisespannung U von null bis zur Bemessungsdrehzahl n_N im Typenpunkt T an, auch die Leistung steigt. Bei konstantem Ankerstrom ist das Drehmoment ebenfalls konstant (Konstant-Moment-Bereich). Bei **Spannungsverstellung** verlaufen die Drehzahl-Drehmoment-Kennlinien im Spannungsstellbereich parallel.

Feldstellbereich (Feldschwächbereich, konstante Leistung)

Soll die Drehzahl über die Bemessungsdrehzahl n_N im Typenpunkt T hinaus erhöht werden, wird der Erregerfluss ϕ bei konstanter Bemessungsspannung U_N geschwächt. Bei konstantem Ankerstrom fällt das thermisch nutzbare Drehmoment M hyperbolisch mit der steigenden Drehzahl n ab, die Leistung bleibt somit konstant (Konstant-Leistungs-Bereich). Bei **Feldschwächung** verlaufen die Drehzahl-Drehmoment-Kennlinien mit zunehmender Drehzahl immer flacher. Dies bedeutet, dass die Motorkennlinie immer weicher wird, was bei der Reglereinstellung zu berücksichtigen ist. Ankerrückwirkung und Stromwendung begrenzen den Feldschwächbereich zu höheren Drehzahlen hin. Noch bevor die mechanische Drehzahlgrenze erreicht ist, muss bei hohen Drehzahlen der Strom aus Gründen der Stromwendung (Erweiterungsbereich) reduziert werden. In der Praxis sind Feldstellbereiche von 1:3 bis 1:5 normal. Hohe Feldstellbereiche (Konstant-Leistungsbereiche) werden z. B. bei Wicklern und bei Werkzeugmaschinen gefordert. Anwendung der DC-Antriebe erfolgt bei Extrudern, Kranen, Papiermaschinen, Mischern und Antrieben für Prüfstände usw.

3.1.1.6 Kleinantriebe

In Kraftfahrzeugen (Starter, Wischer, Lüfter usw.), Spielzeugen, Rasierapparaten, Medizingeräten, Krankenfahrstühlen, Sitzverstellungen, Bohrschraubern wird heute eine Vielzahl von angepassten Gleichstrommotoren mit Permanentmagneten (PM) u. U. mit mehrstufigen Getrieben verbaut. Sie werden meist direkt an die Spannung geschaltet, seltener über eine Elektronik gestellt oder geregelt betrieben. Einige Motoren – z. B. im Staubsauger – werden als Reihenschlussmotoren ausgeführt, bei denen der Ankerstrom auch durch die Feldwicklung fließt und diese erregt. Die große Leistung dieser Motoren kommt aus der hohen Drehzahl bei relativ kleinen Drehmomenten (Bild 3.9).

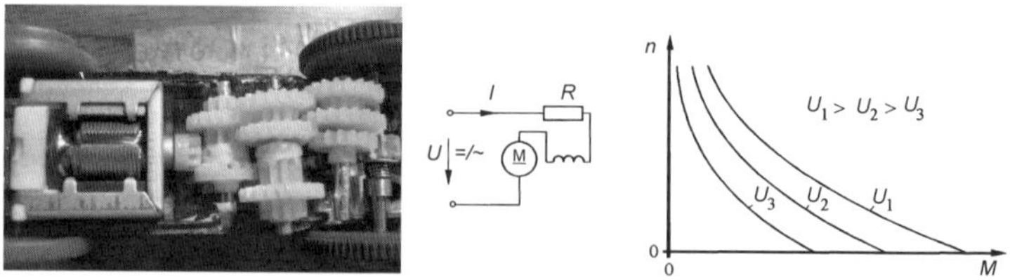

a) b)

Bild 3.9 Spielzeugantrieb (a) und Schaltung eines Reihenschlussmotors (b) mit Kennlinien, Betrieb mit Gleich- und Wechselstrom ist möglich (Universalmotor)

3.1.2 Synchronmotor

Prof. Dr.-Ing. Eugen Nolle

3.1.2.1 Übersicht

Insbesondere permanenterregte Synchronmaschinen werden in der Industrie zunehmend interessant.

Vorteile:

- hohe Zuverlässigkeit, geringer Wartungsaufwand,
- robuster Aufbau mit nur einem bewegten Teil,
- beste Betriebseigenschaften,
- fast verlustloser Rotor für besten Wirkungsgrad und minimale Energiekosten, $\cos(\varphi) \approx 1$ möglich,
- höchste Leistungsdichte, kleinste Bauform,
- verlustlose Feldverstärkung durch eingebaute Permanentmagnete, kein Drehzahlschlupf

Nachteile:

- Betrieb am Umrichter erforderlich,
- kann nicht von selbst am Netz anlaufen,
- höhere Beschaffungskosten,
- relativ teures Magnetmaterial.

3.1.2.2 Aufbau und Funktionsweise

Synchronmaschinen gehören zusammen mit den Asynchronmaschinen zu den **Drehfeldmaschinen**, bei denen bei Speisung mit Drehstrom im Stator mithilfe einer Drehstromwicklung ein magnetisches Drehfeld ohne mechanisch bewegte Teile erzeugt wird. Mit der Frequenz f des speisenden Netzes bzw. Umrichters und der Polzahl $2p$ (p = Polpaarzahl = ∈ {1, 2, 3, ...}) der Maschine folgt für diese Drehfelddrehzahl:

$$n_\mathrm{d} = \frac{f}{p} = n \quad \text{mit} \quad [n_\mathrm{d}, n] = \mathrm{s}^{-1}$$

Diese kann entweder in groben Stufen über die Polpaarzahl p der Maschine oder kontinuierlich über die Frequenz f der Stromversorgung geändert werden.

Bei den Synchronmaschinen sind auch auf dem Rotor oder Läufer Magnetpole angeordnet, die bei modernen Industriemotoren bevorzugt leistungslos mithilfe von Permanentmagneten ausgeführt werden. Bild 3.10 zeigt im Schnitt den prinzipiellen Aufbau von modernen, permanenterregten Synchronmotoren, wobei in a) eine Ausführung mit verteilter Drehstromwicklung und Oberflächenmagneten und in b) eine Ausführung mit konzentrierter Drehstromwicklung und integrierten Magneten dargestellt ist. Darüber hinaus kommen auch Kombinationen dieser Grundkonzepte vor.

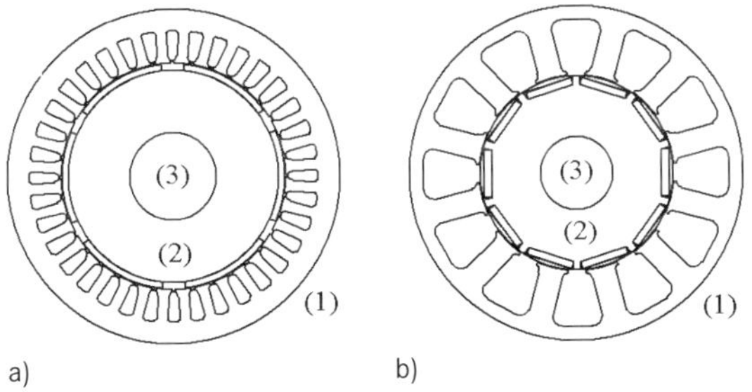

Bild 3.10 Ausführungen von permanenterregten Synchronmotoren.
a) verteilte Drehstromwicklung (1 Stator mit verteilter Wicklung, 2 Rotor mit Oberflächenmagneten, 3 Welle), b) konzentrierte Drehstromwicklung (1 Stator mit konzentrierter Wicklung, 2 Rotor mit integrierten Magneten, 3 Welle)

Entsprechend dem physikalischen Grundgesetz („Ungleiche Pole ziehen sich an, gleiche stoßen sich ab!") stehen sich beim Betrieb der Synchronmaschinen z.B. immer ein Nordpol des Statorfelds und ein Südpol des Rotorfelds gegenüber, sodass Synchronmaschinen entsprechend ihrem Namen immer synchron mit dem Statorfeld laufen. Dies ist in der obigen Gleichung in der Form $n = n_d$ bereits angegeben. Bei Belastung ändert sich daher die Drehzahl der Synchronmaschine nicht, sondern es verdrehen sich lediglich die Stator- und Rotorpole entsprechend der Belastung um den Polradwinkel θ gegeneinander. Dabei lässt sich das abgegebene **Wellenmoment** M zusammen mit dem mechanischen **Verlustmoment** M_{vn} näherungsweise in der Form angeben:

$$M + M_{vn} = M_i \approx -M_K \cdot \sin(\theta)$$

Wegen der festgelegten Zählrichtung für den Polradwinkel mit $\theta < 0°$ bei Motorbetrieb muss das negative Vorzeichen für ein positives **Antriebsmoment** eingeführt werden. Ist M_N das Bemessungsmoment des Synchronmotors, so kann das mechanische Verlustmoment pauschal etwa mit $M_{vn} \approx 0{,}01 \cdot M_N$ abgeschätzt werden. Weiterhin gibt das **Kippmoment** M_K das maximal mögliche Moment der Synchronmaschine an, das als charakteristische Maschineneigenschaft bei permanenterregten Synchronmaschinen nur noch von der Versorgungsspannung U_1 abhängt.

Im Bemessungsbetrieb werden Synchronmaschinen maximal bis etwa zum halben Kippmoment belastet, sodass für normale Lastspiele stets noch eine gute Überlastreserve gesichert ist. Wird der Synchronmotor auch nur kurzzeitig über sein Kippmoment hinaus belastet, geht der Synchronismus verloren, und der Motor bleibt stehen.

3.1.2.3 Betriebsverhalten

Für die quantitative Beschreibung des Betriebsverhaltens von Synchronmaschinen geht man – abhängig von den Genauigkeitserwartungen und dem akzeptierten Rechenaufwand – von unterschiedlich detaillierten Ersatzschaltungen aus. Bild 3.11 zeigt eine sehr einfache Ersatzschaltung, die aber für den Anwender oft schon ausreichend gute Ergebnisse liefert. Darin stellen U_P und X_d bei einer beliebigen, fest vorgegebenen Frequenz f als Maschineneigenschaften konstante Werte dar, die bei Bedarf vom Maschinenhersteller angegeben werden oder sich mithilfe eines Leerlauf- und Kurzschlussversuchs im Prüffeld bestimmen lassen. Dabei werden die Ersatzschaltungen nach DIN EN 60034-28 stets für eine **Sternschaltung** der Maschine angegeben, und zwar unabhängig von deren tatsächlicher

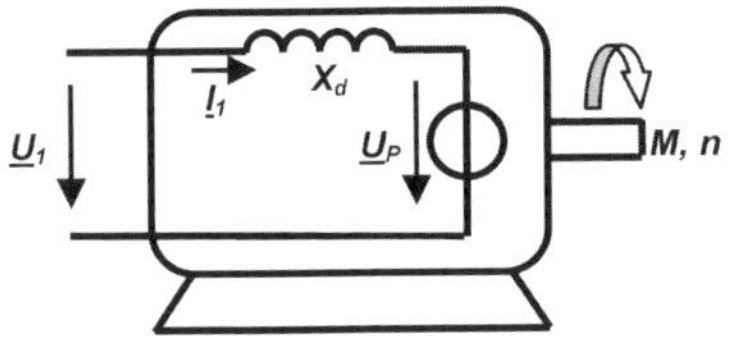

Bild 3.11 Vereinfachte Ersatzschaltung der Synchronmaschine

Verschaltung. Somit sind alle nachfolgend angegebenen Widerstände, Spannungen und Ströme als Strangwerte einer äquivalenten Sternschaltung zu verstehen.

Meist werden die Werte der Ersatzschaltungselemente nur für eine bestimmte Frequenz f_0 als U_{P0} und X_{d0} angegeben oder gemessen. Für den Betrieb bei einer anderen Frequenz f, z. B. am Umrichter, können diese dann umgerechnet werden:

$$n = n_d = \frac{f}{f_0} n_{d0}; \qquad U_P = \frac{f}{f_0} U_{P0}; \qquad X_d = \frac{f}{f_0} X_{d0}$$

Mit dem bei gegebener Betriebsspannung U_1 festgelegten Kippmoment

$$M_K = \frac{3\,U_1\,U_P}{2\pi\,n\,X_d} \quad \text{mit} \quad [n] = \text{s}^{-1}$$

lassen sich dann für jedes zulässige Lastmoment $M_i = M + M_{vn} < M_K$ die in der Praxis vorrangig interessierenden Motorgrößen I_1, P_1 und P_2 näherungsweise wie folgt angeben:

$$\theta = \arcsin \frac{M_i}{M_K}$$

$$I_{1i} = \frac{1}{X_d} \sqrt{U_1^2 + U_P^2 - 2\,U_1\,U_P \cos(\theta)} \approx I_1$$

$$P_i = 2\pi\,n \cdot M_i \approx P_1\,; \quad P_2 = 2\pi\,n \cdot M$$

Die Angabe des oft auch interessierenden **Wirkungsgrads** ist auf der Basis der oben angegebenen Ersatzschaltung, welche die elektrischen Motorverluste ja nicht berücksichtigt, zunächst nicht möglich. Sind jedoch darüber hinaus zusätzlich auch die Werte des Statorwicklungswiderstands

$R_{1\mathrm{Cu}}$ und des Eisenverlustwiderstandes R_{Fe} bekannt, so können damit die elektrischen Motorverluste abgeschätzt und weitere Eigenschaften des permanenterregten Synchronmotors nun genauer berechnet werden:

$$\Delta I_1 = \frac{R_{1\mathrm{Cu}}\, I_{1\mathrm{i}}^2}{U_1} + \frac{U_1}{R_{\mathrm{Fe}}}$$

$$I_1 = I_{1\mathrm{i}} + \Delta I_1$$

$$P_{1\mathrm{v}} = 3 \cdot \left(R_{1\mathrm{Cu}}\, I_1^2 + \frac{U_1^2}{R_{\mathrm{Fe}}} \right)$$

$$P_1 = P_\mathrm{i} + P_{1\mathrm{v}}$$

$$\eta = \frac{P_2}{P_1}$$

Für einen entsprechend Bild 3.10 a aufgebauten, sechspoligen, permanenterregten Synchronmotor mit dem Statoraußendurchmesser d_a = 170 mm und der Paketlänge l_{Fe} = 160 mm gelten beispielhaft für die Ersatzschaltung und die Verlustwiderstände

$X_\mathrm{d} = 5{,}65\ \Omega$, $U_\mathrm{P} = 224$ V,

$R_{1\mathrm{Cu}} = 1{,}02\ \Omega$, $R_{\mathrm{Fe}} = 980\ \Omega$

mit denen bei vorgegebenen Werten U_1, f und M_i die oben genannten Betriebswerte abgeschätzt bzw. berechnet werden können.

Zum Vergleich sind dazu für diesen Motor beim Betrieb am öffentlichen Drehstromnetz mit U_1 = 230 V und f = 50 Hz in Bild 3.12 die auf der Basis einer vollständigen Ersatzschaltung berechneten, korrekten Betriebskennlinien in Abhängigkeit vom Polradwinkel dargestellt. Der dort dargestellte Verlauf für die „**AirGapPower**“ stellt die über den Luftspalt übertragene innere Leistung P_i des Motors dar und ist – wie aus den oben angegebenen Formeln erkennbar – direkt proportional zum inneren Drehmoment M_i. Im normalen Betriebsbereich stimmen die Näherungswerte sehr gut mit den korrekten Rechenwerten überein, und größere Abweichungen sind erst im Überlastbereich zu erwarten. Je nach Intensität der Kühlung kann als Dauerleistung dieser Motor 5,5 ... 7,5 kW bei Luftkühlung und bis zu 10 kW bei Wasserkühlung bei der Drehzahl n = 1 000 min^{-1} mit einem sehr guten Wirkungsgrad von über 90 % und der immer noch guten Überlastbarkeit ≥ 2 abgeben.

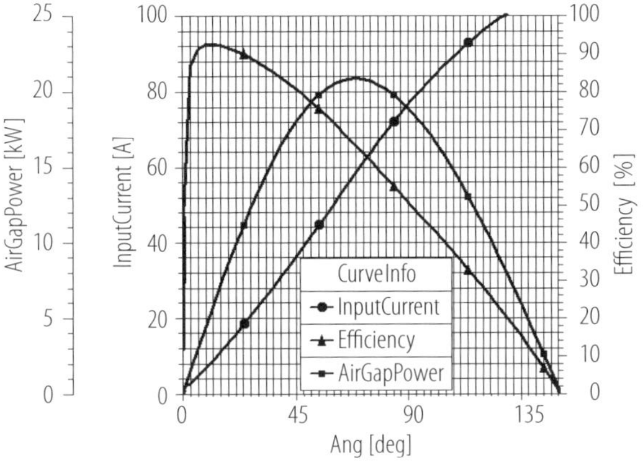

Bild 3.12 Betriebskennlinien eines Synchronmotors

3.1.2.4 Bürstenlose Gleichstrommaschine

In einer besonderen Betriebsweise als bürstenlose Gleichstrommaschine können die zuvor beschriebenen, permanenterregten Synchronmaschinen mit $\theta = 90°$, also mit $M_i = M_K$, betrieben werden. Dazu muss allerdings im Umrichter kontinuierlich die aktuelle Rotorlage entweder von einem Lagegeber oder geberlos durch Auswertung der Statorspannungen bekannt sein. Der Umrichter funktioniert dann gewissermaßen als elektronischer Kommutator und beaufschlagt die Statorwicklung so mit Strom, dass die Statorpole den Rotorpolen immer um (elektrisch) 90° vorauslaufen. In dieser Betriebsart kann die Synchronmaschine aber nicht kippen, sondern sie passt sich (wie eine Gleichstrommaschine) mit ihrer Drehzahl der jeweiligen Belastungssituation an. Wegen des geringeren Aufwands bei der Steuerung und in der Leistungselektronik wird diese Ausführung im Vergleich zum Betrieb als Synchronmaschine zunehmend gern bei kleineren Leistungen bis zu einigen kW und bei weniger anspruchsvollen Antriebsaufgaben eingesetzt.

3.1.3 Asynchronmotor

Prof. Dr.-Ing. Eugen Nolle

3.1.3.1 Übersicht

Asynchronmaschinen sind die z. Zt. wichtigsten Antriebe in der Industrie.

Vorteile:

- höchste Zuverlässigkeit, geringer Wartungsaufwand,
- besonders robuster Aufbau mit nur einem bewegten Teil,
- gute Betriebseigenschaften,
- guter Wirkungsgrad, guter $\cos(\varphi)$,
- kann unter Last am Netz anlaufen,
- relativ preisgünstig verfügbar,
- keine teuren Werkstoffe, Großserienfertigung.

Nachteile:

- nur feste Drehzahlbereiche möglich,
- für drehzahlvariablen Betrieb sind Umrichter erforderlich.

Aufgrund ihrer großen Bedeutung werden Asynchronmotoren überwiegend als **Normmotoren** konzipiert und eingesetzt. Gestaffelt nach einer Normreihe für die Achshöhe *h* in mm, die als **Baugröße** BG bei Normmotoren deren Bezeichnung definiert, sind alle relevanten Abmessungen und auch wichtige elektrische Eigenschaften festgelegt. Daher lassen sich Normmotoren unterschiedlicher Hersteller auch meist problemlos untereinander austauschen.

Tabelle 3.2 Normmotoren für Netzbetrieb in der Effizienzklasse IE2

2-polig			**4-polig**			**6-polig**		
BG	P_N **in kW**	η **in %**	**BG**	P_N **in kW**	η **in %**	**BG**	P_N **in kW**	η **in %**
100	3	≥ 84,6	100	2,2	≥ 84,3	100	1,5	≥ 79,8
112	4	≥ 85,8	100	3	≥ 85,5	112	2,2	≥ 81,8
132	5,5	≥ 87,0	112	4	≥ 86,6	132	3	≥ 83,3
132	7,5	≥ 88,1	132	5,5	≥ 87,7	132	4	≥ 84,6
160	11	≥ 89,4	132	7,5	≥ 88,7	132	5,5	≥ 86,0
160	15	≥ 90,3	160	11	≥ 89,8	160	7,5	≥ 87,2
160	18,5	≥ 90,9	160	15	≥ 90,6	160	11	≥ 88,7

Die in der Tabelle 3.2 auszugsweise angegebenen Normmotoren entsprechen der neuen **Effizienzklasse** IE2, die gemäß EU-Verordnung seit Juni 2011 von allen 2-, 4- und 6-poligen Normmotoren zwischen 0,75 und 375 kW eingehalten werden muss.

3.1.3.2 Aufbau und Funktionsweise

Asynchronmaschinen gehören wie die Synchronmaschinen zu den **Drehfeldmaschinen**, bei denen im Stator mithilfe einer Drehstromwicklung bei Speisung mit Drehstrom ein magnetisches Drehfeld ohne mechanisch bewegte Teile erzeugt wird. Mit der Frequenz f des speisenden Netzes und der Polzahl $2p$ (p = Polpaarzahl = $\in \{1, 2, 3, ...\}$) der Maschine folgt für diese Drehfelddrehzahl:

$$n_\mathrm{d} = \frac{f}{p} \quad \text{mit} \quad [n_\mathrm{d}] = \mathrm{s}^{-1}$$

Diese kann nur in groben Stufen über die Polpaarzahl p der Maschine oder bei Umrichterspeisung kontinuierlich über die Frequenz f geändert werden. Anders als bei der Synchronmaschine ist nach Bild 3.13 im Rotor der Asynchronmaschine eine Kurzschlusswicklung vorgesehen. Bei einer Relativbewegung zwischen Statordrehfeld und Rotor werden in diesem Kurzschlusskäfig (ohne äußere Stromzuführung) Ströme induziert, die zusammen mit dem Statorfeld Tangentialkräfte auf die Rotorwicklung und somit nach der Lenzschen Regel ein Drehmoment am Rotor in Richtung des Drehfeldes bewirken.

Entsprechend dieser Funktionsweise können Asynchronmaschinen nur bei einer Relativbewegung zwischen Statordrehfeld und Rotor ein Drehmoment entwickeln, wodurch die Drehzahl bei Asynchronmotoren belastungs-

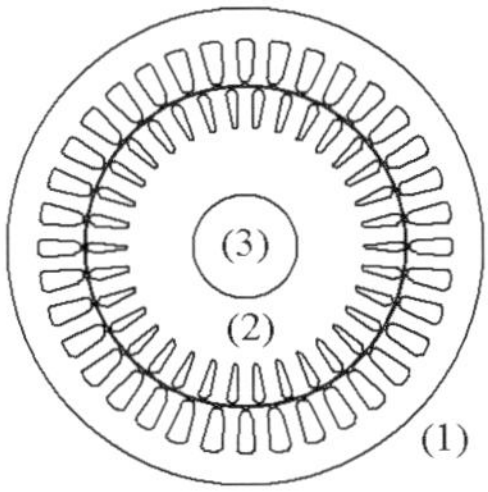

Bild 3.13 Aufbau von Asynchronmaschinen (Schnitt).
1 Stator mit verteilter Wicklung, 2 Rotor mit Kurzschlusswicklung, 3 Welle

abhängig stets kleiner als die Drehfelddrehzahl bleiben muss. Mit dieser Differenzdrehzahl

$$n_\mathrm{s} = n_\mathrm{d} - n; \qquad s = \frac{n_\mathrm{s}}{n_\mathrm{d}} = 1 - \frac{n}{n_\mathrm{d}}$$

lässt sich in angegebener Weise der Schlupf s definieren, der ein wichtiger Parameter zur Beschreibung des Betriebsverhaltens der Asynchronmaschine ist und bei normalem Motorbetrieb nur die Werte zwischen $s = 1$ bei Stillstand und $s \to 0$ bei Leerlauf annehmen kann.

Auch bei den Asynchronmaschinen wird das Betriebsverhalten mithilfe von Ersatzschaltungen untersucht, wobei hier nach Bild 3.14 wieder von einem besonders einfachen Modell für eine äquivalente Sternschaltung entsprechend DIN EN 60034-28 ausgegangen wird.

Die Werte der Ersatzschaltungselemente werden bei Bedarf für Netzfrequenz vom Motorhersteller angegeben oder im Prüffeld mithilfe eines Leerlauf- und Kurzschlussversuches bestimmt. Soll der Motor z. B. am Umrichter zur Drehzahländerung mit einer anderen Frequenz betrieben werden, so müssen einige Elemente der Ersatzschaltung für diese neue Frequenz umgerechnet werden. Sind dabei die Werte bei der Frequenz f_0 als Werte mit dem zusätzlichen Index „0“ bekannt, so ändern sie sich bei der neuen Frequenz f (ohne zusätzlichen Index) wie folgt:

$$R_{1\mathrm{Cu}} = R_{1\mathrm{Cu}0}; \qquad R'_{2\mathrm{Cu}} = R'_{2\mathrm{Cu}0}; \qquad X_\sigma = \frac{f}{f_0} X_{\sigma 0}$$

$$R_\mathrm{Fe} = \left(\frac{f}{f_0}\right)^{0{,}4} R_{\mathrm{Fe}0}; \quad X_\mathrm{h} = \frac{f}{f_0} X_{\mathrm{h}0}$$

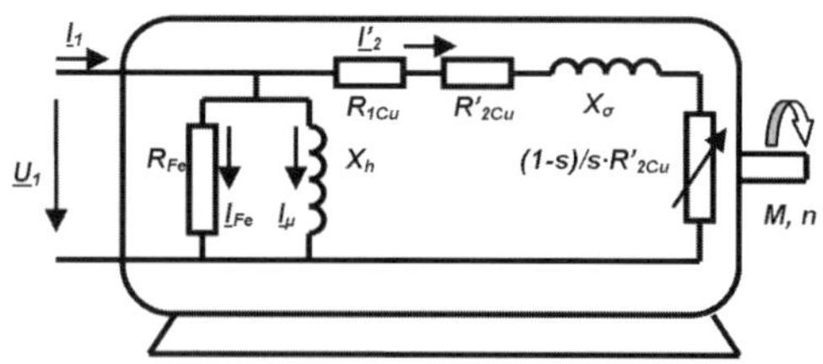

Bild 3.14 Vereinfachte Ersatzschaltung der Asynchronmaschine

Weiterhin ändern sich dann auch die mechanischen Verluste je nach Motorkonzept und Kühlungsart. Diese lassen sich bei üblichen Normmotoren im Netzbetrieb wieder pauschal mit ca. 2 % der jeweiligen Bemessungswerte abschätzen: $M_{\mathrm{vn}} \approx 0{,}02 \cdot M_{\mathrm{N}}$ und $P_{\mathrm{vn}} \approx 0{,}02 \cdot P_{\mathrm{N}}$. Damit können dann bei zusätzlich bekannten Werten der Betriebsspannung U_1 und Frequenz f für eine beliebig vorgegebene Drehzahl n wieder alle interessierenden Motorwerte berechnet werden:

$$n_{\mathrm{d}} = \frac{f}{p}; \qquad s = 1 - \frac{n}{n_{\mathrm{d}}} \quad \text{mit} \quad [n_{\mathrm{d}}, n] = \mathrm{s}^{-1}$$

$$I_{10} \approx \frac{U_1}{X_{\mathrm{h}}}; \qquad I_2' \approx \frac{U_1}{\sqrt{\left[R_{1\mathrm{Cu}} + \left(R_{2\mathrm{Cu}}'/s\right)\right]^2 + X_\sigma^2}}$$

$$I_1 \approx \sqrt{I_{10}^2 + I_2'^2}$$

$$P_{\mathrm{i}} = \frac{3\, R_{2\mathrm{Cu}}'\; I_2'^2}{s}; \qquad P_2 = P_{\mathrm{ab}} = (1 - s)\, P_{\mathrm{i}} - P_{\mathrm{vn}}$$

$$P_1 = P_{\mathrm{i}} + 3 \cdot \left[R_{1\mathrm{Cu}}\; I_1^2 + \left(U_1^2 / R_{\mathrm{Fe}}\right)\right]$$

$$M = \frac{P_2}{2\pi\, n}$$

$$\eta = \frac{P_2}{P_1}; \qquad \cos(\varphi) = \frac{P_1}{3 U_1\, I_1}$$

Oft wird in diesem Zusammenhang jedoch nicht die Drehzahl n, sondern das erwartete Nutzmoment M vorgegeben. Dann müssen dazu vorab der vermutliche Schlupfwert und die Drehzahl wie folgt abgeschätzt werden:

$$M_{\mathrm{i}} = M + M_{\mathrm{vn}}$$

$$s \approx \frac{R_{2\mathrm{Cu}}'}{\dfrac{3\, U_1^2}{2\pi\, n_{\mathrm{d}}\; M_{\mathrm{i}}} - 2\, R_{1\mathrm{Cu}}} \quad \text{mit} \quad n = (1 - s)\, n_{\mathrm{d}}$$

Die Auswertung erfolgt mit diesem Schätzwert s wie oben angegeben. Ergibt sich dabei eine größere Abweichung zum vorgegebenen Moment, lässt sich das Ergebnis durch eine erneute Rechnung (Iteration) mit einem etwas geänderten Schlupfwert verbessern.

Für einen entsprechend Bild 3.13 aufgebauten 6-poligen Asynchronmotor mit den gleichen aktiven Abmessungen wie die zuvor betrachtete, permanenterregte Synchronmaschine (Statoraußendurchmesser d_a = 170 mm, Paketlänge l_{Fe} = 160 mm) nehmen die Elemente der Ersatzschaltung folgende Werte an:

$R_{1Cu} = 2{,}1\,\Omega;$ $R'_{2Cu} = 2{,}3\,\Omega;$ $X_\sigma = 8{,}6\,\Omega;$

$R_{Fe} = 1\,880\,\Omega;$ $X_h = 66\,\Omega$

Für den Normalbetrieb lassen sich damit wieder brauchbare Näherungswerte bestimmen. Nur im Überlastfall – und somit auch beim Anlauf – muss auch hier mit größeren Abweichungen gerechnet werden, da sich dabei einige Werte der Ersatzschaltungselemente durch Sättigungs- und Stromverdrängungseffekte teilweise deutlich ändern. Zum Vergleich sind in Bild 3.15 wieder die korrekten Betriebskennlinien des betrachteten Norm-Asynchronmotors BG 112 6-polig beim Netzbetrieb an U_1 = 230 V und f = 50 Hz angegeben, die auf der Basis einer vollständigen Ersatzschaltung berechnet wurden.

Mit einem Wirkungsgrad von 84,5 % und $\cos(\varphi) \approx 0{,}77$ erfüllt dieser Motor gut die neue Effizienzklasse IE2 und hat dabei mit dem Kippmoment M_K = 69 Nm noch eine mehr als 3-fache Überlastbarkeit.

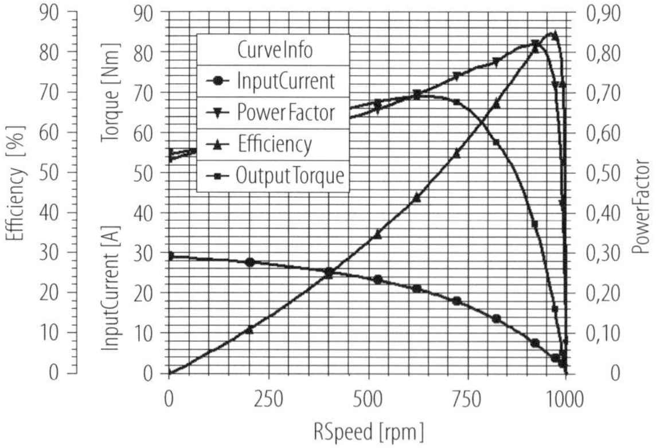

Bild 3.15 Betriebskennlinien eines Normmotors BG 112 6-polig

3.1.3.3 Einphasen-Asynchronmaschine

Insbesondere bei Leistungen bis etwa 2 kW lässt sich der Installationsaufwand bei Asynchronmotoren dadurch reduzieren, dass man diese in einer besonderen Ausführung direkt am einphasigen Wechselstromnetz betreibt. Dazu werden die Motoren meist 2-strängig ausgeführt, wobei der Hauptstrang direkt und der Hilfsstrang über einen geeigneten Kondensator an das Einphasennetz angeschlossen werden. Bleibt der Hilfsstrang auch im Betrieb eingeschaltet, so erreicht man in dieser Betriebsart als **Kondensatormotor** bei einer im Vergleich zum Drehstrombetrieb etwas reduzierten Ausnutzung immer noch gute Betriebseigenschaften. Bei geringeren Anforderungen an die Betriebseigenschaften kann der Hilfsstrang nach dem Hochlauf sogar wieder abgeschaltet werden, und der Motor läuft trotzdem einsträngig weiter. Anstelle des Kondensators kann man auch den Widerstand im Hilfsstrang vergrößern, der dann wegen der vergrößerten Verluste nach dem Hochlauf aber immer abgeschaltet wird.

3.1.4 Schrittmotor

Prof. Prof. h. c. mult. Dr.-Ing. Peter F. Brosch

3.1.4.1 Übersicht

Ein **Schrittmotor** setzt digitale Impulse an der Wicklung in durch die Konstruktion festgelegte Schritte mit dem mechanische Winkel (α = 0,36 ... 45°) um. Sein Haupteinsatzgebiet sind (kostengünstige) kleine Positionierantriebe für kleine Drehmomentanforderungen.

Der Schrittmotor ist ein Sonderbauform eines hochpoligen Synchronmotors, der statt mit einem kontinuierlichen Drehfeld mit Einzelimpulsen oder Impulsfolgen beaufschlagt wird. Dabei legt der Läufer definierte Schritte mit dem mechanischen Schrittwinkel α zurück. Jede Umdrehung kann in eine bestimmte Anzahl z von Schritten je Umdrehung aufgelöst werden. So können mechanische Drehbewegungen ausgeführt und positioniert werden. Zur Überwachung der Schrittmotorenantriebe werden **Drehgeber** (Encoder) benutzt. Tabelle 3.3 zeigt die Varianten der Motoren. Schrittmotoren liefern Drehmomente auch bei kleinen Drehzahlen und im Haltezustand. Nach dem gleichen Prinzip werden auch Linearmotoren aufgebaut.

Tabelle 3.3 Schrittmotoren

Typ	Schrittwinkel α in °	Merkmale	Einsatz	Drehmoment
Klauenpolmotor, „Dosenmotor“	6…45	kostengünstig, geringe Schrittzahl	Bürotechnik, Konsumgüter	mN m-Bereich
Hybridmotor	0,36…15	Läufer mit PM geblecht, teuer	industriell, hohe Qualität	bis 10 N m
PM-Motor	1,8	Scheibenläufer, teuer	industriell	bis 1 N m
Reluktanzmotor	1,8…30	kostengünstig	selten eingesetzt	bis 0,1 N m
Servomotor	1/600	teuer	Motion Control	bis 200 N m

Schrittmotoren haben meist **Permanentmagnetläufer** (PM). Als elektromechanischer Wandler folgt der Läufer dem blockförmig taktenden umlaufenden Feld des Ständers. Bei hohen Pulsfrequenzen ist die Bewegung quasikontinuierlich. Motor und Speiseeinheit (Frequenzumrichter) bilden eine Betriebseinheit mit abgestimmten Eigenschaften, die die Qualität bestimmt. Die Vorteile eines Schrittmotorantriebs gegenüber den konventionellen Servoantrieben sind:

- schrittgenaue Positionierung ohne Geber,
- kostengünstige offene Steuerkette ohne Rückmeldung,
- Drehmoment bei kleinsten Drehzahlen,
- Haltemoment im stromlosen Zustand,
- einfacher Aufbau.

3.1.4.2 Ausführungen

Klauenpolmotor (Dosenmotor)

Einfache Klauenpol-Schrittmotoren sind aus mindestens zwei Ständern aufgebaut. Diese sind um eine halbe Polteilung gegeneinander versetzt. Konstruktiv eignen sie sich besonders für große Schrittwinkel von 7,5°; 9°; 11,25°; 15° und 45°. Entsprechend ist die höchste Schrittzahl je Umdrehung 48. Die Pole sind als **Klauen** ausgeführt. Die Ringspule erregt auf der einen Seite Nordpole und auf der anderen Seite Südpole. Diese Pole wirken auf den permanentmagneterregten Läufer (Ferritmagnet mit festgelegten Polen). Bild 3.16 a zeigt das System. Zur Erhöhung des Drehmoments können mehrere Systeme auf eine Welle gesetzt werden. Der Motor wächst dann mit dem Drehmoment in die Länge.

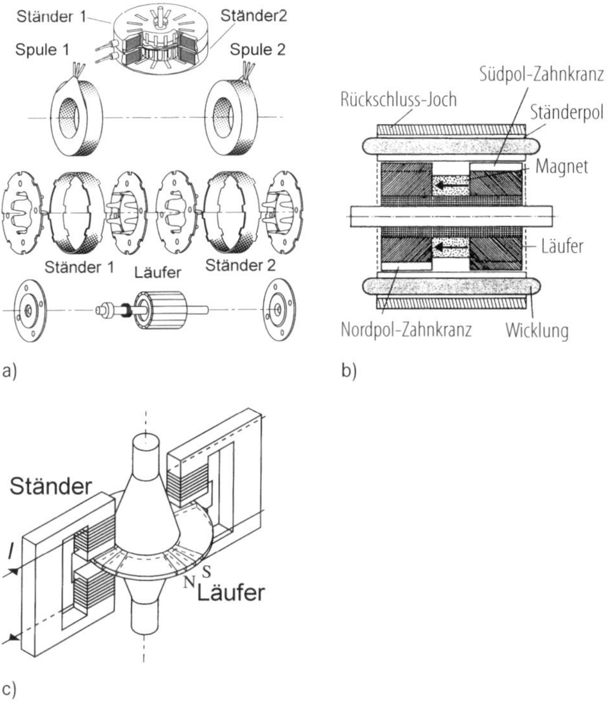

Bild 3.16 Arten der Schrittmotoren. a) Klauenpolmotor, b) Hybridmotor, c) Scheibenläufer

Hybridschrittmotor

Der Hybridschrittmotor hat einen geblechten Ständer mit ausgeprägten Polen. Jeder Pol trägt eine konzentrische Erregerwicklung für das Luftspaltfeld. Die Pole sind zusätzlich gezahnt, um die Zähnezahl zu erhöhen. Der Läufer ist permanentmagneterregt und trägt an den Stirnseiten gezahnte Polschuhe. Gebräuchliche Schrittwinkel liegen bei 0,36 ... 3,6°. 1 000 Schritte je Umdrehung können aufgelöst werden. Dies erfordert hohe mechanische Qualität. Die Wicklungen werden in zwei (vier) oder fünf Strängen ausgeführt. Fünfstrangmotoren können oft wegen ihres großen Drehmoments als Direktantriebe ohne Zwischenschaltung eines Getriebes eingesetzt werden. Bild 3.16 b zeigt den Aufbau des Hybridschrittmotors.

Reluktanzschrittmotor

Der Reluktanzschrittmotor wird selten eingesetzt. Der Läufer ist nicht erregt, folgt aber wegen der magnetischen Vorzugsrichtung dem Feld. So ist die Konstruktion einfach. Schrittwinkel bis etwa 10° sind machbar. Unbestromt entwickelt der Motor weder ein Moment noch ein Haltemoment. Wegen des einfachen Läuferaufbaus sind hohe Drehzahlen möglich.

Scheibenläufer-Schrittmotor

Den Scheibenläufer-Schrittmotor zeigt Bild 3.16 c. Die dünne Läuferscheibe ist magnetisiert und trägt die Pole. Das Massenträgheitsmoment ist sehr klein, was diesen Motor für dynamische Antriebe besonders prädestiniert.

3.1.4.3 Betriebsarten

Die Bestromung der Wicklungen übernimmt jeweils eine angepasste Elektronik (= Frequenzumrichter). Die Umkehrung der Richtung des magnetischen Flusses im Ständer erfolgt über elektronische Schaltventile. Prinzipiell kann die Ansteuerung unipolar oder bipolar erfolgen. Bild 3.17 zeigt die Möglichkeiten.

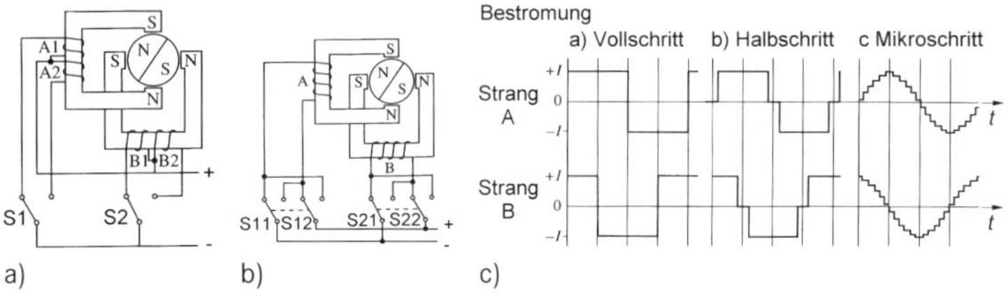

Bild 3.17 Ansteuerung und Bestromung bei a) Unipolarbetrieb, b) Bipolarbetrieb, c) Voll-, Halb- und Mikroschrittbetrieb

Unipolarbetrieb

Beim Unipolarbetrieb sind die elektronischen Leistungsstufen einfach ausgeführt, es wird je Wicklung nur ein Schalter S benötigt. Jede Wicklung ist in zwei Teile (A1, A2) aufgeteilt, die wechselweise angesteuert werden. Der Motor ist relativ groß, weil die Wicklungen schlecht ausgenutzt werden; die Elektronik ist dagegen klein und einfach aufgebaut.

Bipolarbetrieb

Beim Bipolarbetrieb sind die elektronischen Leistungsstufen aufwendiger ausgeführt, da jeweils eine „H"-Brücke mit vier Schaltern (S) benötigt wird. Jede Wicklung liegt somit in einer Schalterbrücke, um die Wicklung wechselweise zu bestromen. Der Motor (die Wicklungen) wird gut ausgenutzt, die Elektronik ist mit vier Schaltern größer und aufwendiger (Bild 3.17 b).

Voll-, Halb- und Mikroschrittbetrieb

Werden bei einem Motor mit zwei Strängen gleichzeitig auch beide Stränge bestromt, so herrscht **Vollschrittbetrieb**. Es ist jedoch auch ein Betrieb denkbar, der zwischen der Bestromung eines Strangs und der beider Stränge abwechselt. Dieser Betrieb ist **Halbschrittbetrieb**. Wird nur ein Strang bestromt, stellt sich ein Zwischenwinkel ein. Das Drehmoment ist entsprechend kleiner. Der Schrittwinkel des Motors ist halbiert, die Schrittzahl z verdoppelt sich durch diese Ansteuerungsart, ohne dass sich der Motor konstruktiv geändert hat. Durch elektronische **Schwellwertschalter** ist es möglich, die Bestromung der Stränge in Stufen zu variieren (**Mikroschrittbetrieb**). Dadurch ergeben sich weitere Zwischenstellungen, die den Schrittwinkel verkleinern und die Möglichkeit der feineren Positionierung erhöhen. Das Verfahren setzt eine driftfreie Elektronik voraus (Bild 3.17 c).

3.1.4.4 Betriebskennlinien

Bild 3.18 zeigt die Drehmoment-Schrittfrequenz-Kennlinie mit dem Start-Stopp-Bereich A und dem Beschleunigungsbereich B. Die Start-Stopp-Grenzkennlinie hängt vom angekoppelten Fremdträgheitsmoment J ab.

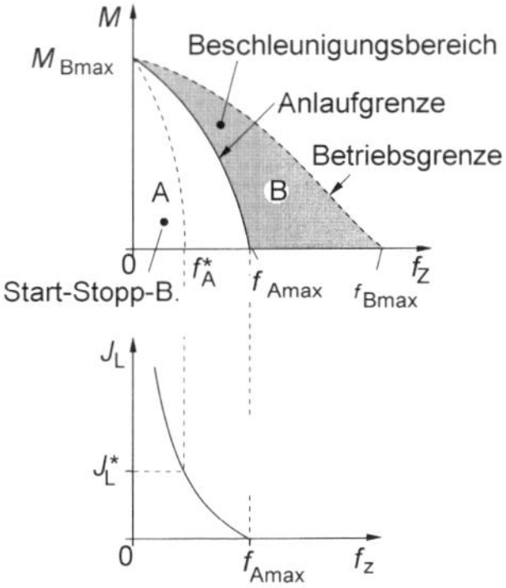

Bild 3.18 Schrittmotor-Kennlinie, J_L^* angekoppelte Fremdmasse

Je größer die angekoppelte Fremdschwungmasse J_L^* ist, desto kleiner muss die Start-Stopp-Frequenz f_A^* für den Betriebsfall gewählt werden. Nur bei Betrieb im Start-Stopp-Bereich darf der Schrittmotor direkt ein- oder ausgeschaltet werden, ohne Schrittfehler zu begehen. Wird ein Grenzmoment überschritten, fällt der Motor außer Tritt und bleibt stehen. Die Bewegung kann über Sensoren (Drehgeber) überwacht werden.

3.1.5 Direktantriebe

Prof. Prof. h. c. mult. Dr.-Ing. Peter F. Brosch

3.1.5.1 Übersicht

Man unterscheidet drehende und lineare Direktantriebe. **Direktantriebe** ersetzen in vielen Applikationen mehr und mehr konventionelle Antriebe mit Getriebelösungen, besonders im Rahmen von Motion Control.

Bei Direktantrieben entfallen mechanische Übertragungselemente, wie Zahnrad-, Riemen-, Zahnstangen- oder Kugelrollspindelgetriebe usw. Es entsteht ein spielfreies und verschleißarmes System hoher Steifigkeit. Dieses ermöglicht hochdynamische Beschleunigungen und eine sehr genaue Positionierung bei direkter Messung. Die Folgen sind verkürzte Taktzeiten der Arbeitszyklen und somit sinkende Kosten. Drehende und lineare Direktantriebe vereinen folgende Vorteile:

- Durch den direkten Einbau der Elektroaktuatoren in die Maschinenkonstruktion kann kompakter konstruiert und gebaut werden.
- Die Achsen erzielen höhere Dynamikwerte und Genauigkeiten.
- Wegen des reduzierten Verschleißes sinkt der Wartungsaufwand.
- Getriebe, Getriebekosten und Montageaufwand entfallen.
- geringerer Raumbedarf und kompaktere Bauweise,
- Steigerung des Gesamtwirkungsgrades,
- nahezu lautloser Betrieb,
- Es besteht eine höhere Systemsteifigkeit, kein (Umkehr-)Spiel.

Nachteile:

- Motoren langsam laufender Direktantriebe sind bei gleicher Leistung schwerer und/oder entwickeln nur ein geringes Drehmoment.

- Optimierte Direktantriebe erfordern (oft) speziell konstruierte Motoren.
- Motoren für Direktantriebe erfordern (oft) auch robustere Lager, um zusätzliche Lagerkräfte oder Unwuchten aufzunehmen.
- Der Einsatz ist wirtschaftlich bei sehr teueren Produkten oder bei sehr hohen Stückzahlen.

Keinesfalls kann eine Standardkonstruktion „einfach“ durch Direktantriebe ersetzt werden [3.1].

3.1.5.2 Drehende Direktantriebe

Bei Direktantrieben fehlen die mechanischen Übertragungselemente. Direktantriebs-Motor und „Last“ bilden eine konstruktive Einheit.

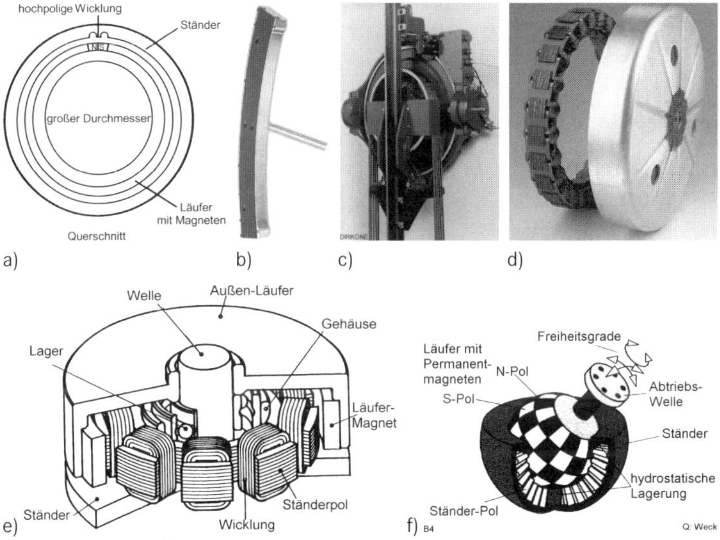

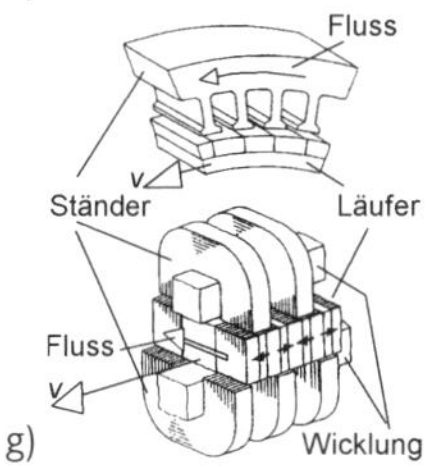

Bild 3.19 Drehende Direktantriebe.
a) Rundtischantrieb (Prinzipbild),
b) Segmentmotor (*IDAM GmbH & Co. OHG*),
c) Aufzugsmotor (*KONE*),
d) Waschmaschinenmotor (*DOMMEL*),
e) Lüfter (*ZIEHL-ABEGG*),
f) Kugelmotor (*WECK*),
g) Transversalflussmotor (*LTi*)

Dies erkennt man am besten bei Zentrifugalpumpen und -ventilatoren, deren Schaufeln direkt mit dem Außenläufer eine mechanische Einheit bilden. Wenn u. U. von der „Last“ Kräfte aufzunehmen sind, müssen die Lager der Direktantriebe stärker ausgelegt werden.

Bild 3.19 zeigt verschiedene Ausführungen von Direktantrieben, die sich im Einsatz bewährt haben. Der Segmentmotor wirkt nur auf einem Teil des Umfangs, z. B. bei sehr großen Durchmessern. Die Bild 3.19 e und f zeigen Sonderkonstruktionen. Der Transversalmotor ist prinzipiell anders aufgebaut als ein Standardmotor mit „normaler“ Flussführung. Sein Vorteil ist die hohe Anzahl der Einzelpole, die alle einen Beitrag zum Drehmoment leisten. Die Konstruktion führt zu relativ hohen Drehmomenten, allerdings auch verbunden mit merklicher Polfühligkeit. Die Aktuatoren in den Bildern 3.19 f und g werden von Sonder-Stromrichtern gespeist.

3.1.5.3 Direkte Linearantriebe

Bei Linearmotoren wirkt die Kraft des elektrischen Antriebs direkt auf die zu bewegenden Last und umgeht so die verschiedenen Unzulänglichkeiten der sonst eingesetzten mechanischen Übertragungsglieder. Optimal werden die linearen Direktantriebe in stark angepassten Konstruktionen als Servoantriebe genutzt. Über Servoverstärker gespeist, arbeiten sie mit variabler, prozessoptimierter Geschwindigkeit ($v \sim f$) und positionieren sofort µm-genau ohne Einlaufzeit der Anlage. Das große Optimierungspotenzial der direkten Linearantriebe steckt vor allem in

- der einfachen und kompakten Konstruktion,
- der geringen Masse,
- der hohen Beschleunigung (> 10 g),
- der hohen Verfahrgeschwindigkeit (> 800 m/s),
- dem fehlenden Umkehrspiel,
- der optimalen mechanischen Ankopplung an die „Last“,
- der einfachen elektrischen Überwachung bei sehr genauer Positionierung.

Motoraufbau

Primär- und Sekundärteil des Linearantriebs kann man sich aus einem drehenden konventionellen Motor entstanden denken. Das Primärteil trägt die Drehstromwicklung. Das Sekundärteil ist mit starken Permanentmagneten bestückt und fest mit der Maschinenkonstruktion verbunden (Bild 3.20).

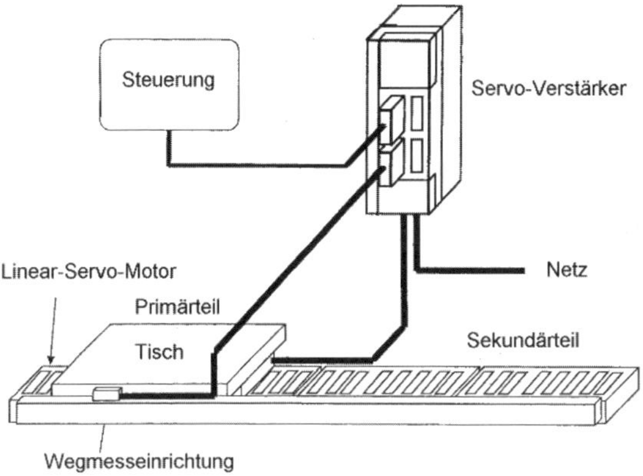

Bild 3.20 Linearmotorsystem

Die Länge entspricht dem gewünschten Verfahrweg, da sich meist das kurze Primärteil auf einer Führung über das lange Sekundärteil hinweg bewegt. Die Primärteil-Position wird vom integrierten Wegmesssystem (Linearmaßstab) erfasst und steuert den speisenden Servoverstärker. Dieser erlaubt eine optimale Anpassung (Parametrierung) an die gestellte Aufgabe hinsichtlich Kraft, Geschwindigkeit, Rampe und Positionierung. So werden mit einem Linearmotor lineare Bewegungen ohne den Umweg über mechanische Wandelelemente, wie Getriebe, Spindeln, Zahnstangen oder Zahnriemen usw., direkt ausgeführt.

Motortypen

Entsprechend den Forderungen aus der Praxis gibt es **lineare Servomotoren** in verschiedenen Kraftklassen und für alle nur denkbaren Anwendungen. Eingesetzt werden verschiedene Konstruktionen, wie Bild 3.21 zeigt. In der Automatisierungstechnik kommen hauptsächlich drei Typen von Primärteilen zum Einsatz:

- eisenlose Typen, keine Nutung,
- geblechte, eisenbehaftete Typen,
- geblechte, eisenbehaftete Typen mit Flüssigkeitskühlung.

Die Konstruktionen mit ihren markanten Eigenschaften werden im Folgenden kurz beschrieben.

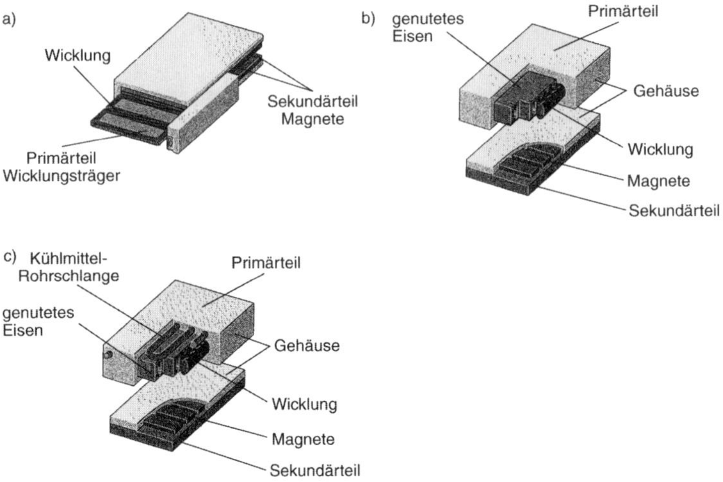

Bild 3.21 Linear-Servomotoren (Prinzip [3.1]). a) Motor mit feststehenden C-Magneten und dazwischen bewegtem eisenlosem Primärteil, b) geblechtes und genutetes Primärteil, c) geblechtes und genutetes Primärteil mit zusätzlicher Flüssigkeitskühlung

Motor mit eisenlosem Primärteil

Bei diesem Motor umschließt der feststehende C-förmige Magnet mit Eisenrückschluss (Sekundärteil) das zwischen den Polen im Luftspalt verschiebbare eisenlose Primärteil. Sensoren auf dem Primärteil tasten den Längenmaßstab ab und melden die Position an den Verstärker. Über eine Kunststoff-Schleppkette werden Leistungs- und Datenleitungen für das Primärteil geführt (Bild 3.21 a). Neuerdings werden Leistung und Daten in einer Leitung übertragen. Das eisenlose bewegliche Primärteil hat eine sehr geringe Masse. Daher eignen sich diese Motoren besonders für hohe Beschleunigungen bei kleinen externen Nutzmassen. Es tritt praktisch keine Polfühligkeit auf. Die anziehenden Normalkräfte der Magnete auf die Wicklung heben sich gegenseitig auf. Das entlastet das mechanische Führungssystem. Die Motoren laufen sehr leise.

Motor mit eisenbehaftetem Primärteil

Bei dieser Art der Linearmotoren liegt die Drehstromwicklung in Nuten des aus Eisenblechen geschichteten Primärteils. Der Luftspalt zwischen

Primärteil und den Permanentmagneten des Sekundärteils (Bild 3.21 b) beträgt nur ca. 1 mm, dadurch wird das Magnetfeld stärker. Daraus resultieren wesentlich größere Vorschubkräfte (im Vergleich zur eisenlosen Variante), und diese Ausführungen haben ein prinzipbedingtes günstigeres Verhältnis von Baugröße zu Vorschubkraft. Allerdings wirken bei dieser Konstruktion auch hohe (unerwünschte) anziehende (Normal-)Kräfte zwischen dem Eisen des Primärteils und den Magneten des Sekundärteils. Diese Kräfte müssen die Führungen zusätzlich zur vorgesehenen „Nutzlast" aufnehmen. Vorteilhaft sind die damit verbundene Vorspannung und die Vergrößerung der Steifigkeit der Konstruktion. Die Polfühligkeit wird durch Schrägstellung der Magnete im Sekundärteil stark reduziert. Linearmaßstäbe und Sensoren erfassen die Position und melden diese an den Servoverstärker zurück.

Motor mit flüssigkeitsgekühltem Primärteil

Um die erzielbaren Kräfte weiter zu erhöhen, wird der Strom in der Primärwicklung gesteigert. Die Leiter sind flüssigkeitsgekühlt, um die vergrößerten Wicklungsverluste abzuführen (Bild 3.21 c). Auch die Kühlflüssigkeit muss über die Schleppkette geführt werden.

Einsatz

Linearmotoren haben wesentliche Vorteile gegenüber den Lösungen mit mechanischen Wandlern. Sie passen bestens in das System Motion-Control

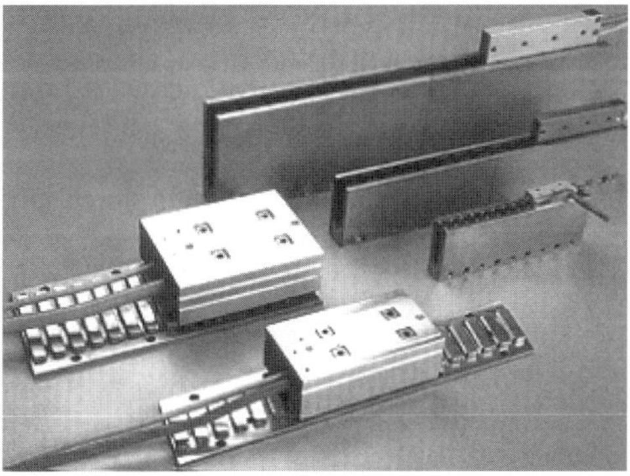

Bild 3.22 Linearmotoren verschiedener Ausführung (*ESR*).
Oben: eisenlos mit C-Magnet, unten: Läufer mit Eisen, geschrägte Flachmagnete

und können mit drehenden Servomotoren zusammenarbeiten. In Werkzeugmaschinen werden sie z. B. bei langen (Fräs-)Wegen eingesetzt (Bild 3.22).

3.1.5.4 Direktantriebe für sehr kleine Wege

Oft werden nur relativ (sehr) kleine Wege beim Positionieren von Kleinteilen oder Werkzeugen benötigt. Dann setzt man spezielle Aktuatoren ein, die nach dem Piezo- oder Elastomereffekt arbeiten oder als Tauchspulaktuator aufgebaut sind (Bild 3.23). Diese Aktuatoren sind Sonderlösungen für den genannten Einzelfall.

Piezo-Aktuatoren

Piezo-Aktuatoren nutzen den Effekt zur Verschiebung des Läufers um kleine Wege. Sie werden für lineare und drehende Bewegungen angeboten [3.8]. Bei Pump- und Dosieranwendungen haben sich Piezoantriebe bewährt. Sie benötigen einen speziellen Frequenzumrichter zur Speisung der einzelnen Elemente und bewegen sich jeweils um diskrete Schritte, ähnlich einem Schrittmotor.

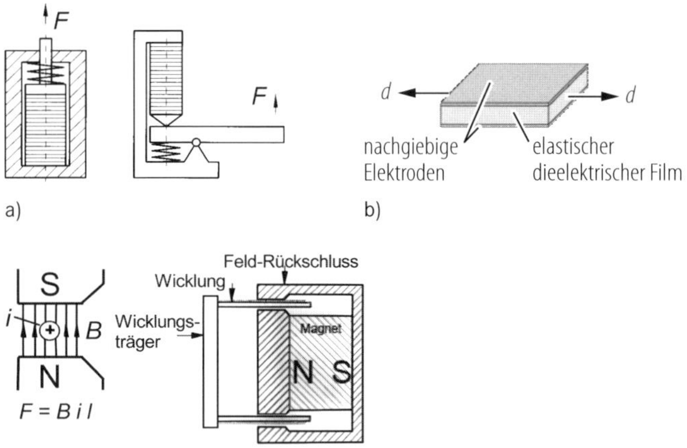

Bild 3.23 Aktuatoren. a) Piezo-Aktuator, b) Elastomer-Aktuator, c) Tauchspulmotor

Elastomer-Aktuatoren

bestehen aus einer dünnen Elastomerfolie (ca.100 µm), die mit flexiblen Elektroden beschichtet ist. Legt man Spannung an die Elektroden, erfolgt die Kompression der Foliendicke durch elektrisches Feld und die Ausdehnung *d* der Folienfläche (bis ca. 100 %) [3.9].

Tauchspulmotoren

Tauchspulmotoren sind Gleichstrom-Linearmotoren für kleine Wege, die prinzipiell wie ein Lautsprecher arbeiten. Das Kraft-Weg-Diagramm ist streng linear und vom Strom abhängig. Die Speisung übernehmen produktspezifische Stromrichter, die für den Betrieb optimiert sind.

3.2 Pneumatische Antriebe

Dr.-Ing. Rüdiger Neumann

3.2.1 Übersicht

Der Begriff **Pneumatik** bezeichnet den Einsatz von Druckluft in technischen Anwendungen, insbesondere als Energieträger in der Antriebs- und Handhabungstechnik. **Druckluft** wird durch Ansaugen und Komprimieren der Umgebungsluft in einem **Kompressor** erzeugt und wird nach der Verteilung über ein **Druckluftnetz** (Rohr- und Schlauchleitungen) technisch genutzt. Bei pneumatischen Anwendungen wird der Energiegehalt der Druckluft (Druckbereich 4 ... 8 bar) genutzt, um beispielsweise Linearantriebe, Schwenkantriebe oder Greifer zu bewegen und mechanische Arbeit zu verrichten. In den meisten Fällen wird die Druckluft anschließend entspannt und fließt über einen Schalldämpfer in die Umgebungsluft zurück.

Die **Drucklufttechnik** umfasst jegliche Art der Verwendung von Druckluft, beispielsweise auch als Antriebsenergie für handgeführte Werkzeuge (z. B. Dreh- und Impulsschrauber), zur Verwendung in Luftblaspistolen oder als Sperrluft. Im Gegensatz dazu wird unter dem Begriff „**Pneumatik**" meist die druckluftbetriebene Antriebstechnik verstanden (Ventile, Linearantriebe, Schwenkantriebe, Greifer, ...).

Die Pneumatik hat die größte Verbreitung im rein gesteuerten Antriebsbereich, was im linken Teil von Bild 3.24 zu erkennen ist. Hier werden verschiedene Bewegungsfunktionalitäten den Antriebsenergien Pneumatik und Elektrik zugeordnet. **Elektrische Antriebseinheiten** sind vornehmlich im Bereich frei programmierbarer Abläufe zu finden. Mit **servopneumatischen Antrieben** ist die gleiche Bewegungsfunktionalität wie mit elektrischen Antrieben möglich.

Anders als bei elektrischen Antrieben ist die hauptsächliche Ausführungsform bei **Pneumatikantrieben** nicht der Rotationsantrieb, sondern der Linearantrieb in Form eines Zylinders. Einsatzbereiche von Pneumatikantrieben zeigt Bild 3.25. Dort sind die Bereiche bezüglich Geschwindigkeit und Kraft für die unterschiedlichen Antriebsarten erkennbar.

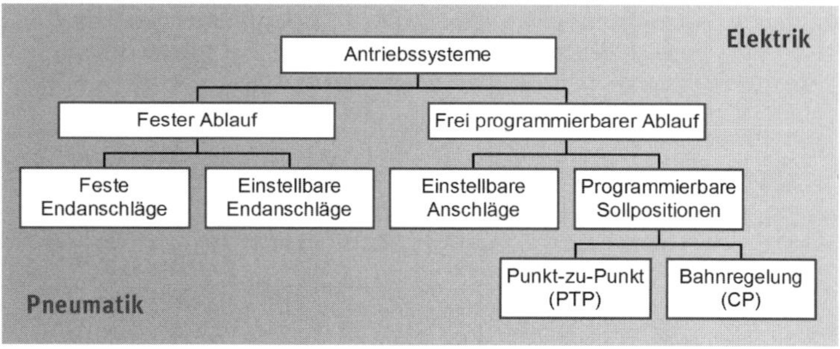

Bild 3.24 Einordnung der Pneumatik anhand der Bewegungsfunktionalität

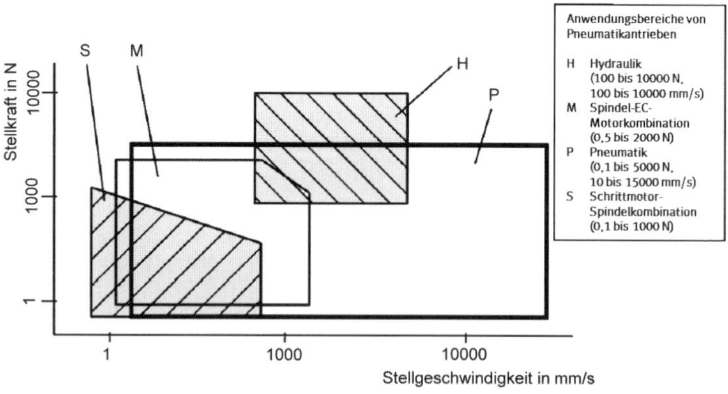

Bild 3.25 Anwendungsbereich der Pneumatik im Vergleich zu anderen Antriebstechnologien

3.2.1.1 Vorteile von pneumatischen Antrieben

- Im Gegensatz zu hydraulischen Systemen kann in der Pneumatik das Fluid aus der Umgebung angesaugt und wieder in die Umgebung abgelassen werden. Ein geschlossener Fluidkreislauf ist in den meisten Fällen nicht notwendig.
- Kleinere Leckagen im System verursachen keine Umweltbelastungen durch austretendes Fluid (lediglich Energieverlust).
- Druckluftsysteme weisen im Vergleich zu hydraulischen Systemen zwar eine geringere Energiedichte auf, diese ist dennoch meist größer als bei vergleichbaren elektrischen Antrieben. Auf kleinem Bauraum können vergleichsweise hohe Kräfte/Momente erzielt werden.
- Die Viskosität von Druckluft ist im Vergleich zur Hydraulik relativ gering. Es entstehen daher nur geringe Strömungsverluste in Rohren und Schlauchleitungen.
- Pneumatische Antriebe erlauben leistungsloses Halten bei konstanter Kraft.
- Die Verwendung von Luft als Antriebsmedium sorgt in den meisten Fällen für eine ausreichende Kühlung der Antriebskomponenten. Zusätzliche Kühlung ist in der pneumatischen Anwendung nicht notwendig.
- Im Gegensatz zu elektrischen Anlagen entsteht die anfallende Wärme zentral – größtenteils während der Erzeugung der Druckluft im Kompressor. Daher ist es möglich, zentrale Energierückgewinnungsverfahren in Form von Kraft-Wärme-Kopplung anzuwenden und damit den Wirkungsgrad des Gesamtsystems zu steigern.
- Aufgrund der Kompressibilität der Druckluft kann ein elastisches und nachgiebiges Antriebsverhalten erzielt werden. Dies kann insbesondere in Anwendungen von Vorteil sein, in denen mit mechanischen Einwirkungen von außen zu rechnen ist.
- Durch die großen Strömungsgeschwindigkeiten in pneumatisch angetriebenen Motoren und Turbinen können sehr hohe Drehzahlen erzielt werden.
- Pneumatische Systeme sind robust gegen Überlast und unempfindlich gegen Temperaturschwankungen.
- Pneumatische Antriebe sind relativ einfach aufgebaut und daher preisgünstiger als elektrische Antriebe mit vergleichbaren Leistungsdaten.

3.2.1.2 Nachteile von pneumatischen Antrieben

- Im Vergleich zu hydraulischen Antrieben sind die pneumatischen Kräfte und Momente bei gleicher Baugröße wesentlich geringer.
- In der Bewegungsphase von pneumatischen Antrieben wird eine Antriebskammer befüllt, die während der Bewegungsphase ihre Größe ändert. Das zusätzliche Volumen muss während der Bewegung kontinuierlich weiter befüllt werden. Insbesondere in der Anfangsphase der Bewegung ist die Dynamik pneumatischer Antriebe im Vergleich zu elektrischen Antrieben daher geringer.
- Leckagen in pneumatischen Anlagen sind schwer zu lokalisieren. Daher treten insbesondere in älteren Anlagen oft Leckageverluste auf, die zu einem geringen Wirkungsgrad des Gesamtsystems führen können.

Ein Vergleich der Komponentenstruktur zwischen einer pneumatischen und einer elektrischen Linearachse (Bild 3.26) zeigt die Entsprechungen zwischen den Teilkomponenten auf. Hier soll ein servopneumatischer Antrieb beschrieben werden, weil es nur dort die direkten Entsprechungen gibt. Bei einem schaltpneumatischen Antrieb wird anstelle des Servoventils ein Schaltventil und anstelle der Positionsregelung eine SPS-Steuerung mit Endschaltern als Sensor genutzt.

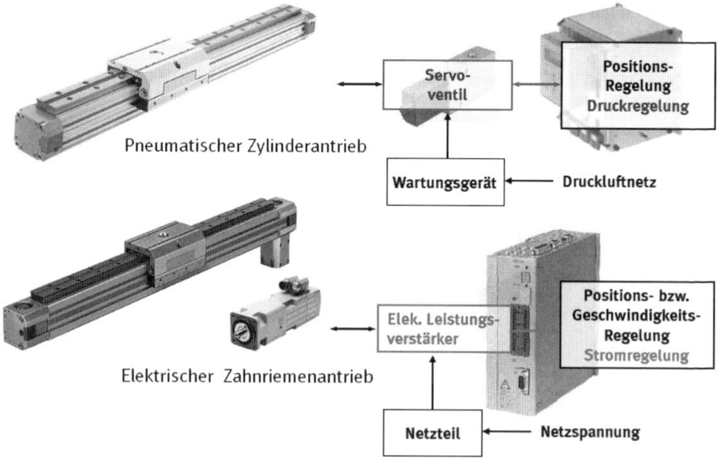

Bild 3.26 Komponentenstruktur von einer pneumatischen und einer elektrischen linearen Antriebsachse [3.12]

3.2.1.3 Drucklufterzeugung, Verteilung und Aufbereitung

Zunächst wird die benötigte Druckluft in einem **Kompressor** erzeugt, meist unter Verwendung eines elektrisch angetriebenen Motors. Eine erste Stufe der Luftaufbereitung (z. B. Kühlung und Trocknung) sorgt dafür, dass die erzeugte Druckluft den Kompressor in einer geeigneten Qualität verlässt. In einem dem Kompressor nachgeschalteten **Druckluftnetz** erfolgt die Verteilung und Bereitstellung der Druckluft an die pneumatisch betriebene Applikation. Bevor die Druckluft in der Anwendung genutzt werden kann, wird sie meist in einem **Wartungsgerät** derart aufbereitet, dass sie den Anforderungen der nachgeschalteten pneumatischen Komponenten genügt. Eine Wartungseinheit besteht häufig aus Ölabscheider, Trockner, diversen Filtern und einem einstellbaren Druckregler. Der **Druckregler** ermöglicht das individuelle Einstellen des gewünschten Versorgungsdrucks in der Anwendung. In der Regel ist ein Betriebsdruck von 6 bar (rel.) ausreichend. Je nach Anforderung können jedoch auch höhere Drücke vorgewählt werden. Die meisten pneumatischen Komponenten können mit bis zu 10 bar betrieben werden.

3.2.1.4 Ventile und Ventilinseln

Ähnlich wie in hydraulischen Anlagen werden pneumatische Aktoren über **Ventile** angesteuert. Sie dienen zur Steuerung oder Regelung von Start und Stopp bzw. zur Wahl der Strömungsrichtung. Je nach Ventilart unterscheidet man:

- Wegeventile,
- Sperrventile,
- Druckproportionalventile,
- Mengenproportionalventile.

Ebenso wie andere pneumatische Komponenten sind Ventile in vielerlei Ausprägungen verfügbar. In der herkömmlichen Schaltpneumatik kommen meist **Wegeventile** zum Einsatz, deren Aufgabe darin besteht, die Strömungsrichtung des Fluids in oder aus einem Antrieb und den Schaltzeitpunkt festzulegen. Wegeventile werden abhängig von der Anzahl der Anschlüsse und der möglichen Schaltstellungen bezeichnet (z. B. verfügt ein 3/2-Ventil über 3 Anschlüsse bei 2 Schaltstellungen).

Je nach Luftbedarf kann aus einem großen Spektrum verfügbarer Ventile das passende Ventil gewählt und eingesetzt werden. Relevant ist hierbei der **Nenndurchfluss**. Er gibt den erzielbaren Durchfluss unter normierten Bedingungen an. Der Nenndurchfluss von verfügbaren Ventilen kann zwischen 4 und 30 000 ℓ/min liegen. Die durchströmte Querschnittsfläche entspricht einer Kreisöffnung mit dem Durchmesser (Nennweite) von 0,4 ... 40 mm. Der Betriebsdruck gängiger pneumatischer Ventile liegt im Bereich von 0 bis 12 bar.

Wenn in einer pneumatischen Anlage mehrere Ventile auf engem Raum zentral angeordnet sein sollen, empfiehlt sich die Verwendung einer sog. **Ventilinsel**. Der konstruktive Aufbau einer Ventilinsel erlaubt die Verwendung einer gemeinsamen Zuluft- und Abluftleitung, die gleichsam von allen Ventilen verwendet wird. Die Ansteuerung der Ventile kann sowohl einzeln als auch über ein Bus-System erfolgen. Die Anzahl von Schläuchen und Signalleitungen lässt sich so auf ein Minimum reduzieren.

Eine Sonderform des Pneumatikventils stellt das **Servo**- oder **Proportionalventil** dar. Im Gegensatz zu Wegeventilen und Sperrventilen können Proportionalventile kontinuierlich verstellt werden, der Durchfluss lässt sich dosieren. Unter Verwendung geeigneter Sensorik und eines Reglers lassen sich hiermit genaue Positionierungen oder Kraftregelungen im nachgeschalteten Antrieb realisieren (s. Bild 3.26) dargestellt.

3.2.1.5 Sensorik

Der aktuelle Zustand einer Anlage muss innerhalb der verwendeten Steuerung zu jedem Zeitpunkt bekannt sein. Ablaufsteuerungen und Regler sind auf Messwerte angewiesen, die als Eingangssignale verarbeitet werden und den weiteren Ablauf des Prozesses beeinflussen können. Die aktuelle Position eines Pneumatikzylinders wird über **Positionssensoren** erfasst. Im einfachsten Fall handelt es sich hierbei um **Zylinder-Endschalter**, die in eine Nut am Gehäuse des Zylinders eingeschoben werden und an einer bestimmten Position (meist eine der beiden Zylinder-Endlagen) befestigt werden. Im Zylinderkolben sind Magnete angebracht, die in der Nähe des Endschalters Kontakt auslösen. Der Sensor erzeugt ein binäres Signal, das angibt, ob sich der Zylinderkolben in der Nähe des Endschalters befindet oder nicht. Der Steuerung ist somit bekannt, ob der Zylinderkolben sich bereits in der gewünschten Position befindet und ggf. die nächsten Steuerungsschritte eingeleitet werden können.

Wird ein Pneumatikzylinder nicht mit Schaltventilen, sondern mit Proportionalventilen betrieben, so ist über dem gesamten Hub eine genaue Positionierung des Zylinderkolbens möglich. Hierfür wird neben einer Reglereinheit das aktuelle Positionssignal benötigt.

Um den aktuellen Zustand einer pneumatischen Anlage zu ermitteln, werden häufig **Drucksensoren** verwendet, die beispielsweise das Niveau des Versorgungdrucks oder den Kammerdruck an bestimmten kritischen Stellen (z. B. Druckluftspeicher, Zylinderkammern, ...) überwachen.

Eine weitere pneumatisch wichtige Größe ist der **Durchfluss**. Er gibt den aktuellen Luftverbrauch an und kann somit zur Bedarfs- und Verbrauchsüberwachung einer Anlage herangezogen werden. Dies kann beispielsweise für Diagnosezwecke und für die Detektion von Leckage- und Fehlerstellen von Bedeutung sein.

3.2.2 Pneumatische Rotationsantriebe

Im Gegensatz zu elektrischen Antrieben liegt bei pneumatischen Antrieben die größte Verbreitung nicht bei den Rotationsantrieben, sondern bei **Linearantrieben** wie dem Zylinderantrieb. Rotationsantriebe werden hauptsächlich in handgeführten Werkzeugen eingesetzt, z. B. bei einem Pneumatikschrauber. Der Grund ist die hohe Leistungsdichte und die Überlastsicherheit. Es gibt drei Typen von pneumatischen Rotationsantrieben [3.11]:

- **Rotationsmotoren:** Lamellenmotor, Zahnradmotor (handgeführte Werkzeuge),
- **Kolbenmotoren:** Axialkolbenmotor, Radialkolbenmotor (Langsamläufer, hohes Moment),
- **Turbinenmotoren:** Axial-, Radialturbine (z. B. Antrieb für Zahnarztbohrer).

Diese Antriebe werden alle in der Regel geschwindigkeitsgesteuert betrieben. Es ist kein Drehzahlsensor oder Positionssensor vorhanden, die Drehgeschwindigkeit wird über den Druck und über den Ventildurchfluss eingestellt. Das kann durch die Wahl der Ventilnennweite oder durch die Nutzung einer Drossel geschehen.

Konstruktionsprinzipien von Rotationsmotoren

Lamellen- und Zahnradmotoren kommen durch den einfachen Aufbau sehr häufig zur Anwendung. Ein **Lamellenmotor** besteht aus einem Stator und einer dazu exzentrisch angeordneten Rotorwelle mit Längsschlitzen zur Aufnahme der Lamellen. Der Raum zwischen den Lamellen verändert je nach Stellung die Größe. Die Eintrittsöffnung liegt am kleinsten Raum, durch Rotation des Rotors expandiert das Gas und kann an der Stelle des größten Raums durch die Auslassöffnung ausströmen (Bild 3.27). Durch weitere Ein- und Auslassöffnungen ist es bei einigen Lamellenmotoren möglich, die Drehrichtung umzuschalten.

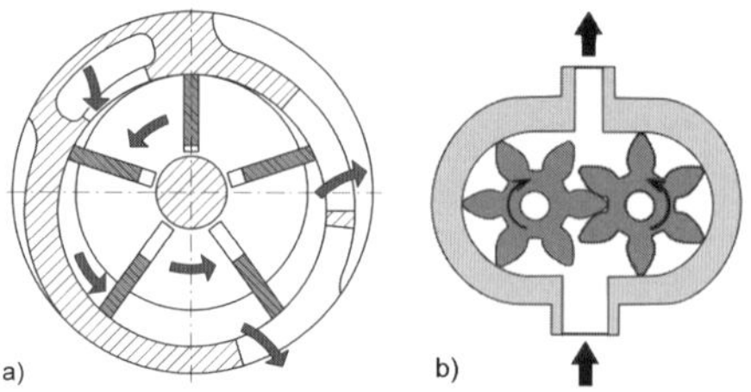

Bild 3.27 Prinzip eines Lamellenmotors (a) und eines Zahnradmotors (b)

Bei einem **Zahnradmotor** ist durch die Verzahnung in der Mitte eine Abdichtung zwischen Einlass und Auslass gegeben. Die Luft strömt durch den Druckunterschied im Außenbereich des Zahnrads und erzeugt ein Moment, das aus der Multiplikation von Zahnflankenfläche, Teilkreisradius und Druckdifferenz bestimmt werden kann.

Der Kennwert für die Rotationsantriebe ist das sog. **Schluckvolumen.** Es ist das Luftvolumen, das bei einer Umdrehung durch den Motor fließt. Gleichzeitig ist das Schluckvolumen auch der Motorkennwert für die Momentenbestimmung. Das Moment berechnet sich aus dem Schluckvolumen und der Druckdifferenz. Das Maximalmoment tritt im Stillstand auf und reduziert sich mit ansteigender Drehzahl bis zur Lehrlaufdrehzahl, da die Druckdifferenz sich mit zunehmender Durchströmung zwischen Ein- und Ausgang verringert.

Theoretisch sollte sich der Luftverbrauch direkt durch Schluckvolumen und Drehzahl berechnen lassen. Da aber durch innere Leckage eine direkte Verbindung zwischen Ein- und Auslass besteht, ohne dass ein Moment erzeugt wird, liegt der Luftverbrauch deutlich über dem theoretischen Wert. Insbesondere tritt der Effekt bei Lamellenmotoren bei niedrigen Drehzahlen auf, da die Lamellen dann durch die noch geringe Fliehkraft nicht nach außen gedrückt werden. Durch diese interne Leckage ist der Energieverbrauch eines pneumatischen Rotationsmotors höher als bei einem vergleichbaren elektrischen Motor.

3.2.3 Schwenkantrieb

Im Gegensatz zu den Rotationsantrieben, die endlos drehen können, ist bei **pneumatischen Schwenkantrieben** (Bild 3.28) nur ein begrenzter Drehwinkel möglich. Eine Sonderform der Pneumatikzylinder stellen die **Schwenkantriebe mit Schwenkflügel** dar. Auch sie enthalten meist zwei

Antriebskammern, die jedoch geometrisch derart angeordnet sind, dass sich durch Belüften einer der beiden Kammern eine Drehbewegung an einer Achse ergibt. Der mögliche Drehwinkel kann im Bereich 1° bis 270° liegen. Je nach Baugröße und Versorgungsdruck ist ein Drehmoment von bis zu 40 Nm erreichbar. Dabei berechnet sich das maximale Drehmoment aus der wirksamen Schwenkflügelfläche, dem Hebelarm zum Flächenschwerpunkt und dem Versorgungsdruck.

Eine andere weit verbreitete Bauform des Schwenkantriebs arbeitet nach dem **Zahnstange-Ritzel-Prinzip**. Damit wird die Linearbewegung eines oder zweier Zylinderantriebe in eine Drehbewegung umgewandelt.

Ein Einsatzgebiet von Schwenkantrieben ist in der Handhabungstechnik das Verdrehen von Greifern als Handachse. Weiter finden sie überall in der allgemeinen Automatisierung Anwendung, wo Werkstücke in der Orientierung geändert werden müssen. Ein weiteres, sehr großes Einsatzgebiet ist in der Prozessindustrie. Dort werden mit pneumatischen Schwenkantrieben Prozessventile verstellt.

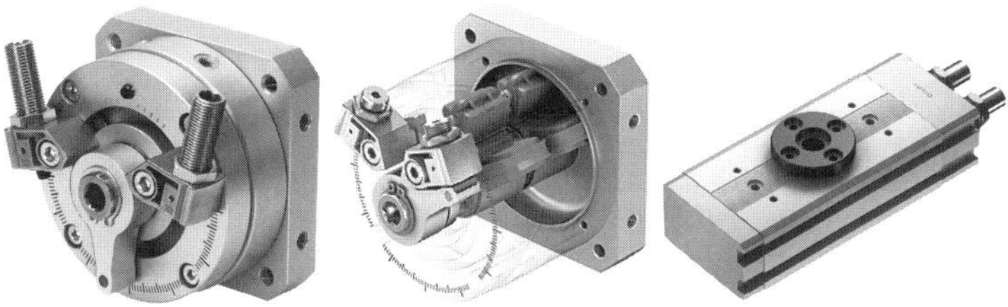

a) b) c)

Bild 3.28 a) Schwenkantrieb nach Schwenkflügelprinzip, b) Prinzipbild, c) Schwenkantrieb nach Zahnstange-Ritzel-Prinzip [3.12]

3.2.4 Zylinderantrieb

Der pneumatisch betriebene Zylinder ist der am häufigsten verwendete pneumatische Aktor. Die über ein Wegeventil geschaltete Druckluft wird verwendet, um gezielt eine oder mehrere Zylinderkammern zu befüllen und Kraft auf den Zylinderkolben auszuüben. Die so am Zylinderkolben entstehende Kraft kann in einer Anwendung als Antriebskraft für das Bewegen, Heben, Schieben, Schwenken, Halten oder Klemmen einer Nutzlast verwendet werden.

Man unterscheidet verschiedene Zylinderbauarten. Ein **einfach wirkender Zylinder** besitzt nur eine Druckkammer. Die Bewegung des Zylinder-

a) b)

Bild 3.29 a) Doppelt wirkender Kolbenstangenzylinder und b) kolbenstangenloser Schlitzzylinder [3.12]

kolbens erfolgt durch Belüften dieser Druckkammer. Der Rückhub wird durch eine mechanische Feder realisiert, die auf der gegenüberliegenden Seite des Kolbens eine Kraft ausübt. Der **doppelt wirkende Zylinder** (Bild 3.29 a) besteht aus zwei Zylinderkammern, die wechselseitig belüftet eine Ein- und Ausfahrbewegung ermöglichen. Darüber hinaus werden pneumatische Zylinder nach der Art der Kolbenstange unterschieden. Je nach Anforderung können Zylinder mit **einseitiger Kolbenstange**, **durchgehender Kolbenstange** oder **stangenlosem Zylinder** mit magnetischer Kraftkopplung verwendet werden. Als weitere Bauformen sind **Schlitzzylinder** (Bild 3.29 b) und **Bandzylinder** verfügbar.

Insbesondere bei großen bewegten Massen muss bei Erreichen der Endlage gewährleistet sein, dass der Zylinderdeckel durch die Bewegungsenergie nicht beschädigt wird. Hierfür empfiehlt sich der Einsatz einer **Endlagendämpfung**, um die Belastung in den Endlagen zu reduzieren und so die Lebensdauer zu erhöhen. Dies kann beispielsweise mit einem hydraulischen Stoßdämpfer realisiert werden, der die Bewegungsenergie des Antriebs in der Endlage absorbiert. Einige Zylinderbaureihen bieten die Möglichkeit einer **pneumatischen Endlagendämpfung**, in der am Zylinderkolben kurz vor Erreichen der Endlage eine Dämpfungskammer abgedichtet wird. Die darin enthaltene Druckluft entweicht über eine enge Drosselstelle und erzeugt somit während der letzten Bewegungsphase einen Dämpfungseffekt. Eine pneumatische Endlagendämpfung kann entweder fest oder einstellbar sein, sodass eine Anpassung auf unterschiedliche Lastfälle möglich ist.

Pneumatische Greifer

Pneumatische Zylinderantriebe sind häufig auch das Antriebsprinzip von pneumatischen Greifern, die aufgrund ihres geringen Gewichts bei hoher Antriebskraft eine hohe Verbreitung haben. Die meist verwendete Form ist der **Parallelgreifer**. Zwei Greifbacken werden auf einer gemeinsamen

Bewegungsachse in entgegengesetzter Richtung bewegt und der Greifer so geöffnet und geschlossen. Eine ähnliche Funktionalität bietet der **Winkelgreifer**. Die Greifbacken werden allerdings im Gegensatz zum Parallelgreifer nicht linear bewegt, sondern geschwenkt. Der Öffnungswinkel kann bis zu 180° betragen. Insbesondere bei runden Objekten lässt sich ein **Dreipunktgreifer** sinnvoll einsetzen. Hier sind die drei Greifbacken jeweils um 120° versetzt angeordnet.

Neben den mechanisch klemmenden Greifern werden in pneumatischen Anwendungen auch **Sauggreifer** eingesetzt, mit denen das zu haltende Werkstück mithilfe von Unterdruck gegriffen wird. Der notwendige Unterdruck kann entweder zentral über eine Pumpe oder vor Ort mit einer Saugdüse erzeugt werden.

3.2.5 Pneumatischer Muskel

Neben den Antrieben, bei denen sich der Druckraum durch die Relativbewegung des Kolben im Gehäuse ändert, gibt es auch Antriebe, bei denen eine Bewegung durch eine elastische Verformung einer Membran entsteht, wie beim **Balkzylinder** oder beim **pneumatischen Muskel**. Der künstliche pneumatische Muskel der Firma Festo (**Fluidic Muscle**) ist ein Membran-Kontraktions-System, d. h. ein Schlauch, der sich unter Druck zusammenzieht. Die Grundidee liegt in der Kombination von einem fluidisch dichten flexiblen Schlauch und Umspinnung mit festen Fasern in Rautenform. Durch das einströmende Medium wird die Gitterstruktur in Umfangsrichtung verformt – dabei entsteht eine Zugkraft in Axialrichtung wie in Bild 3.30 a gezeigt wird. Die Gitterstruktur sorgt also für eine Verkürzung bei steigendem Innendruck.

Es können sehr hohe Kräfte erzeugt werden, indem die gesamte Mantelfläche des Schlauchs als „Kolbenfläche“ dient. So kann mit einem Muskel der Nennweite 10 mm bei einem Relativdruck von 6 bar mehr als 400 N Zugkraft erzeugt werden. Bei der Nennweite 20 sind es 1 400 N, und ein Muskel der Nennweite 40 kann bis zu 4 000 N Kraft aufbringen. In Bild 3.30 b ist ein Kontraktions-Kraft-Diagramm für einen Muskel des Nenndurchmessers 10 für unterschiedliche Innendrücke dargestellt. Aus dem Diagramm ist ersichtlich, dass – anders als bei Zylindern – die Zugkraft eines Muskels nicht nur vom Druck selbst abhängt, sondern auch von seiner Kontraktion. Mit zunehmender Kontraktion des Muskels nimmt die erzeugbare Zugkraft ab. Der zulässige Arbeitsbereich eines Muskels liegt bei 20 % Verkürzung. Bei einer solchen Verkürzung kann selbst bei einem Druck von 8 bar nur noch eine Kraft von 100 N erzeugt werden. Bei Druckbeaufschlagung

a)

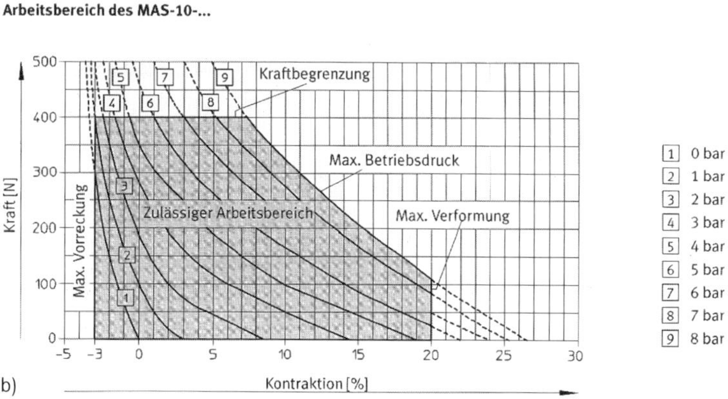

b)

Bild 3.30 a) Prinzip des künstlichen pneumatischen Muskels, b) Kontraktions-Kraft-Diagramm für den Muskel des Nenndurchmessers 10 mm [3.12]

verkürzt sich der Muskel, wobei zu jedem Druckwert eine entsprechende Verkürzung gehört. Damit kann durch eine Druckregelung im Muskel eine Positionssteuerung aufgebaut werden, doch die erzielbare Genauigkeit ist gering. Weiterhin können äußere Störungen nicht ausgeglichen werden.

3.2.6 Bewegungssteuerung von pneumatischen Antrieben

3.2.6.1 Schaltpneumatik

Bild 3.31 zeigt eine übliche Verschaltung von Antriebskomponenten, die für den Betrieb der unterschiedlichen Antriebe genutzt werden kann. Über ein Ventil wird eine Zylinderkammer mit dem Versorgungsdruck verbunden, die andere Kammer ist mit der Umgebung verbunden. Neben den einstellbaren mechanischen Drosseln sind auch noch Rückschlagventile vorhanden, die eine Rückspeisung in das Drucknetz verhindern.

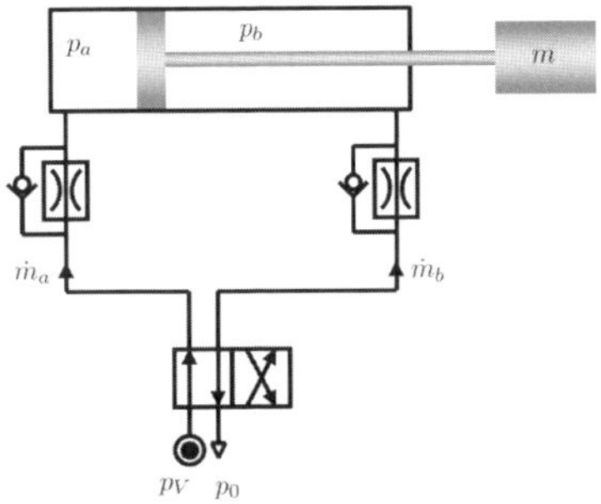

Bild 3.31 Verschaltung von Antriebskomponenten

Die Bewegungsgeschwindigkeit eines Zylinders kann über **mechanische Drosseln** eingestellt werden. In den meisten Fällen erfolgt die Drosselung auf der Abluftseite, das Belüften der Antriebskammern ist dagegen ungedrosselt (Abluftdrosselung). Durch die Drosselung der Abluft entsteht während der Bewegungsphase in der nicht belüfteten Zylinderkammer durch das kleiner werdende Volumen ein Staudruck, der während der Bewegungsphase die Geschwindigkeit des Kolbens auf einem gewünschten Wert hält. Das Druckniveau in beiden Zylinderkammern ist während der Bewegungsphase relativ hoch, der Zylinderkolben ist zwischen den beiden Kammern eingespannt und bewegt sich im Idealfall gleichmäßig ohne Schwingungen und robust gegen Kräfte von außen.

Der **Betriebsdruck** herkömmlicher Pneumatikzylinder kann zwischen 0,1 bar und 12 bar liegen. Der Hub ist von 1 mm bis 17 000 mm frei wählbar. Der Kolbendurchmesser kann zwischen 2,5 mm und 320 mm betragen. Wird ein Zylinder mit einem Durchmesser von 320 mm bei 6 bar (rel.) Versorgungsdruck betrieben, ergibt sich eine Antriebskraft von ca. 45 kN.

3.2.6.2 Servopneumatik

Für Positionieranwendungen können Pneumatikzylinder mit einem eingebauten Wegmesssystem verwendet werden (Bild 3.32). Über die Wegmessung lässt sich die genaue Position des Zylinderkolbens bestimmen. Wird in einer Steuerung eine Sollposition vorgegeben, so kann über einen Regler aus Messgröße und Positionsabweichung ein Stellsignal generiert werden, das über ein Proportionalventil den gewünschten Luftvolumenstrom generiert und den Pneumatikzylinder auf die gewünschte Position bewegt.

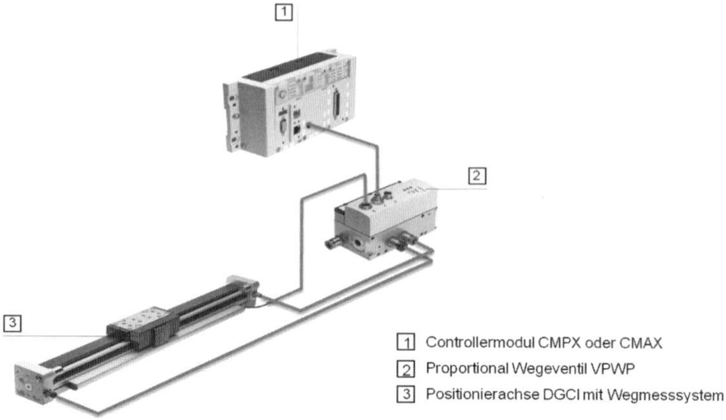

Bild 3.32 Servopneumatisches Positioniersystem [3.12]

Als Antrieb kann eine ganze Reihe verschiedener Standard-Pneumatikzylinder mit und ohne Kolbenstange verwendet werden. Als Stellglied kommen spezielle Servoventile zum Einsatz. Es handelt sich dabei um 5/3-Stetigventile in Schieberbauweise mit interner Lageregelung des Schiebers und einer Eckfrequenz größer als 100 Hz. Typische Baugrößen umfassen Nennweiten von bis 3/8″. Damit wird ein Durchflussbereich von 100 ... 2 000 ℓ/min bei Vollansteuerung abgedeckt. Entsprechend groß sind Hub- und Durchmesserbereich der unterstützten Antriebe. Der Kernbereich der Applikationen erstreckt sich über Zylinderdurchmesser von 16 ... 80 mm bei Hublängen zwischen 200 und 2 000 mm.

Es ist möglich, als einzige Messgröße im Lageregelkreis die Position des Zylinderschlittens einzusetzen. Eine unterlagerte Druckregelung ist nicht zwingend. Durch das starke nichtlineare Verhalten des pneumatischen Antriebs können keine Standardregler wie ein PID-Regler eingesetzt werden. Durch modellgestützte Regelungskonzepte wie die Ein-/Ausgangslinearisierung und Zustandsvektorrückführung können mit servopneumatischen Achsen nicht nur Point-to-Point-Bewegungen sondern auch Bahnfolgeaufgaben durchgeführt werden. Weiter ist eine einfache kombinierte Positions- und Kraftregelung möglich. Der Positioniercontroller kann auch für eine Ablaufsteuerung genutzt werden, d. h. die Abarbeitung des vom Anwender vorgegebenen Fahrprogramms.

3.3 Hydromotor

Dr.-Ing. Ulrich Bräckelmann

3.3.1 Pumpe – Motor

Hydrostatische Systeme übertragen Leistungen und Signale. Sie werden neben elektrischen und mechanischen Systemen eingesetzt. Zu den Vorteilen hydrostatischer Systeme zählen

- die hohe Leistungsdichte und damit eine günstige Dynamik des Antriebs,
- eine hohe Flexibilität des Aufbaus,
- der Wegfall von Untersetzungsgetrieben,
- die gute Leistungsübertragung über mittlere Entfernungen,
- die einfache zentrale Bedienung,
- einfacher Überlastschutz,
- die gute Steuerbarkeit.

Dem stehen als Nachteile gegenüber:

- der vergleichsweise ungünstigere Wirkungsgrad,
- Empfindlichkeit gegenüber Verschmutzung,
- die Gefahr der Leckage,
- die Viskositäts- und damit Temperaturabhängigkeit.

3.3.1.1 Hydrostatische Leistungsübertragung

Hydrosysteme nutzen ein flüssiges Medium zur Leistungsübertragung, Bild 3.33 zeigt das Prinzip. In einem Zylinder befindet sich ein Kolben mit der Fläche A_1. Er fördert mit der Geschwindigkeit v_1 einen Volumenstrom $\dot{V}$ in einen Zylinder mit einem Kolben der Fläche A_2. Die Last F_2 bewirkt über die Fläche A_2 den Druck p und damit die erforderliche Kraft F_1. Dann gilt für den Druck:

$$p = \frac{F_1}{A_1} = \frac{F_2}{A_2}$$

sowie für den Volumenstrom:

$$\dot{V} = v_1 \cdot A_1 = v_2 \cdot A_2$$

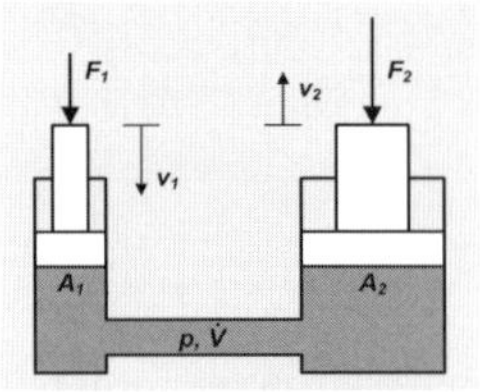

Bild 3.33
Prinzip der hydrostatischen Leistungsübertragung

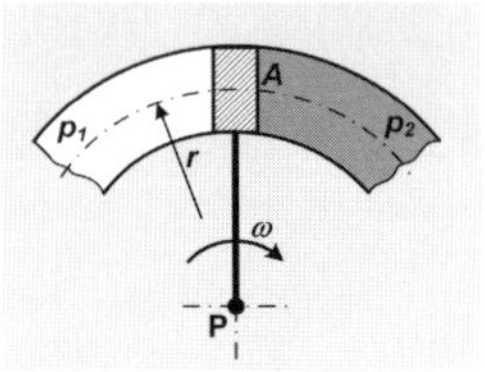

Bild 3.34
Modell einer rotatorisch wirkenden Verdrängermaschine

Rotatorisch wirkende Verdrängermaschinen erzeugen einen kontinuierlichen Volumenstrom. Bild 3.34 zeigt das Prinzip. Ein Kolben mit der Fläche A bewegt sich mit der Winkelgeschwindigkeit ω auf dem Radius r um den Punkt P durch einen Verdrängerraum mit den Drücken p_1 und p_2. Bei einer als Pumpe wirkenden Maschine ist $p_2 \geq p_1$, bei einem Motor ist $p_1 \geq p_2$.

Für den Differenzdruck Δp gilt: $\Delta p = p_2 - p_1$. Das geometrische Hubvolumen V_H pro Umdrehung ist $V_H = A \cdot 2\pi \cdot r$. Das Moment M um den Punkt P beträgt:

$$M = \Delta p \cdot A \cdot r = \Delta p \cdot \frac{V_H}{2\pi}$$

Für den Volumenstrom gilt:

$$\dot{V} = A \cdot r \cdot \omega$$

Damit folgt die Bilanz der mechanischen und hydraulischen Leistung:

$$M \cdot \omega = \Delta p \cdot \dot{V}$$

3.3.1.2 Verdrängerprinzipien

Es existieren viele verschiedene Wirkprinzipien, nach denen die Verdrängermaschinen gestaltet sind. Eine Einteilung kann auf der Basis der Prinzipien Zahn, Flügel und Kolben erfolgen. Die Bilder 3.35, 3.36 und 3.37 zeigen diese Verdrängerprinzipien, ihre Bauarten und Ausführungsformen.

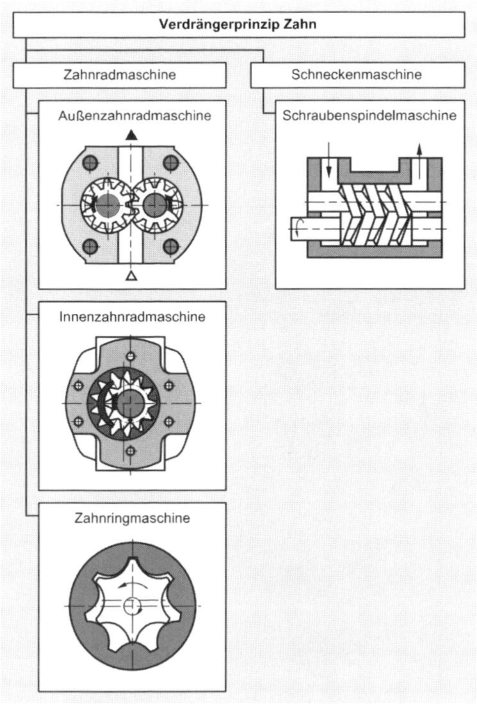

Bild 3.35 Übersicht der hydrostatischen Maschinen mit dem Verdrängerprinzip Zahn

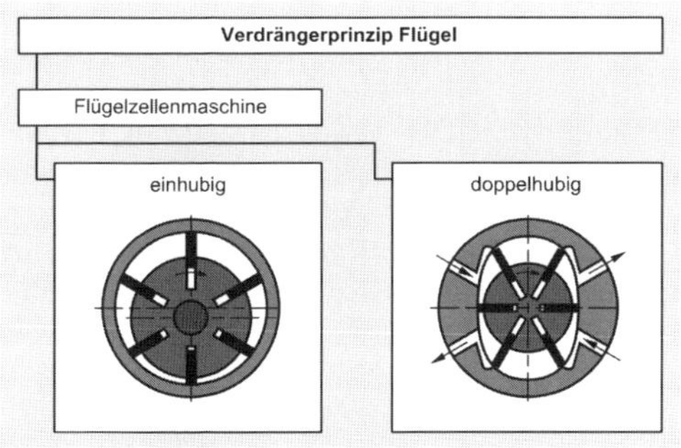

Bild 3.36 Übersicht der hydrostatischen Maschinen mit dem Verdrängerprinzip Flügel

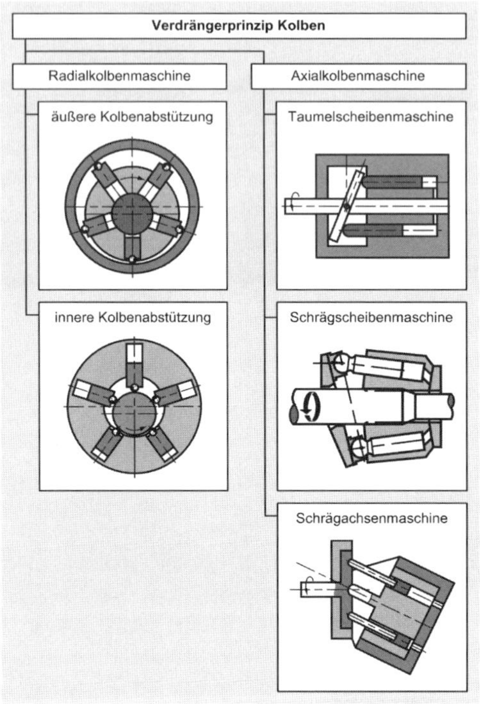

Bild 3.37 Übersicht der hydrostatischen Maschinen mit dem Verdrängerprinzip Kolben

Die Verdrängerprinzipien und Ausführungsformen bedingen spezifische Merkmale der Maschinen. Zu diesen gehören die darstellbare **Nenngröße** und der **Druckbereich** sowie die mögliche Verstellbarkeit des **Fördervolumens**. Je nach Verdrängerprinzip ist der Volumenstrom nicht absolut konstant, daher sind auch das Pulsations- und Geräuschverhalten von Interesse. Da theoretisch jede Verdrängermaschine sowohl als Pumpe als auch als Motor betrieben werden kann, ist die Eignung für Pumpen- oder Motorbetrieb ebenfalls ein spezifisches Merkmal. Damit ergeben sich die Einsatzgebiete der Ausführungsformen. Bild 3.38 zeigt eine Übersicht.

Spezifisches Merkmal / Verdrängerprinzip	Nenngröße/ Fördervolumen	p_{max}	n_{max}	Pulsationsverhalten	Geräuschverhalten	Verstellbarkeit	Anwendung	
							Pumpe	Motor
Außenzahnrad	3 ... 100	250	5000	+	+	x	++	+
Innenzahnrad	10 ... 50	250	3000	++	++	x	++	o
Zahnring	10 ... 50	250	3000	++	++	x	++	o
Flügelzelle	10 ... 50	200	3000	++	++	-	++	+
Radialkolben	20 ... 1000	350	500	+	+	-	+	++
Schrägscheibe	10 ... 500	500	4500	o	o	++	++	+
Schrägachse	10 ... 1000	500	5000	o	o	+	+	++
++ sehr gut + gut o mittel - schlecht x nicht möglich								

Bild 3.38
Spezifische Merkmale der Verdrängermaschinen

Zahnradmaschinen sind preisgünstig und für kleine bis mittlere Drücke geeignet. **Evolventenverzahnte Außenzahnradmaschinen** zeigen eine deutliche Volumenstrompulsation, durch Korrekturen in der Zahnflankenform lassen sich diese Pulsation und die damit verbundene Geräuschentwicklung verringern. **Flügelzellenmaschinen** werden in kleinen Baugrößen angeboten und sind bis zu mittleren Drücken bis 200 bar geeignet. **Kolbenmaschinen** weisen aufgrund der zylinderförmigen Druckraumabdichtung in der Kolbenführung auch bei hohen Drücken bis 500 bar gute Wirkungsgrade auf. Es lassen sich sehr große Baugrößen realisieren. Kolbenpumpen sind oft als **Verstellpumpen** ausgeführt. Aufgrund der komplexen Triebwerke und des aufwendigen Verstellmechanismus liegen Kolbenpumpen im oberen Preissegment.

3.3.1.3 Hydrosystem

Ein Hydrosystem besteht aus einer **hydrostatischen Arbeitsmaschine**, die von einem Motor angetrieben wird, einer **Steuerung** und einer **hydrostatischen Kraftmaschine**, die den Verbraucher antreibt. Bild 3.39 zeigt den Aufbau.

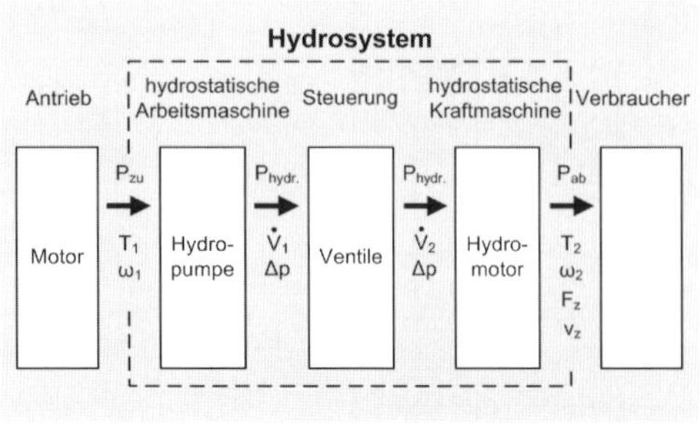

Bild 3.39 Aufbau eines Hydrosystems

Die **hydrostatische Arbeitsmaschine** wandelt die ihr vom Antrieb zugeführte mechanische Leistung in hydraulische Leistung um. Die **hydrostatische Kraftmaschine** wandelt diese Leistung wieder in die mechanische Form zurück und gibt diese an den Verbraucher ab. Die Leistungsabgabe kann dabei rotatorisch oder translatorisch erfolgen. Die Steuerung stellt das gewünschte Verhalten der Kraftmaschine sicher. Bild 3.40 zeigt als Beispiel das Hydrosystem eines mobilen Löffelbaggers. Es besteht aus zwei Hydropumpen, von denen eine die Hydromotoren für den Fahrantrieb versorgt. Die andere Pumpe ist mit dem Ventilblock verbunden. Über den Ventilblock erfolgt die Steuerung der Hydrozylinder zur Bewegung des Baggerarms, des Stiels und des Löffels sowie des Drehwerksantriebs für den Oberwagen.

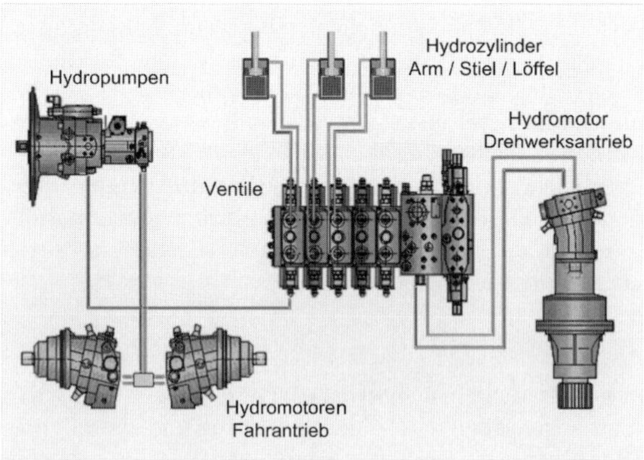

Bild 3.40 Hydrosystem eines Mobilbaggers

3.3.2 Schwenkmotor

Schwenkmotoren können Drehbewegungen mit begrenztem Drehwinkel realisieren. Es existieren Ausführungen mit festem oder einstellbarem maximalem Schwenkwinkel. **Schwenkmotoren** liefern bei gleichem Gewicht und Bauraum erheblich höhere Drehmomente als Hydromotoren und lassen sich unter besonders schweren Betriebsbedingungen einsetzen.

Der **Flügelzellen-Schwenkantrieb** (Bild 3.41) ist eine sehr robuste Bauform, der Schwenkwinkel kann bis zu 280° betragen. Bei konstantem Druck ist das Drehmoment über den gesamten Schwenkbereich konstant.

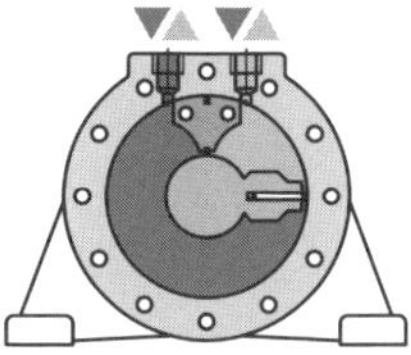

Bild 3.41 Flügelzellen-Schwenkantrieb [3.21]

Bild 3.42 zeigt einen **Drehkolben-Schwenkantrieb**. In einem Zylinder befindet sich ein Kolben, der auf beiden Seiten Zapfen mit gegenläufigem Bolzengewinde besitzt. Diese Zapfen greifen auf der einen Seite in ein gehäusefestes Muttergewinde, auf der anderen Seite in ein Muttergewinde in der Abtriebswelle. Damit führt eine Verschiebung des Kolbens durch Öldruck auch zu einer Drehbewegung des Kolbens. Die gegenläufigen Gewinde der Zapfen bewirken eine Überlagerung der Drehung und damit eine Rotation der Abtriebswelle. Drehkolben-Schwenkantriebe erzeugen Schwenkwinkel bis 720°.

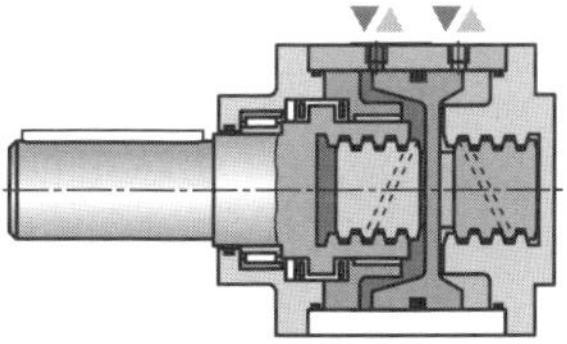

Bild 3.42 Drehkolben-Schwenkantrieb mit über Gewinde betätigtem Antriebszapfen [3.21]

In **Parallelkolben-Schwenkantrieben** gemäß Bild 3.43 wird die Drehung durch wechselseitig beaufschlagte, parallel liegende Kolben erzeugt, es sind Schwenkwinkel bis 100° möglich.

Schubkolben-Schwenkantriebe (Bild 3.44) besitzen einen Kolben, der in einem Zylinder geführt ist und von beiden Seiten mit Druck beaufschlagt werden kann. Dies bewirkt eine translatorische Bewegung des Kolbens.

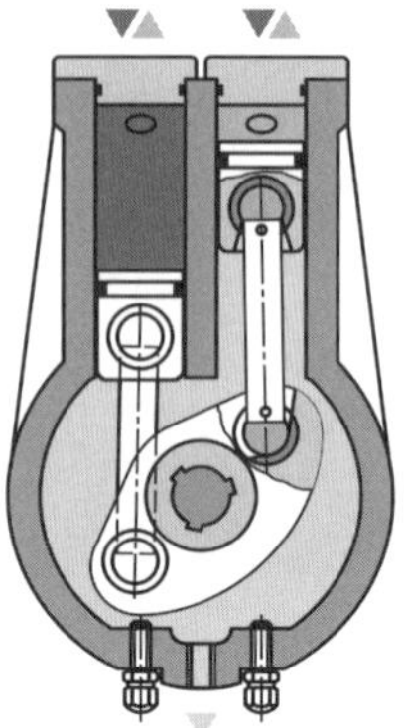

Bild 3.43 Parallelkolben-Schwenkantrieb [3.21]

Die Wandlung in eine Drehbewegung kann über einen Pleuelkurbelantrieb erfolgen. Diese preisgünstige Bauform erlaubt Schwenkwinkel bis 180°.

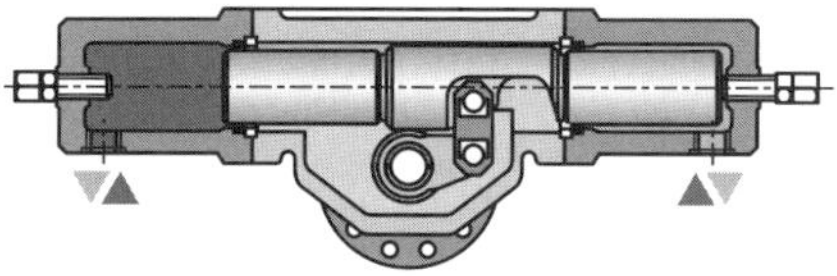

Bild 3.44 Schubkolben-Schwenkantrieb mit Pleuelkurbelantrieb [3.21]

Die Übertragung über ein System aus Zahnstange und Ritzel ist aufwendiger, bietet jedoch eine größere Freiheit bei der Gestaltung. Bild 3.45 zeigt ein einfaches System mit einem linearen Zusammenhang zwischen Kolbenweg und Schwenkwinkel. Bei konstantem Druck ist auch das Moment über den gesamten Schwenkwinkel konstant. Eine verbreitete Anwendung ist das Getriebe hydrostatisch unterstützter Lenkungen, hier ist das Ritzel als Zahnrad-Segment ausgeführt.

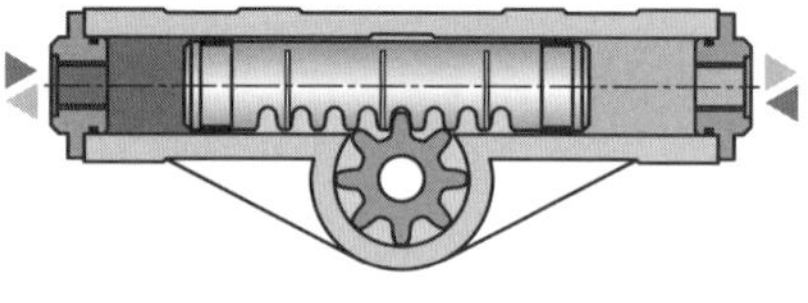

Bild 3.45 Schubkolben-Schwenkantrieb mit Zahnstangen-Ritzel-Antrieb [3.21]

3.3.3 Hydrozylinder

Der **Hydrozylinder** führt im Gegensatz zum Hydromotor und zum Schwenkantrieb keine rotatorische Bewegung, sondern eine translatorische Bewegung aus. Unter Vernachlässigung der Reibung gilt für die vom Zylinder ausgeübte Kraft $F = p \cdot A$ (p Zylinderdruck, A wirksame Kolbenfläche). Es existieren verschiedene Bauformen von Hydrozylindern. Bild 3.46 zeigt eine Übersicht. Die einfachste und kostengünstigste Bauform ist der **Plunger**- oder **Tauchkolbenzylinder**. Er ist prinzipiell einfachwirkend, der Rückhub wird entweder durch äußere Last oder eine Rückstellfeder bewirkt. **Differentialzylinder** sind doppeltwirkend, können also Kräfte in beide Wirkrichtungen ausüben. Aufgrund der unterschiedlichen wirksamen Kolbenflächen ist die maximale Kraft beim Ausfahren größer und die Arbeitsgeschwindigkeit geringer. Ist dieses Verhalten nicht gewünscht, so kommen **Gleichgangzylinder** zum Einsatz. Sie weisen auf beiden Kolbenseiten gleich große Flächen auf. **Teleskopzylinder** werden eingesetzt, wenn ein großer Arbeitshub erreicht werden soll, in eingefahrenem Zustand jedoch nur geringe Baulänge zur Verfügung steht.

Die Bilder 3.47 und 3.48 zeigen **Zylinder in Rundbauart**. Zylinderkopf, Zylinderrohr und Zylinderboden sind durch Verschrauben, Verschweißen oder durch Sicherungsringe miteinander verbunden. Dadurch ergibt sich ein sehr robuster Aufbau, der den Einsatz unter rauen Arbeitsbedingungen ermöglicht.

Die Bilder 3.49 und 3.50 zeigen **Zylinder in Zugankerbauart**. Diese sind leichter und kompakter als Zylinder in Rundbauart, jedoch auch empfindlicher gegenüber äußeren Einflüssen. Sie kommen daher überwiegend in Werkzeugmaschinen und der Automatisierungstechnik zum Einsatz. Bild 3.50 zeigt als konstruktive Besonderheit die **Endlagendämpfung**, die verhindert, dass der Zylinder am Ende des Hubwegs hart anschlägt. Dämpfungsbuchse bzw. Dämpfungszapfen begrenzen vor Erreichen der Endlage den abfließenden Ölstrom und bremsen dadurch die Hubbewegung ab.

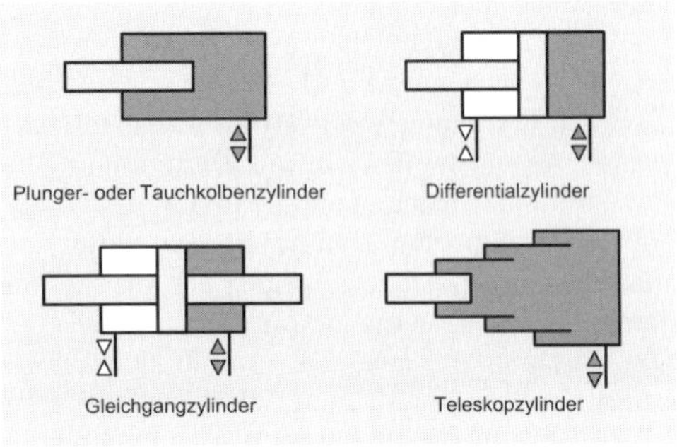

Bild 3.46 Bauformen der Hydrozylinder

Bild 3.47 Hydrozylinder in Rundbauart

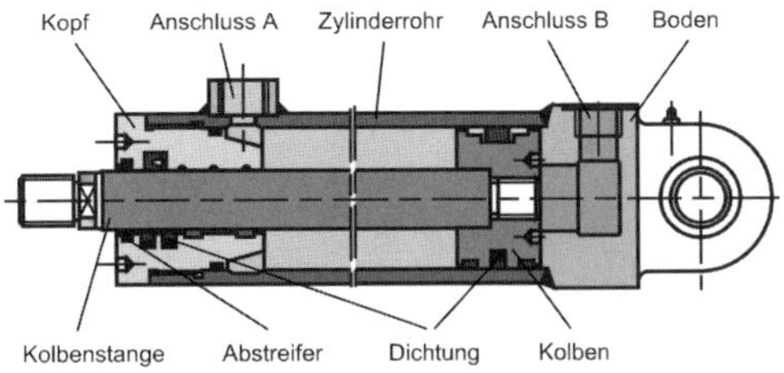

Bild 3.48 Hydrozylinder Rundbauart mit Gelenklager am Zylinderboden [3.21]

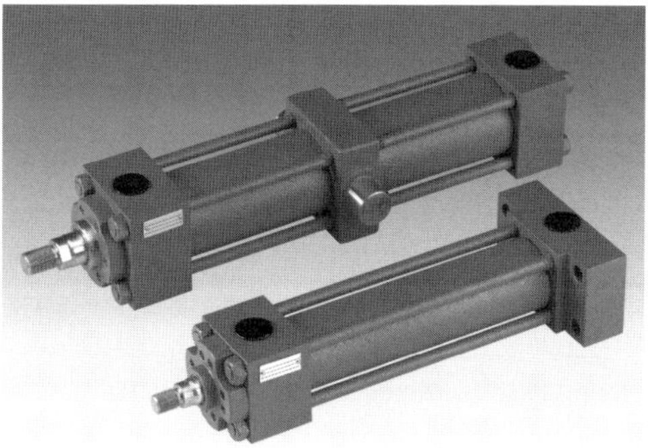

Bild 3.49 Hydrozylinder in Zugankerbauart

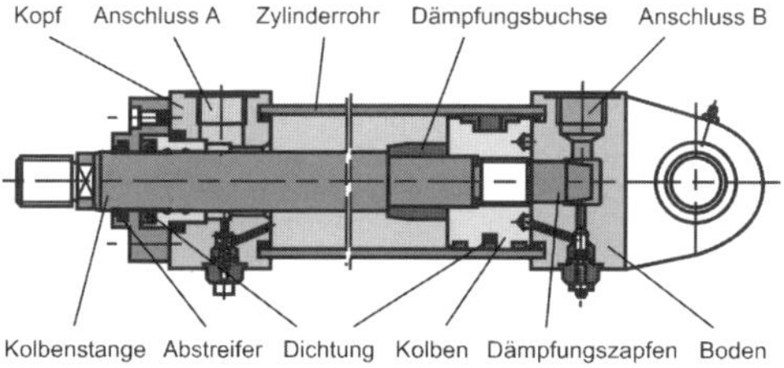

Bild 3.50 Hydrozylinder Zugankerbauart mit Endlagendämpfung [3.21]

Quellen und weiterführende Literatur

[3.1] *Brosch, Peter F.:* Moderne Stromrichterantriebe. Würzburg: Vogel Verlag, 2008

[3.2] *Stölting, H.-D. et al.:* Handbuch Elektrische Kleinantriebe. München: Carl Hanser Verlag, 2011

[3.3] ABB Druckschrift http://www.abb.com

[3.4] Siemens Druckschrift www.automation.siemens.com/mcms/large-drives/de/motor/gleichstrommotor/reihe5-6-7/

[3.5] *Kuttkat, B.:* Großfräsmaschine mit Linearmotoren steigert Dynamik beim Konturfräsen. MM Maschinen Markt, 10 (2009)

[3.6] Yaskawa Druckschrift Linearmotoren 2008

[3.7] *Röders, J.:* Direktantriebe steigern Qualität und Genauigkeit beim HSC-Fräsen. MM Maschinen Markt, 9 (2010)

[3.8] *Petersen, A.:* Berechnung über Herstellung von piezoelektrischen Aktoren. Bremen, Aktuator 88

[3.9] *Gerhard, R.:* Institut für Physik und Astronomie der Universität Potsdam

[3.10] Rexroth IndraSize – Turbo für die Antriebsauslegung

[3.11] *Murrenhoff, H.:* Grundlagen der Fluidtechnik, Teil 2: Pneumatik. Aachen: Shaker Verlag, 2006

[3.12] Festo Produktkatalog, Esslingen 2011

[3.13] *Ebel, F.; Idler, S.; Prede, G.; Scholz, D.:* Pneumatik und Elektropneumatik. Köln: Bildungsverlag Eins, 2010

[3.14] *Scholz, D.:* Auslegung servopneumatischer Antriebssysteme. Dissertation, RWTH Aachen, 1990

[3.15] *Ohligschläger, O.:* Pneumatische Zylinderantriebe – Grundlagen und digitale Simulation. Dissertation, RWTH Aachen, 1990

[3.16] *Göttert, M.; Neumann, R.; Ohmer, X.:* Pneumatische Antriebssysteme in der Handhabung und Robotik. O+P „Öhlhydraulik und Pneumatik“ 44 (2000) Nr. 10, S. 635–639

[3.17] *Neumann, R.; Göttert, M.:* Servo Pneumatics – an Alternative Drive Technology for Robots. Proceedings ISR 2004 – the 35th International Symposium on Robotics, Paris, 2004

[3.18] *Göttert, M.:* Bahnregelung servopneumatischer Antriebe. Dissertation, Aachen: Shaker Verlag, 2003

[3.19] *Neumann, R.; Hildebrandt, X.; Kaminski, X.:* Pneumatische Antriebssysteme für die Service- und Assistenz Robotik. Tagungsband Mechatronik 2011 Dresden, 2011

[3.20] *Grollius, H.-W.:* Grundlagen der Pneumatik. Leipzig: Fachbuchverlag, 2012

[3.21] Bosch Rexroth: Hydraulik. Grundlagen und Komponenten. Der Hydraulik-Trainer Band 1; 2004; Bosch Rexroth AG, Germany

[3.22] *Bauer, G.:* Ölhydraulik. Grundlagen, Bauelemente, Anwendungen. Vieweg+Teubner; Wiesbaden 2009

[3.23] *Grollius, H.-W.:* Grundlagen der Hydraulik. Leipzig: Fachbuchverlag, 2012

[3.24] *Matthies, H. J.; Renius, K. Th.:* Einführung in die Ölhydraulik. Wiesbaden: Vieweg+Teubner, 2011

[3.25] *Murrenhoff, H.:* Grundlagen der Fluidtechnik, Teil 1: Hydraulik. Aachen: Shaker Verlag, 2005

Alle Abbildungen zum Kapitel 3.3 Hydromotor: Bosch Rexroth AG

4 Kupplungen und Bremsen

Prof. Dr.-Ing. Horst Haberhauer

Eine Kupplung hat die Aufgabe, zwei Wellenenden miteinander zu verbinden. Da Wellen immer eine Drehbewegung und ein Drehmoment übertragen, ist dies auch die primäre Aufgabe von Kupplungen. Je nach Anwendung haben Kupplungen weitere Aufgaben zu erfüllen:

- Wellen verbinden (Drehzahl und Drehmoment übertragen),
- Wellenverlagerungen ausgleichen (axial, radial, winklig),
- Stöße und Schwingungen dämpfen,
- Energiefluss öffen und schließen (schalten),
- Drehmoment begrenzen,
- Drehmoment nur in eine Richtung übertragen.

Abhängig von ihrer Anwendung gibt es unterschiedliche Bauarten, um die geforderte Funktion optimal zu erfüllen. Grundsätzlich können Kupplungen in schaltbare und nicht schaltbare Kupplungen eingeteilt werden. Das Drehmoment kann per Form- oder Kraftschluss übertragen werden. Bild 4.1 zeigt eine systematische Einteilung der Wellenkupplungen nach VDI 2240.

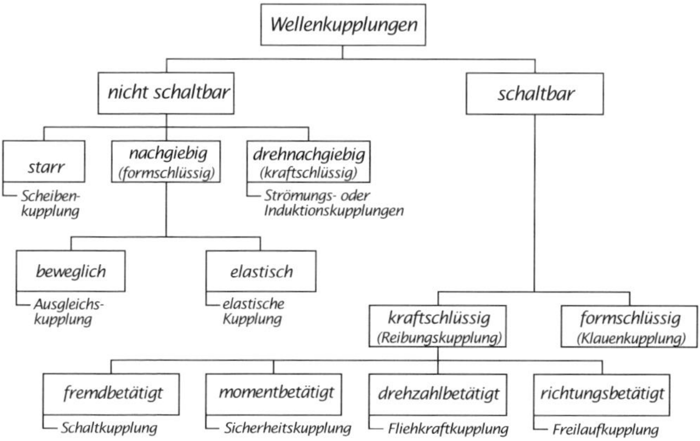

Bild 4.1 Systematische Einteilung von Kupplungen (nach VDI 2240)

Tabelle 4.1 Zuordnung von Aufgaben zu Bauarten (○ bedingt geeignet)

Aufgaben \ Bauarten	Starre Kupplungen	Ausgleichskupplungen	Elastische Kupplungen	Formschlüssige Schaltkupplungen	Kraftschlüssige Schaltkupplungen	Überlastkupplungen	Anlaufkupplungen	Freilaufkupplungen
Wellen verbinden	●	●	●	●	●	●	●	●
Verlagerungen ausgleichen		●	●					
Stöße dämpfen			●		○	○	○	
Moment begrenzen					○	●	●	
Energiefluss öffnen/schließen				●	●	○	●	●
Drehmoment in eine Richtung								●

Tabelle 4.1 zeigt eine Zuordnung von Aufgabe zu Bauart. Daraus wird ersichtlich, dass neben der Aufgabe „Wellen verbinden" einzelne Kupplungen weitere Aufgaben mehr oder weniger gut übernehmen können.

Bei der Konstruktion und Auswahl von Kupplungen sind grundsätzlich folgende Regeln zu beachten:

- Montage und Demontage sollte ohne axiale Verschiebung der Wellen möglich sein.
- Vorspringende Teile vermeiden (könnten Unfälle verursachen).
- Gewicht und Massenträgheitsmomente sollten möglichst klein sein.
- Kupplung möglichst nahe an Lager anbringen (um Biegemomente klein zu halten).

Bei höheren Drehzahlen müssen Kupplungen gut ausgewuchtet sein.

4.1 Starre Kupplungen

Dr.-Ing. Günter Schäfer

Die starren Kupplungen gehören gemäß der Einteilung nach VDI 2240 [4.5] zu den nichtschaltbaren Kupplungen. Sie dienen wie jede Kupplung zur Drehmoment- und Drehbewegungsübertragung und damit zur Leistungsübertragung in Antriebssträngen. Die **starren Kupplungen** besitzen keine ausgleichenden Funktionen und stellen damit die einfachsten Kupplungen zur Verbindung von zwei Wellen dar. Sie beeinflussen das dynamische Verhalten (Drehschwingungen) des Antriebsstrangs nur unwesentlich und leiten alle Lastgrößen (auch Biegemomente und Drehmomentstöße) ungedämpft weiter. Wellenverlagerungen durch unvollkommene Ausrichtung der zu kuppelnden Wellen führen entsprechend den Federsteifigkeiten der Gesamtkonstruktion zu Zwangskräften, die nicht selten Einfluss auf die Dauerfestigkeit der Wellen und die Lagerlebensdauer haben. Die starren Kupplungen besitzen eine deutliche Verwandtschaft mit den Welle-Nabe-Verbindungen. Sie lassen sich häufig als spiegelsymmetrische Anordnung von zwei Welle-Nabe-Verbindungen betrachten. Aus diesem Blickwinkel lassen sich gezielte Dimensionierungen der starren Kupplungen herleiten.

Starre Kupplungen erlauben die Kopplung von zwei Maschinen, ohne diese für die Montage axial zueinander zu bewegen – im Fall der radial montierbaren **Schalenkupplung** nach DIN 115 [4.3] (Bild 4.5), der **Scheibenkupplung** nach DIN 116 [4.4] Form B mit zweiteiligem Zentrierring (Bild 4.2) oder mit dem Konus-Spannelement zum Kuppeln von Wellen (Bild 4.4) bei ausreichender Wellenlänge zum Verschieben des Spannelements. Flanschkupplungen nach DIN 116 [4.4] Form A und C sowie **Stirnzahnkupplungen** (Bild 4.6) benötigen relativ kleine axiale Verschiebungen für die Montage und Demontage.

Starre kraftschlüssige und vorgespannte formschlüssige Kupplungen eignen sich gut für die Übertragung dynamischer Drehmomente, formschlüssige Kupplungen mit Spiel nur für quasistatische Drehmomente. Alle starren Kupplungen sind für beide Drehrichtungen über einen weiten Drehzahlbereich geeignet.

Vorteile:

- kostengünstig,
- einfacher Aufbau,
- einfache Montage und Demontage,
- geringer Bauraumbedarf.

Nachteile:

- genaue Ausrichtung notwendig,
- ungedämpfte Übertragung.

4.1.1 Kraftschlüssige Kupplungen

4.1.1.1 Scheibenkupplung

Starre kraftschlüssige Kupplungen nutzen Reibkräfte für die Übertragung des Drehmoments [4.2]. Dadurch wird eine spielfreie Verbindung erreicht, die den Einsatz auch bei dynamischen Betriebsbelastungen erlaubt. Die in Bild 4.2 dargestellte Scheibenkupplung nach DIN 116 [4.4] ist ein weit verbreiteter Vertreter solcher kraftschlüssiger Kupplungen. Die Reibkräfte wirken dabei auf der Ringfläche zwischen d_4 und d_3. Über die Flanschverschraubungen werden die Normalkräfte für den Reibkontakt aufgebracht. Teilweise werden dazu auch Passschrauben verwendet, die dann auf einen gemischt form- und reibschlüssigen Kontakt führen. Die Berechnung des kraftschlüssig übertragbaren Drehmoments erfolgt mit dem Reibwert μ, der Schraubenkraft F_S, der Anzahl der Schrauben n_S und dem aus d_4 und d_3 bestimmten mittleren Reibflächendurchmesser (siehe auch Kap. 4.5). Der Sicherheitsfaktor $S = 2$ gilt für statische Belastung, $S = 3 \dots 5$ für dynamische Belastungen und $S = 4 \dots 8$ für Stoßbelastungen.

$$M_t = \frac{F_S \cdot \mu \cdot d_m \cdot n_S}{2 \cdot S}$$

Neben der jeweiligen Berechnung der Übertragungsfähigkeit kann in normalen Einsatzfällen auf tabellierte Angaben aus der zugehörigen Norm zurückgegriffen werden. Die DIN 116 [4.4] enthält zusätzlich zu

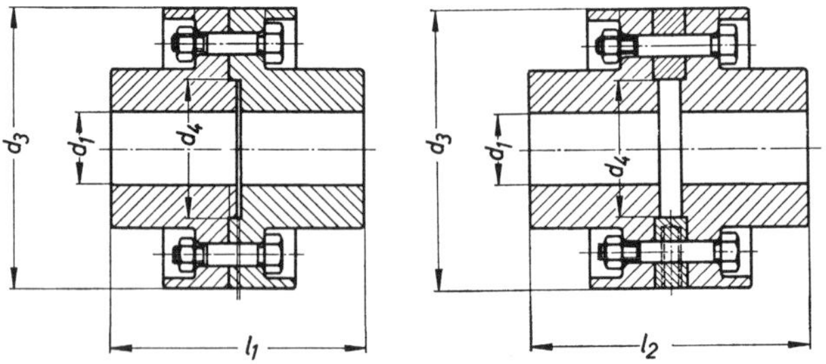

Bild 4.2 Scheibenkupplung nach DIN 116, Form B mit zweiteiligem Zentrierring [4.4]

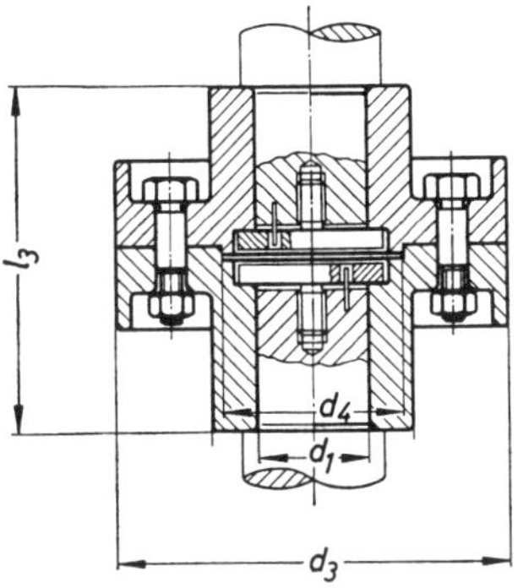

Bild 4.3 Scheibenkupplung nach DIN 116, Form C für senkrechte Wellenlage mit zusätzlichen Axialdruckscheiben [4.4]

den geometrischen Größenangaben auch Angaben über das übertragbare Drehmoment und die zulässige Drehzahl der jeweiligen Größenausführung für Wellendurchmesser d_1 von 25 bis 250 mm.

Beispiel: d_1 = 40 mm: M_t = 236 Nm und n_{max} = 2 000 min^{-1}
d_1 = 100 mm: M_t = 5 800 Nm und n_{max} = 1 400 min^{-1}

Neben den beiden Bauformen A und B für horizontale Wellenlage bietet die DIN 116 [4] auch eine Scheibenkupplung speziell für senkrechte Wellen, wie z. B. in Rührwerken oder großen Pumpen, als Form C mit Axialdruckscheiben (Bild 4.3) an. Allen Scheibenkupplungsvarianten gemeinsam ist die gute Zentrierwirkung über den Absatz d_4. Die Kupplungsnaben werden mit Übergangspassungen (z. B. N7/h8) und zusätzlichen Passfedern auf den Wellen montiert. Bei Wellendurchmessern d_1 > 100 mm wird eine Presspassung empfohlen, deren Berechnung in DIN 7190 [4.6] dargestellt ist. Eine Verbindung ungleicher Wellendurchmesser ist nicht vorgesehen, aber möglich.

4.1.1.2 Spannelementkupplung

Eine weitere rein kraftschlüssige Kupplung zur Verbindung von Wellen und Drehmomentübertragung ist die **Spannelementkupplung** (Bild 4.4). Diese Kupplung überträgt nicht nur das Drehmoment kraftschlüssig, sondern auch mögliche Axialkräfte, was bei der Scheibenkupplung z. B. formschlüssig erfolgt. Die Kupplung besteht aus zwei kegeligen Spannelementen auf einer gemeinsamen Hülse. Die Übertragungsfähigkeit liegt im Vergleich zu den Normangaben der Scheibenkupplung höher, und es wird an den Wellen auch keine zusätzliche Passfeder eingesetzt, wodurch die Kerbwirkung reduziert wird. Die Spannelementkupplung verfügt über gute

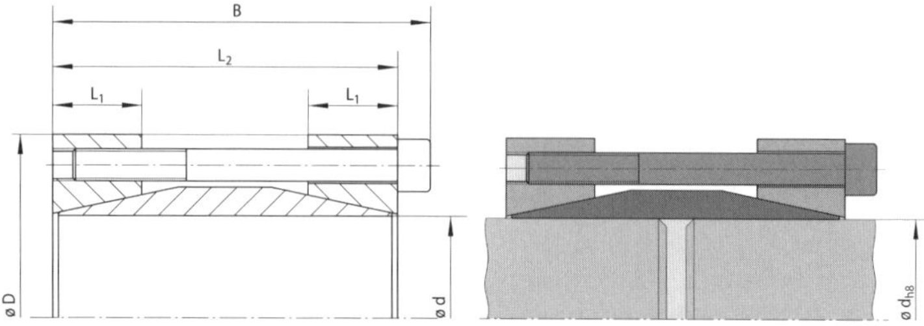

Bild 4.4 Konusspannelement-Kupplung (*Ringspann*)

Zentriereigenschaften und erlaubt im Regelfall auch die Demontage ohne axiale Verschiebung der beiden zu kuppelnden Maschinen. Dies wird durch den für das Schraubwerkzeug notwendigen Bauraum sichergestellt, in den die Kupplung verschoben werden kann, um die Verbindung freizugeben.

Die Herstellerunterlagen enthalten neben den geometrischen Größenangaben auch Angaben über das übertragbare Drehmoment bzw. die übertragbare Axialkraft sowie das Schraubenanzugsmoment der jeweiligen Größenausführung für Wellendurchmesser d von z. B. 14 bis 100 mm.

Beispiel: d = 40 mm: M_t = 650 Nm bzw. F_{ax} = 32 kN
d = 100 mm: M_t = 7 600 Nm bzw. F_{ax} = 150 kN

Das Toleranzfeld für den Wellendurchmesser sollte h8 sein bei einer gemittelten Rautiefe $R_a \leq 3{,}2$ µm. Eine Verbindung ungleicher Wellendurchmesser ist nicht vorgesehen.

4.1.1.3 Schalenkupplung

Die **Schalenkupplung** nach DIN 115 [4.3] (Bild 4.5) wird sowohl kraftschlüssig als auch formschlüssig angeboten. Die Kontaktart ist dabei vom Wellendurchmesser abhängig. Bis zum Wellendurchmesser $d_1 \leq 50$ mm wird die Schalenkupplung **kraftschlüssig** ausgeführt. Darüber hinaus werden Passfedern für die formschlüssige Drehmomentübertragung genutzt (siehe Kap. 4.1.2). Die Schalenkupplung ist ideal geeignet für die radiale Montage und Demontage.

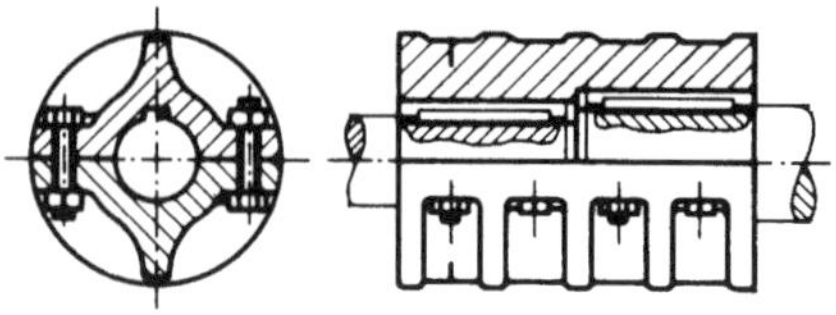

Bild 4.5 Schalenkupplung nach DIN 115, Form B für Wellenenden mit verschiedenen Durchmessern [4.3]

Die Schalenkupplungen nach DIN 115 [4.3] werden grundsätzlich in drei verschiedenen Formen angeboten.

- Form A für Wellenenden mit gleichen Durchmessern,
- Form B für Wellenenden mit verschiedenen Durchmessern,
- Form C für senkrechte Wellen.

Alle drei Formen werden auch mit einem zusätzlichen **Blechmantel** (Form AS, BS und CS) zur Erhöhung der Sicherheit geliefert. Der zweite Wellendurchmesser d_2 bei Form B kann entsprechend der Anwendung mit der Beschränkung $d_2 \leq d_1$ gewählt werden. Dies ist ein häufig gegebener Einsatzfall beim Anschluss an genormte Wellenenden (DIN 748-3) elektrischer Maschinen. Für die Wellen wird das Toleranzfeld h9 empfohlen. Die Verschraubungen der Schalenkupplungen werden wechselseitig eingesetzt, um ein günstiges Wuchtverhalten zu erreichen. Die DIN 115 [4.3] enthält zusätzlich zu den geometrischen Größenangaben auch Angaben über das übertragbare Drehmoment und die zulässige Drehzahl der jeweiligen Größenausführung für Wellendurchmesser d_1 von 20 bis 200 mm.

Beispiel: d_1 = 40 mm: M_t = 100 Nm und n_{max} = 1 420 min^{-1}

4.1.2 Formschlüssige Kupplungen

Formschlüssige Kupplungen besitzen ein oder mehrere Elemente zur formschlüssigen Übertragung von Umfangskräften und damit Drehmomenten. Der Formschluss ist unabhängig von Reibwertschwankungen durch unterschiedlichen Reinigungszustand und damit betriebssicherer, besonders unter Bedingungen der Baustellenmontage. In sicherheitsrelevanten Anwendungen wird daher häufig ein Formschluss gefordert (Lenkung, Hebezeugbremsen). **Formschlüssige Kupplungen** sind für wechselnde stoßartige Belastungen nur sehr bedingt geeignet. Die Kupplungen dürfen dazu kein Montagespiel besitzen. Bei formschlüssigen Kupplungen muss auf die Kerbwirkung des Formschlusselements geachtet werden.

4.1.2.1 Schalenkupplung

Die **Schalenkupplung** (Bild 4.5) stellt, wie in 4.1.1 beschrieben, einen Übergangsfall dar. Ab 55 mm Wellendurchmesser wird sie mit Formschluss durch eine **Passfeder** ausgeführt. Die Drehmomentübertragungsfähigkeit nach DIN 115 [4.3] steigt dadurch deutlich von 150 Nm bei einem Wellendurchmesser von 50 mm auf 500 Nm bei einem Durchmesser von 55 mm an. Da dieser Formschluss nicht vorgespannt ist, sind diese Kupplungen nicht für wechselnde, stoßartige Belastungen geeignet. Die Schalenkupplungen sind in DIN 115 [4.3] mit Geometrie und Belastbarkeitsangaben genormt bis zum Wellendurchmesser 200 mm. Für die Wellen wird das Toleranzfeld h9 empfohlen.

Beispiel: d_1 = 100 mm: M_t = 5400 Nm und n_{max} = 920 min^{-1}

4.1.2.2 Stirnverzahnung

Eine der bekanntesten Stirnverzahnungen ist die **Hirth-Verzahnung** [4.1] (Bild 4.6), weitere vergleichbare sind die **Klingelnberg-Zyklo-Palloid-** und die **Gleason-Curvic-Coupling-Verzahnung**. Die Stirnverzahnungen sind selbstzentrierende, stirnseitige Kuppelverzahnungen. Die Verzahnungen werden meistens durch eine zentrale Schraube oder – wie bei den Gelenkwellenflansch-Anwendungen (Bild 4.7) – durch mehrere am Umfang sitzende Schrauben vorgespannt. Durch die Geometrie und radiale Anordnung der Zähne ist die Kupplung axial und radial starr. Die stirnverzahnte Kupplung wird axial montiert, der notwendige Platz dafür ist konstruktiv vorzusehen.

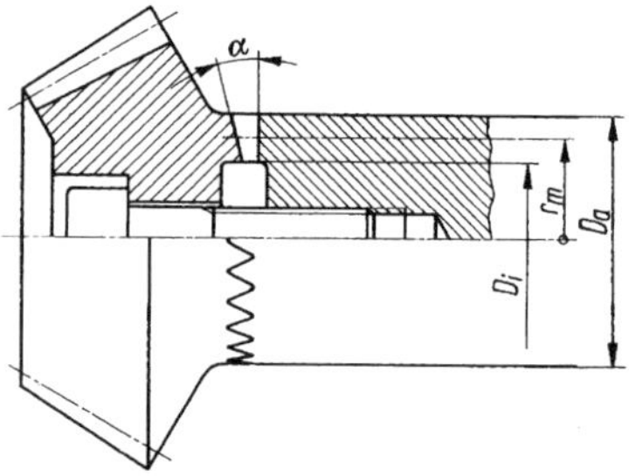

Bild 4.6 Stirnzahnverbindung mit zentraler Spannschraube [4.1]

Bild 4.7 Stirnzahnverbindung an einem Gelenkwellenflansch mit Spannschrauben am Umfang (*Spicer-Gelenkwellenbau*)

Anwendungen sind die winkel- und lagegenaue Kupplung von Antriebswellen untereinander oder auch mit Zahn- und Riemenscheiben. Die Stirnverzahnung ist gekennzeichnet durch:

- ihre kompakte Bauweise,
- hohe Übertragungsfähigkeit (durch die Vorspannung auch dynamisch wechselnder Drehmomente),
- gute Selbstzentrierung,
- aber auch aufwendige Fertigung.

Die Verzahnung wird auch als **Normring** (Fa. Voith) von 50...900 mm Außendurchmesser am Markt angeboten, womit die Kostenvorteile eines Serienteils erreicht werden.

Für den folgenden Vergleich der Übertragungsfähigkeit wird der Außendurchmesser als die den Bauraum beschreibende Größe herangezogen (Tabelle 4.2).

Tabelle 4.2 Vergleich

	Scheibenkupplung DIN 116		**Schalenkupplung DIN 115**		**Hirth-Normring Fa. Voith**	
Wellen-∅ [mm]	Außen-∅ [mm]	M_t [Nm]	Außen-∅ [mm]	M_t [Nm]	Außen-∅ [mm]	M_t [Nm]
40	140	236	110	100	100	940
100	280	5 800	250	5 400	250	6 460

4.2 Ausgleichskupplungen

Dipl.-Ing. (FH) Ulrike Schwanke

In Maschinenanlagen und Antriebssystemen können aus unterschiedlichen Gründen, wie zum Beispiel Montagefehlern und -ungenauigkeiten, Herstelltoleranzen, Wärmeausdehnung, Verformung unter Last, Lagerverschleiß, Fundamentsetzungen usw., Fluchtungsfehler der zu koppelnden Wellenenden entstehen (Bild 4.8).

Unter den hier behandelten **Ausgleichskupplungen** sind formschlüssige Kupplungen zu verstehen, die im Gegensatz zu den starren Kupplungen diese Wellenversätze – mit Ausnahme des Drehversatzes – aufnehmen und im Betrieb ausgleichen können. Das bedeutet, diese Kupplungen arbeiten in

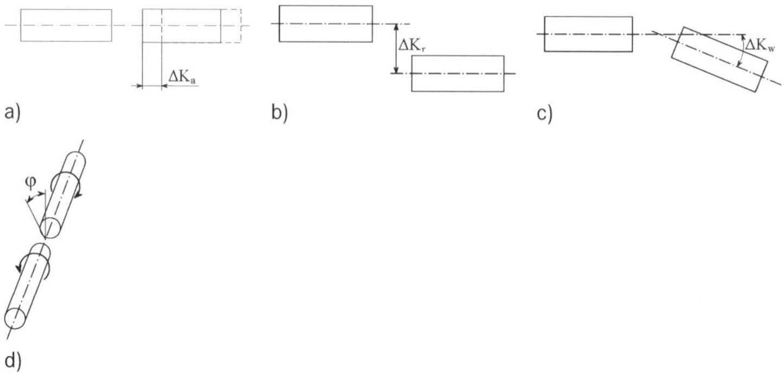

Bild 4.8 Möglichkeiten des Wellenversatzes: a) axialer Versatz ΔK_a, b) radialer Versatz ΔK_r, c) winkliger Versatz ΔK_w, d) Verdrehwinkel φ

Abgrenzung zu den elastischen Kupplungen drehstarr, sind also gegenüber dem Drehmoment in Umfangsrichtung unnachgiebig, können aber Versätze und Bewegungen in axialer, radialer oder winkliger Richtung sowie deren Kombinationen ausgleichen. Für die Übertragung des Drehmoments heißt das, dass alle Stöße und Schwankungen unverändert, also ungedämpft, weitergegeben werden. Um diese Funktion erfüllen zu können, haben drehsteife Ausgleichskupplungen Übertragungselemente, die Dreh- oder Gleitbewegungen vornehmen.

Auslegung von drehstarren Ausgleichskupplungen

Beim Anlauf einer Anlage ohne Lastmoment gelten für das Anlaufmoment und das Kupplungsmoment folgende Beziehungen:

$$T_A = (I_A + I_L) \cdot \alpha \quad \Rightarrow \quad \alpha = \frac{T_A}{I_A + I_L}$$

$$T_K = I_L \cdot \alpha = \frac{I_L}{I_A + I_L} \cdot T_A$$

$$T_L = 0$$

T_A Antriebsdrehmoment (größtes Motordrehmoment) (bei Kurzschlussläufermotoren: Kippmoment T_{Kipp}), T_K Kupplungsdrehmoment, T_L Lastdrehmoment in Richtung auf die Kupplung, I_A Massenträgheitsmoment der Antriebsseite bezogen auf die Kupplung, I_L Massenträgheitsmoment der Abtriebsseite bezogen auf die Kupplung, α Winkelbeschleunigung

Soll der Anlauf unter Last erfolgen, erweitern sich die Formeln wie folgt:

$$\alpha = \frac{T_A - T_L}{I_A + I_L}$$

$$T_K = I_L \cdot \alpha + T_L = \frac{1}{I_A + I_L} \cdot \left(I_L \cdot T_A + I_A \cdot T_L\right)$$

Im Betriebszustand beträgt das Kupplungsmoment:

$$T_K = T_N + \left(T_{max} - T_N\right) \cdot \frac{I_L}{I_A + I_L}$$

T_N Motornenndrehmoment bei periodischen Belastungszuständen, T_{max} maximales Drehmoment des Motors

Diese Beziehungen sind unter der Annahme erstellt, dass sowohl die Drehmomente als auch die Winkelbeschleunigung über den gesamten Anlaufvorgang konstant sind, was in der Realität aber nie der Fall ist. Es handelt sich somit nur um eine orientierende Berechnung für die Kupplungsauswahl. Für den Einzelfall stehen die Kupplungshersteller durch ihre langjährige Erfahrung mit entsprechenden Auswahlverfahren zur Verfügung.

4.2.1 Bogenzahnkupplung

Dipl.-Ing. (FH) Ulrike Schwanke

Bogenzahnkupplungen bestehen aus Gründen der Montagefreundlichkeit meist aus einem zweigeteilten Außenteil mit zylindrischer Innenverzahnung, die in der Regel geradverzahnt ausgeführt ist, und aus zwei identischen, mit Außenverzahnung versehenen Kupplungsscheiben, die auch als

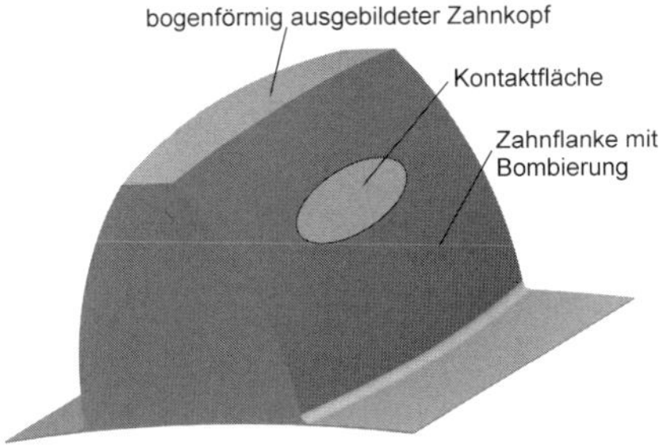

Bild 4.9 Verzahnungsgeometrie der Kupplungsscheiben einer Bogenzahnkupplung

Stern bezeichnet werden. Die Besonderheit liegt in der Ausführung dieser Außenverzahnung begründet. Sie ist bogenförmig gestaltet und über die Zahnbreite mit einer **Bombierung** versehen (Bild 4.9).

Heutzutage kommen als Werkstoffpaarung sowohl Stahl/Stahl als auch Stahl/Kunststoff oder Kunststoff/Kunststoff zum Einsatz.

Bild 4.10 Bogenzahnkupplungen. a) BoWex® Bogenzahnkupplung® Bauart M und Bauart M...C Ex-Schutz beurteilt (*KTR Kupplungstechnik GmbH Rheine*), b) GEARex®-Ganzstahl-Zahnkupplungen Bauart FB (*KTR Kupplungstechnik GmbH Rheine*), c) Bogenzahnkupplung® Typ SB (*Renk AG Augsburg*)

4.2.1.1 Besonderheiten der Bogenzahnkupplung

Bogenzahnkupplungen sind aufgrund ihrer Konstruktion zweifach gelenkig, was dem kinematischen Prinzip eines doppelten Kardangelenks entspricht. Aus diesem Grund wird die Drehbewegung ohne periodische Schwankungen der Winkelgeschwindigkeiten übertragen.

Bild 4.11 zeigt die möglichen **Zahnstellungen** einer Bogenzahnkupplung (unter Einwirkung von Wellenversatz) als Extremwerte:

- reine Schwenkverlagerung,
- reine Kippverlagerung.

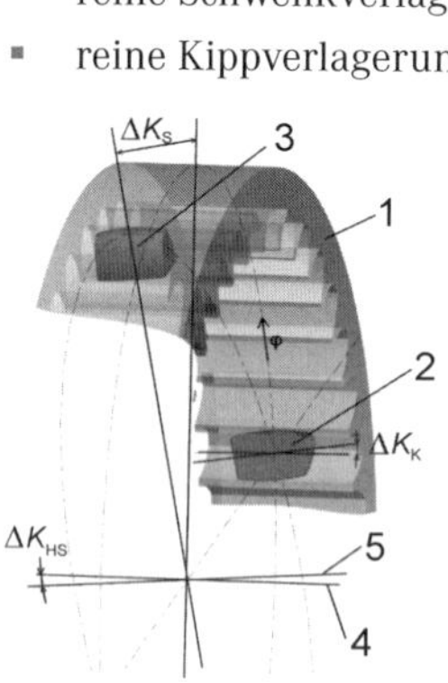

Bild 4.11 Charakteristische Zahnstellung von Zahnkupplungen bei Auslenkung nach [4.15]. 1 Hülse, 2 Sternzahn in Kippstellung, 3 Sternzahn in Schwenkstellung, 4 Hülsenachse, 5 Sternachse, ΔK_K Kippverlagerung, ΔK_S Schwenkverlagerung, ΔK_{HS} Verlagerung des Sterns gegenüber der Hülse

Diese extremen Auslenkungen werden während eines Umlaufs je zweimal – in entgegengesetzter Richtung – erreicht. Dazwischen befinden sich die Zähne in Mischzuständen aus beiden Verlagerungsarten. Hieraus ist ersichtlich, dass bei der Bogenzahnkupplung der Ausgleich von Wellenverlagerungen durch eine Relativbewegung der Zähne der Innen- und der Außenverzahnung erfolgt. Gemindert werden die dabei entstehende Reibung und der Verschleiß durch den Einsatz von Schmierstoffen oder Polyamid als Werkstoff für Kupplungsbauteile. Die Drehmomentübertragung kann nur über Zähne erfolgen, die sich in Kippstellung befinden. Deshalb hängt das maximal übertragbare Drehmoment dieser Kupplungen ab von:

- den Festigkeitswerten der Verzahnung (der zulässigen Flächenpressung, Biege- und Scherbeanspruchung usw.),
- der Verzahnungsgeometrie, die sich vor allem ergibt aus:
  - der Zähneanzahl,
  - dem Bombierungsradius der Zahnflanken,
  - dem Spiel,
  - der Zahnbreite,
  - der Auslenkung,
  - der Hülsenwanddicke.

Zwischen dem Winkelversatz und der aufnehmbaren, radialen Verlagerung der Wellen gilt folgende Abhängigkeit (Bild 4.12):

$$\Delta K_r = L \cdot \tan \Delta K_W$$

Im Betrieb verschieben sich die Kupplungsbauteile, bis Kräftegleichgewicht herrscht. Durch die daraus resultierenden Unwuchten wirken auf die Lager der Anlage Kräfte, die nur mit großem Aufwand bestimmbar sind.

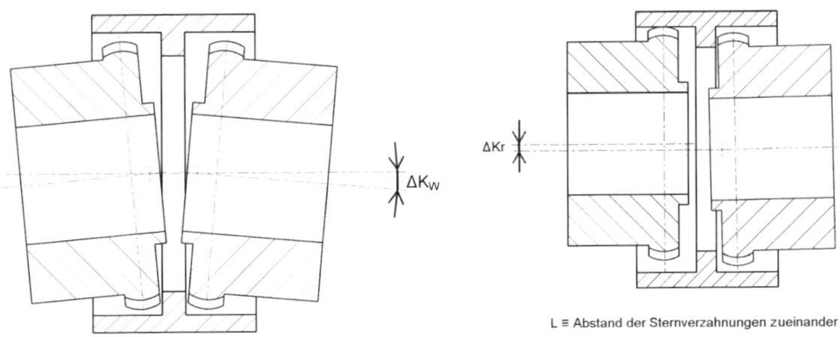

Bild 4.12 Mögliche Wellenverlagerungen

Um diese Lagerbelastungen gering zu halten, müssen die Verschiebungen konstruktiv begrenzt werden.

4.2.1.2 Eigenschaften der Bogenzahnkupplung

Bogenzahnkupplungen sind für die Übertragung großer Drehmomente und hoher Drehzahlen geeignet, da sie relativ klein bauen und somit ein kleines Trägheitsmoment besitzen. Drehrichtungswechsel werden stoßfrei vorgenommen. Gegen Überbelastung sind sie eher unempfindlich. Die Bogenzahnkupplungen sind allseitig verlagerbar mit heute üblichen Werten von ungefähr 19 mm für radiale Wellenverlagerungen und 1,5° für winklige Verlagerung pro Kupplungshälfte. Axiale Wellenverlagerungen können nur in relativ geringem Umfang aufgenommen werden. Zudem zeichnen sich Bogenzahnkupplungen durch eine einfache und zeitsparende Montage aus. Bei der Verwendung von Kunststoff, normalerweise Polyamid, übernimmt die Kupplung noch die Funktion der elektrischen Isolierung und arbeitet wartungsfrei. Durch die erforderliche Fett- bzw. Ölschmierung bei der Stahl-Stahl-Kombination ist hier ein gewisser Wartungsaufwand erforderlich. Die thermische Belastbarkeit ist im einen Fall durch den Einsatz von Polyamid und im anderen durch die Temperaturverträglichkeit des Schmierstoffs begrenzt.

4.2.1.3 Varianten der Bogenzahnkupplung

Angeboten werden Bogenzahnkupplungen für unterschiedliche Einsatzzwecke auch mit einteiliger Außenhülse oder mit Zwischenstück oder -welle zwischen den Außenteilhälften. Zudem gibt es auch verschiedene Abwandlungen der Zahnform (Bild 4.13). Die Zahnflanken können ballig

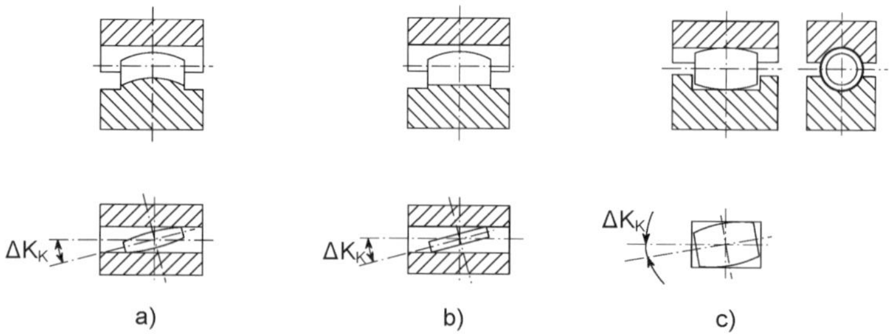

Bild 4.13 Verschiedene Zahnarten bei Bogenzahnkupplungen nach [4.18]: a) ballige Zahnform, b) gerade Zahnform, c) Tonne

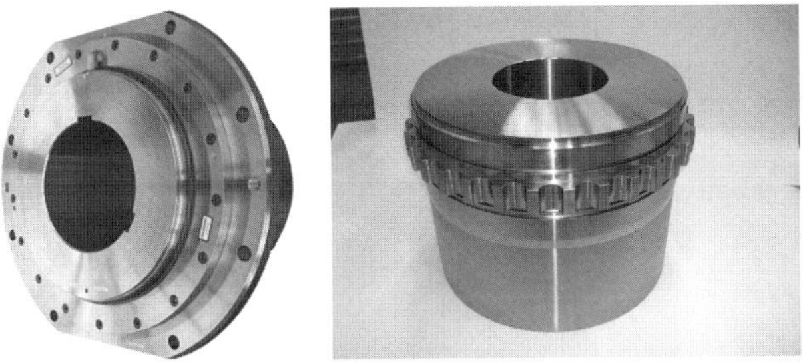

Bild 4.14 Tonnenkupplung und Nabe einer Tonnenkupplung
(*M.A.T. MALMEDIE ANTRIEBSTECHNIK GmbH Solingen*)

oder gerade gestaltet sein oder die Zähne werden durch tonnenförmige Elemente ersetzt (Bild 4.14), die in kreisförmigen Verzahnungen der Kupplungsscheiben und des Außenteils liegen und seitlich geführt sind.

Bedingt durch die große Auflagefläche der Tonnen ist diese Kupplungsart zur Aufnahme großer Radiallasten geeignet. Wechselbiegebeanspruchungen werden gemindert, und der Verschleiß wird reduziert. Vorzugsweise kommt diese Ausführungsart bei Kranen, Hebezeugen, Förderbändern, Bohrtürmen und im Bergbau zum Einsatz.

4.2.2 Kreuzscheibenkupplung (Oldham-Kupplung)

Dipl.-Ing. (FH) Ulrike Schwanke

Bei der **Kreuzscheibenkupplung**, die auch nach ihrem Erfinder **Oldham-Kupplung** genannt wird, ist in beide Kupplungsnaben (1,3) eine durchgehende Nut eingebracht (Bild 4.15). Dazwischen wird als verbindendes, das Drehmoment übertragendes Element eine Kreuzscheibe (2) angeordnet. Diese Kreuzscheibe wiederum besitzt auf beiden Seiten durchgehende Leisten, die um 90° zueinander versetzt sind. Auch andere Verteilungen der Leisten bzw. Nuten auf die Kupplungshälften und die Kreuzscheibe sind auf dem Markt erhältlich. Eine Oldham-Kupplung arbeitet also mithilfe des Nut-Feder-Prinzips. Die Kupplungsscheiben sind aus Aluminium, in Sonderfällen auch aus Edelstahl, gefertigt. Die Zwischenscheibe ist in Kunststoff, normalerweise Acetal oder Nylon, ausgeführt.

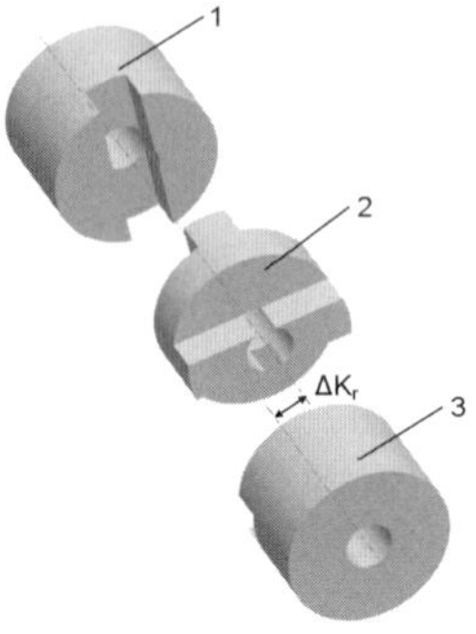

Bild 4.15 Oldham-Kupplung (nach [4.18])

4.2.2.1 Kinematik der Kreuzscheibenkupplung

Während des Betriebs gleiten die Leisten in den Nuten. Diese Bewegung lässt sich auf ein Kurbelgetriebe zurückführen, das dem Prinzip der Doppelschleife oder umlaufende Kurbelschleife mit jeweils zwei Dreh- und Schubgelenken folgt.

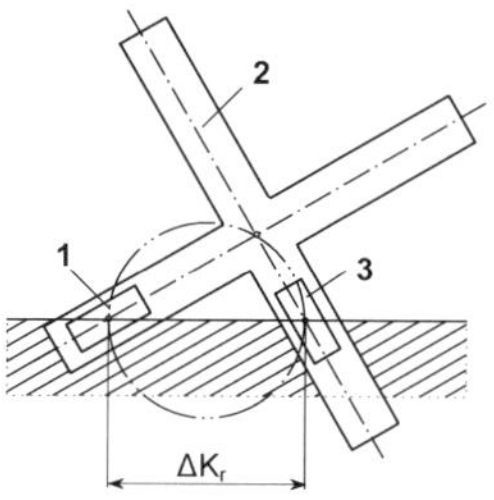

Bild 4.16 Prinzipdarstellung der Funktion der Kreuzscheibenkupplung (nach [4.18])

Die Kupplungshälften (1 und 3) sind ortsfest und mit einem bestimmten Abstand (ΔK_r), was dem radialen Wellenversatz entspricht, zueinander drehbar gelagert. Die Kreuzscheibe (2) ist durch Schubgelenke mit den Kupplungshälften verbunden. Die Schubrichtungen stehen orthogonal zueinander. Wird die Antriebsseite der Kupplung mit konstanter Winkelgeschwindigkeit, also gleichförmig, angetrieben, so läuft auch die Abtriebsseite gleichförmig um, wobei sich der Mittelpunkt der Kreuzscheibe mit doppelter Geschwindigkeit auf dem Kreis mit dem Durchmesser ΔK_r bewegt. Dies gilt auch, wenn sich ΔK_r verändert.

4.2.2.2 Eigenschaften der Kreuzscheibenkupplung

Kreuzscheibenkupplungen sind robuste, kompakt bauende, leichte, zuverlässige und montagefreundliche Kupplungen, die die Antriebsbewegung winkelgetreu übertragen. Vorzugsweise werden diese Kupplungen zum Ausgleich radialer Wellenversätze von bis zu 3,5 mm und axialer Wellenverlagerungen von bis zu 0,2 mm eingesetzt. Durch die heute zum Einsatz kommenden Konstruktionen und Werkstoffe lassen sich im Gegensatz zu früher auch geringe Winkelverlagerungen, in der Regel 0,5° und bis zu 2° in Ausnahmefällen, ausgleichen. Die Kupplungen sind elektrisch isolierend. Bei Einsatz von Nylon als Werkstoff für die Zwischenscheibe sind die Kupplungen geräusch- und schwingungsdämpfend, bei der Verwendung von Acetal werden hohe Drehmomente spielfrei übertragen. Auch die Gleiteigenschaften wurden durch den Einsatz von Kunststoff und Eloxat weiter verbessert, sodass die Kupplungen auch für hohe Drehzahlen geeignet sind und in Verbindung mit dem niedrigen Gewicht geringe Rückstellkräfte zu erwarten sind. Die Kreuzscheiben können einfach ausgetauscht und in Einzelfällen auch als Drehmomentbegrenzer genutzt werden. Bevorzugt werden diese Kupplungen heute bei Antrieben mit Servo- oder Schrittmotoren, Positioniereinrichtungen und Pumpenantrieben eingesetzt (Bild 4.17).

Bild 4.17 Beispiele für Oldham-Kupplungen
(*RULAND Manufacturing Co., Inc. Marlborough/USA*)

4.2.3 Ringspann-Ausgleichskupplung

Dipl.-Ing. (FH) Ulrike Schwanke

Die **Ringspann-Ausgleichskupplung** arbeitet nach dem Prinzip der Kreuzscheibenkupplung und ist ebenfalls dreiteilig aufgebaut (Bild 4.18).

Bild 4.18
Ringspann-Ausgleichskupplung [4.16]

Allerdings tragen die Kupplungsscheiben, die aus Stahl oder Sphäroguss gefertigt sind, mehrere Mitnehmer mit rechteckigem Querschnitt, die auf einer Kupplungshälfte paketiert und um 180° versetzt angeordnet sind. Die Mitnehmerpakete der beiden Kupplungsscheiben sind wiederum um 90° zueinander verdreht. Die Zwischenscheibe nimmt diese Mitnehmer in entsprechenden Aussparungen auf und ist aus hochverschleißfestem Hartgewebe hergestellt.

Ebenso wie bei der Oldham-Kupplung handelt es sich bei der Ringspann-Ausgleichskupplung um eine sehr robuste, zuverlässige und kompakte Kupplung. Es können größere Radialverlagerungen aufgenommen werden. Diese können bis zu 5 % des Wellennenndurchmessers betragen. Möglich ist die Aufnahme von Winkelwellenverlagerungen bis zu 3°. Die Kupplung unterliegt keiner Ermüdung. Für eine ausreichende Schmierung der Gleitflächen muss gesorgt werden.

4.2.4 Gelenke und Gelenkwellen

Dr.-Ing. Wolfgang Hildebrandt

Drehgelenke sind drehstarre Kupplungselemente, die ein Drehmoment und eine Drehbewegung unter einem Winkel zwischen der Antriebs- und Abtriebsseite („sich kreuzende Achsen") übertragen. In einer **Gelenkwelle** sind jeweils zwei Drehgelenke in Reihe angeordnet und mithilfe einer Verbindungswelle gekoppelt. Hierdurch wird neben einem Winkelausgleich auch ein radialer Versatz zwischen An- und Abtriebsseite ermöglicht. Um darüber hinaus auch einen axialen Versatz zu erlauben, kann eine Gelenkwelle eine **Verschiebeeinheit** aufweisen. Diese kann einerseits als eigenständiges Bauelement (z. B. Verschiebeverzahnung, Kugellängenausgleich) in der Gelenkwelle integriert sein, oder aber es wird – zumindest auf einer Seite – ein Drehgelenk verwendet, das neben einer Abbeugung auch eine Axialverschiebung ermöglicht (sog. „**Verschiebegelenk**").

4.2.4.1 Kreuzgelenk

Die einfachste Bauform der Drehgelenke ist das **Kreuzgelenk** (Kardangelenk, engl.: Universal, Cardan oder Hookes joint), dessen Anfänge auf das 16. Jahrhundert zurückgehen (Bild 4.19).

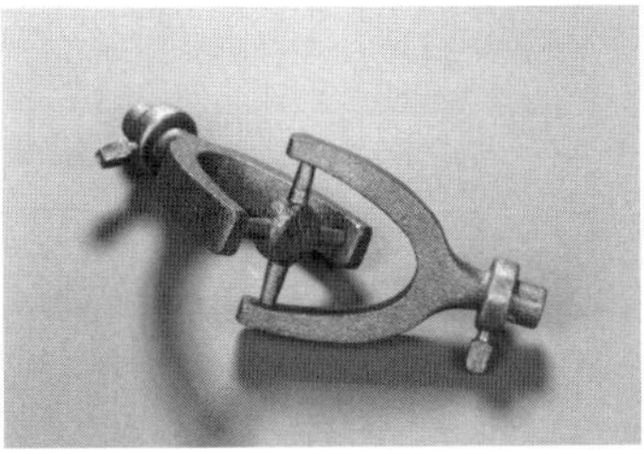

Bild 4.19 Kreuzgelenk in einer Ausführungsform um 1550 von G. Cardano zur Verwendung in einem Schiffskompass [4.7]

In einem Kreuzgelenk sind die Antriebs- und die Abtriebsseite jeweils mit einer **Gelenkgabel** versehen und miteinander über ein drehbar gelagertes Kreuz verbunden sind (Bild 4.20 links). Die Lagerung des Kreuzes in den Gabeln kann entweder als **Gleit**- oder als **Wälzlagerung** ausgeführt sein. Ein Ausführungsbeispiel aus einem Nkw-Antriebsstrang mit einer Wälzlagerung des Kreuzes ist in Bild 4.20 rechts dargestellt.

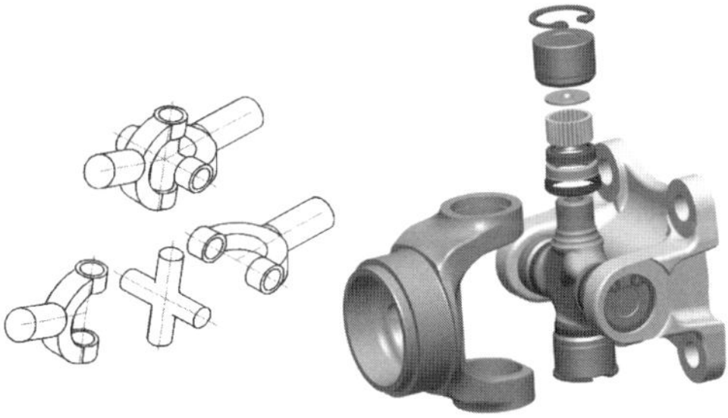

Bild 4.20 Kreuzgelenk. Links: Prinzipbild, rechts: Ausführungsbeispiel

Ungleichförmigkeit der Drehmomentenübertragung

Bei dem Einsatz von Kreuzgelenken ist zu berücksichtigen, dass die Übertragung des Drehmoments und der Drehzahl nicht gleichförmig erfolgt. Wird auf der Eingangsseite (Index 1) des um den Winkel β abgebeugten Gelenks ein Drehmoment T_1 unter einer Winkelgeschwindigkeit ω_1 eingeleitet, so ergibt sich an der Abtriebsseite (Index 2) ein von der

Drehstellung α und dem Beugewinkel β des Gelenkes abhängiger Verlauf der Winkelgeschwindigkeit ω_2 (Bild 4.21).

$$\omega_2 = \omega_1 \cdot \cos\beta / \left(1 - \sin^2\beta \cdot \sin^2\alpha\right)$$

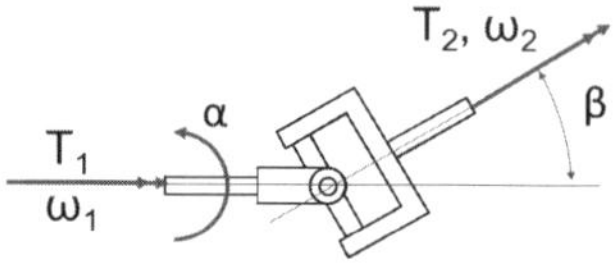

Bild 4.21 Abhängigkeit der Winkelgeschwindigkeiten beim Kreuzgelenk

Einhergehend mit dieser Änderung der Winkelgeschwindigkeit ω_2 ergeben sich Auswirkungen auf den Verlauf des Ausgangsmoments T_2 sowie auf die Abstützmomente T_S in den Widerlagern (Bild 4.22).

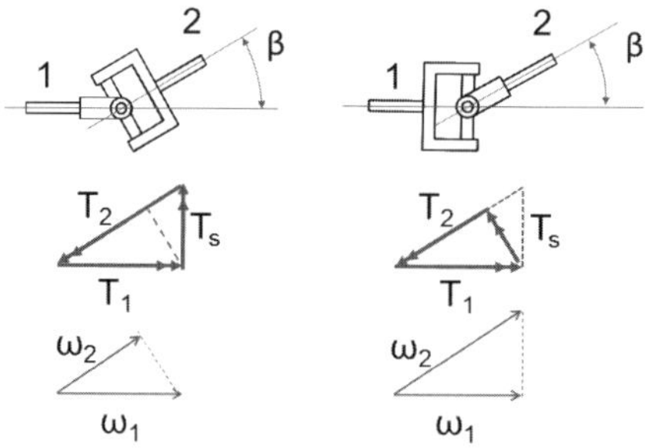

Bild 4.22 Winkelgeschwindigkeiten und Drehmomente am abgebeugten Kreuzgelenk

Um eine gleichförmige Bewegung zwischen An- und Abtriebsseite zu erzielen, besteht die Möglichkeit, zwei Kreuzgelenke in einer Gelenkwelle so zueinander zu positionieren, dass die benachbarten Gabeln zweier hintereinander angeordneter Kreuzgelenke in einer gemeinsamen Ebene liegen. Werden die Gelenke in einer W-Anordnung oder in der Z-Anordnung betrieben, sodass die Beugewinkel an beiden Gelenken identisch sind (Bild 4.23), so heben sich die jeweiligen Änderungen von Drehmoment und Winkelgeschwindigkeit auf. Es wird ein Gleichlauf zwischen An- und Abtriebsseite erreicht (Bild 4.23).

Einen ausführlicheren Einblick in die Kinematik von Einfach- und Mehrfachkreuzgelenken gibt [4.8], typische Baugrößen und Abmessungen von genormten Wellengelenken können [4.9] entnommen werden. Ein Ausführungsbeispiel einer Kreuzgelenkwelle ist in Bild 4.24 dargestellt.

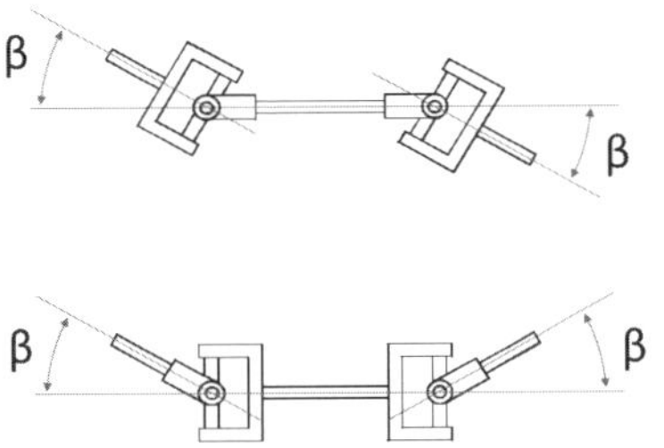

Bild 4.23 Anordnungen einer Gelenkwelle zur Erzielung eines Gleichlaufes. Oben: Z-Anordnung, unten: W-Anordnung

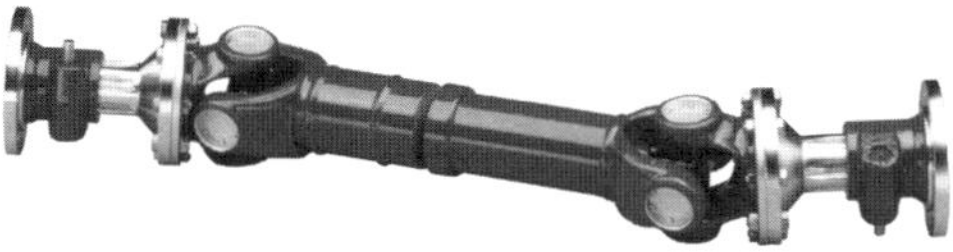

Bild 4.24 Industrieanwendung einer Kreuzgelenkwelle (*GKN Driveline*)

4.2.4.2 Doppelkreuzgelenk

Das Doppelkreuzgelenk stellt eine Sonderform einer Gelenkwelle dar. Hier sind zwei Einzelgelenke zu einem kompakten Bauelement vereint. Bei **nicht-zentrierten Doppelkreuzgelenken** sind zur Erreichung eines kleinen Bauraums die Gabeln zweier in Reihe positionierten Kreuzgelenke miteinander einstückig ausgeführt (Bild 4.25). Durch eine geeignete Lagerung von Ein- und Ausgangswelle zueinander kann im Betrieb eine W-Anordnung mit Gleichlaufeigenschaft erreicht werden.

Bild 4.25 Ausführungsbeispiel eines nicht-zentrierten Doppelkreuzgelenkes (*GKN Driveline*)

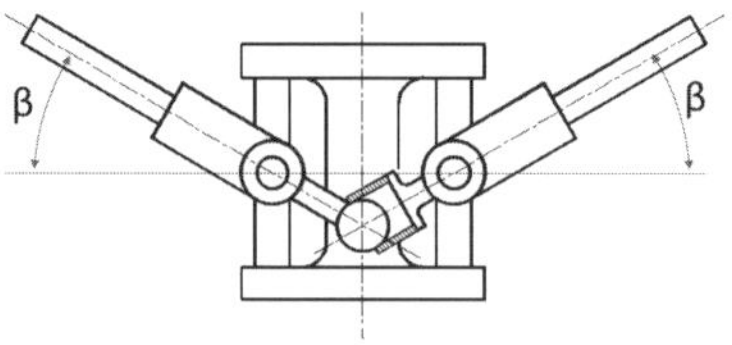

Bild 4.26 Zentriertes Doppelkreuzgelenk (schematische Darstellung)

Bei **zentrierten Doppelkreuzgelenken** ist zwischen den Gabeln eine Zentriereinheit vorgesehen, sodass (je nach Ausführungsform für einen definierten Beugewinkel oder für einen größeren Beugewinkelbereich) die Bedingungen einer W-Anordnung erfüllt werden und ein Gleichlauf vorliegt (Bild 4.26).

4.2.4.3 Gleichlaufgelenke

Eine Untergruppe der Drehgelenke stellen die **Gleichlaufgelenke** [4.7], [4.10] dar, bei denen die Eingangs- und Abtriebsgeschwindigkeit unabhängig vom Beugewinkel identisch und phasengleich sind (homokinetisch). Außer in industriellen Anwendungen werden sie bevorzugt im Antriebsstrang von Pkw und leichten Nutzfahrzeugen eingesetzt.

Man unterscheidet zwischen **Festgelenken**, die nur eine Abbeugung erlauben, sowie **Verschiebegelenken**, die neben einer Abbeugung auch eine axiale Verschiebung erlauben. Zum Schutz der Gelenke gegenüber Umgebungseinflüssen, aber auch zur Verhinderung von Schmierfettaustritt sind die Gelenke üblicherweise mit **Faltenbälgen** aus TPE-Material versehen (Manschetten aus Gummi kommen nur noch selten zum Einsatz).

4.2.4.4 Gleichlauf-Festgelenke

Die am häufigsten verbreitete Bauform der Gleichlauf-Festgelenke ist das **Kugelgleichlaufgelenk** der Bauart Rzeppa [4.11]. Hierbei ist die Antriebsseite üblicherweise über eine Kerbverzahnung mit einer Kugelnabe verbunden, die Abtriebsseite wird durch ein Gelenkaußenteil dargestellt. Sowohl in der Kugelnabe als auch im Außenteil sind in Längsrichtung **Kugelbahnen** eingebracht, in denen Kugeln als drehmomentübertragende Kopplungsglieder positioniert sind. Diese werden mithilfe eines zwischen Nabe und Außenteil geführten **Kugelkäfigs** in einer gemeinsamen Ebene gehalten. Mit dieser sog. **Bahnoffsetsteuerung** (axialer Versatz der Kugelbahnen zueinander) wird erreicht, dass sich bei Abbeugung des Gelenks um einen Winkel β die Kugeln auf einer winkelhalbierenden Ebene positionieren. Dieses ist die Bedingung zur Erzielung eines Gleichlaufs zwischen An- und Abtriebsseite.

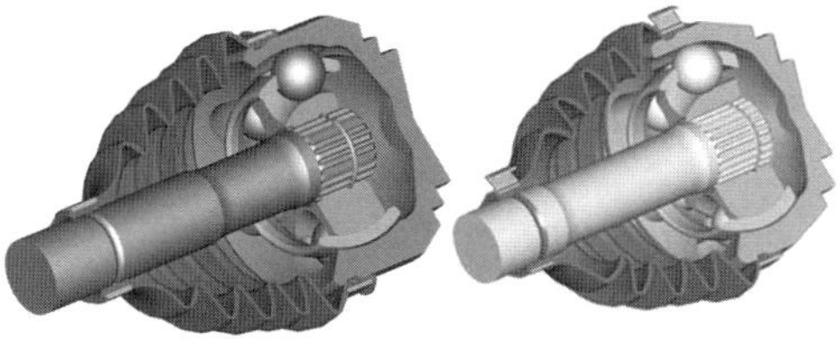

Bild 4.27 Gleichlauf-Festgelenke der Bauart Rzeppa. Links: Ausführungsform AC bis β = 47°, rechts: Ausführungsform UF bis β = 50°
(*GKN Driveline*)

Bild 4.27 zeigt zwei Ausführungsbeispiele des **Rzeppa-Gelenks**: Links ist eine Ausführungsform mit einer einstückigen, kreisförmigen Bahn in Längsrichtung (das **AC-Gelenk**), das üblicherweise einen maximalen Winkel von 47° aufweist, dargestellt. Bild 4.27 rechts zeigt das **UF-Gelenk**, mit dem durch eine zweistückige, hinterschnittfreie Bahn in Längsrichtung (kreisförmiges und gerades Bahnsegment) eine Abbeugung bis 50° möglich ist.

Bild 4.28 zeigt ein Rzeppa-Gelenk im abgebeugten Zustand: Wird auf der Eingangsseite (Index 1) des um den Winkel β abgebeugten Gelenks ein Drehmoment T_1 unter einer Winkelgeschwindigkeit ω_1 eingeleitet, so stellt sich an der Abtriebsseite (Index 2) eine Winkelgeschwindigkeit $\omega_2 = \omega_1$ ein, es liegt also **Gleichlauf** vor. Entsprechend ist $|T_1| = |T_2|$. Senkrecht zur An- und Abtriebsseite stellen sich die Sekundärmomente T_S ein, die sich – im Gegensatz zu Kreuzgelenken – während der Drehbewegung nicht verändern:

$$T_S = T_1 \cdot \tan(\beta/2)$$

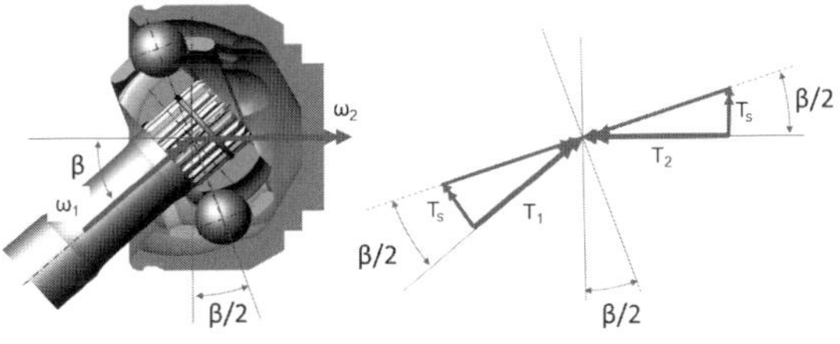

Bild 4.28 Gleichlauf-Festgelenk der Bauart Rzeppa. Links: Gelenk im abgebeugten Zustand, rechts: Momentengleichgewicht an der Käfigebene
(*GKN Driveline*)

4.2.4.5 Gleichlauf-Verschiebegelenke

Gleichlauf-Verschiebegelenke weisen üblicherweise einen Beugewinkel bis ca. 30° sowie einen axialen Verschiebeweg bis 60 mm auf. Es sind zwei grundsätzliche Bauarten bekannt:

- Kugelverschiebegelenke,
- Tripodeverschiebegelenke.

Bild 4.29 zeigt zwei Ausführungsbeispiele der **Kugelverschiebegelenke**. Bei dem **VL-Gelenk** wird die Steuerung der Kugeln durch eine tangentiale Kreuzung der Bahnen der Nabe und des Außenteils erreicht. Beim **DO-Gelenk** werden die in Geradbahnen laufenden Kugeln durch einen axialen Versatz der inneren und äußeren Käfigsphäre gegenüber der Kugelebene gesteuert.

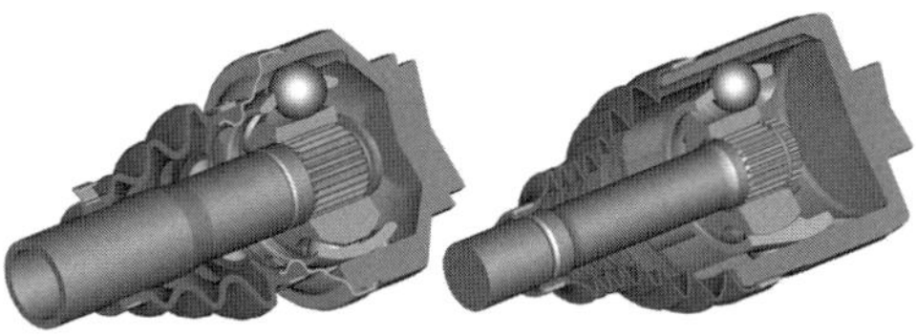

Bild 4.29 Kugelverschiebegelenk. Links: Bauart VL mit Bahnsteuerung, rechts: Bauart DO mit Sphärensteuerung
(*GKN Driveline*)

Tripodeverschiebegelenke weisen einen dreiarmigen Tripodestern mit nadelgelagerten Rolleneinheiten auf, die das Drehmoment auf gerade Bahnen in einem Gelenkaußenteil übertragen. Während bei Gelenken der Bauart **GI** die Rolleneinheiten direkt auf den Tripodezapfen angebracht sind, weisen bei einer maßgeblichen Konzept-Weiterentwicklung die Rollen eine zusätzliche Schwenkmöglichkeit auf, damit auch unter Abbeugung eine Bewegung der Rollen entlang den Bahnen ohne Gleitreibung möglich ist (typische Bezeichnung: **AAR** = angular adjusted roller) (Bild 4.30).

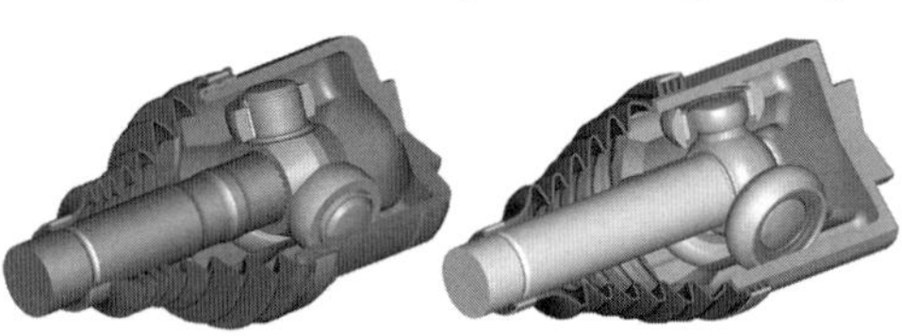

Bild 4.30 Tripodeverschiebegelenk. Links: Bauart GI, rechts: Bauart AAR
(*GKN Driveline*)

Die Auswahl der Verschiebegelenke wird im Wesentlichen durch

- das Gelenkverdrehspiel,
- die Verschiebekraft unter Drehmomentbelastung,
- die durch das Gelenk erzeugten Axialkräfte bestimmt.

Während die Kugelverschiebegelenke einen deutlichen Vorteil im Hinblick auf das Verdrehspiel haben, weisen die Tripodegelenke deutlich niedrigere Verschiebekräfte auf. Es sind jedoch bei der einfacheren GI-Bauweise die entstehenden Axialkräfte zu berücksichtigen.

4.2.5 Parallelkurbelkupplung

Dipl.-Ing. (FH) Ulrike Schwanke

Bei der **Parallelkurbelkupplung**, die auch als **Schmidt-Kupplung** bekannt ist, handelt es sich um eine Ganzmetallkupplung, bei der drei Kreisscheiben über Parallelkurbeln verbunden sind (Bild 4.31). Dabei sind die Scheiben mit auf konzentrischen Kreisen und in Umfangsrichtung gleichmäßig verteilten Bolzen versehen. Auf diesen sind drehbar mehrere, gleich lange Lenker gelagert, die die beiden äußeren, ortsfesten Scheiben mit der Mittelscheibe verbinden.

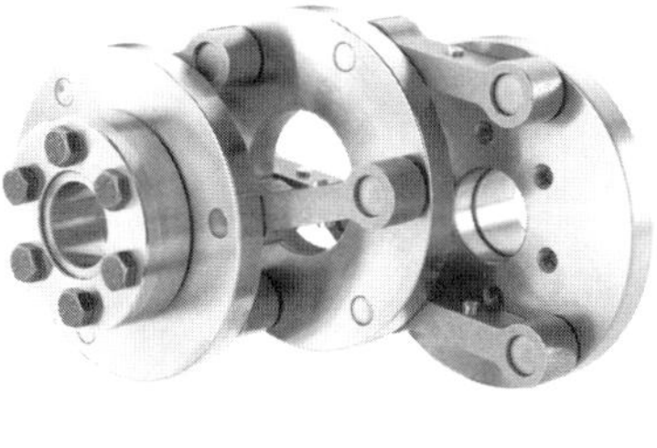

Bild 4.31 Parallelkurbelkupplung (*Schmidt-Kupplung GmbH Wolfenbüttel*)

4.2.5.1 Kinematik der Parallelkurbelkupplung

Durch die Verbindung der Scheiben mit identischen Lenkern ergibt sich kinematisch die Hintereinanderschaltung von zwei Parallelkurbeltrieben. In Bild 4.32 ist das Prinzip einer Parallelkurbel dargestellt.

Die Winkelgeschwindigkeit der Antriebs- und der Lastseite sind gleich. Bei einem konstanten Radialversatz rotiert die Mittelscheibe zentrisch. Hierbei bleibt ihre Lage im Raum konstant, und sie rotiert um ihre eigene Achse. Eine Parallelkurbelkupplung ist damit aufgrund ihrer Arbeitsweise

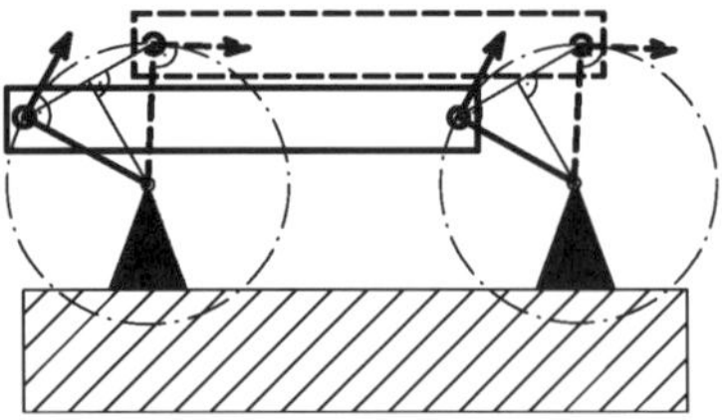

Bild 4.32 Kinematik einer Parallelkurbel (nach [4.13])

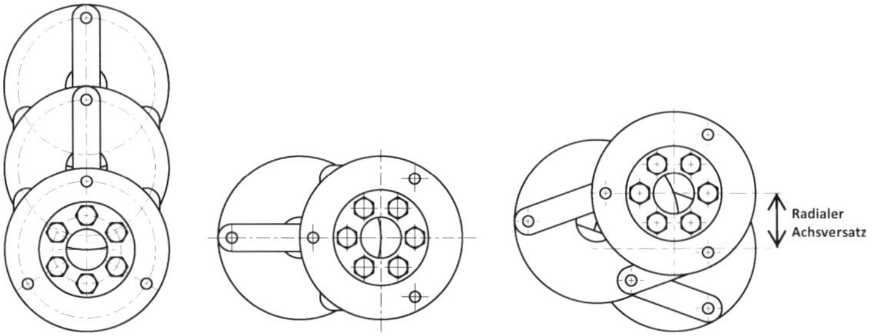

Bild 4.33 Parallelkurbelkupplung in Strecklage (links), neutraler Lage (Mitte) und Einbaulage bei radialem Wellenversatz (rechts) (nach [4.17])

konstruktiv ausgewuchtet. Der Betrieb dieser Kupplungen in Strecklage sowie in der neutralen Lage (radiale Wellenverlagerung gleich 0) muss unbedingt vermieden werden, da ansonsten die Mittelscheibe zu Eigenbewegungen angeregt wird, was wiederum zu Unwuchten führt. Deshalb darf die zulässige Radialverlagerung nur im Bereich von $\Delta K = (0{,}25 \ldots 0{,}95) \cdot 2\,l$ liegen, wobei l die Lenkerlänge bezeichnet.

4.2.5.2 Eigenschaften der Parallelkurbelkupplung

Der entscheidende Vorteil der Schmidt-Kupplung liegt in der Fähigkeit, große Radialverlagerungen von Wellen bei kurzer kompakter Bauweise auszugleichen. Diese betragen bei den heute üblicherweise angebotenen Arten bis zu 260 mm. Im Gegensatz dazu sind die aufnehmbaren Wellenverlagerungen in axialer (bis zu 2 mm) und winkliger (bis zu 0,8°) Richtung eher gering. Aufgrund der Ganzmetallbauweise eignen sich diese Kupplungen für den Einsatz bei hohen Umgebungstemperaturen. Die Kupplungsart ist für hohe Drehzahlen und hohe Drehmomente geeignet und überträgt die Antriebsbewegung winkelgetreu. Rückstellkräfte, die

die Lager belasten könnten, entstehen nicht. Hauptsächlich kommt die Kupplung bei großem, veränderlichem Radialversatz zum Einsatz, wie unter anderem bei Verpackungs- und Druckmaschinen, Profilier- und Beschichtungsanlagen, Walzenantrieben, Kalandern, Bodenverdichtern oder Werkzeugen, bei denen ein stufenloser Radialvorschub benötigt wird.

4.3 Elastische Kupplungen

Dipl.-Ing. (FH) Ulrike Schwanke

Elastische Kupplungen sind **formschlüssige Kupplungen** mit Elementen zur Kraft- und Momentenübertragung, die unter Belastung eine elastische Verformung zulassen. Die Drehbewegung soll schlupffrei und dabei betriebssicher übertragen werden, sowohl bei gleichförmigen als auch ungleichförmigen Verläufen. Zusätzlich zu der Anforderung des Ausgleichs von Axial-, Radial- und Winkelverschiebungen erfüllen elastische Kupplungen noch eine Reihe weiterer, wichtiger Aufgaben:

- Dämpfung von Drehmoment- und Geschwindigkeitsstößen,
- Reduzierung von Schwingungen durch ungleichförmige Drehmomente,
- Vermeidung von Resonanzzuständen.

Bei entsprechender konstruktiver Ausführung der elastischen Elemente können diese Kupplungen auch die Funktion der Schallisolierung und der elektrischen Isolierung mit übernehmen.

Um die Elastizität einer Kupplung beurteilen zu können, muss die Kupplungskennlinie (Bild 4.34) bekannt sein. Hierbei wird das Drehmoment T über den Verdrehwinkel φ aufgetragen, dabei können lineare, progressive, aber auch degressive Verläufe entstehen. Diese sind je nach Kupplungsbauart unterschiedlich und können nur vom Kupplungshersteller ermittelt werden.

Die Drehfedersteifigkeit

$$C_T = \frac{dT_K}{d\varphi}$$

erhält man aus der ersten Ableitung des Kupplungsdrehmoments nach dem Verdrehwinkel. Bei linearen Kennlinien bleibt die Drehfedersteifigkeit über den gesamten Belastungsbereich konstant. Progressive und degressive Kennlinien besitzen eine variable Steifigkeit, was zur Folge hat, dass

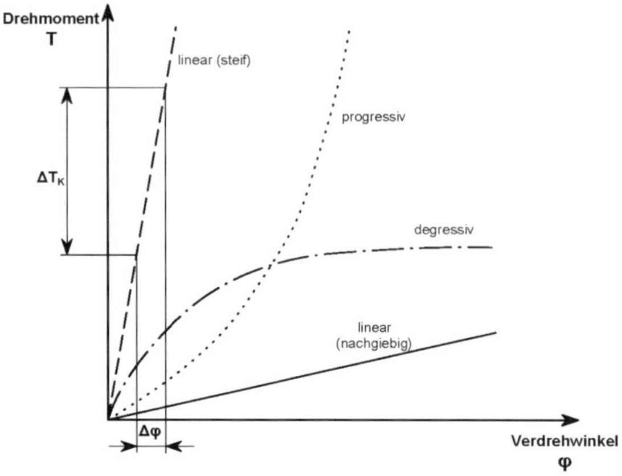

Bild 4.34 Typische Kennlinien elastischer Kupplungen nach [4.15]

Kupplungen mit solchen Kennlinien ihr Verhalten ständig ändern. Um diese Kupplungen auslegen zu können, muss der vorgesehene Arbeitsbereich definiert sein. Die Kennwerte einer Kupplung sowie deren Kennlinie verändern sich mit der Belastung, der Temperatur, der Belastungsfrequenz und der Drehzahl.

Der Verlauf der Kupplungskennlinie sagt noch nichts über die dämpfende Wirkung aus, hierzu muss immer auch der Momentenverlauf bei Entlastung der Kupplung bekannt sein. In der Regel hat dieser Verlauf nicht den gleichen Kurvenzug wie bei Belastung (Bild 4.35). Die dämpfende Wirkung einer Kupplung kann mit der verhältnismäßigen Dämpfung Ψ beschrieben werden.

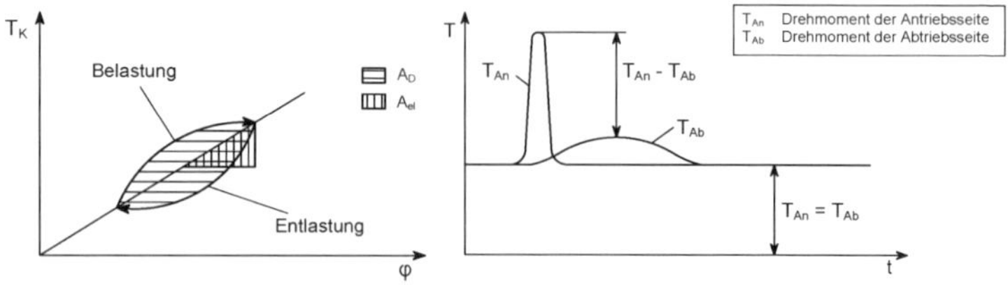

Bild 4.35 Darstellung der verhältnismäßigen Dämpfung nach DIN 740 T2 und die Auswirkung auf die zu dämpfende Beanspruchung nach [4.2]

$$\Psi = \frac{\text{Dämpfungsarbeit eines Zyklus}}{\text{elastische Formänderungsarbeit}} = \frac{A_D}{A_{el}} = \frac{2\pi \cdot d \cdot \Omega}{C_{T\,dyn}}$$

d Beiwert der geschwindigkeitsproportionalen Dämpfung, Ω Kreisfrequenz der harmonischen Kupplungsbeanspruchung, $C_{T\,dyn}$ konstante, dynamische Drehfedersteife (meist größer als C_T und von der Kupplungsbeanspruchung abhängig)

Auswahl und Auslegung von elastischen Kupplungen

Nach DIN 740 können elastische Kupplungen überschlägig ausgelegt werden. Dieses Berechnungsverfahren kann aber nur unter der Voraussetzung angewendet werden, dass die elastische Kupplung schlupffrei ist und dass sich das System, in dem die elastische Kupplung zum Einsatz kommt, drehschwingungsmäßig auf einen linearen Zweimassenschwinger zurückführen lässt. Dabei werden dann jeweils die Massenträgheitsmomente der Antriebsseite und der Lastseite auf die Kupplungswelle reduziert.

Kupplungen können durch die in Tabelle 4.3 dargestellten Drehmomentverläufe belastet werden.

Für statische Belastungszustände gilt:

$$T_{KN} \geq T_N \cdot S_\vartheta$$

T_{KN} zulässiges Kupplungsnennmoment in Nm (laut Herstellerangaben), T_N Nennmoment entweder der Antriebsseite T_{AN} oder der Lastseite T_{LN} in Nm, S_ϑ Temperaturfaktor

Folgende Anhaltswerte für S_ϑ sind in der DIN 740 hinterlegt, falls für die einzusetzende Kupplung keine Werte vom Hersteller angegeben sind (Tabelle 4.4).

Für die Beanspruchung durch Drehmomentstöße und beim schnellen Durchfahren der Resonanz unterhalb der Betriebsdrehzahl gilt:

$$T_{K\,max} \geq T_S \cdot S_Z \cdot S_\vartheta + T_N \cdot S_\vartheta$$

$T_{K\,max}$ maximales Kupplungsdrehmoment in Nm, T_S Spitzendrehmoment entweder der Antriebs- (T_{AS}) oder Lastseite (T_{LS}) in Nm, S_Z Anlauffaktor

Der Anlauffaktor berücksichtigt die Anfahrhäufigkeit Z und wird hier zur Berücksichtigung der Stoßhäufigkeit eingesetzt (Tabelle 4.5).

Tabelle 4.3 Belastungsarten nach DIN 740 Teil 2

Nr.	Beanspruchungsart	Beanspruchungsverlauf an der Kupplung
1	▪ Statische Beanspruchung	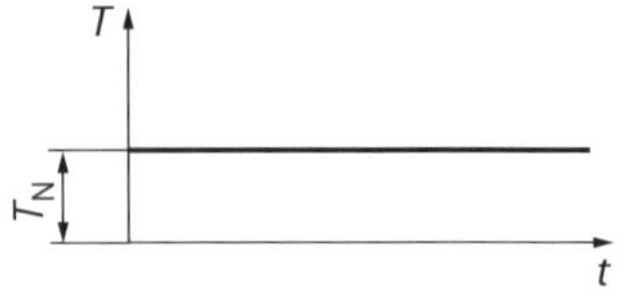
2	▪ Harmonische Beanspruchung	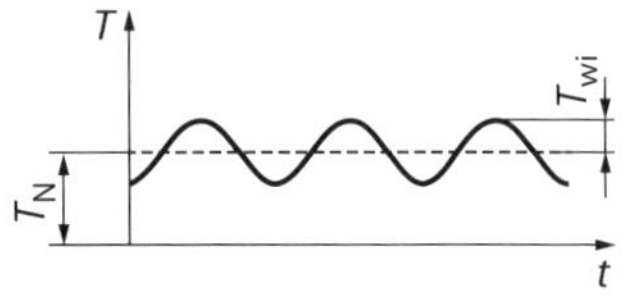
3	▪ Periodische Beanspruchung	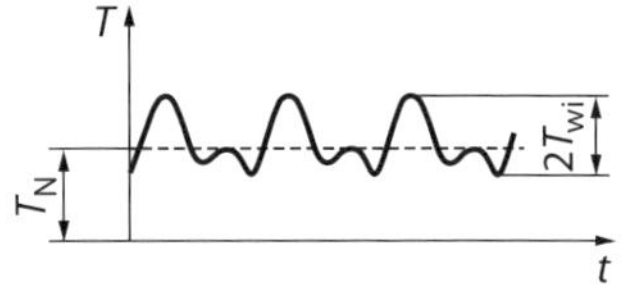
4	▪ Nichtperiodische Beanspruchung ▪ Durchfahren einer Resonanz	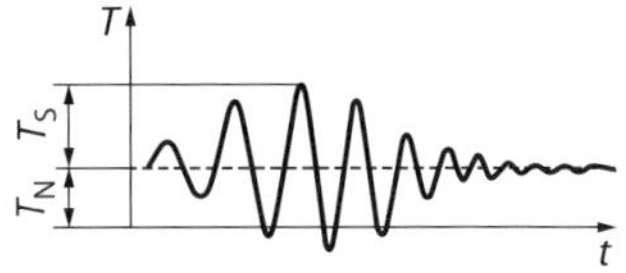
5	▪ Nichtperiodische Beanspruchung ▪ Drehmomentenstoß	

Für die Beanspruchung durch ein **Dauerwechseldrehmoment** gilt:

$$T_{KW} \geq T_{Wi} \cdot S_{\vartheta} \cdot S_f$$

T_{KW} zulässiges Wechseldrehmoment der Kupplung in Nm, T_{Wi} Amplitude der i-ten Harmonischen des Drehmoments an der Kupplung in Nm, S_f Frequenzfaktor (Tabelle 4.6)

Tabelle 4.4 Richtwerte für den Temperaturfaktor S_ϑ aus DIN 740 T2

ϑ unmittelbare Umgebungstemperatur der Kupplung in °C	S_ϑ		
	Naturgummi (NR)	Polyurethan (PUR)	Acryl-Butadien-Kautschuk (NBR) (Perbunan N)
$-20\ °C < \vartheta < +30\ °C$	1,0	1,0	1,0
$+30\ °C < \vartheta < +40\ °C$	1,1	1,2	1,0
$+40\ °C < \vartheta < +60\ °C$	1,4	1,4	1,0
$+60\ °C < \vartheta < +80\ °C$	1,6	1,8	1,2

Tabelle 4.5 Richtwerte für den Anlauffaktor S_Z aus DIN 740 T2

Z in h^{-1}	≤ 120	$< Z \leq 240$	> 240
S_Z	1,0	1,3	Rückfrage beim Hersteller

Tabelle 4.6 Richtwerte für den Frequenzfaktor S_f aus DIN 740 T2

f in Hz	≤ 10	> 10
S_f	1	$\sqrt{f/10}$

Diese Belastungsart kann auch mithilfe der **Dämpfungsleistung** überprüft werden.

$$P_{KW} \geq P_{Wi} \cdot S_\vartheta$$

P_{KW} zulässige Dämpfungsleistung in kW, P_{Wi} Dämpfungsleistung infolge der i-ten Harmonischen des Drehmoments der Kupplung im stationären Betriebszustand in kW

Der **Frequenzfaktor** kann folgende Werte annehmen, wenn T_{KW} durch Dämpfungswärme begrenzt ist. Für die Beanspruchung durch Wellenverlagerung gilt: Axiale Wellenverlagerungen erzeugen statische Kräfte, radiale und winklige Verlagerungen und führen zu Wechselbeanspruchungen. Folgende Bedingungen für die zulässigen Wellenverlagerungen sind einzuhalten:

1. Zulässiger axialer Wellenversatz: $\Delta K_a \geq \Delta W_a \cdot S_\vartheta$ (in mm)
2. Zulässiger radialer Wellenversatz: $\Delta K_r \geq \Delta W_r \cdot S_\vartheta \cdot S_n$ (in mm)
3. Zulässiger winkliger Wellenversatz: $\Delta K_w \geq \Delta W_w \cdot S_\vartheta \cdot S_n$ (in rad)

Dabei bedeutet ΔK die zulässige und ΔW die maximal auftretende Wellenverlagerung in der jeweiligen, durch den Index bezeichneten Richtung. S_n ist der Drehzahlfaktor. Er berücksichtigt die Erwärmung durch die Kupplungsauslenkung.

Die Rückstellkräfte und -momente, die aus den Wellenverlagerungen entstehen, sind:

1. Axiale Rückstellkraft: $F_a = \Delta W_a \cdot C_a$ (in N)
2. Radiale Rückstellkraft: $F_r = \Delta W_r \cdot C_{r\,dyn}$ (in N)
3. Rückstellbiegemoment: $M_w = \Delta W_w \cdot C_{w\,dyn}$ (in Nm)

C bedeutet die Drehfedersteife in der indizierten Richtung (statisch oder dynamisch).

Tabelle 4.7 Gleichungen zur überschlägigen Kupplungsberechnung nach DIN 740 T2

Zu berechnende Größe	Gleichung	Beanspruchungsart nach Tabelle 4.3
T_S	$T_S = T_{AS} \cdot \frac{1}{m+1} \cdot S_A + T_L$ 3) bzw. $T_S = T_{LS} \cdot \frac{m}{m+1} \cdot S_L + T_L$ 3)	5
T_S	$T_S = T_{Ai} \cdot \frac{1}{m+1} \cdot V_R$ 1) $+ T_L$ 3) bzw. $T_S = T_{Li} \cdot \frac{m}{m+1} \cdot V_R$ 1) $+ T_L$ 3)	4
T_{Wi}	$T_{Wi} = T_{Ai} \cdot \frac{1}{m+1} \cdot V_{fi}$ 2) bzw. $T_{Wi} = T_{Li} \cdot \frac{m}{m+1} \cdot V_{fi}$ 2)	2 und 3
P_{Wi}	$P_{Wi} = \frac{\pi}{V_R} \cdot \frac{T_{Wi}^2 \cdot f_i}{C_{Tdyn}}$ 4)	

1) Beschleunigungsdrehmoment kann vernachlässigt werden, da mit voller Resonanzüberhöhung gerechnet wird.
2) Diese Formeln berücksichtigen nur die Beanspruchung durch eine Ordnung des erregenden Drehmoments.
3) T_L nur addieren, wenn während der Beschleunigung ein Lastmoment auftritt.
4) Vereinfachte Formel für übliche V_R bei gummielastischen Kupplungen

Außer nach DIN 740 ist es weiterhin möglich, elastische Kupplungen nach den von den jeweiligen Kupplungsherstellern vorgegebenen, überschlägigen Berechnungsverfahren auszulegen. Bei extremen oder kritischen Betriebszuständen sollte bei der Auslegung in jedem Fall auf die Erfahrungen des Kupplungsherstellers zurückgegriffen werden (Tabellen 4.7 und 4.8).

Tabelle 4.8 Beanspruchungsgrößen, die sich auf die Maschinenanlage beziehen, nach DIN 740 T2

Benennung	Formelzeichen	Einheit	Definition
Nenndrehmoment der Antriebsseite	T_{AN}	N · m	Nenndrehmoment der Arbeitsmaschine, errechnet aus Nennleistung und Nenndrehzahl
Nenndrehmoment der Lastseite	T_{LN}	N · m	Größtwert des aus Leistung und Drehzahl errechneten Lastdrehmoments T_L Lastdrehmoment während der Beschleunigung
Spitzendrehmoment der Antriebsseite	T_{AS}	N · m	Spitzenwert der nichtperiodischen Drehmomentstöße auf der Antriebsseite (z. B. beim Anfahren oder bei Drehzahländerungen)
Spitzendrehmoment der Lastseite	T_{LS}	N · m	Spitzenwert der nichtperiodischen Drehmomentstöße auf der Lastseite (z. B. bei Laständerungen oder bei Blockierungen)
Erregendes Drehmoment Antriebsseite	T_{Ai}	N · m	Amplitude der auf die Antriebsseite einwirkenden äußeren Drehmomentanregung i-ter Ordnung
Erregendes Drehmoment Lastseite	T_{Li}	N · m	Amplitude der auf die Lastseite einwirkenden, äußeren Drehmomentanregung i-ter Ordnung
Stoßzeit	t_0	s	Dauer eines Rechteckstoßes
Trägheitsmoment der Antriebsseite	I_A	kg · m²	Summe der auf der Antriebsseite vorhandenen Trägheitsmomente bezogen auf die Kupplungsdrehzahl
Trägheitsmoment der Lastseite	I_L	kg · m²	Summe der auf der Lastseite vorhandenen Trägheitsmomente bezogen auf die Kupplungsdrehzahl
Massenfaktor	m	-	Verhältnis der Trägheitsmomente der Antriebsseite zur Abtriebsseite: $m = \frac{I_A}{I_L}$
Eigenfrequenz	f_e	s^{-1}	Eigenfrequenz eines linearen Zweimassendrehschwingers: $f_e = \frac{1}{2\pi}\sqrt{C_{Tdyn}\left(\frac{1}{I_A}+\frac{1}{I_L}\right)}$

Tabelle 4.8 (*Fortsetzung*) Beanspruchungsgrößen, die sich auf die Maschinenanlage beziehen, nach DIN 740 T2

Benennung	Formelzeichen	Einheit	Definition
Stoßfaktor	S_A/S_L	-	Faktor S_A/S_L variiert zwischen 0 und 2. Für den Rechteckstoß gilt: $S_A/S_L = \left[1 - \cos\left(2\pi\, f_e\, t_0\right)\right]$ Reale Stöße sind keine Rechteckstöße. S_A/S_L kann für die Praxis in der Nähe von 1,8 liegen.
Drehmomentvergrößerungsfaktor	V_{fi}	-	Faktor V_{fi} gibt die Vergrößerung des mit der Frequenz f_i wirkenden Drehmomentes an: $V_{fi} = \sqrt{\dfrac{1 + \dfrac{\psi^2}{4\pi^2}}{\left(1 - \dfrac{f_i^2}{f_e^2}\right)^2 + \dfrac{\psi^2}{4\pi^2}}}$
Resonanzfaktor	V_R	-	Faktor V_{fi} analog bei $f_i = f_e$: $V_R = \sqrt{\dfrac{1 + \dfrac{\psi^2}{4\pi^2}}{\dfrac{\psi^2}{4\pi^2}}} \approx \dfrac{2\pi}{\psi}$

Falls die Voraussetzungen (linearer Zweimassenschwinger, lineare Kennlinie, Spielfreiheit, Abbildung der Stoßerregung durch einen Rechteckstoß, nichtharmonischer Belastungsverlauf usw.) nicht gegeben sind oder der Einbauzustand der Kupplung eine exakte, zeit- und temperaturabhängige Belastungsberechnung erforderlich macht, muss auf Simulationsverfahren der **Finite-Elemente-Methode** (FEM) zurückgegriffen werden. Hierbei ist es oft sinnvoll, alle beteiligten Maschinenhersteller mit einzubinden. Nach der Auslegung der Kupplung sollte die Überprüfung der Kupplungsnabenfestigkeit nicht außer Acht gelassen werden.

4.3.1 Metallelastische Kupplungen

Bei metallelastischen Kupplungen sind die elastischen Elemente in der Regel Stahlfedern in verschiedenen Ausführungsformen, wie Schrauben- oder Biegefedern mit unterschiedlichen Dämpfungseigenschaften (Bild 4.36).

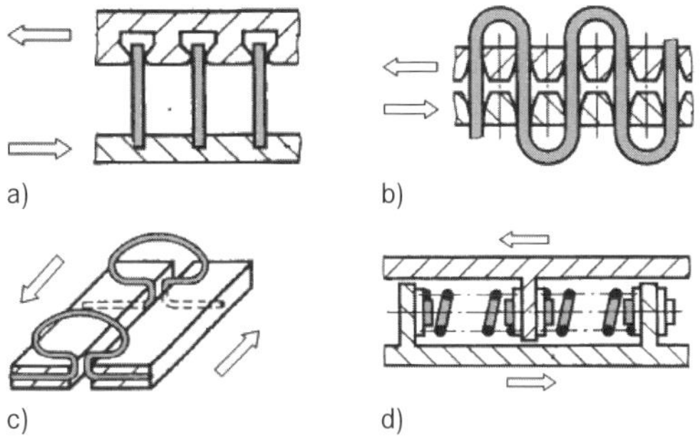

Bild 4.36 Metallische Federn (nach Köhler-Rögnitz [4.14]). a) Biegefeder (gerade), b) Biegefeder (gebogen), c) gewundener Stab und d) Schraubenfeder (torsionsbeansprucht)

4.3.1.1 Eigenschaften metallelastischer Kupplungen

Stahlfedern haben normalerweise lineare Kennlinien. Möchte man einen anderen Kennlinienverlauf erzeugen, muss die Federanordnung über konstruktive Maßnahmen umgestaltet werden. Durch den Einsatz von Stahl besitzen diese Kupplungen eine hohe Temperaturbeständigkeit und sind gegenüber Öl und Fett beständig. Im Allgemeinen besitzen Metallelemente gegenüber Elastomerelementen höhere Festigkeitswerte und einen größeren Elastizitätsmodul, aber metallelastische Kupplungen dämpfen Stöße normalerweise weniger und vollziehen meist nur kleinere Verformungen.

4.3.1.2 Beispiele für metallelastische Kupplungen

Blattfederkupplung (Geislinger Kupplung)

Bei dieser Kupplungsform sind Blattfederpakete zwischen Antriebs- und Abtriebsseite montiert (Bild 4.37). Der Raum zwischen den Blattfeder-

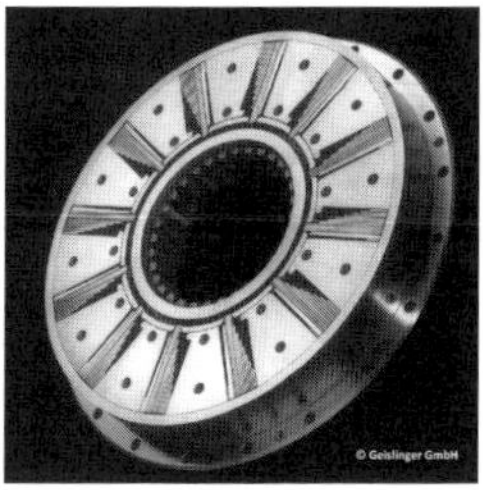

Bild 4.37 Geislinger Drehelastische Stahlfederkupplung (*Geislinger GmbH Hallwang/Salzburg*)

paketen und den Kupplungshälften ist mit Öl gefüllt. Bei Drehmomentbeaufschlagung der Kupplung verdrehen sich die Kupplungshälften zueinander, wobei ein Ölaustausch zwischen den beiden Hälften stattfindet, was deren Relativbewegung stark verzögert. Die Geislinger Kupplung besitzt daher eine große Dämpfung und kann Verdrehwinkel bis zu 9° gewährleisten.

Schlangenfederkupplung

Die elastischen Elemente sind bei dieser Kupplungsart schlangenförmig gewundene Stahlfedern mit rechteckigem Querschnitt, die in axial verlaufende Nuten der beiden Nabenhälften eingelegt sind (Bild 4.38). Durch die Ausführung der bogenförmig zulaufenden Nuten wird die freie Federlänge bei steigender Drehmomentbeaufschlagung kürzer, was zu einer progressiven Kennlinie führt. Gegenüber großen Stößen ist diese Kupplung unempfindlich, da die Federn vollständig an den Nutenflanken anliegen und die Kupplung im drehstarren Bereich arbeitet. Es werden nur kleine Verdrehwinkel zugelassen. Das Dämpfungsvermögen ist gering. Durch die Gleitbewegungen der Federn ist eine Schmierung mittels Ölfüllung erforderlich.

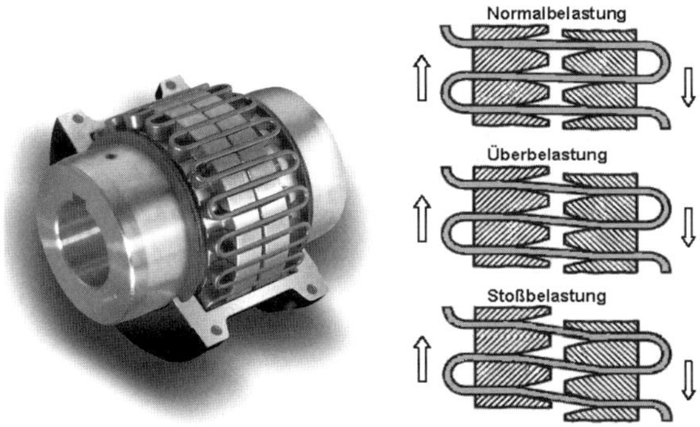

Bild 4.38 Schlangenfederkupplung (*Rexnord N.V. Mechelen/Belgien*)

Bügelfederkupplung (Voith-Maurer-Kupplung)

Die Nabenscheiben sind durch omegaförmige Bügelfedern mit Kreisquerschnitt verbunden (Bild 4.39). Die Federenden sind in Bohrungen drehbar gelagert. Bei Belastung werden die Federn auf Torsion beansprucht. Auch hier ist eine Schmierung erforderlich, die durch Fettfüllung realisiert wird. Die Kennlinie für diese Kupplung ist linear. Über die Anzahl der

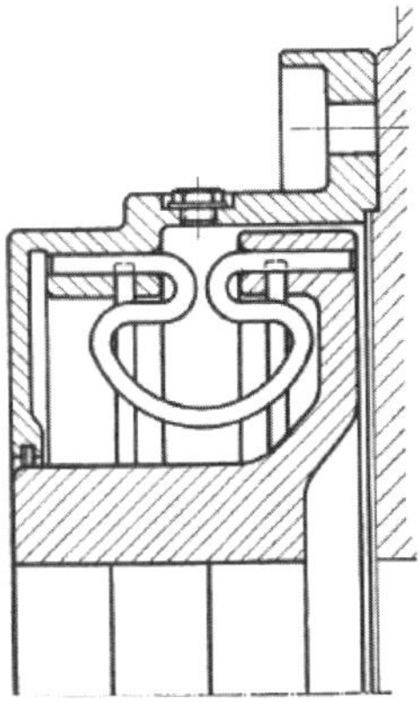

Bild 4.39 Bügelfederkupplung [4.19]

Federn kann die Drehelastizität beeinflusst werden. Die Dämpfungseigenschaften sind sehr gering. Ein Ausgleich von axialen (3 ... 6 mm), radialen (0,6 ... 2 mm) und winkligen (bis 1,5°) Wellenverlagerungen ist möglich.

Schraubenfederkupplung (Cardoflex-Kupplung)

Bei dieser Kupplung sind Schraubenfedern unter Vorspannung tangential zwischen drehbar gelagerten Führungskörpern der Kupplungsnaben angebracht, wobei die Führungskörper abwechselnd der antriebs- bzw. abtriebsseitigen Nabenscheibe zugeordnet sind (Bild 4.40). Die Lagerung der Führungskörper muss gefettet werden. Bei Belastung werden die Federn auf Torsion beansprucht, die Kupplungskennlinie verläuft linear. Die Kupplung besitzt nahezu keine Dämpfungseigenschaften. Wellenverlagerungen in axialer (bis 5 % des Außendurchmessers), radialer (bis zu 0,8 % des Außendurchmessers) und winkliger (bis 2°) Richtung können ausgeglichen werden. Verdrehwinkel bis zu 5° werden zugelassen.

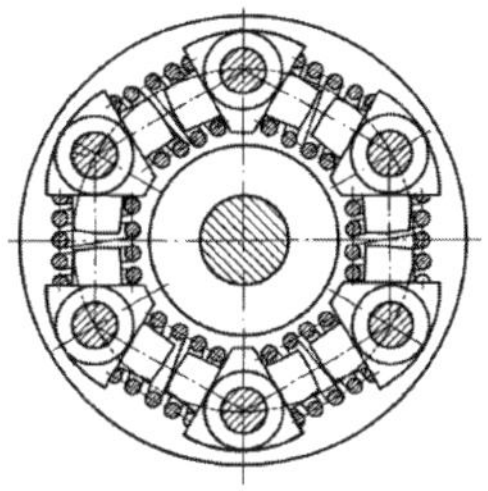

Bild 4.40 Schraubenfederkupplung [4.2]

4.3.2 Elastomerkupplungen

Die Übertragungselemente dieser Kupplungen existieren in zahlreichen Ausführungen und Variationen aus unterschiedlichen Elastomerwerkstoffen (Bild 4.41). Zum Beispiel können die Elemente walzenförmig, prismatisch, als Scheiben oder Reifen ausgeführt sein. Das Drehmoment wird form- und stoffschlüssig übertragen. Eine grobe Einteilung kann nach der Bauart vorgenommen werden:

- Bolzen- und Klauenkupplungen,
- Wulst- und Scheibenkupplungen,
- Zwischenringkupplungen.

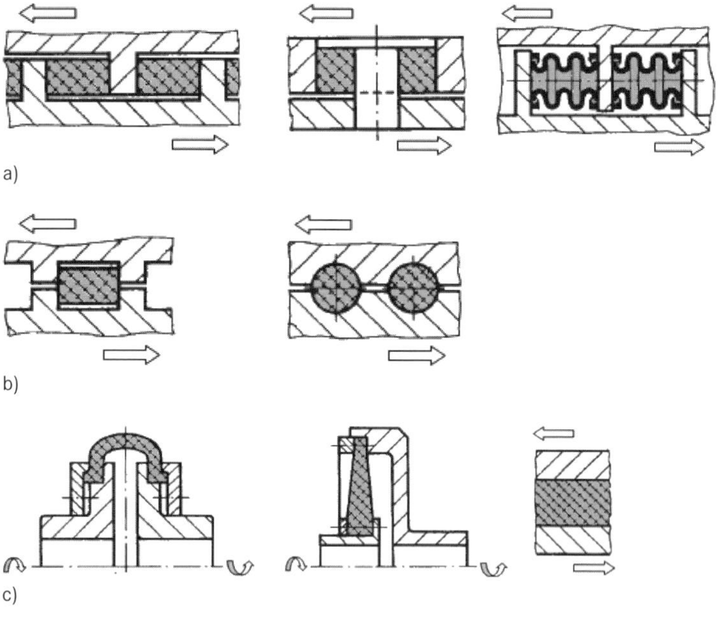

Bild 4.41 Anordnung von Elastomerfedern zwischen den Hälften einer Ausgleichskupplung nach Köhler-Rögnitz (Beispiele) [4.14].
a) überwiegend druckbeansprucht, b) biegebeansprucht, c) überwiegend drehschubbeansprucht

4.3.2.1 Eigenschaften von Elastomerkupplungen

In der Regel bilden Elastomerkupplungen progressive Kennlinien aus. Eine Ausnahme sind hier allerdings auf Schub beanspruchte Elastomere, deren Kennlinie linear verläuft. Große Verformungen und hohe Dämpfungen können realisiert werden. Die Kupplungen sind nur für niedrige Betriebstemperaturen geeignet. Für die Werkstoffe liegt die zulässige maximale Dauertemperatur bei etwa 80 °C. Zudem werden die Kennwerte in starkem Maße von der Temperatur beeinflusst, so nehmen die Drehfedersteifigkeit, die verhältnismäßige Dämpfung und die Lebensdauer mit steigender Temperatur ab. Auch die chemische Beständigkeit gegenüber Flüssigkeiten, Dämpfen und Gasen kann auf das Betriebsverhalten und die Alterung Einfluss nehmen.

4.3.2.2 Werkstoffe für Elastomerkupplungen

Vorwiegend finden die vorgestellten Werkstoffe für die Herstellung der elastischen Elemente in Elastomerkupplungen Verwendung (Tabelle 4.9).

Tabelle 4.9 Werkstoffe, die bei Elastomerkupplungen zum Einsatz kommen

Werkstoff	Zulässige Betriebstemperatur in °C	Eigenschaften
Naturgummi (NR)	-60 ... +80	▪ hohe Dämpfungseigenschaften ▪ gutes Arbeitsvermögen ▪ große Elastizität ▪ große mechanische Festigkeit ▪ geringe Beständigkeit gegenüber Öl, Benzin ▪ niedrige Alterungsbeständigkeit ▪ Beständigkeit gegenüber Säuren und Basen
Chloropren-kautschuk (CR)	-45 ... +100	▪ gute Beständigkeit gegenüber chemischen Substanzen ▪ geringer Verschleiß bei mechanischer Belastung
Acrylnitril-Butadien-Kautschuk (NBR)	-30 ... +100	▪ Quellbeständigkeit gegenüber Benzin, Mineralöl und Wasser ▪ ähnlich gute elastische Eigenschaften wie NR mit höheren Festigkeitswerten ▪ Änderung der Werkstoffkennwerte mit dem Acrylnitrilanteil
Silikonkautschuk (VMQ, PVMQ)	-60 ... +200	▪ Beständigkeit gegenüber Sauerstoff und Ozon ▪ Aufrechterhaltung der Flexibilität bei niedrigen Temperaturen

Tabelle 4.9 (*Fortsetzung*) Werkstoffe, die bei Elastomerkupplungen zum Einsatz kommen

Werkstoff	Zulässige Betriebstemperatur in °C	Eigenschaften
Polyurethan (PUR)	-30 ... +80	▪ hohe Zug-, Abrieb- und Weiterrissfestigkeit ▪ mäßige Dämpfungseigenschaften ▪ Beständigkeit gegenüber Witterung und Ozon ▪ Quellfestigkeit in Mineralölen und Fetten
Polyamid (PA)	bis ca. +80	▪ niedrige Dämpfungswerte ▪ geringer Abrieb und Verschleiß ▪ hohe Festigkeitswerte ▪ zähhartes, steifes Material
Fluorkautschuk (FPM)	-25 ... +200	▪ große Beständigkeit gegenüber Chemikalien ▪ Quellfestigkeit in Kohlenwasserstoffen

4.3.2.3 Beispiele für Elastomerkupplungen

Elastomerkupplungen sind in unzähligen Ausführungsformen auf dem Markt erhältlich. Im Folgenden werden nur einige exemplarisch vorgestellt. Meist werden auch Kombinationen und Weiterentwicklungen der hier vorgestellten Kupplungen angeboten.

Bolzenkupplungen

Bei Bolzenkupplungen wird das Drehmoment über verformbare Hülsen übertragen. Auf die Bolzen der antriebsseitigen Flanschnabe sind Hülsen aufgesteckt, die je nach Ausführungsart

- zylindrisch, ballig oder gerillt gestaltet sind,
- mit oder ohne Vorspannung montiert sind,
- in verschiedenen Härtegraden erhältlich sind.

Diese ragen in Bohrungen des abtriebsseitigen Nabenteils. Die Hülsen werden auf Druck beansprucht, daher haben Bolzenkupplungen progressive Kennlinien. Das verformbare Hülsenvolumen ist in der Regel sehr klein, wodurch die Dämpfungseigenschaften und die aufnehmbaren Verdrehwinkel ($\varphi < 5°$) sehr gering sind. Vorteile dieser Bauart sind

- das geringe Bauvolumen,
- die kostengünstige Herstellung,
- die auch bei Verschleiß der Elastomerhülsen stattfindende Übertragung des Drehmoments.

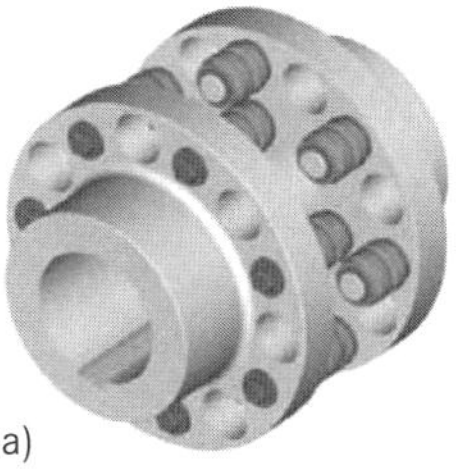
a)

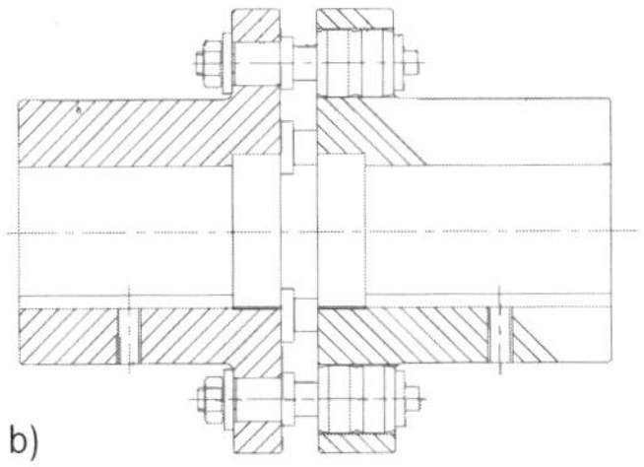
b)

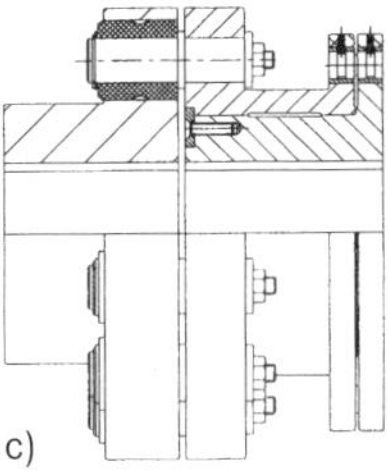
c)

Bild 4.42 Veboflex-Kupplung
(*BREITBACH Antriebstechnik Wesel*).
a) Ansicht, b) mit Schiebehülse, c) mit Brechbolzen

Axiale, radiale und winklige Wellenverlagerungen können in gewissem Maße ausgeglichen werden. Bild 4.42 zeigt eine **Veboflex-Kupplung** in der Normalausführung. Es gibt sie auch mit Schiebehülsen, um axiale Wellenverlagerungen ausgleichen zu können. Die Elastizität der Kupplungen lässt sich durch die Verwendung von Hülsen mit unterschiedlicher Shore-Härte beeinflussen. Außerdem gibt es noch die Ausführungen mit **Brechbolzen**, die als Sicherheitskupplungen eingesetzt werden können.

Bei der **ELCO-Kupplung** (Bild 4.43) sind die Hülsen mit einem gerillten Profil versehen und mit axialer Vorspannung montiert. Durch die Profilierung kann der Werkstoff unter Belastung besser ausweichen, wodurch größere Verdrehwinkel realisierbar sind.

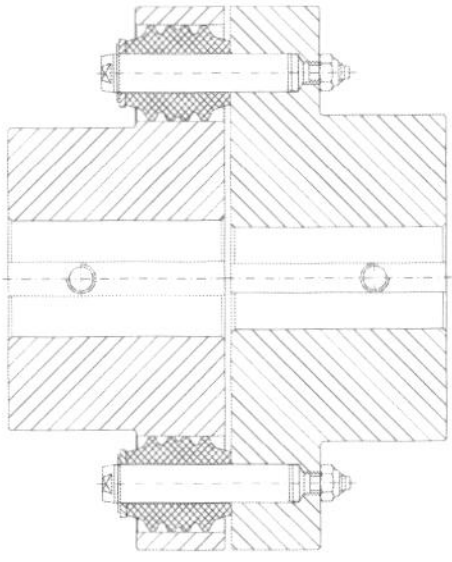

Bild 4.43 ELCO-Kupplung®
(*Renk AG Hannover*)

Klauenkupplungen

Bei den Klauenkupplungen greifen die Übertragungselemente (Klauen, Stifte oder Nocken) der beiden Nabenhälften ineinander. Dazwischen sind die elastischen Ausgleichselemente sternförmig angeordnet, sodass diese bei Belastung zwischen den antriebsseitigen und abtriebsseitigen Übertragungselementen verformt werden. Diese Kupplungen arbeiten formschlüssig und können für beide Drehrichtungen verwendet werden. Die erreichbaren Verdrehwinkel sind klein und somit ist auch das Dämpfungsverhalten eher gering. Bei der **Eflex-Kupplung** in Bild 4.44 werden die elastischen Elemente vorwiegend auf Biegung beansprucht. Bild 4.45 zeigt eine **Rotex-Kupplung**. Hier werden die elastischen Elemente auf Druck beansprucht.

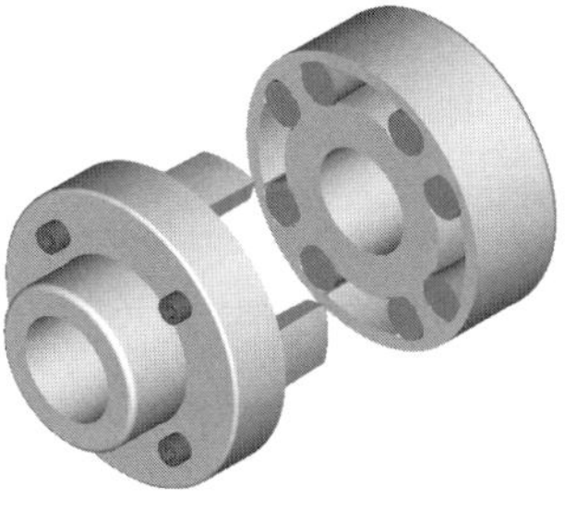

Bild 4.44 Eflex-Kupplung
(*BREITBACH Antriebstechnik Wesel*)

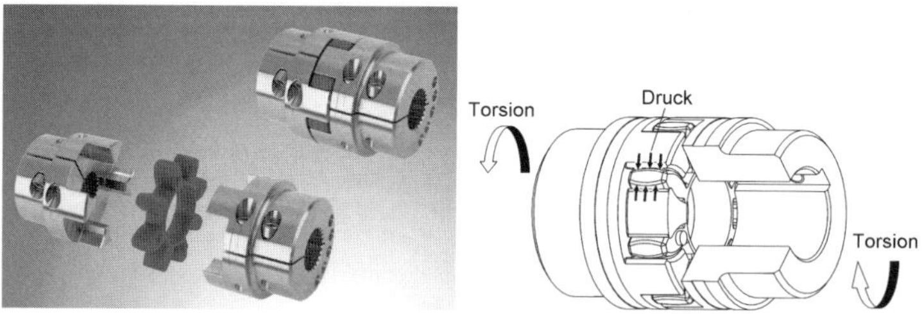

Bild 4.45 ROTEX® Klemmnaben und Zahnkranzbelastung
(*KTR Kupplungstechnik GmbH Rheine*)

Wulstkupplungen

Die herausragende Eigenschaft von Wulstkupplungen ist die hohe Elastizität. So können Verdrehwinkel von bis zu 30° realisiert werden, wodurch Drehmomentstöße rasch abgebaut und Schwingungen wesentlich gedämpft werden. Dies wird durch die besondere Bauart erreicht. Bei Wulstkupplungen sind die elastischen Elemente wulst- bzw. reifenförmig gestaltet und verbinden über Druckringe beide Kupplungshälften. Wulstkupplungen können Wellenverlagerungen (axial: bis 8 mm, radial: bis 4 mm, winklig: bis 4°) gut ausgleichen. Die Rückstellkräfte aus den Wellenversätzen sind relativ gering. Bild 4.46 zeigt unterschiedliche Wulstkupplungen.

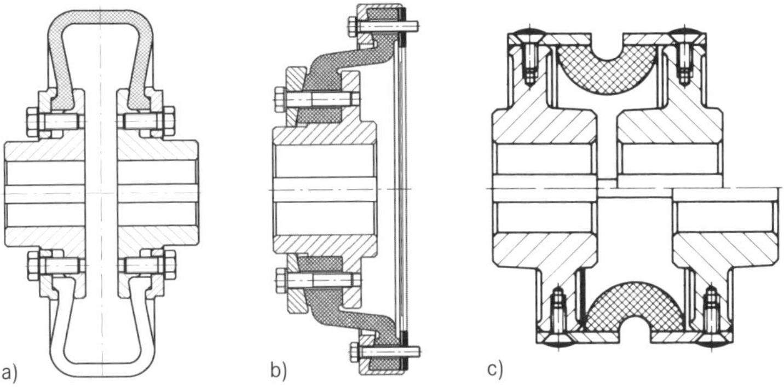

a) b) c)

Bild 4.46 a) Periflex-Wellenkupplung und b) Periflex-Flanschkupplung (*Stromag AG Unna*), c) Radaflex-Kupplung (*Rexnord Antriebstechnik Dortmund*)

Scheibenkupplungen

Scheibenkupplungen sind wie Wulstkupplungen hochelastisch, können große Verdrehwinkel (bis zu 20°) ausbilden, Drehmomentstöße und -schwingungen schnell reduzieren und sind unempfindlich gegenüber Wellenverlagerungen. Die hier verwendeten Elemente haben immer die Form von Scheiben, die sich in der Regel nach außen verjüngen (Bild 4.47).

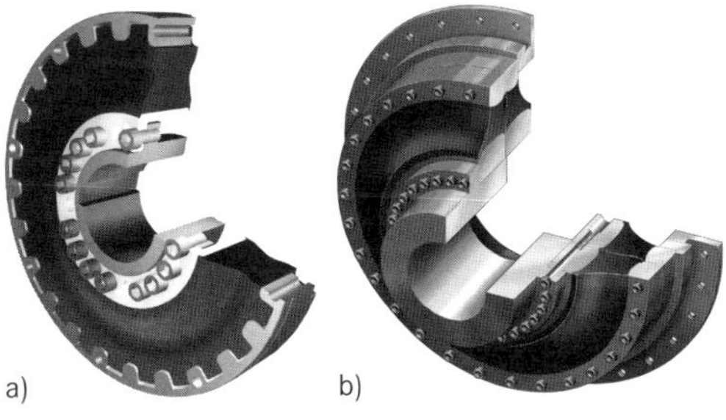

a) b)

Bild 4.47
a) Periflex-Scheibenkupplung (*Stromag AG Unna*),
b) SPIROFLEX KS (*Bosch Rexroth AG Witten*)

Zwischenringkupplungen (Polygonkupplungen)

Das elastische Element der Zwischenringkupplung wird wechselseitig an den Kupplungshälften befestigt und ist als dicker Ring oder als Scheibe mit Loch ausgeführt. Der Zwischenring kann ohne axiale Verschiebung ausgetauscht werden. Diese Kupplungsart zeichnet sich durch ihre lange Lebensdauer und ihre Wartungsfreiheit aus. Zum Einsatz kommt sie wegen ihrer Robustheit vor allem bei extremen Belastungsfällen, da sie Drehmomentstöße und das häufige Durchfahren der Resonanzzustände verträgt. Die Zwischenringkupplung erlaubt den Einsatz unter schwierigen Betriebsverhältnissen. So sind axiale Wellenverlagerungen von bis zu 14 mm, radiale Versätze von bis zu 3 mm und winklige Verlagerungen von etwa 6° (kurzzeitig bis zu 12°), Verdrehwinkel von bis zu 10°, in Ausnahmefällen bis zu 20°, möglich. Einige Zwischenringformen bzw. Zwischenringkupplungen sind in Bild 4.48 dargestellt.

a) b) c)

Bild 4.48 a) Hochelastische Kupplung Baureihe 007 (*Ortlinghaus-Werke GmbH Wermelskirchen*), b) Megiflex B (*VULKAN Kupplungs- und Getriebebau B. Hackforth GmbH & Co. KG Herne*), c) SGF Gelenkscheibe Typ GA000-029 (*Süddeutsche Gelenkscheibenfabrik GmbH & Co KG Waldkraiburg*)

4.3.2.4 Hinweise für die Auswahl von Elastomerkupplungen

Der Einsatz von Elastomeren als Werkstoff für die federnden Elemente in Kupplungen macht die Eigenschaften und die Lebensdauer dieser Kupplungen in besonderem Maße vom Betriebszustand abhängig, der bestimmt wird durch:

- die Betriebstemperatur,
- die Drehzahl,
- die Geometrie der Ausgleichselemente,
- die Belastungsfrequenz,
- die Umweltbedingungen.

Bei niedrigen Temperaturen kann der Werkstoff spröde werden, was eine Verminderung der Bruchdehnung zur Folge hat. Unter der Einwirkung von dynamischen Belastungen müssen die Temperaturen nicht so weit absinken wie im unbelasteten Zustand, um den Werkstoff zu verspröden. Dieser Vorgang wird aber durch steigende Temperaturen wieder aufgehoben. Während des Betriebes erfahren die Elastomerelemente einen Temperaturanstieg, zum einen durch die Aufnahme von Schwingungsenergien, die in Wärme umgewandelt werden, zum anderen durch Wärmezufluss und Wärmestrahlung von außen. Schon bei Temperaturen, die über die üblichen Umgebungstemperaturen von bis zu 30 °C steigen, wird das elastische Verhalten verändert. Je höher die Temperaturen steigen, desto mehr nimmt die Steifigkeit ab, was zu einer größeren Kupplungsbeanspruchung und einer schnelleren Alterung des Werkstoffes führt. Werden die Temperaturen zu hoch, müssen Kupplungen mit Elementen ausgewählt werden, die eine größere Oberfläche besitzen, oder es muss konstruktiv für eine zusätzliche Belüftung oder Abschirmung gesorgt werden.

Durch die dynamische Beanspruchung, die über den elastischen Bereich hinaus in den viskoelastischen Bereich des Werkstoffes führt, entstehen durch innere Reibungsvorgänge Risse in den Elastomeren, die mit der Zeit immer größer werden und schließlich das Element brechen lassen. Unter der Einwirkung von Gasen, Flüssigkeiten oder auch Licht können die physikalischen Eigenschaften der Werkstoffe, deren Härte oder ihr Volumen beeinflusst werden.

Um diese Erscheinungen abzubilden bzw. prüfen zu können, sind standardisierte **Prüfverfahren** nach DIN für die entsprechenden Werkstoffkennwerte vorhanden. Da das Werkstoffverhalten aber sehr stark von den Randbedingungen abhängt, können die normierten Kennwerte nur für tendenzielle Aussagen herangezogen werden, deshalb sollten **dynamische Dauertests** in jedem Fall an realen Bauteilen durchgeführt werden.

4.3.3 Luftfederkupplung

Bei der Luftfederkupplung sind zwischen die Kupplungsscheiben, die mit den zu kuppelnden Wellenenden verschraubt werden, mit Druckluft gefüllte Gummielemente (Luftfedern) tangential angeordnet (Bild 4.49). Diese werden mithilfe von trapezförmigen **Spannelementen** (Luftfederkästen) gelagert. Über diese Spannelemente werden die Luftfedern auch mit Druckluft beaufschlagt. Jeder Kupplungshälfte ist immer abwechselnd in Umfangsrichtung ein **Luftfederkasten** zugeordnet, sodass das Drehmoment nur über die Luftfedern übertragen wird.

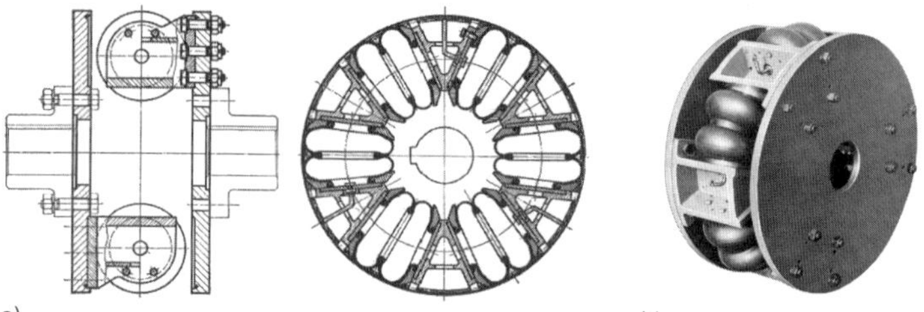

a) b)

Bild 4.49 a) Luftfederkupplung ([4.19]), b) Luftfederkupplung (*VULKAN Kupplungs- und Getriebebau B. Hackforth GmbH & Co. KG Herne*)

Durch den Einsatz von Luftfedern ist diese Kupplungsart sehr nachgiebig. Die Elastizität ist über den Grad der Druckluftbefüllung einstellbar. Axiale und radiale Verlagerungen bis zu 50 mm sind möglich. Je nach Betriebsdrehzahl können Winkelverlagerungen von bis zu 5° aufgenommen werden. Der ausgleichbare Verdrehwinkel ist von der Kupplungsgröße abhängig und kann bei kleinen Ausführungen bis zu 22° und bei großen bis zu 4° betragen. Die Kupplung besitzt ein gutes Dämpfungsvermögen. Wie die meisten Elastomerkupplungen folgt die Luftfederkupplung einer progressiven Kennlinie. Nach Entlüftung ist die Kupplung leicht demontierbar.

4.4 Formschlüssige Schaltkupplungen

Dr.-Ing. Günter Schäfer

Wie alle anderen Kupplungen auch dienen **formschlüssige Schaltkupplungen** innerhalb eines Antriebsstrangs zum Verbinden von Antriebs- und Lastmaschine (Bild 4.50) mit dem Hauptzweck der Drehmoment- und Drehbewegungsübertragung. Schaltkupplungen erlauben zusätzlich das wiederholte Trennen und Verbinden des Antriebsstrangs. Dieser Schaltvorgang erfordert bei den formschlüssigen Kupplungen Synchronlauf der beiden Wellen und ein möglichst geringes, im Schaltaugenblick zu übertragendes Drehmoment. Häufig wird damit die vereinfachte Forderung **Schalten nur im Stillstand** verbunden. Für die Erleichterung des Schaltvorgangs gibt es verschiedene Geometrievarianten der Formschlusselemente, die das Einrasten erleichtern (Bild 4.52) oder aber die Möglichkeit, über Synchronringe reibschlüssig den erforderlichen Synchronlauf vorzubereiten (Bilder 4.57 und 4.58).

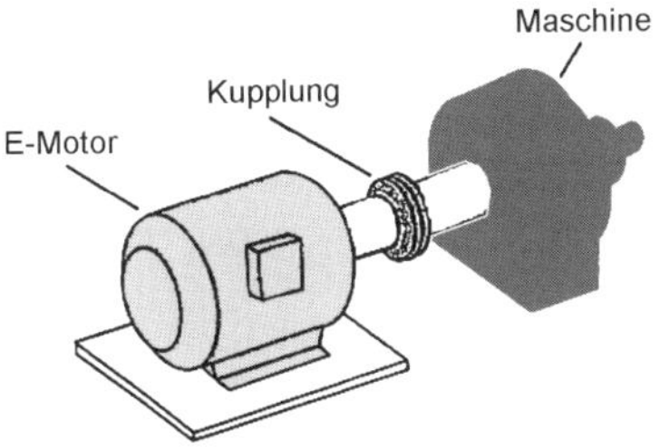

Bild 4.50 Antriebsstrang mit Kupplung [4.1]

Die formschlüssigen Schaltkupplungen gehören in der Regel zu den **fremdbetätigten Schaltkupplungen**, d. h., das Betätigungssignal und die Betätigungskraft kommen von außen. Im Gegensatz dazu erfolgt der Schaltvorgang bei **selbstschaltenden Kupplungen**, z. B. Fliehkraftkupplungen, ohne äußeren Eingriff bei Erreichen einer bestimmten Drehzahl. Da das Einkuppeln deutlich schwieriger als das Auskuppeln ist und häufig mit erheblichen Schaltstößen verbunden ist, werden die formschlüssigen Schaltkupplungen auch gern als **trennbare Kupplungen** bezeichnet. Diese Bezeichnung wird der Variante mit Synchronringen und ihrem Einkuppelverhalten allerdings nicht gerecht, wobei dies erst durch die reibschlüssigen Synchronkupplungsringe erreicht wird.

4.4.1 Ziehkeilkupplungen

Bei der in Bild 4.51 dargestellten Ziehkeilkupplung erzeugt der federnd gelagerte Ziehkeil 1 je nach axialer Position der Führungsstange 2 einen Formschluss von der Welle 3 zu Rad R_1 oder – wie dargestellt – zu Rad R_2. Zwischen der Verstellspindel 4 und der Führungsstange 2 sitzt eine **Drehentkopplung**. Diese einfache Kupplung ist zum Schalten von Vorgelegen, einem Allradantrieb oder Nebenabtrieb an Lkw (z. B. Entladepumpe an

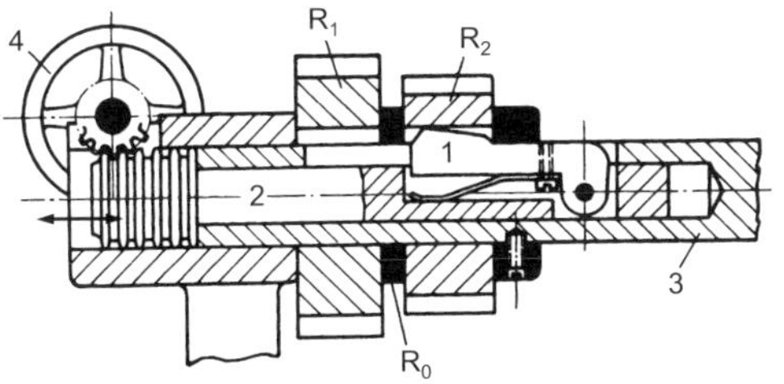

Bild 4.51 Ziehkeilkupplung

Silo-Lkw) und Landmaschinen geeignet. Sie ist durch starke Schaltstöße im langsam bewegten, aber lastfreien Fall gekennzeichnet. Im Stillstand kann sie kaum geschaltet werden, da nur wenige Nuten auf dem Umfang existieren und somit die Wahrscheinlichkeit, diese mit dem Ziehkeil zu treffen, relativ gering ist.

4.4.2 Klauenkupplungen

Wie bei den meisten formschlüssigen Verbindungen kann die Übertragungsfähigkeit auch bei den Kupplungen durch Erhöhung der Anzahl der Formschlusselemente gesteigert werden. Dieser Erkenntnis folgend werden **Klauenkupplungen** mit drei und mehr Formschlusselementen angeboten. Allgemein wird das Einrückverhalten mit steigender Anzahl der Klauen besser. Für die Betätigung der Klauenkupplung (Bild 4.52) wird eine **Schaltgabel** ähnlich der im Bild 4.54 dargestellten Version verwendet. Abhängig von den vier Klauengeometrien (Bild 4.52) wird ein unterschiedliches Schaltverhalten erreicht. Die Versionen b) und d) lassen sich in fast allen Stellungen einrücken. Bei Version a) findet die Klaue über die Trapezform leichter in die Lücke. Version c) muss exakt ausgerichtet sein, um eingerückt werden zu können. Langsam gegeneinander drehende Kupplungshälften werden in diesem Fall über die Kopfschräge drehrichtungsunabhängig abgewiesen.

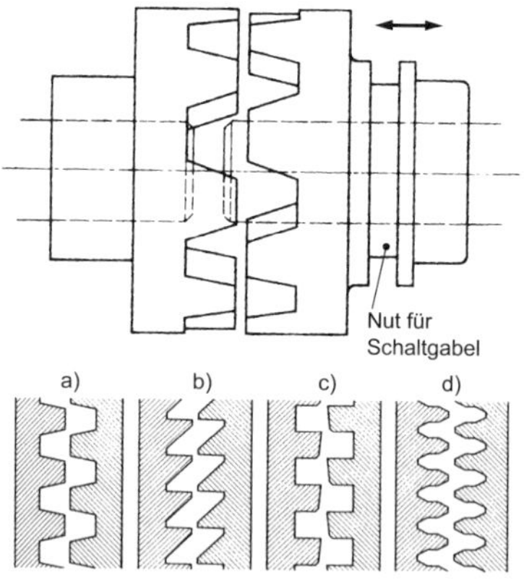

Bild 4.52 Klauenkupplung mit vier verschiedenen Klauengeometrien (*IMW, TU Clausthal, Skript*). a) Trapezzähne, b) Sägezähne, c) abweisende Zähne, d) leicht einrückbare angefaste Zähne

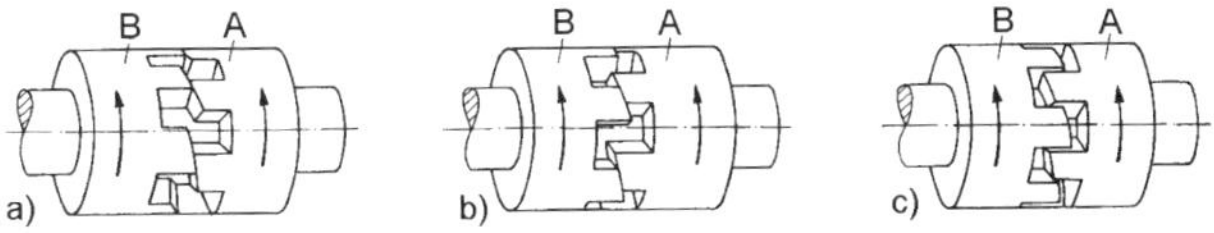

Bild 4.53 Abweiskupplung (Maybach). a) kein Eingriff bei $n_A < n_B$, b) noch kein Eingriff bei $n_A = n_B$, c) Eingriff bei $n_A > n_B$ [4.2]

Die **Abweisklauenkupplung** nach Maybach in Bild 4.53 [4.2] hat diese Eigenschaft drehrichtungsabhängig. Version c) und der **Maybach-Kupplung** gemeinsam ist aber, dass nach dem Einrücken theoretisch keine Betätigungskraft mehr notwendig ist, um Drehmoment übertragen zu können. Dies liegt an den rechtwinkligen Klauenflanken. Die Sägezahnversion b) hat diese Eigenschaft ebenfalls, aber nur in einer Drehrichtung. Wechselt man die Drehmomentrichtung, kommt es zu starken Axialkräften, die die Kupplung auseinandertreiben und damit öffnen. Je nach Flankenwinkel etwas schwächer ausgeprägt ist dieser Effekt bei der Version a) in beide Drehmomentrichtungen, was eine dauernde Betätigungskraft im Betrieb notwendig macht. Version d) löst dieses Problem über abschnittweise parallele Flanken ungefähr auf der halben Höhe der Klauen.

Eine Berechnung der **Übertragungsfähigkeit** wäre allgemein auf Abscheren der Formschlusselemente möglich, wobei auch die weiteren Festigkeitskriterien wie Kerbbiegespannungen im Klauenfuß und zulässige Flächenpressungen zu berücksichtigen sind. Speziell das in Bild 4.55 mit der Nummer 2 erkennbare gummielastische Sternelement ist z. B. auf zulässige Flächenpressung zu überprüfen. In der Regel wird eine Berech-

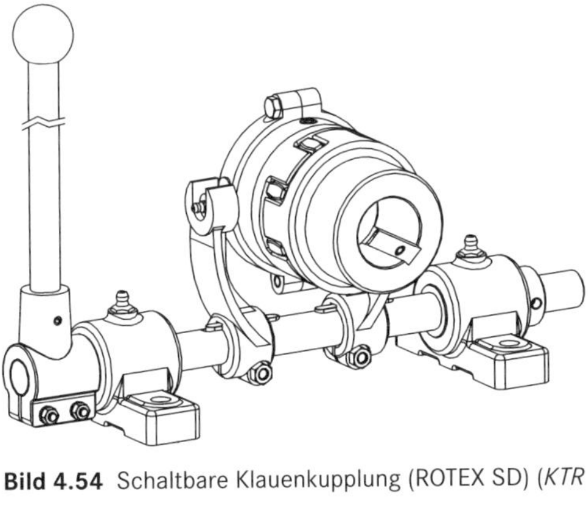

Bild 4.54 Schaltbare Klauenkupplung (ROTEX SD) (*KTR Kupplungstechnik Rheine*)

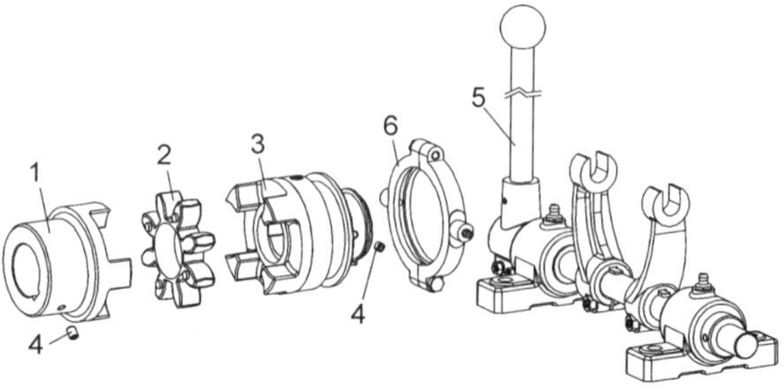

Bild 4.55 Schaltbare Klauenkupplung (ROTEX SD) (*KTR Kupplungstechnik Rheine*)

nung im Detail nicht notwendig, da die Hersteller in ihren Unterlagen die notwendigen Kennwerte für die richtige Auswahl bereitstellen.

Die in den Bildern 4.54 und 4.55 dargestellte Klauenkupplung stellt durch den gummielastischen Stern 2 mit seinen balligen Elementen eine formschlüssige Schaltkupplung mit zusätzlicher Dämpfung von Drehmomentstößen und Winkelbeweglichkeit dar.

4.4.3 Zahnkupplungen

Bei den Zahnkupplungen sind die Formschlusselemente meist mit **evolventischen Flanken** versehen und radial ausgerichtet. Auf diese Weise können die in der Zahnradherstellung üblichen Fertigungsverfahren genutzt werden, was in den für diese Kupplungsart sehr häufigen Anwendungen in Schaltgetrieben einen erheblichen Vorteil darstellt. Die Bilder 4.56 und 4.57 zeigen eine solche schaltbare Zahnkupplung. In Bild 4.61 ist aber auch eine mit axial ausgerichteten Zähnen ausgeführte Zahnkupplung zu sehen, die eine Stirnverzahnung nutzt.

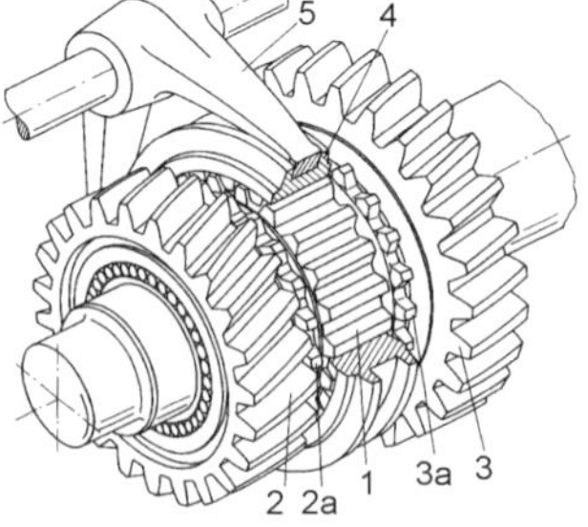

Bild 4.56 Schaltbare Zahnkupplung.
1 Synchronkörper, 2, 3 Schaltrad,
2a, 3a Synchronring, 4 Schiebemuffe,
5 Schaltgabel
(*ZF Zahnradfabrik Friedrichshafen*) [4.2]

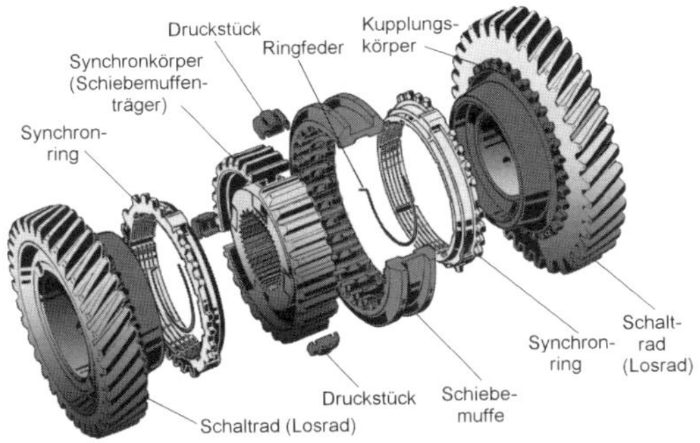

Bild 4.57 Einkonus-Synchronisation (*ZF Zahnradfabrik Friedrichshafen*)

Die Zahnkupplung nach Bild 4.56 wird in Fahrzeug-Schaltgetrieben, auch den zugkraftunterbrechungsfreien, direkt schaltenden Getrieben sowie in Schaltgetrieben für Industrieanwendungen genutzt. Die hohe Anzahl von Formschlusselementen erlaubt eine hohe Leistungsdichte und ein günstiges Einrückverhalten. Um dieses zu unterstützen, wird der notwendige Synchronlauf ($\Delta n = 0$) über zusätzliche kleine **Kegelreibkupplungen** zwischen den zu kuppelnden Bauteilen erreicht. Die Kegelreibkupplungen sind als Synchronringe realisiert. Da das Schalten lastfrei erfolgt, brauchen die Kegelreibkupplungen nur die Beschleunigungsmomente für die trägen Massen der zu kuppelnden Getrieberäder zu übertragen. Das Nutzdrehmoment wird anschließend formschlüssig übertragen.

Bild 4.58 zeigt Details der Verzahnungsgestaltung in der Schiebemuffe der Zahnkupplung. Die Anspitzungen 1 und 2 erleichtern das Einrücken, und die Hinterlegungen 3 verhindern das selbsttätige Herausrutschen aus der Schaltposition (Gangspringen), wenn keine Betätigungskraft mehr wirkt.

Die Bilder 4.59 und 4.60 zeigen zwei Zahnkupplungen, die im Stillstand schaltbar sind. Beide Varianten bestehen aus **Bogenzahnkupplungen**, wodurch sie neben der formschlüssigen Schaltfunktion auch kleine Winkelverlagerungen ausgleichen können. Die Version ZWSE in Bild 4.59 besteht aus zwei bogenverzahnten Wellenstücken und einer verschieblichen Hülse, die über ca. 1/3 ihrer Breite keine Verzahnung besitzt. Verschiebt man die Hülse im Bild nach rechts, dreht die linke Wellenverzahnung leer, und die Wellen sind entkuppelt. Die Version ZWS in Bild 4.60 ist aus einer normalen Bogenzahnkupplung im linken Bildbereich und einer Zahnschaltkupplung im rechten Bildbereich zusammengesetzt. Der Funktionsumfang (Schalten und Winkelausgleich) entspricht der ZWSE-Variante, ist aber hier funktionsgetrennt ausgeführt.

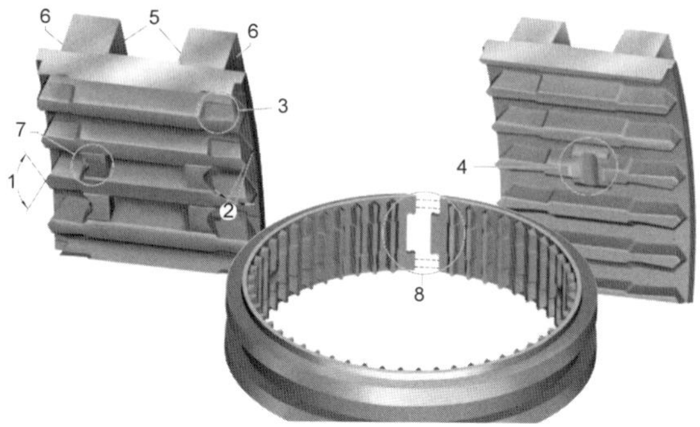

Bild 4.58 Auslegung der Schiebemuffe (*ZF Zahnradfabrik Friedrichshafen*)

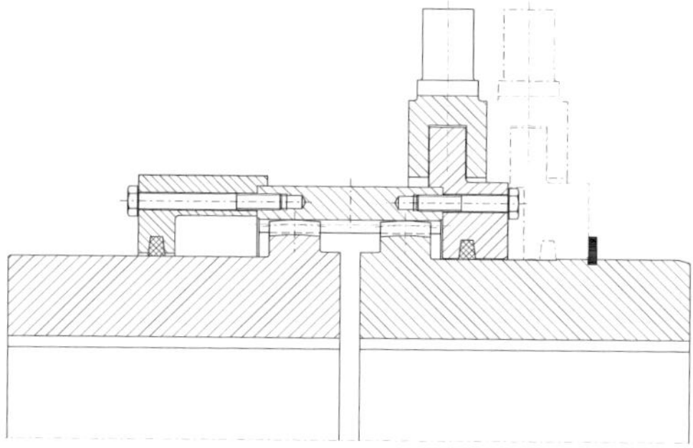

Bild 4.59 Zahnkupplung mit Bogenverzahnung (ZAPEX ZWSE) (*Siemens/Flender*)

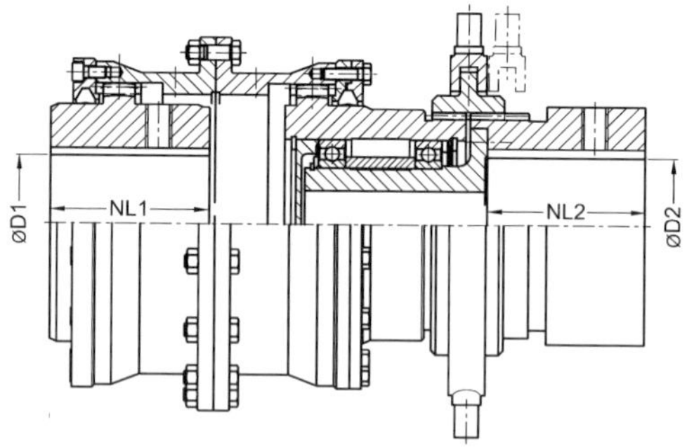

Bild 4.60 Zahnkupplung mit Bogenverzahnung (ZAPEX ZWS) (*Siemens/Flender*)

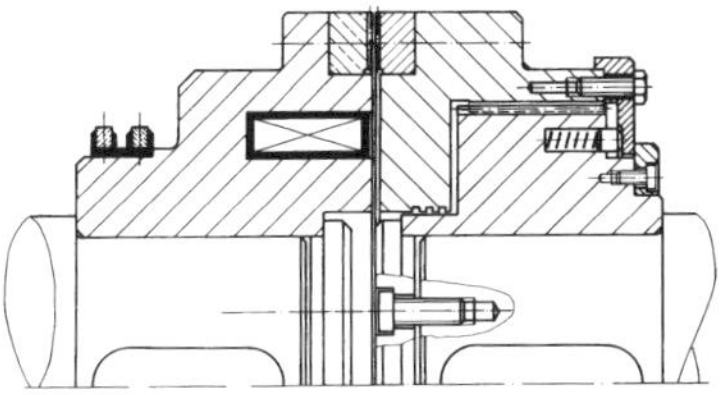

Bild 4.61 Zahnkupplung mit Stirnverzahnung (Bauform ZAA) (*Stromag Unna*)

Eine **schaltbare Zahnkupplung** mit Stirnverzahnung ist in Bild 4.61 zu sehen. Die Kupplung (Bauform ZAA) ist elektromagnetisch betätigt. Durch die Stirnverzahnung wird ein kurzer Schaltweg erreicht. Für die axiale Verschiebbarkeit ist in der Kupplung eine zweite Verzahnung rechts oben im Bild notwendig, die darunter liegenden Federn dienen zum Ausrücken der Kupplungsverzahnung in der Mitte oben. Diese Kupplungsbauart ist für zentrisch laufende Wellen ohne Winkelversatz geeignet.

4.5 Kraftschlüssige Schaltkupplungen

Dr.-Ing. Günter Schäfer

Die formschlüssigen Schaltkupplungen erlaubten ein Schalten nur im Synchronlauf, d. h., Beschleunigungsvorgänge müssen grundsätzlich über die Kennlinie der Antriebsmaschine möglich sein. Am Beispiel der Verbrennungskraftmaschine ist schnell erkennbar, das ein Anfahrvorgang aus dem Stillstand heraus so nicht möglich ist. Für Beschleunigungsvorgänge oder allgemein das Kuppeln nicht synchron laufender Wellen sind **kraftschlüssige Kupplungen** erforderlich. Im Kapitel 4.4 wurden zu diesem Zweck bereits die reibschlüssigen Synchronringe vorgestellt, wobei diese lediglich die Kupplungsbauteile durch Beschleunigen synchronisieren, nicht aber die daran angeschlossenen Antriebs- und Lastmaschinen (Bild 4.62).

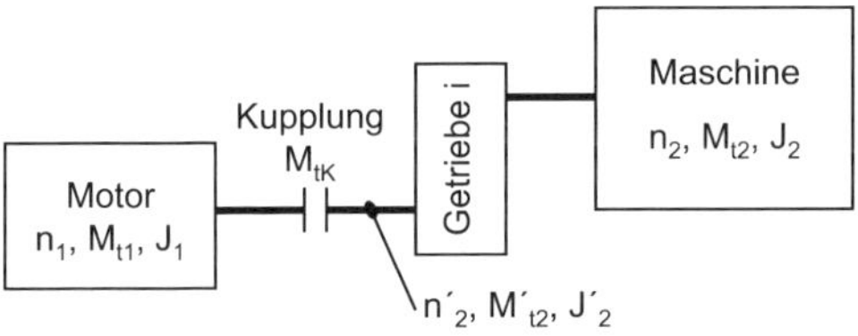

Bild 4.62 Antriebssystem mit Kupplung

Die Begriffe reibschlüssig und kraftschlüssig werden häufig gleichbedeutend genutzt. Es handelt sich beim **Reibschluss** um eine sehr häufig genutzte Art des Kraftschlusses, bei der Reibkräfte für die Übertragung genutzt werden. Alternativ können Fluidkräfte in Strömungskupplungen oder Magnetkräfte (Elektro- oder Dauermagnete) in Magnetkupplungen als **Kraftschluss** genutzt werden.

Berechnung der kraftschlüssigen Schaltkupplungen

Für die Berechnung einer kraftschlüssigen Schaltkupplung ist die Kenntnis des restlichen Antriebsstrangs (Drehzahlen, Drehmomente und Massenträgheitsmomente) sowie des Schaltvorgangs (Schalten ohne oder mit Last) notwendig. Bild 4.62 zeigt einen Antriebsstrang mit Antriebsmotor, Kupplung und Lastmaschine (sowie für den allgemeinen Fall mit einem Getriebe). Das Getriebe habe die Übersetzung $i = n_{\text{Antrieb}}/n_{\text{Abtrieb}}$, damit ergibt sich für die lastseitigen Größen an der Kupplung:

$$n_2' = i \cdot n_2$$

$$M_{t2}' = M_{t2}/i$$

$$J_2' = J_2/i^2$$

Der Drehzahlverlauf während des Schaltvorgangs ist in Bild 4.63 dargestellt. Der Zeitpunkt t_{I} ist der Schaltbeginn. Bis zum Zeitpunkt t_{II} erfolgt der Drehzahlangleich der beiden Kupplungsseiten, d. h., die Lastmaschine wird beschleunigt bis zur Drehfrequenz ω_{12}. Im allgemeinen Fall liegt ω_{12} etwas unterhalb der Motorleerlaufdrehzahl ω_1, da diese belastungsabhängig etwas absinkt. Die genaue Abhängigkeit kann aus der **Motorkennlinie** und dem ggf. vorhandenen **Reglerverhalten** entnommen werden. Vom Zeitpunkt t_{II} bis zum Zeitpunkt t_{III} wird der gesamte Antriebsstrang im Synchronlauf wieder auf ω_1 hochbeschleunigt. Dieses gemeinsame Hochbeschleunigen ist schlupffrei. Während des Beschleunigens der Lastmaschine von ω_2 auf ω_{12} von t_{I} bis t_{II} tritt Schlupf zwischen den beiden Kupplungsseiten auf.

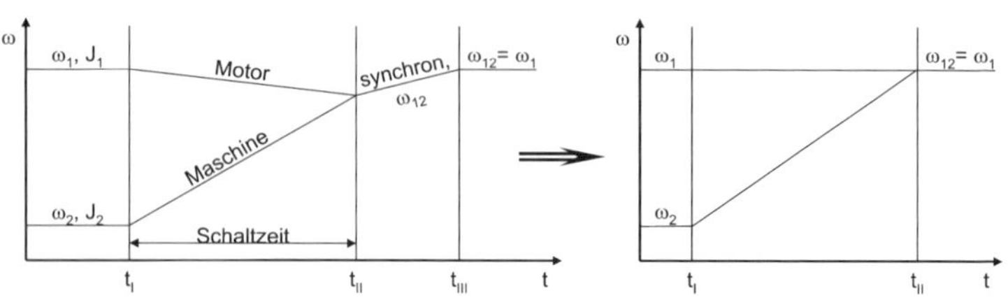

Bild 4.63 Drehzahlverlauf während des Schaltvorgangs

Dieser Zeitabschnitt zwischen Schaltbeginn t_I und Erreichen der Synchrondrehzahl ω_{12} bei t_{II} wird **Schaltzeit** t_3 genannt.

In Bild 4.63 ist rechts ein für die nachfolgenden Berechnungen vereinfachter **Drehzahlverlauf** dargestellt, bei dem eine lastunabhängige Motordrehzahl angenommen wird.

Damit sind Drehzahlen, Drehmomente und Massenträgheitsmomente im Antriebsstrang als Berechnungsgrundlage definierbar, und es muss noch geklärt werden, ob **ohne** oder **mit Last** geschaltet werden soll. Beispiele für Schalten ohne Last wären:

- ein Rührwerksantrieb, bei dem erst bei laufendem Antrieb der Mischbehälter befüllt wird oder
- ein Generator, der ohne angeschlossene elektrische Verbraucher startet ($M_{tL} = 0$).

Für Schalten mit (konstanter) Last kann ein Hubantrieb (M_{tL} = const) als Beispiel genannt werden. Diese beiden Grenzfälle sind in Bild 4.64 als Schalten ohne Last (links) und mit Last (rechts) dargestellt. Dazwischen finden sich in der Realität einige Fälle, bei denen ein mit der Drehzahl ansteigendes Lastmoment zu beobachten ist, wie z. B. bei einer Kreiselpumpe ($M_{tL} = f(n)$). Eine Auslegung mit konstanter Last führt in diesen Fällen auf die sichere Seite.

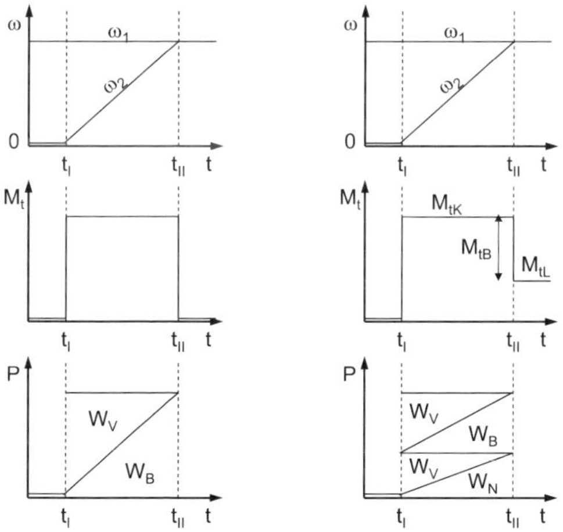

Bild 4.64 Drehzahlen, Drehmomente und Leistungen während des Schaltens (die Schaltarbeiten sind als Flächen eingetragen, links ohne Last, rechts mit Last)

Das von der Kupplung übertragene Antriebsmoment M_{tK} steht grundsätzlich für die Beschleunigung der Lastmaschine und das jeweilige Lastmoment M_{tL} zur Verfügung (wenn ein Getriebe vorhanden ist, sind jeweils die gestrichenen Größen einzusetzen).

$$M_{t1} = M_{tB} + M_{t2} \quad \text{mit} \quad M_{t1} = M_{tK} \quad \text{und} \quad \mathrm{M}_{t2} = M_{tL}$$

und umgestellt nach dem Beschleunigungsmoment

$$M_{tB} = M_{tK} - M_{tL}$$

Je kleiner das Lastmoment ist, desto höher ist das zur Beschleunigung nutzbare Drehmoment M_{tB}.

Das zur Beschleunigung notwendige Drehmoment M_{tB} hängt von der Massenträgheit der Lastmaschine J_2, der zu erreichenden Drehzahlerhöhung und der zur Beschleunigung genutzten Zeit $t_{II} - t_I$ ab:

$$M_{tB} = J_2 \cdot \int \mathrm{d}\omega / \mathrm{d}t$$

Bei gleichförmiger Beschleunigung ergibt sich damit:

$$M_{tB} = J_2 \cdot (\omega_{12} - \omega_0) / (t_{II} - t_I)$$

ω_{12} gemeinsame Drehzahl von Antriebsmotor und Lastmaschine bei Erreichen der synchronen Drehbewegung am Schaltzeitende

Die untersten Diagramme in Bild 4.64 geben die Leistungen und über die Flächen die Arbeiten an (W_B Beschleunigungsarbeit; W_N die an die Lastmaschine übertragene Nutzarbeit; W_V Verlustarbeit, die in Wärme umgewandelt wird). Die Rechteckfläche als Summe der Einzelarbeiten ist jeweils die vom Antriebsmotor dem System zugeführte Arbeit W_A. Unter der zeichnerischen Annahme, dass die Schaltzeit von t_I bis t_{II} für das Schalten ohne und mit Last identisch ist, folgt, dass die Maschine, die unter Last eingekuppelt wird, ein geringeres Massenträgheitsmoment besitzt, da sie mit einem um M_{tL} geringeren Beschleunigungsmoment auskommt. Die Verlustarbeiten sind in diesem Fall identisch. Sollen gleich große Maschinen einmal mit Last und einmal ohne Last eingekuppelt werden, so wäre eine um zweimal W_N höhere Antriebsarbeit notwendig. Die Verlustarbeit würde um einen der Nutzarbeit W_N entsprechenden Anteil steigen (Bild 4.64).

Die Berechnung der beiden Schaltfälle sieht damit wie folgt aus:

Schalten ohne Last, $M_{tL} = 0$	**Schalten mit Last**
Beschleunigungsdrehmoment	
$M_{tB} = M_{tK}$	$M_{tB} = M_{tK} - M_{tL}$
Schaltzeit	
$t_3 = (J_2/M_{tK})(\omega_{12} - \omega_2)$	$t_3 = [J_2/(M_{tK} - M_{tL})](\omega_{12} - \omega_2)$
Antriebsarbeit	
$W_A = J_2(\omega_{12} - \omega_2)^2$	$W_A = [M_{tK}/(M_{tK} - M_{tL})](\omega_{12} - \omega_2)$
Beschleunigungsarbeit	
$W_B = (J_2/2)(\omega_{12} - \omega_2)^2$	$W_B = (J_2/2)(\omega_{12} - \omega_2)^2$
Verlustarbeit	
$W_V = (J_2/2)(\omega_{12} - \omega_2)^2$	$W_V = [M_{tK}/(M_{tK} - M_{tL})](J_2/2)(\omega_{12} - \omega_2)^2$
Nutzarbeit	
0	$W_N = [M_{tL}/(M_{tK} - M_{tL})](J_2/2)(\omega_{12} - \omega_2)^2$

Bemerkungen:

- Es wird gleichförmige Beschleunigung vorausgesetzt.
- ω_{12} ist die Enddrehzahl des Systems, bei konstanter Motordrehzahl gilt $\omega_{12} = \omega_1$.
- Meist wird die Lastmaschine aus dem Stillstand heraus beschleunigt, dann gilt $\omega_2 = 0$.

Nach der Bestimmung des erforderlichen **Kupplungskennmoments**, das durch die Daten der Lastmaschine und die gewünschte Schaltzeit bestimmt wird, ist als nächster Schritt die **Auslegung gegen thermische Grenzwerte** je nach Schaltverhalten noch notwendig. Bild 4.65 zeigt drei typische Temperaturverläufe für verschiedene Schaltabläufe.

I. Kurze Schaltzeit, Wärme entsteht an den Reiboberflächen, lokale Temperaturgrenze beachten.

II. Längere Schaltzeit, die Wärme heizt die gesamte Kupplung auf, Speicherkapazität beachten.

III. Häufige Schaltung, die gesamte Wärme muss kontinuierlich abgeführt werden können.

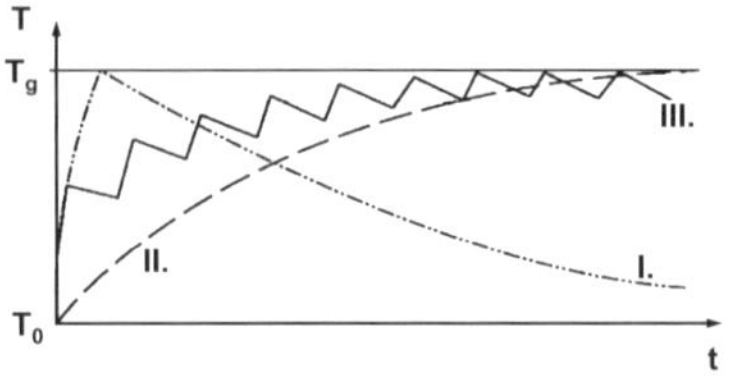

Bild 4.65 Temperaturverläufe während des Schaltens

Die durch einen einzelnen Schaltvorgang entstehende Wärmemenge entspricht der Verlustarbeit W_V. Bei wiederholter Schaltung muss diese mit der Anzahl der Schaltungen pro Zeiteinheit multipliziert werden:

$$P_V = W_V \cdot Z \quad (Z = \text{Anzahl der Schaltungen pro Zeiteinheit}).$$

Im Fall I muss die Verlustarbeit einer Schaltung W_V mit der vom Hersteller angegebenen Wärmebelastbarkeit pro Schaltung verglichen werden. In der entsprechenden VDI-Richtlinie 2241 [4.20] finden sich dazu Angaben in Form der flächenbezogenen zulässigen Schaltarbeit q_{AE}, die dann mit der gewählten Reibbelagfläche multipliziert werden muss, um mit der Verlustarbeit W_V verglichen werden zu können: $W_V \leq q_{AE} \cdot A_R$ (A_R = Reibbelagfläche).

Im Fall II wird die in der Kupplungsmasse speicherbare Wärmemenge als Grenze überprüft. Dabei wird davon ausgegangen, dass die Kupplung anschließend lange Zeit hat, um die Wärme wieder abzugeben:

$$W_V \leq m \cdot c \cdot \Delta\vartheta$$

$$\Delta\vartheta = \vartheta_{zul} - \vartheta_0$$

m Kupplungsmasse in kg, c spezifische Wärmekapazität in J/(kg K): Aluminium c = 896 J/(kg K), Gusseisen: c = 460 J/(kg K), Stahl: c = 495 J/(kg K), ϑ_0 Temperatur bei Schaltbeginn in °C oder K, ϑ_{zul} zulässige Temperatur des Reibbelags in °C oder K

Im Fall III wird das Gleichgewicht zwischen den entstehenden Verlustanteilen und der abgebbaren Wärmemenge überprüft. Für die Wärmeabgabe kommt z. B. die Kupplungsoberfläche gegen die Umgebungsluft oder bei Nasslauf zusätzlich das Öl, das möglicherweise durch einen zusätzlichen Ölkühler Wärme abgeben kann, in Anrechnung. Für den Fall der Wärmeabgabe über die Kupplungsoberfläche ergibt sich:

$$W_V \leq \alpha \cdot A_K \cdot \Delta\vartheta$$

$$\Delta\vartheta = \vartheta_{zul} - \vartheta_0$$

α Wärmeübergangszahl in W/(m^2 K), A_K Kupplungsoberfläche in m^2

Die zulässige **Grenztemperatur** bei Luftkühlung kann dabei einen anderen Wert als beim Reibbelag in Fall II haben. Für den Fall der Wärmeabgabe über das Öl ergibt sich, bezogen auf die Verlustleistung P_V:

$$P_V \leq Q_{Öl} \cdot \rho \cdot c \cdot \Delta\vartheta_{Öl}$$

P_V Verlustleistung in W, $Q_{Öl}$ Kühlölvolumenstrom in m^3/s, ρ Dichte des Kühlöls in kg/m^3, c spezifische Wärmekapazität des Kühlöls (1 886 J/(kg K)), $\Delta\vartheta_{Öl}$ Ölübertemperatur, $\Delta\vartheta_{Öl}$ = 2 ... 4 K bei Rückkühlung im Getriebesumpf. Die gesamte Ölmenge soll dabei ca. das 8-Fache der umlaufenden Ölmenge betragen, oder $\Delta\vartheta_{Öl}$ = 10 ... 12 K bei Rückkühlung in externem Ölkühler

Zusätzlich zu der zuvor beschriebenen Auslegung einer reibschlüssigen Schaltkupplung sind allgemeine belastungsspezifische Faktoren wie Stoß- oder Sicherheitsfaktoren in die Bestimmung des erforderlichen Kupplungskennmoments aufzunehmen. Das so berechnete schaltbare Drehmoment

Tabelle 4.10 Auslegungskennwerte für Kupplungsreibpaarungen [4.20]

		Nasslauf			Trockenlauf			
	Reibpaarung	Sinterbronze/ Stahl	Sintereisen/ Stahl	Papier/Stahl	Stahl, gehärtet/ Stahl, gehärtet	Sinterbronze/ Stahl	organ. Beläge/ Grauguss	Stahl, nitriert/ Stahl, nitriert
Reibungszahlen	Gleitreibungszahl μ	0,05 bis 0,1	0,07 bis 0,1	0,1 bis 0,12	0,05 bis 0,08	0,15 bis 0,3	0,3 bis 0,4	0,3 bis 0,4
	Haftreibungszahl μ_0	0,12 bis 0,14	0,1 bis 0,14	0,08 bis 0,1	0,08 bis 0,12	0,2 bis 0,4	0,3 bis 0,5	0,4 bis 0,6
	Verhältnis μ_0/μ	1,4 bis 2	1,2 bis 1,5	0,8 bis 1	1,4 bis 1,6	1,25 bis 1,6	1,0 bis 1,3	1,2 bis 1,5
Richtwerte*	max. Gleitgeschwindigkeit v_R [m/s]	40	20	30	20	25	40	25
	max. Reibpressung p_R [N/mm²]	4	4	2	0,5	2	1	0,5
	zulässige flächenbezogene Schaltarbeit bei einmaliger Schaltung q_{AE} [J/mm²]	1 bis 2	0,5 bis 1	0,8 bis 1,5	0,3 bis 0,5	1 bis 1,5	2 bis 4	0,5 bis 1

* Diese Richtwerte sind voneinander abhängig und können je nach Einsatzbedingungen überschritten oder eingeengt werden.

unterscheidet sich von dem statisch übertragbaren Drehmoment aufgrund der unterschiedlichen wirksamen Reibwerte. Während des Schaltens ist wegen des Schlupfs der dynamische Reibwert μ und im geschalteten Zustand der statische Reibwert μ_0 gültig, wobei übliche Verhältnisse $\mu_0/\mu = 1{,}1 \ldots 1{,}9$ abhängig von der Reibpaarung sind, siehe Tabelle 4.10 und VDI 2241 [4.20].

Entsprechend der Reibflächengeometrie werden folgende Hauptbauformen von reibschlüssigen Schaltkupplungen unterschieden:

- Backen- und Bandkupplungen (zylindrische Reibflächen),
- Kegel- oder Konuskupplungen (kegelige Reibflächen),
- Einscheiben- und Lamellenkupplungen (ringförmige Reibflächen).

4.5.1 Backen- und Bandkupplungen

Backen- und Bandkupplungen haben zylindrische Reibflächen. Die beiden Kupplungsteile müssen zentrisch zueinander laufen, radialer Wellenversatz ist nicht zulässig. Bild 4.66 zeigt eine einfache Backenkupplung, die drehzahlabhängig selbsttätig schaltet. Diese Ausführung ist als **Fliehkraft**- oder **Anlaufkupplung** bekannt. Übliche Ausführungen von Backenkupplungen haben zwei bis vier Backen, die mechanisch (Bild 4.67), pneumatisch (Bild 4.68), hydraulisch oder elektrisch betätigt werden können. Das Gesamtkupplungsmoment ergibt sich aus der Summe der einzelnen Backenanpresskräfte F_N, multipliziert mit dem Reibwert μ und dem Wirkradius r:

$$M_{tK} = \sum F_N \, \mu \, r$$

Für die Fliehraft-Backenkupplung mit zwei Backen (Bild 4.66) bedeutet dies mit der Normalkraft aus Fliehkraft ($F_N = m\,r\,\omega^2$):

$$M_{tK} = 2\,m\,r\,\omega^2 \, \mu \, r$$

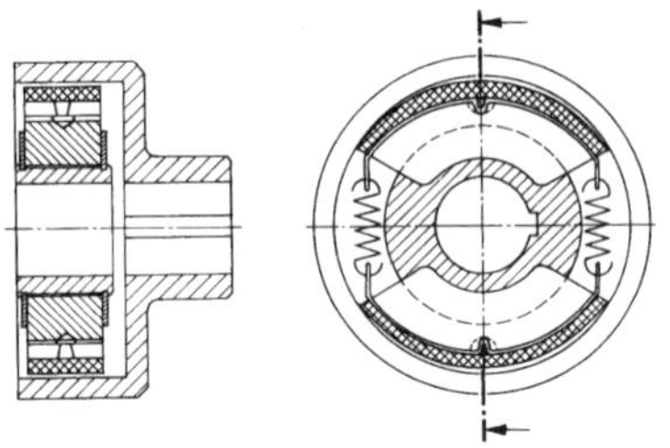

Bild 4.66 Backenkupplung. Betätigung durch Fliehkraft (*IMW, TU Clausthal, Skript*)

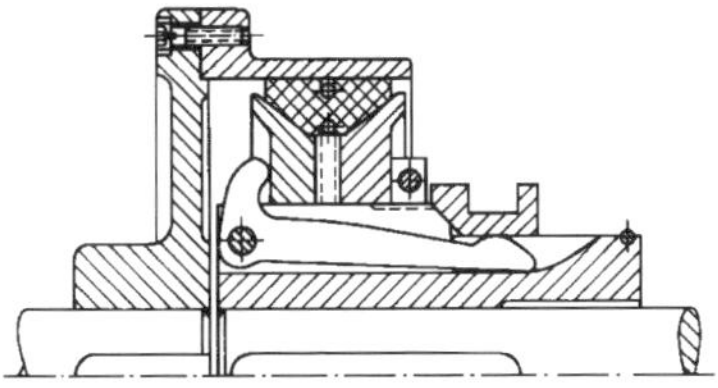

Bild 4.67 Mechanisch betätigte Backen-Kegelkupplung CONAX (*Desch*)

Bild 4.68 Pneumatisch betätigte Backen-Kegelkupplung CONAX (*Desch*)

Eine Vergrößerung der radialen Anpresskräfte und damit der Übertragungsfähigkeit kann über die in den Bildern 4.67 und 4.68 dargestellte Kegelgeometrie erreicht werden. Die beiden kegeligen Druckplatten pressen den innen doppelkegeligen segmentierten Reibring in den zylindrischen Kupplungsmantel. Zum Trennen der Kupplung werden die Segmente über eine eingelegte Ringfeder zurückgeholt. Das Drehmoment wird bei dieser Kupplungsbauform zweifach reibschlüssig von den Konusscheiben auf den Reibring und von diesem weiter auf den Kupplungsmantel übertragen. Für die Berechnung der Übertragungsfähigkeit sind hier die jeweils wirksamen Normalkräfte abhängig vom Konuswinkel zu bestimmen. Die **CONAX-Kupplung** stellt damit die Kombination einer Backen- und einer Kegelkupplung dar.

Die **Federbandkupplung** besteht prinzipiell aus drei Teilen, der Antriebsnabe, der Abtriebsnabe sowie dem Federband. Die Feder liegt mit geringer Vorspannung (ihr Innendurchmesser ist etwas kleiner als der Nabenaußendurchmesser) auf den Nabenzylinderflächen auf. Die Kupplung ist für eine Drehrichtung ausgelegt. In der in Bild 4.69 angegebenen Drehrichtung zieht die Antriebsnabe das Federband mit steigendem Drehmoment immer fester auf die Nabenzylinderflächen auf und steigert damit auch das übertragbare Drehmoment. Dieser Vorgang gehorcht den Seilreibungsgesetzen [4.2]. Das Federband kann auch über abgewinkelte Enden verfügen und damit eine separate mechanische Schaltbetätigung realisieren (Bild 4.70).

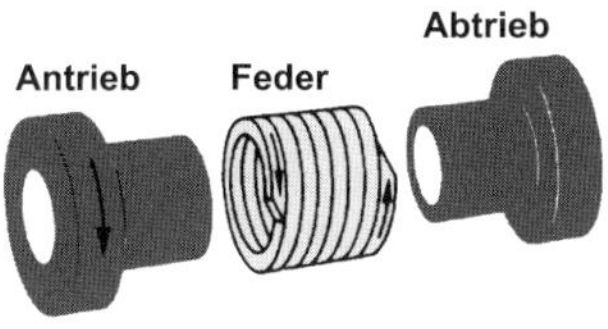

Bild 4.69 Prinzipbild der Bandkupplung, System Warner Electric

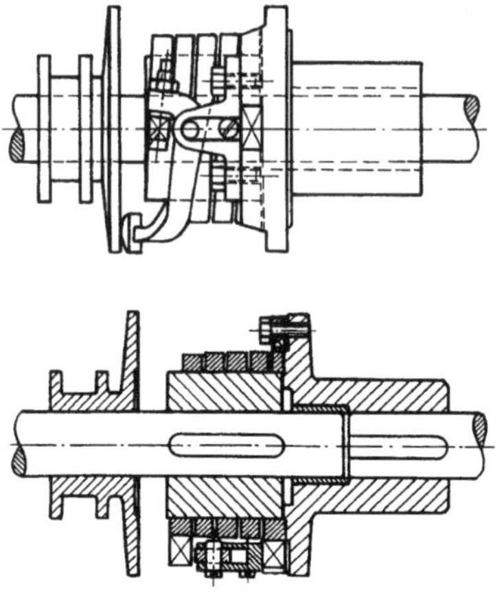

Bild 4.70 Bandkupplung, mechanisch betätigt [4.2]

4.5.2 Kegelkupplungen

Bei den Kegelkupplungen wird das Drehmoment über eine oder mehrere kegelige Reibflächen übertragen. Um ein sicheres Auskuppeln zu gewährleisten, muss die bei Kegelsitzen mögliche Selbsthemmung ausgeschlossen werden. Die Kegelflächen werden dazu mit einem Öffnungswinkel von $2\alpha = 40 \dots 50°$ ausgeführt.

Einfache Kegelkupplungen haben den Nachteil, dass die Betätigungskraft während der gesamten gekuppelten Nutzungszeit aufrechterhalten werden muss. Durch den Kegel ist sie zwar kleiner als bei der ebenen Einflächenkupplung aus Bild 4.75, aber in der Version von Bild 4.71 durch das Schaltgestänge aufzubringen. Die paarweise entgegengesetzte Anordnung von Kegelflächen ergibt einen Kräfteausgleich mit kupplungsinternem Kraftfluss und macht in Verbindung mit einem Kniehebelsystem (Bild 4.72) nur eine kurzzeitige Schaltkraft zum Ein- und Ausrücken notwendig. Beide Schaltstellungen sind ohne dauernde Betätigungskraft stabil. Das übertragbare Drehmoment berechnet sich für die Kegelkupplungen aus:

$$M_{tK} = \left(F_A \; z \; \mu \; r_m\right) / \sin\alpha$$

F_A Betätigungskraft in axialer Richtung, z Anzahl der Kegel (aktiven Reibflächen), μ Reibwert (μ für Schaltdrehmoment und μ_0 für maximales Drehmoment im geschalteten Zustand), r_m mittlerer Reibradius = $\left(r_a - r_i\right)/2$, α Kegelneigungswinkel

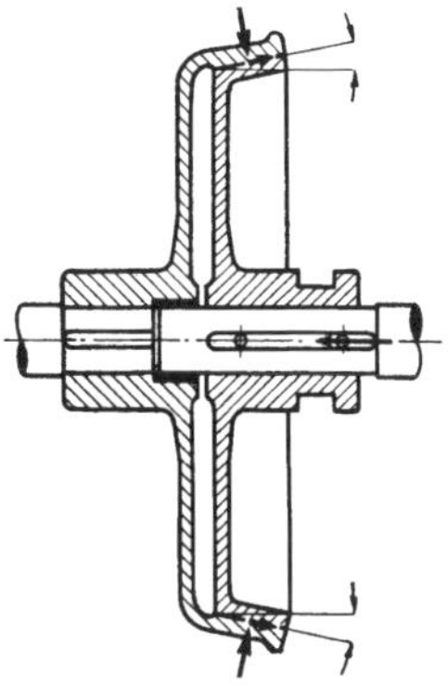

Bild 4.71 Kegelkupplung, mechanisch betätigt (*IMW, TU Clausthal, Skript*)

Bei der in Bild 4.72 dargestellten **Doppelkegelkupplung** wird das Drehmoment von rechts kommend über die Kupplungsglocke h auf die beiden Kegelreibringe a und b reibschlüssig übertragen. Über die Stifte d gelangt das Drehmoment von den beiden Kegelreibringen auf die Abtriebsnabe c. Die Betätigung der Kupplung erfolgt von der Schaltgabel f über den Schaltring e, der das Doppelkniehebelsystem g in die beiden stabilen Schaltstellungen bringt.

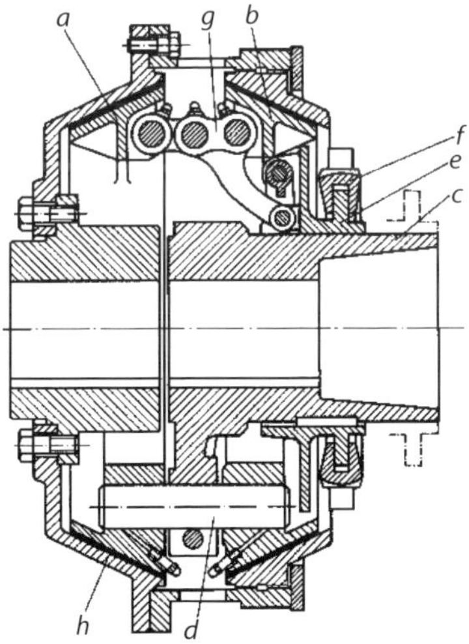

Bild 4.72 Doppelkegelkupplung, mechanisch betätigt (*IMW, TU Clausthal, Skript*)

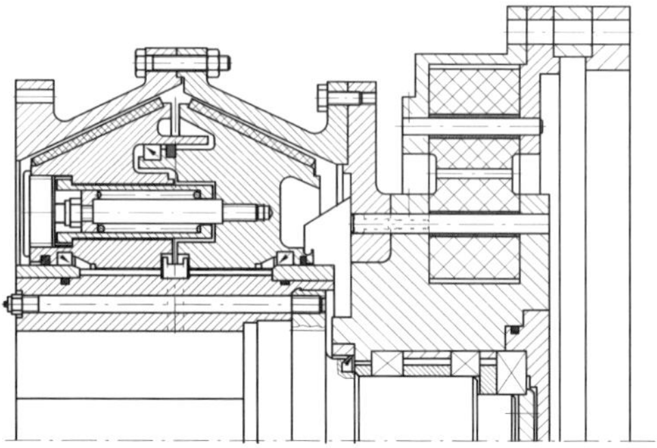

Bild 4.73 Doppelkegelkupplung, hydraulisch betätigt (*Stromag Unna*)

Solche Kegelkupplungen können mechanisch, pneumatisch oder hydraulisch (Bild 4.73) betätigt ausgeführt werden. Die hydraulisch betätigte Doppelkegelkupplung in Bild 4.73 ist kombiniert mit einer gummielastischen Kupplung im rechten Bildteil. Die gummielastischen Elemente sind mit Kreuzschraffur dargestellt. Die hydraulische Betätigungskraft muss wegen des fehlenden Kniehebelsystems während der gesamten eingekuppelten Nutzungsdauer konstant vorhanden sein. Vorteil dieser Ausführung ist die selbsttätige Nachstellung bei Belagverschleiß. Für die Berechnung des übertragbaren Drehmoments der mit der Hydraulikkraft F_H betätigten Doppelkegelkupplung (z = 2) gilt:

$$M_{tK} = \left(F_H \cdot 2\,\mu\,r_m\right)/\sin\alpha$$

4.5.3 Einscheibenkupplungen

Die **Einscheibenkupplung** ist häufig eine trockenlaufende Kupplung. Im Gegensatz dazu existieren auch nasslaufende Kupplungen, die im Getriebeöl laufen und dadurch erheblich reduzierte Reibwerte aufweisen. Aus diesem Grund werden sie häufig als **Mehrscheiben-/Lamellenkupplung** ausgeführt (s. Kapitel 4.5.4). Trockenlaufende Einscheibenkupplungen sind durch geringe Leerlaufdrehmomente gekennzeichnet. Sie werden häufig in Industrieanwendungen genutzt, finden aber auch zahlreiche Anwendung in handgeschalteten Pkw-Getrieben. **Industrieschaltkupplungen** sind typischerweise im unbetätigten Zustand offen (Drehmomentleitung unterbrochen), wohingegen **Fahrzeugkupplungen** im unbetätigten Zustand über Federkräfte geschlossen sind und der Drehmomentfluss erst durch Betätigung unterbrochen wird. Bild 4.74 stellt eine mechanisch betätigte Einscheibenkupplung für die Industrieanwendung dar. Die Kupplungsscheibe g trägt beidseitig Reibbeläge h. Das Drehmoment wird von der Kupplungsglocke f über eine Verzahnung auf die axial verschiebliche Kupplungsscheibe g übertragen. Bei Betätigung der Kupplung drückt der Hebelarm c die Reibplatte d gegen die Kupplungsscheibe g und zusammen mit ihr gegen die Reibplatte e. Die Reibplatte e stützt sich gegen eine Einstellmutter ab, die zur Nachstellung von Verschleiß vorgesehen ist. Die beiden Reibplatten d und e besitzen radiale Rippen für eine verbesserte Abfuhr der Schaltwärme. Die Einscheibenkupplung hat zwei zur Drehmomentübertragung geeignete Reibflächen, die in der Kupplungsberechnung durch die Anzahl der aktiven Reibflächen (z = 2) entsprechend zu berücksichtigen sind. Das Kupplungsmoment kann damit wie folgt berechnet werden:

$$M_{tK} = F_N \, z \, \mu \, r_m$$

F_N Anpresskraft, z Anzahl der aktiven Reibflächen, μ Reibwert (μ für Schaltdrehmoment und μ_0 für maximales Drehmoment im geschalteten Zustand), r_m mittlerer flächenbezogener Reibradius $= (2/3)\left(r_a^3 - r_i^3\right)/\left(r_a^2 - r_i^2\right)$, häufig wird auch vereinfacht $r_m = \left(r_a - r_i\right)/2$ wie bei der Konuskupplung genutzt, was aber besonders bei großen Reibscheiben zu falschen Werten führt.

Mit der maximal zulässigen Reibpressung p_R aus Tabelle 4.10 kann die Anpresspraft F_N bei gegebener Kupplungsscheibengeometrie nach oben hin abgegrenzt werden. Neben der in Bild 4.74 abgebildeten Einscheibenkupplung, gibt es auch Einflächenkupplungen, die nur eine aktive Reibfläche (z = 1) besitzen. Eine solche Kupplung ist in Bild 4.75 als elektromagnetische Kupplung zu sehen.

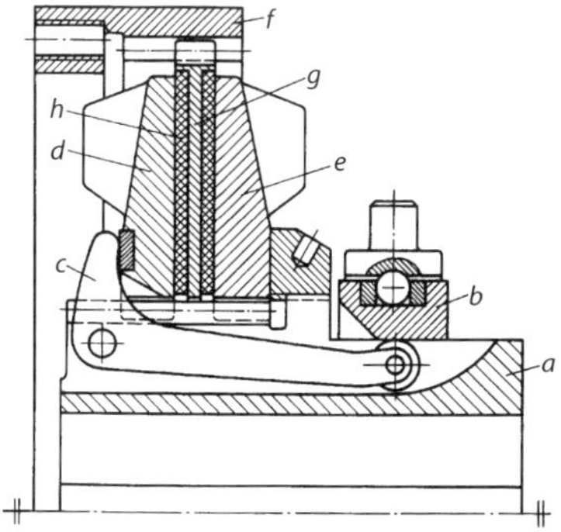

Bild 4.74 Einscheibenkupplung, mechanisch betätigt (*IMW, TU Clausthal Skript*)

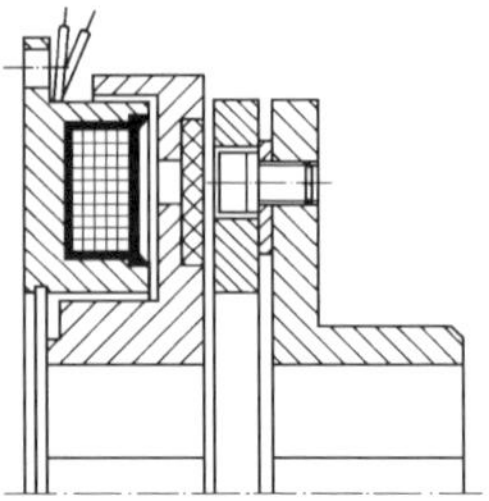

Bild 4.75 Einflächenkupplung, elektromagnetisch betätigt (*IMW, TU Clausthal, Skript*)

4.5.4 Lamellenkupplungen

In vielen Anwendungsfällen besteht der Wunsch, die Schaltkupplung bei gleichzeitig möglichst geringer Baugröße direkt in das Getriebe zu integrieren. Beispiele dafür sind **Automatikgetriebe** in Pkws oder aber auch **Schaltkupplungen** in großen Schiffsgetrieben und allgemeinen Industrieanwendungen. Vorteile der integrierten Bauweise sind weniger Ausrichteprobleme und die effektive Wärmeabfuhr aus der Reibstelle durch das im Getriebe vorhandene Öl. Der damit verbundene Nasslauf bedeutet aber auch geringere Reibwerte (Tabelle 4.10), was sich direkt auf die Übertragungsfähigkeit auswirkt. Wie bereits aus dem Vergleich der Einflächen- und Einscheibenkupplung erkennbar ist, kann die Übertragungsfähigkeit über die Erhöhung der aktiven Reibflächen ohne großen Bauraumaufwand gesteigert werden. Pro Kupplungsscheibe kommen nur wenige Millimeter axiale Baulänge hinzu. Bei dieser Mehrfachanordnung (Bilder 4.76 bis 4.79) spricht man nicht mehr von Kupplungsscheiben, sondern speziell von **Kupplungslamellen**. Die Lamellen sind aus Sicht der Betätigungskraft in Reihe geschaltet, wodurch die Betätigungskraft in erster Näherung unabhängig von der Lamellenanzahl ist und damit die Betätigungseinrichtung (Hydraulik-/Pneumatikzylinder oder Magnetspule) bei erhöhter Lamellenanzahl nicht größer sein muss [4.1]. Lamellenkupplungen bauen daher relativ klein. Die große Schaltwärmemenge muss durch eine wirksame Öldurchströmung des kleinen Lamellenpakets effektiv abgeführt werden, siehe Schmieröl in Bild 4.77. Um die radiale Öldurchströmung nicht zu sehr zu behindern, werden die Kupplungslamellen mit vergleichsweise kleinen Außendurchmessern, bezogen auf die Einscheibenkupplung, ausgeführt. Die Reibauflagen der Lamellen verfügen dazu teilweise über radiale oder spiralförmige Ölnuten. Die Kupplungslamellen sind abwechselnd als Innen- und Außenlamellen in den Lamellenpaketen angeordnet, d. h., die Lamellen sind abwechselnd mit einer Innenverzahnung auf der Welle und mit einer Außenverzahnung in der Kupplungsglocke angebunden. Dadurch ergeben sich für das zu übertragende Drehmoment parallele Pfade durch das Lamellenpaket, was zu der entsprechenden Steigerung der Übertragungsfähigkeit führt. Häufig werden Kupplungskombinationen angewendet. Bild 4.76 zeigt eine **hydraulische Schaltkupplung**, die zur Dämpfung von Drehmomentspitzen im Antriebsstrang mit einer **gummielastischen Kupplung** gepaart ist. Die Berechnung des übertragbaren Drehmoments erfolgt mit der im vorangegangenen Kapitel angegebenen Formel für die Einscheibenkupplung, wobei für die Lamellenkupplungen besonders die Anzahl der aktiven Reibflächen z zu beachten ist.

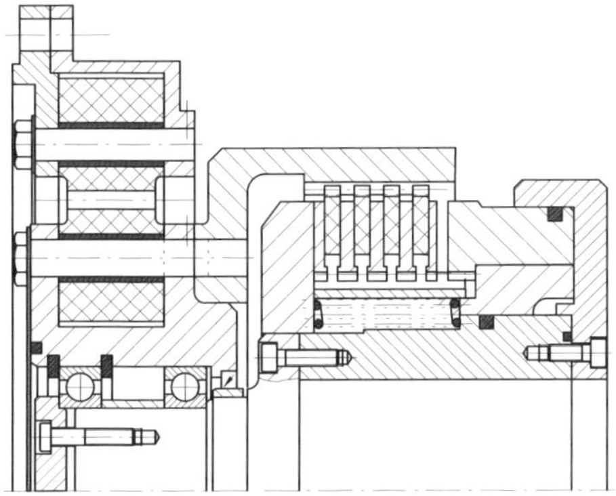

Bild 4.76 Hydraulisch betätigte Lamellenkupplung, kombiniert mit gummielastischer Ausgleichskupplung (*Stromag Unna*)

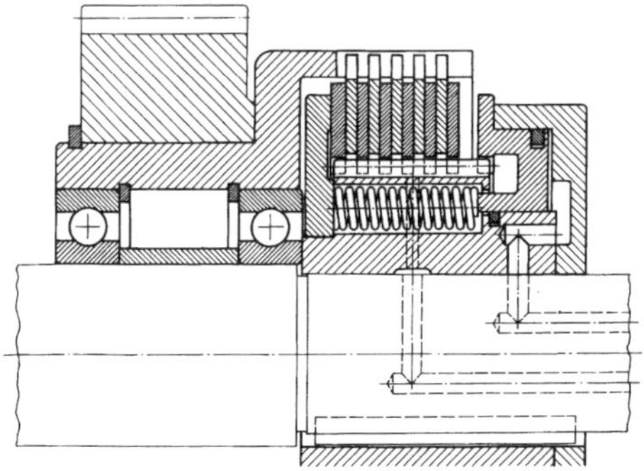

Bild 4.77 Hydraulisch betätigte Lamellenkupplung mit links angeflanschtem Zahnrad und zusätzlicher Lagerung (*Ortlinghaus-Werke Wermelskirchen*)

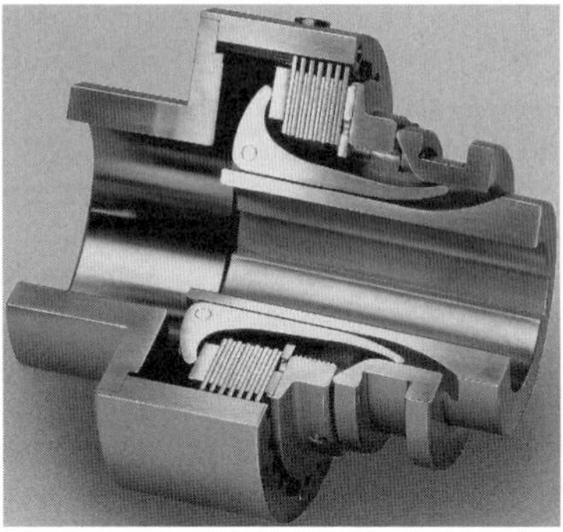

Bild 4.78 Lamellenkupplung, mechanisch betätigt (*Ortlinghaus-Werke Wermelskirchen*)

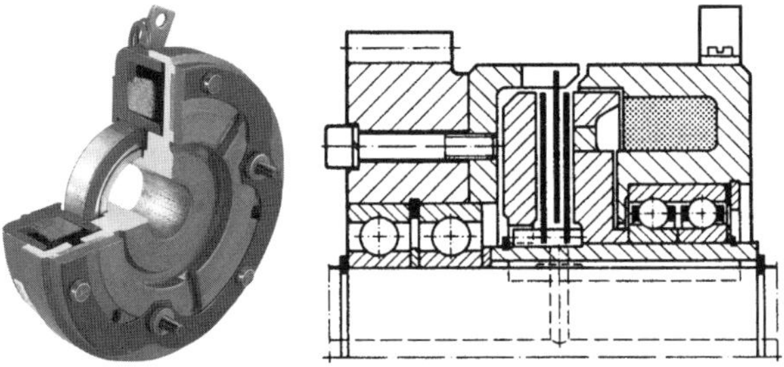

Bild 4.79 Lamellenkupplung, magnetisch betätigt, rechts mit angeflanschtem Zahnrad und zusätzlicher Lagerung (*Wikimedia-Oguraclutch, IMW, TU Clausthal, Skript*)

4.6 Überlastkupplungen

Dipl.-Ing. Josef Eisenburger

4.6.1 Entwicklung der Überlastkupplungstechnik

Im Zuge der fortschreitenden Automatisierung und der damit verbundenen zunehmenden Komplexität zusammenwirkender Funktions- und Produktionsabläufe von integrierten Fertigungsanlagen sowie durch die Einführung von computergesteuerten, hochdynamischen und flexiblen Maschinen wuchs der Anspruch, Menschen, Maschinen und Anlagen gegen Schäden aus **Überbelastung** zu schützen. Die Ursachen liegen in nicht vorhersehbaren Kollisionen, verursacht durch Programmfehler oder auch Werkzeugbruch. Zudem treten Kollisionen häufig bei der Inbetriebnahme auf, wenn noch nicht alle Achsen und Baugruppeneinheiten zueinander referenziert und die vorgesehenen Überwachungssensoren steuerungstechnisch eingebunden sind. Ferner kommt es in Fertigungsanlagen beispielsweise durch fehlerhafte Rohteile oder Materialeinschlüsse zu Überbelastungen von Antriebskomponenten. Diese führen letztendlich zum Bruch des schwächsten Bauteils oder ganzer Baugruppen (Getriebe/Vorschubachsen/Spindelmutter), verbunden mit Produktionsausfall und teuren Reparaturkosten.

In den Anfängen galt es, in den früher häufig verbreiteten Riemen- und Kettentrieben Momente möglichst exakt mithilfe von **Rutschkupplungen** auf zulässige Werte zu begrenzen. Für größere Anlagen mit hohen Momenten entstanden durch Scherbolzen abgesicherte Konstruktionen, die als sog. **Brechbolzen**- oder **Scherbolzenkupplungen** bekannt sind und zum Teil bis in die heutige Zeit Anwendung finden. Es stellte sich relativ schnell heraus, dass diese Rutschkupplungen und Scherbolzenkupplungen den Anforderungen moderner Maschinengenerationen mit hochdynamischen Antriebsachsen nicht mehr gewachsen waren. Im Laufe der Zeit wurden zahlreiche **Überlastkupplungen** entwickelt, die aufgrund ihrer Bauart und Funktion heutigen Anforderungen gerecht werden.

4.6.2 Wirkungsweise von Überlastkupplungen (Sicherheitskupplungen)

Die Wirkungsweise einer mechanischen Überlastkupplung beruht darauf, dass die Kupplung bei Überschreiten des voreingestellten Auslösemoments öffnet. Durch dieses Trennen wird die rotierende Masse (kinetische Energie) des Antriebs vom Rest des Antriebsstrangs abgekuppelt. Dadurch werden die an der Kollisionsstelle wirkenden Belastungen erheblich reduziert. Demnach erhält man die beste Wirkung, wenn die Überlastkupplung möglichst nahe an der Kollisionsstelle eingebaut wird. Diese Maschinenelemente werden als **drehmomentschaltende Kupplungen** (Sicherheitskupplungen) bezeichnet und lassen sich je nach Funktionsweise wie folgt unterteilen:

- reibschlüssige Kupplungen, z. B. Rutschkupplung,
- stoffschlüssige Kupplungen, z. B. Brechbolzenkupplung,
- formschlüssige Kupplungen, z. B. Kugelratschkupplung,
- magnetische Kupplungen, z. B. Hysteresekupplung.

4.6.3 Bauformen

4.6.3.1 Rutschkupplung

Die **Rutschkupplung** ist ein Maschinenelement, das bei Überbelastung aufgrund der Bauart über das voreingestellte Drehmoment ein Durchrutschen des Abtriebselements zulässt (Bild 4.80). Hierbei wird das übertragene Moment begrenzt. Zudem wirkt die Kupplung aufgrund der nach wie vor anstehenden Kraft der Federn über die Reibbeläge auf das Abtriebselement als lasthaltend. In Abhängigkeit von der Anwendung findet man verschiedene Bauformen vor, die als Ein-, Zwei- oder auch als Mehrscheibenkupplungen (Lamellenkupplungen) ausgeführt sind.

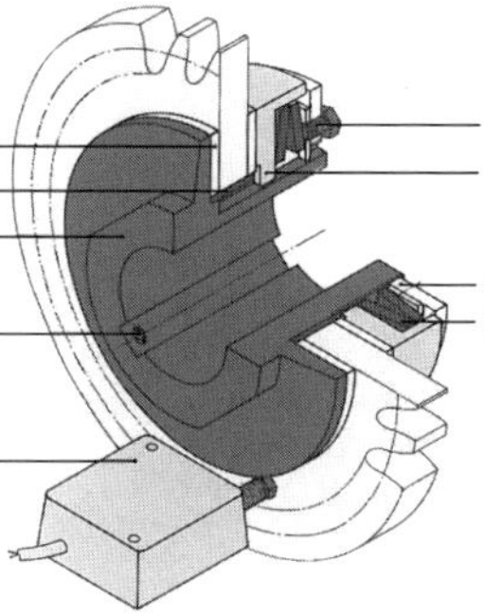

Bild 4.80 Beispiel einer Rutschkupplung: (*mayr® Antriebstechnik*).
1 Nabe, 2 Druckscheibe, 3 Einstellmutter, 4 Sicherungsschraube, 5 Tellerfedern, 6 Reibbeläge, 7 Laufbuchse, 8 Drehzahlwächter, 9 Stellschraube

Dimensionierung einer Rutschkupplung

$$T = F \cdot r \cdot z \cdot \mu \cdot 10^{-3}$$

T Grenzdrehmoment in Nm, F Federkraft in N, μ Reibwert (org. Reibbelag, = 0,35 ... 0,45), z Anzahl der Reibflächen, r Reibradius = $(D_a + D_i)/4$ in mm, D_a Reibbelag (Außendurchmesser) in mm, D_i Reibbelag (Innendurchmesser) in mm

Während des Durchrutschens wird Reibarbeit verrichtet, die in Wärme umgewandelt wird. Da die Bauteile nur begrenzt Wärme aufnehmen und abstrahlen können, stellen die Hersteller **Reibleistungskurven** zur Verfügung. Damit soll sichergestellt werden, dass die thermisch zugeführte Energie bei Schlupf die Kupplung nicht überhitzt bzw. zerstört.

Die Höhe der zu verrichteten Reibarbeit ist von der Rutschdrehzahl, Rutschzeit und dem eingestellten Drehmoment abhängig.

Reibarbeit

$$W_r = \frac{1}{2} \cdot T \cdot \pi \cdot \frac{n}{60} \cdot t_r$$

t_r Rutschzeit in s, n Rutschdrehzahl in min^{-1}

Zur Vermeidung von zu langem Durchrutschen werden in der Regel **Drehzahlwächter** angebaut. Rutschkupplungen in Form von **Rutschnaben** bieten aufgrund des einfachen Aufbaus und der Kombinierbarkeit mit verschiedenen elastischen Wellenkupplungen vielfältige Einsatzmöglichkeiten bei unterschiedlichen Antriebsbedingungen. Das Moment kann leicht vor Ort an die realen Gegebenheiten angepasst werden. Rutschnaben können für einen großen Anwendungsbereich ihren Dienst erfüllen. Aufgrund der Bauart gibt es jedoch auch Einschränkungen, die bei der Auswahl berücksichtigt werden müssen.

Während der Einlaufphase (Anpassung der Reibpartner) oder nach langen Rutschvorgängen kann es zu Veränderungen des **Reibbelag-Tragbildes** und des Reibkoeffizienten kommen. Dies führt in der Regel zu Drehmomentänderungen, die die Reproduzierbarkeit und Genauigkeit des Auslösens (Durchrutschen) bestimmen. Häufiges Ansprechen führt zum Verschleiß der Beläge und macht gelegentliche Wartungsarbeiten erforderlich.

Rutschkupplungen reagieren hinsichtlich ihres Ansprechverhaltens auf äußere Einflüsse wie Öl und Feuchtigkeit äußerst empfindlich. Öl lässt den Reibwert entsprechend einbrechen und die Kupplung löst zu früh aus, während Feuchtigkeit korrosive Erscheinungen fördert. Eisenoxide können aus der Reibfläche in die Reibbelagoberfläche wachsen und das eingestellte Moment wesentlich beeinträchtigen. Das kann zum Festsetzen der Rutschkupplung führen und so die Sicherheitsfunktion völlig außer Kraft setzen! Für trockenlaufende Rutschkupplungen kommen überwiegend organische gebundene Reibbeläge auf Kautschukbasis mit diversen Füllstoffen bzw. Fasern (asbestfrei) und Kunstharzbindung zum Einsatz.

Daneben werden z. B. auch thermisch beständige Kunststoffe oder Bronze als **Reibwerkstoffe** verwendet, die für spezielle Anwendungen und unter Berücksichtigung der thermischen und mechanischen Grenzen zuverlässig die Funktion der Momentbegrenzung erfüllen. In Mehrscheibenkupplungen kommen häufig spezielle **Sinterlamellen** sowohl für trocken- als auch für nasslaufende Kupplungen zum Einsatz.

In diversen Anwendungen ist es nötig, das Moment an Betriebsabläufe anzupassen. Dies ist mit hydraulisch und pneumatisch beaufschlagten Kupplungen möglich, die es erlauben, über die Höhe des anstehenden Drucks das Moment zu regeln und zu begrenzen. Diese findet man in Form von Lamellenkupplungen auch auf dem Markt - überwiegend zum Zu- und Abschalten von Aggregaten. Aufgrund der Bauform erreichen sie eine sehr hohe Leistungsdichte.

4.6.3.2 Brechbolzenkupplung

Die Brechbolzenkupplung besteht im Wesentlichen aus zwei Kupplungshälften, die mit sog. **Brechbolzen** als Sollbruchstelle miteinander verbunden sind (Bild 4.81). Teilweise kommen auch andere **Sollbruchglieder** wie z. B. Ringe, Passfedern oder Stifte zum Einsatz. Die Kupplung ist relativ einfach aufgebaut und wartungsarm, Durch ihren günstigen Preis ist sie bis heute als **Sicherheitskupplung** - oft auch als Eigenbauversion - weit verbreitet.

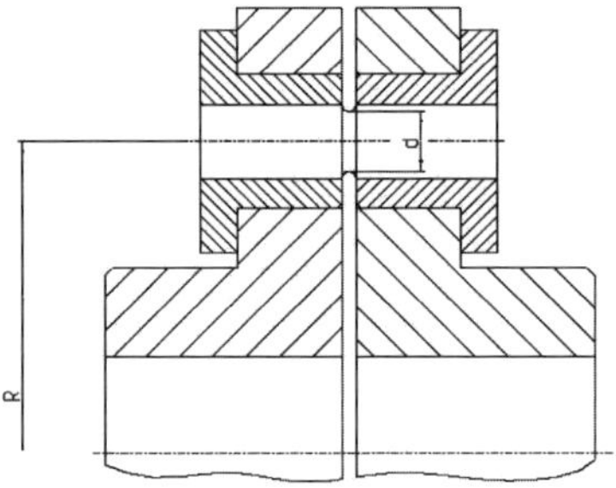

Bild 4.81 Brechbolzenkupplung

Nachteil dieser Kupplungsbauform ist, dass sich gebrochene Brechglieder nicht immer problemlos austauschen lassen. Damit sind längere Maschinenstillstandszeiten verbunden. Bei neuen Brechbolzenkupplungen kommt es immer wieder vor, dass sie anfangs zu spät oder nach längerer Betriebsdauer unkontrolliert auslösen (Ermüdungsbruch). Dies führte aus folgenden Gründen dazu, dass Brechbolzen oft überdimensioniert wurden:

- Die Wöhler-Kurven der verwendeten Werkstoffe sind für die Lebensdauerberechnung der Brechbolzen nur bedingt verwendbar.
- Das Fügespiel zwischen Bolzen und Aufnahmebohrung beeinflusst die Spannung an der Sollbruchstelle.

- Zudem gleichen die mit Brechbolzen bestückten Flansche meist noch Fluchtungsfehler aus, was zusätzliche Querkräfte auf die Bolzen erzeugt. Bei jeder Umdrehung wird dadurch die Sollbruchstelle zusätzlich dynamisch belastet. Die geometrisch vorgesehene Sollbruchstelle wird häufig auch durch Kerben beeinflusst, deren Größe wie die anderen genannten Faktoren berechnungstechnisch nur schwer zu erfassen ist.

In der Praxis finden wir unterschiedliche Formeln zur Ermittlung der **Sollbruchstelle**. Aus obigen Zusammenhängen heraus ist es nicht verwunderlich, dass für ein definiertes Bruchmoment die Berechnungsergebnisse stark voneinader abweichen. Anhand eines Beispiels soll dies verdeutlicht werden:

Berechnung der Sollbruchstelle von Brechbolzen:

Drehmoment	$T = 25\,000$ Nm
Radius (der eingesetzten Bolzen)	$R = 220$ mm
Anzahl der Bolzen	$n = 2$
Durchmesser der Bruchstelle	$d =$? (mm)
Werkstoff (E335)	$\sigma_B = 600$ N/mm^2
	$\tau_B = 380$ N/mm^2
Kerbwirkungszahl	$\beta_k = 1{,}6$

Berechnung 1: $d = \sqrt{\dfrac{4 \cdot T \cdot \sqrt{3} \cdot \beta_k}{R \cdot \pi \cdot \sigma_B \cdot n}}$ Ergebnis: $d = 18{,}28$ mm

Berechnung 2: $d = \sqrt{\dfrac{4 \cdot T}{R \cdot \pi \cdot \tau_B \cdot n}}$ Ergebnis: $d = 13{,}8$ mm

Berechnet man für die ermittelten Durchmesser erneut das Bruchmoment (Betrachtung auf Schubbruch, wenn beide Bolzen gleichmäßig tragen), so erkennt man deutlich, dass Brechbolzenkupplungen nur unzureichend den Anspruch an eine zuverlässige Sicherheitskupplung erfüllen.

Bruchmoment: $T = \dfrac{\tau_B \cdot n \cdot d^2 \cdot \pi}{4 \cdot R}$

Errechnetes Bruchmoment: $T_1 \approx 43\,880$ Nm, $T_2 = 25\,000$ Nm

4.6.3.3 Überlastkupplung (mechanische Sicherheitskupplung)

Die bekannteste unter den mechanischen Sicherheitskupplungen ist die (Kugel-)Ratsch- oder Rastkupplung.

Bei dieser Kupplungsbauform werden Kugeln als **Sperrkörper** zwischen die zu trennenden Flansche gesetzt. Beim Überschreiten des eingestellten Auslösemoments (Blockade) steigt die Umfangskraft an. Dabei werden die Kugeln aus der vorgegebenen Geometrie (Senkung) gegen die wirkende Federkraft gedrückt, der Formschluss wird aufgehoben, das Drehmoment fällt sofort ab. Die beiden Flansche sind getrennt. Sie können sich nun frei gegeneinander verdrehen. Die Federkraft wirkt weiter gegen die Kugeln und versucht, diese in die nächste mögliche Position zu drücken. Dabei entsteht das markante Ratschgeräusch der Kupplung. Aus dieser klassischen Bauform heraus haben sich funktionsbedingt weitere Bautypen am Markt etabliert.

Moderne **Überlastkupplungen** zeichnen sich durch ein einstellbares Auslösemoment mit hoher Wiederholgenauigkeit und einer spielfreien Drehmomentübertragung aus. Daneben weisen sie geringe Massenträgheiten und hohe bzw. angepasste Drehsteifigkeiten auf. Das Moment fällt beim Ansprechen in wenigen Millisekunden auf ein Minimum ab oder trennt An- und Abtrieb völlig voneinander. Dies wird durch den Einsatz von speziellen Tellerfedern erreicht, deren Federkraft über den Kupplungshub abfällt. Das Ansprechen der Kupplung wird steuerungstechnisch mit einem Endschalter oder Initiatoren erkannt. Darüber hinaus gibt es Bauformen mit integrierten Signalgebern, die berührungslos an einen Empfänger den Betriebszustand der Kupplung melden. Nach dem Ansprechen ist die Kupplung sofort wieder betriebsbereit. Diese Kupplungen

- zeichnen sich durch eine hohe Lebensdauer aus,
- arbeiten spiel- und verschleißfrei,
- ertragen eine hohe Anzahl von Überrastungen mit hoher reproduzierbarer Auslösegenauigkeit.

Überlastkupplungen lassen sich mit einer Vielzahl von elastischen oder drehsteifen Kupplungen kombinieren. Dadurch werden die Kupplungseigenschaften (Dämpfung/Steifigkeit) bestmöglich an die Antriebssituation angepasst.

4.6.3.4 Durchrastkupplung (Kugelrastkupplung)

Bei der Durchrastkupplung (Bild 4.82) rasten bei Überschreiten des eingestellten Grenzdrehmoments (Überlast) die Kugeln (8) aus ihren Senkungen aus. Die Druckscheibe (3) führt eine axiale Hubbewegung gegen die Federkraft aus. Ein kundenseitig angebrachter Endschalter (12) tastet diese Hubbewegung ab und gibt Signal zum Abschalten des Antriebes. Die Kupplung ist somit nicht lasthaltend. Durch die geometrische Ausbildung rastet die Kupplung nach Wegfall der Überlast automatisch an einem der direkt aufeinanderfolgenden Kugelsitze wieder ein.

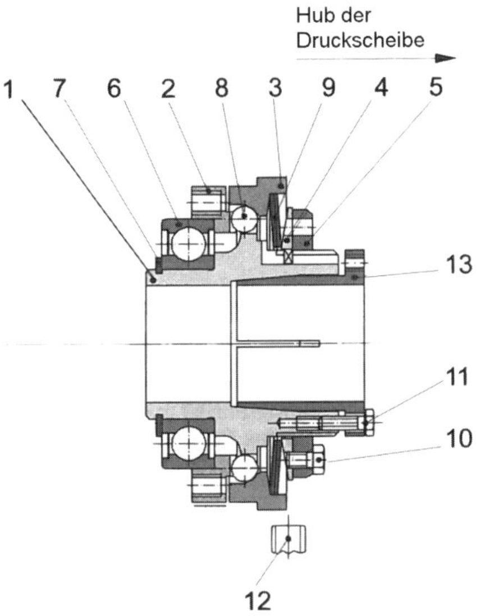

Bild 4.82 Durchrastkupplung.
1 Nabe, 2 Druck-Abtriebsflansch, 3 Druckscheibe, 4 Sicherungsring, 5 Einstellmutter, 6 Rillenkugellager, 7 Sicherungsring, 8 Stahlkugel, 9 Tellerfeder, 10 Zylinderschraube, 11 Sechskantschraube, 12 berührungsfreier Endschalter, 13 Konusbuchse (*mayr® Antriebstechnik*)

Moderne spielfreie Sicherheitskupplungen – wie die EAS®-compact® (Bild 4.83) – arbeiten mit **fallender Federkennlinie**. Während des Ausrastens wird die Feder stärker vorgespannt, dabei fällt die Kraft ab, der Verschleiß wird minimiert. Das Restmoment beträgt ca. 10 % des eingestellten Drehmoments. Die spielfreie Übertragung des Drehmoments wird dadurch erreicht, dass die Übertragungskugeln (8) durch die patentierte Anordnung gleichzeitig spielfrei in die Senkungen des Abtriebsflansches (2) und die der Nabe (1) gedrückt werden.

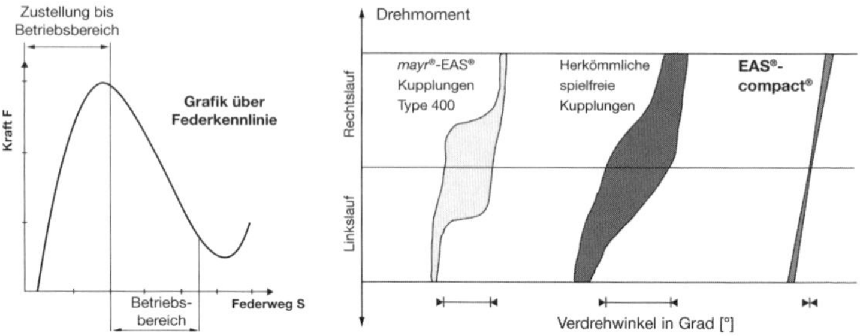

Bild 4.83 Spielfreie Sicherheitskupplung EAS®-compact® mit charakteristischer fallender Federkennlinie. Verdrehspiel ≈ 0,005° (Kennlinie bei Belastung auf ca. 80 % des Auslösemomentes links/rechts) (*mayr® Antriebstechnik*)

4.6.3.5 Winkelsynchronkupplung (Wiedereinrastung nach 360°)

Die **winkelsynchrone Überlastkupplung** rastet nach Beseitigung der Überlast in der gleichen Winkellage nach 360° (oder Vielfachem) selbsttätig wieder ein. Weitere Einrastwinkel, 30°/45°/90°/120° und 180°, lassen sich bei entsprechender Anordnung der Senkungsgeometrien realisieren.

4.6.3.6 Gesperrte Kupplung

Bei dieser Bauform wird die Kupplung beim Überschreiten des eingestellten Moments mechanisch gesperrt. Dabei wird lediglich das Ansprechen mithilfe eines Endschalters detektiert, ohne den Drehmomentfluss zu unterbrechen.

4.6.3.7 Freischaltende Kupplung

Mechanisch freischaltende Kupplungen (Bild 4.84) rasten bei Überlast aus und trennen An- und Abtrieb restmomentfrei. Sie bleiben ausgerastet, bis sie von Hand oder über Vorrichtungen wieder eingerastet werden. Dies ist insbesondere bei hohen Drehzahlen und wegen der in den rotierenden Massen gespeicherten Energie erforderlich, sodass diese Schwungmassen frei gegen die Kollisionsstelle auslaufen können.

Bei Überlast verdrehen sich die Flansche A und B gegeneinander, der Bolzen wird über die Steuersegmente und die Druckscheibe gegen die Kraft der Tellerfedern aus den Druckstücken gedrückt (Bild 4.85).

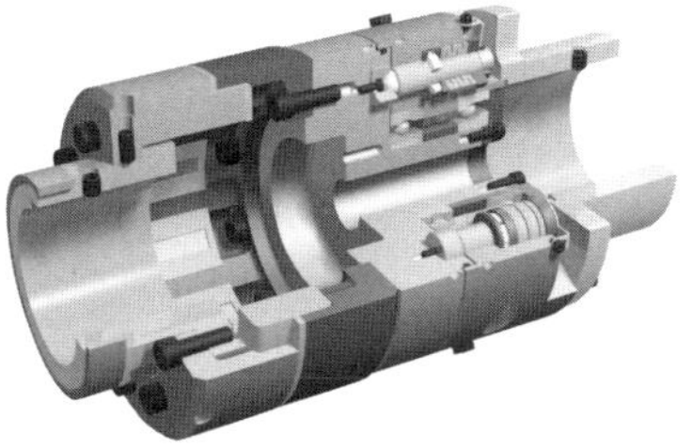

Bild 4.84 EAS®-dutytorque im Schnitt (*mayr® Antriebstechnik*)

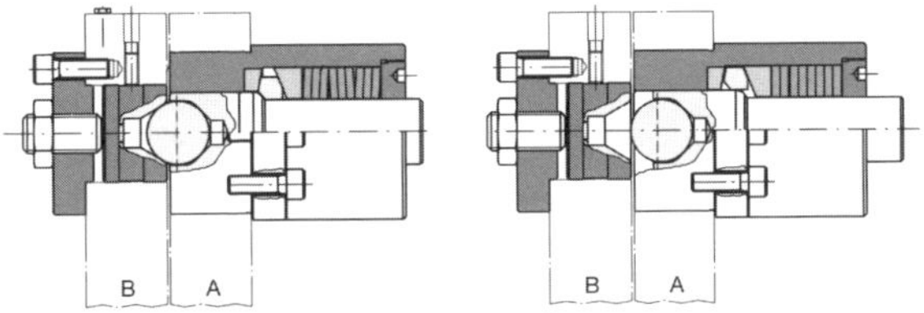

Bild 4.85 Freischaltende Kupplung. (*mayr® Antriebstechnik*)

Die Steuersegmente wandern über die Schaltkante des Bolzens radial nach außen und halten den Bolzen in seiner ausgerasteten Stellung (siehe Bild 4.85 rechts). Die formschlüssige Verbindung der Kupplungsflansche A und B ist aufgehoben.

Für höhere Momente werden derartige Kupplungen modulartig aufgebaut. Dabei werden **Überlastelemente** in den Antriebsflansch geschraubt oder integriert. Im Abtriebsflansch wird eine Kalotte platziert, in welche die Sperrkörperkugel des Überlastbolzens gedrückt wird. Wird die Umfangskraft infolge der Überlast an den einzelnen Elementen zu groß (einstellbar über Federvorspannung), bewirkt die resultierende Axialkraft über das Kugel-Kalottensystem eine axiale Bewegung des Bolzens und somit eine Trennung der Drehmomentübertragung.

Mit mechanischen, pneumatischen oder hydraulischen Hilfsmitteln kann der Einrastvorgang auch automatisiert bzw. ferngesteuert werden. Daneben findet man auch Überlastkupplungen mit zusätzlicher Schaltfunktion. Diese Kupplungen werden elektromagnetisch, pneumatisch oder auch hydraulisch beaufschlagt, zudem kann das Moment über den Strom bzw. Druck an Arbeitsabläufe angepasst werden.

4.6.3.8 Auslegung von Überlastkupplungen

Häufig sind nur die Antriebsleistung des Motors bzw. die zulässigen maximalen Abtriebsmomente am Getriebe bekannt. Mithilfe von Betriebsfaktoren und entsprechender Erfahrung lassen sich abhängig von der Anwendung geeignete Kupplungsgrößen vorauswählen. Dies gilt auch für Kombinationen mit elastischen Kupplungen.

$$T_{Ku} = T_N \cdot C_B \quad \text{(Nm)}$$

$$T_N = 9\,550 \cdot P/n \quad \text{(Nm)}$$

T_N (Nm) von der Kupplung zu übertragendes Nennmoment, P (kW) Antriebsleistung, n (min^{-1}) Drehzahl, C_B Betriebsfaktor

1,3 ... 1,5	geringe Stöße	(Extruder/Rührwerke)
1,5 ... 2,5	mittlere Stöße	(Verpackungs-/Werkzeugmaschinen)
2,5 ... 4	hohe Stöße	(Schredder/Zentrifugen/Brecher usw.)

Zur genauen Bestimmung des an der Überlastkupplung auftretenden Moments sind die Massenträgheiten des Antriebsstrangs erforderlich. Meist kann der Antrieb schematisch auf ein Zweimassensystem reduziert werden (Antriebsmaschine – Kupplung – Arbeitsmaschine). Unter Berücksichtigung des Lastmoments kann das Moment während des Beschleunigens an der Kupplung berechnet werden:

$$T_K = J_L/(J_A + J_L) \cdot T_A + J_A/(J_A + J_L) \cdot T_L$$

T_K maximal auftretendes Moment an der Kupplung, T_A maximales Beschleunigungsmoment, T_L Lastmoment (Nm), J_A; J_L Trägheitsmomente (kg m^2)

Allerdings ist es schwierig, betriebsbedingte Einflussfaktoren rechnerisch zu berücksichtigen. Oft sind die tatsächlichen Lastkollektive während des Betriebes (z. B. bei Schreddern) nicht bekannt oder können nur mit großem Aufwand in der Anlage gemessen werden. Simulationsprogramme simulieren heute Antriebsstränge auf ihr Verhalten bei Kollision. Auch hier ist Voraussetzung, dass sämtliche Daten, wie Massenträgheiten und Steifigkeiten aller Übertragungselemente, einschließlich Überlastkupplung, sowie die Kenngrößen der Motoren und Regelkreise bekannt sind.

4.6.3.9 Permanentmagnetkupplung

Neben den mechanischen Überlastkupplungen gibt es auch **berührungslos wirkende Bauformen** auf der Basis von Permanentmagneten (Synchron-/Hysteresekupplungen). Diese zeichnen sich besonders durch ihren verschleiß- und wartungsfreien Betrieb aus.

4.6.3.10 Synchronkupplung

Bei der **Synchronkupplung** werden in den beiden Kupplungshälften (Außen-/Innenring) Permanentmagnete in einer gleichen geraden Anzahl wechselnder Polarität angeordnet (Bild 4.86). Ohne Drehmomentbeaufschlagung stehen sich die Nord- und Südpole in einem vollkommenen symmetrischen Magnetfeld gegenüber. Übliche Permanentmagnetwerkstoffe sind:

- metallische Werkstoffe, z.B. AlNiCo 18 10 (bis 400 °C)
- Samarium-Cobalt, z.B. SmCo5/Sm2Co17 (bis 250 °C/bis 350 °C),
- keramische Hartferrite (von – 30 °C bis 100 °C).

Unter Belastung verdrehen sich die beiden Kupplungshälften geringfügig zueinander, wobei die über den Luftspalt wirkenden Magnetkräfte das Drehmoment von An- auf Abtrieb übertragen (**Synchronbetrieb**). Übersteigt das anstehende Drehmoment die Magnetkräfte, so wird die Drehmomentübertragung unterbrochen, und das Moment fällt auf ca. 10 % des maximal übertragbaren Moments ab.

Nach Beseitigung der Störung müssen die beiden Kupplungshälften wieder zueinander synchronisiert werden. Erst nach erfolgtem Stillstand kann der Antrieb wieder beschleunigt werden. Anwendung: Pumpenantriebe u.a. mit hermetischer Trennung zwischen An- und Abtrieb.

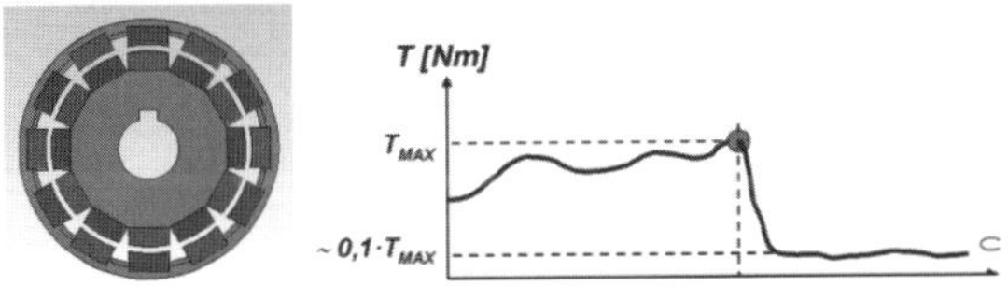

Bild 4.86 Schema und Drehmomentverhalten der Synchronkupplung

4.6.3.11 Hysteresekupplung

Bei der **Hysteresekupplung** wird eine Kupplungshälfte der Synchronkupplung durch einen Ring oder eine Scheibe ersetzt. Diese werden aus nichtmagnetisierten Hysteresewerkstoffen (AlNiCo) mit vergleichsweise hoher Remanenz und Permeabilität und geringer Koerzitivfeldstärke gefertigt, sodass diese Kupplungshälfte von der anderen – gegen den eigenen inneren Widerstand – ummagnetisiert werden kann. Bei störungsfreiem Betrieb überträgt der Antrieb (in der Regel aus Kühlungsgründen der

Außenflansch) synchron das Drehmoment auf den mit Permanentmagneten bestückten innenliegenden Rotor (Abtrieb).

Die Abtriebsseite der **ROBA®-contitorque** (Bild 4.87) setzt sich aus einer Nabe (1) mit Permanentmagneten (2) zusammen. Die Abtriebswelle ist mit der Nabe über eine Passfeder verbunden. Die Antriebsseite der Kupplung besteht aus einem Stellring (3) mit Hysteresewerkstoff (4) und einem Flansch (6). Der Stellring wird auf den Flansch geschraubt und mit den Klemmschrauben (9) gesichert. Antriebselemente können an den Flansch geschraubt und zentriert werden. An- und Abtriebsseite sind drehbar mit Hilfe des Wälzlagers (5) verbunden. Das Wälzlager wird axial mit dem Sprengring (7) und dem Sicherungsring (8) gehalten. Im Normalbetrieb wird das Drehmoment durch Magnetkräfte berührungslos und synchron von der Antriebsseite auf die Abtriebsseite übertragen. Bei Überlast, wenn das Betriebsdrehmoment T_B das eingestellte Grenzdrehmoment T_g überschreitet, schlupft die Kupplung durch. Antrieb- und Abtriebsseite bewegen sich mit einer Relativdrehzahl, der **Schlupfdrehzahl**, zueinander. Dadurch wird der Hysteresering ständig ummagnetisiert, die Kupplung erwärmt sich. Das Kupplungsdrehmoment ist bei Überlast (annähernd) gleich dem eingestellten Drehmoment. Die Drehmomentübertragung erfolgt dabei asynchron. Bei steigenden Relativdrehzahlen erhöht sich auch das eingestellte Grenzdrehmoment T_g infolge von Wirbelstromeffekten.

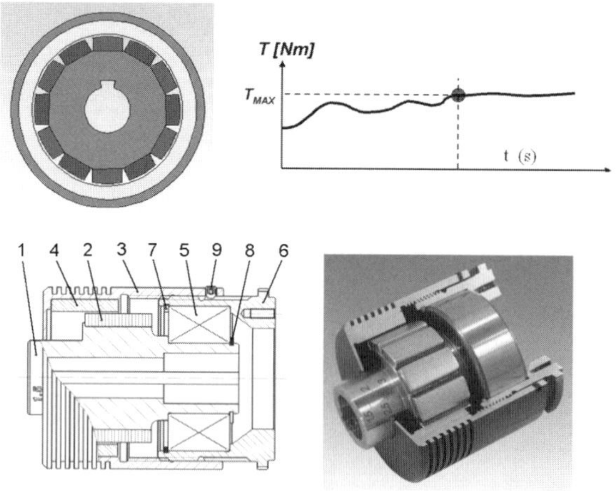

Bild 4.87 Schema, Drehmomentverhalten und Schnittdarstellung der Hysteresekupplung ROBA®-contitorque

Dabei ist zu beachten, dass die zulässige Temperatur an der Kupplung nicht überschritten wird, ansonsten kommt es im Hysteresewerkstoff zu irreversiblen Gefügeveränderungen mit Leistungsverlusten. Nach Beseitigen der Überlast geht die Relativdrehzahl auf null zurück, das Drehmoment wird wieder synchron zwischen Antriebsseite und Abtriebsseite übertragen.

4.7 Anlaufkupplungen

Dipl.-Ing. (FH) Ulrike Schwanke

Unter **Anlauf** versteht man die Beschleunigung einer Arbeitsmaschine bzw. einer Maschinenanlage durch die Antriebsmaschine vom Stillstand (Drehzahl ist gleich null) bis zur erforderlichen Betriebsdrehzahl. Um diesen Anlauf zu realisieren, muss die Antriebsmaschine alle in der Anlage befindlichen Massen beschleunigen. Dazu muss der Antrieb in der Anlaufphase ein viel größeres Drehmoment zur Verfügung stellen, als es im Nennbetrieb erforderlich ist. Die Auswahl des Antriebs nach den Anlauferfordernissen bedeutet, dass die Antriebsmaschine im Betriebszustand deutlich überdimensioniert ist, was zu höheren Investitionskosten führt.

Abhilfe können hier **Anlaufkupplungen** schaffen. Sie sorgen dafür, dass Motoren unbelastet anfahren können und erst nach Erreichen eines bestimmten Drehmoments mit der Last beaufschlagt werden, indem die Anlaufkupplung den Abtriebsstrang drehzahlabhängig zuschaltet. Besondere Bedeutung erlangt dies für die Verwendung von Kurzschlussläufermotoren, da diese einfacher, kostengünstiger und robuster als Schleifring- oder Gleichstrommotoren sind, aber unter Last nur schwer anlaufen. Weiterhin können sog. **Schweranläufe**, bei denen Massen mit hohen Massenträgheitsmomenten zu beschleunigen sind, ohne Anlaufkupplungen nicht realisiert werden, da die Anlaufdauer für die Antriebsmaschinen zu groß wäre und die Motoren überhitzen würden. Auch für **Verbrennungsmotoren** sind Anlaufkupplungen essentiell notwendig, da diese erst oberhalb der Leerlaufdrehzahl ein Drehmoment abgeben. Anlaufkupplungen schützen nicht nur die Antriebseinheit vor Überbelastung bzw. Überdimensionierung, sie verlagern auch den Anteil der während des Anlaufvorgangs in Wärme umgesetzten Reibungsarbeit vom Motor in die Kupplung. Vorteilhaft ist dies, da Kupplungen Wärme besser aufnehmen und leichter an die Umgebung abgeben können als Antriebseinheiten. Schließlich können Anlaufkupplungen noch als Sicherheitskupplungen fungieren, da sie bei Überlast zu rutschen beginnen.

Zur Auslegung von Anlaufkupplungen sind im Wesentlichen die Gesetzmäßigkeiten der kraftschlüssigen Schaltkupplungen von Interesse (s. Kapitel 4.5).

4.7.1 Fliehkraftkupplungen

Dipl.-Ing. (FH) Ulrike Schwanke

Fliehkraftkupplungen oder **drehzahlbetätigte Kupplungen** sind kraftschlüssige Schaltkupplungen, bei denen in Abhängigkeit der Winkelgeschwindigkeit bzw. der Drehzahl der Antriebsseite nach dem Zentrifugalkraftprinzip der Kraftschluss über Reibung erzeugt wird. Im Bild 4.88 ist der Schaltvorgang bei einem Käfigläufermotor und einer Fliehkraftkupplung anhand deren Kennlinien dargestellt.

Im Punkt A (Einschalten des Motors) beginnt der Motor, die Antriebsseite mit dem Motordrehmoment T_M zu beschleunigen. Im weiteren Verlauf steigt das Kupplungsmoment quadratisch mit der Winkelbeschleunigung, also parabelförmig, an, sodass die Antriebsseite nur noch mit dem Beschleunigungsmoment $T_{B\,An} = T_M - T_K$ beschleunigt wird. Erreicht das Kupplungsmoment das Lastmoment der Abtriebsseite, was im Punkt B der Fall ist, beginnt diese sich zu drehen und wird dann mit dem Beschleunigungsmoment $T_{B\,Ab}$ beschleunigt, das sich aus der Differenz von T_K (Kupplungsdrehmoment) und T_L (Lastdrehmoment) ergibt. Hat das Kupplungsmoment den Wert des Motormoments angenommen (Punkt C),

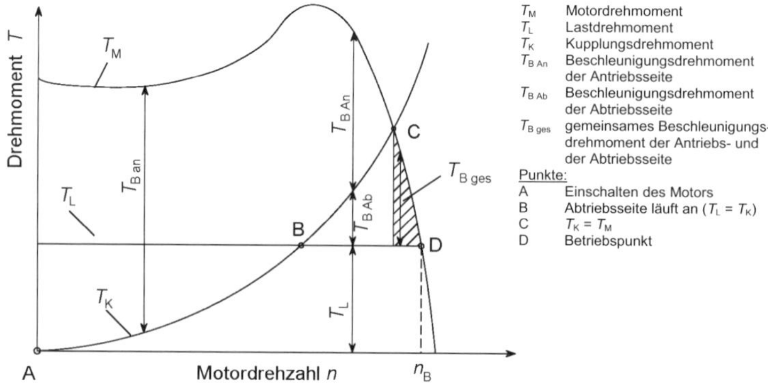

Bild 4.88 Kennlinienverlauf von Käfigankermotor und Fliehkraftkupplung (nach [4.14])

steigt die Winkelgeschwindigkeit des Systems so lange unter der Einwirkung des gemeinsamen Beschleunigungsmoments der Antriebs- und der Abtriebsseite $T_{B\,ges}$ an, bis das Motormoment auf das Lastmoment reduziert wurde und sich der Betriebspunkt D mit der Betriebsdrehzahl n_B eingestellt hat. Hierbei wurde zur Vereinfachung angenommen, dass die Reibungsverhältnisse im System bis zum Ende des Schaltvorgangs konstant bleiben.

Unterteilt werden die drehzahlbetätigten Kupplungen in

- Fliehkörperkupplungen und
- Füllstoffkupplungen.

Fliehkörperkupplungen arbeiten nur mit wenigen Reibungskörpern in Form von Backen oder Segmenten, die unter dem Einfluss von Zentrifugalkräften radial an den Kupplungsmantel gedrückt werden. Diese Elemente können im Ruhezustand entweder nur lose in der Kupplung liegen oder sie sind so gelagert und durch Federn verbunden, dass sie erst an der Kupplungstrommel zur Anlage kommen, wenn die Fliehkräfte die Federkräfte übersteigen. Die **Füllstoffkupplungen** können mit einer Vielzahl von Körpern in Form von Pulver, Granulat, Kugeln oder Rollen gefüllt sein, die entweder selbst als Reibungskörper fungieren oder die Aufgabe haben, den Anpressdruck der Drehmomentübertragungskörper herzustellen. Fliehkraftkupplungen sind in der Regel einfacher aufgebaut als steuerbare Anlaufkupplungen und daher kostengünstiger und robuster. Dagegen können sie nur im Stillstand eingestellt werden, indem man die zu überwindenden Kräfte oder die Füllstoffmenge verändert.

4.7.1.1 Fliehkörperkupplungen

SUCO-Fliehkraftkupplung

Antriebsseitig sind bei dieser Kupplungsform auf der Profilnabe (1) die Fliehkörper (2) gelagert (Bild 4.89). Diese werden durch die Zugfedern (3) in ihrer Lage gehalten. Die Segmente sind axial mithilfe von Scheiben gesichert. Die Reibbelagbügel (4) sind mit einer Sicke versehen, um ein seitliches Verrutschen auf den Fliehelementen zu vermeiden. Beim Anlauf überwinden die Segmente durch die Zentrifugalkraft die Federkräfte, legen sich am Kupplungsmantel (5) an und übertragen das Drehmoment reibschlüssig. Die auf der Kupplungsnabe angebrachten Nocken verstärken die Anpresskraft der Fliehkörper und lassen die Übertragung eines höheren Drehmoments zu. Durch den selbstverstärkenden Effekt ergibt sich im Verhältnis zu der zu übertragenden Leistung eine kompakte Bauweise. Die einzelnen Bauteile sind leicht zugänglich, dadurch ist der Austausch der Reibbügel bei Verschleiß des Reibbelags leicht zu bewerkstelligen.

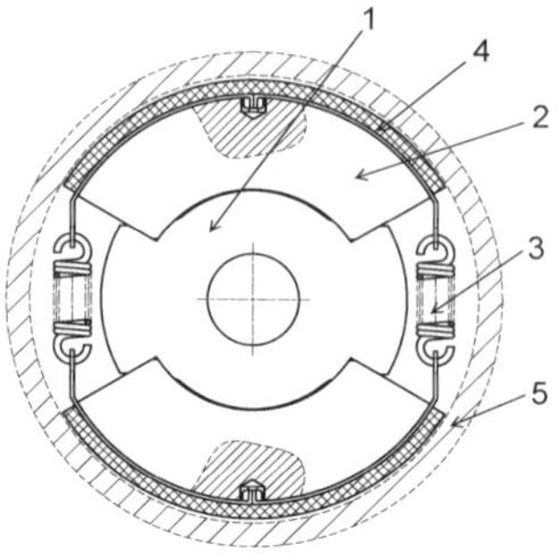

Bild 4.89 SUCO-Fliehkraftkupplung F-Typ (*SUCO Robert Scheuffele GmbH & Co. KG Bietigheim-Bissingen*)

Auch eine Einstellung des Schaltzeitpunkts ist durch Austausch der Federn möglich. Eine Schmierung ist nicht erforderlich. Im Betrieb kann es allerdings zu Geräuschentwicklungen kommen, da die Belagbügel und die Fliehkörper nicht fest miteinander verbunden sind.

Amolix-Kupplung

Die **Amolix-Kupplung** (Bild 4.90) ermöglicht ein unbelastetes Hochlaufen des Motors bis zur Nenndrehzahl. In Bild 4.90 ist eine Amolix-Kupplung dargestellt, die im Längsschnitt den Ruhezustand (oben) und den Betriebszustand bei Nenndrehzahl (unten) zeigt. Zwei Backen (1), die mit Reibbelägen (2) versehen und mittels Zugfedern (3) verbunden sind, dienen hier als drehmomentübertragende Fliehkörper. Beim Anlauf wird die durch die Fliehkraft erzwungene Radialbewegung der Übertragungselemente über die Hydraulikeinheit gesteuert bzw. verzögert. Die Backen müssen die axial

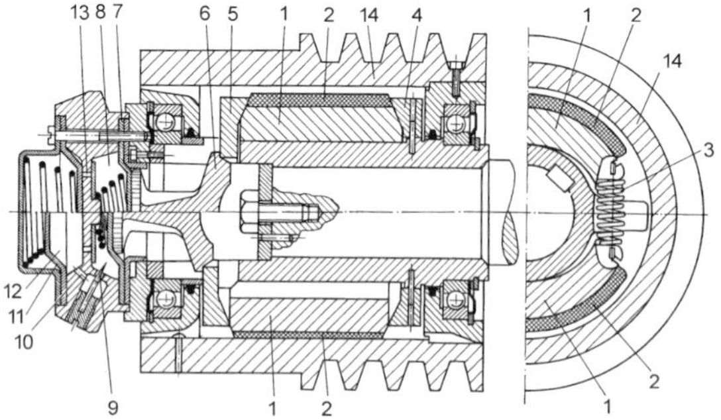

Bild 4.90 Amolix-Kupplung [4.2]

bewegliche Druckscheibe (5) gegenüber der ortsfesten Druckscheibe (4) verschieben. Dazu sind diese Bauteile mit Schrägen versehen. Die Druckscheibe (5) verformt über das Druckstück (6) eine federgestützte Membran, die das im Druckraum (8) befindliche Öl in den Ausgleichsraum (12) presst. Die hierfür erforderliche Kraft und somit auch die Anlaufzeit der Kupplung können über das Drosselventil (9) des Überlaufkanals (10) variiert werden. Erst wenn eine bestimmte Ölmenge in den Ausgleichsraum verdrängt wurde, kommen die Fliehkörper mit dem Kupplungsmantel (14) in Berührung und können ein Drehmoment übertragen. Der Ausgleichsraum ist ebenfalls mit einer federbelasteten Membran (11) versehen, sodass das Öl bei Abschalten des Antriebs über das Ausgleichsventil (13) schnellstmöglich in den Druckraum (8) gelangt, um für einen erneuten Einsatz bereitzustehen. Die Zugfeder (3) sorgt für das Rückstellen der Fliehelemente in die Ausgangslage. Falls die Reibbeläge verschlissen sind, werden die Backen von der Druckscheibe zurückgehalten, damit die Fliehkörper nicht ohne Belag am Kupplungsmantel scheuern. Im Nennbetrieb sind keine Leistungsverluste zu verzeichnen, da die Kupplung keinem Schlupf unterliegt.

CENTASTART-Fliehkraftkupplung

An einem hochelastischen Polygongummielement sind mehrere Fliehkörper befestigt, die mit einem verschleißfesten Reibbelag versehen sind. Die Fliehkörper sind über austauschbare Zugfedern verbunden. Beginnt sich der Antrieb zu drehen, kommen die Elemente durch die zunehmende Fliehkraft an der Gehäuseinnenfläche zur Anlage. Damit wird die Abtriebsseite durch Reibschluss beschleunigt. Nach Beendigung des Anlaufvorgangs läuft die CENTASTART-Kupplung schlupf- und somit verlustfrei. Bei Absinken der Drehzahl unter die Schaltdrehzahl trennt die Kupplung, und die Fliehelemente gleiten in die Ausgangslage zurück. Aufgrund des verwendeten Gummielements hat diese Kupplung elastische Eigenschaften,

Bild 4.91 CENTASTART-Fliehkraftkupplung
(*Centa Antriebe Kirschey GmbH Haan*)

sie ist stoß- und schwingungsdämpfend, allseitig verlagerbar und kann Verdrehwinkel von 6° aufnehmen. Zusätzlich übernimmt sie auch die Funktion einer **Sicherheitskupplung**, da sie bei Überlast durchrutscht. Vorteilhaft sind der einfache Aufbau, die kompakte und kurze Bauweise und die Wartungsarmut, da die Reibbeläge eine lange Lebensdauer besitzen. Unter anderem wird diese Kupplung für Schiffsantriebe, Baumaschinen, Pumpen, Beregnungsanlagen und Wasserjetantriebe eingesetzt.

4.7.1.2 Füllkörperkupplungen

Pulvis-Kupplung

Die Kupplung baut sehr kompakt und besteht aus einer Nabe, die mit zwei Flügeln versehen ist, einem zylindrischen Kupplungsmantel und Verschlussdeckel. In die Kupplung wird kalibrierter und graphierter Stahlsand eingefüllt (Bild 4.92).

Während des Betriebs der Pulvis-Kupplung stellen sich unterschiedliche Zustände ein. Im Stillstand liegt das Füllgut lose unten im Kupplungsmantel. Beim Anlauf wird es durch die an der Kupplungsnabe befestigten Flügel herumgewirbelt und bildet mit steigender Fliehkraft über steigende Pressung und die entstehenden Reibungskräfte eine Verbindung der Kupplungshälften aus, indem sich vor den Mitnehmerflügeln der Stahlsand allmählich anhäuft und so den Kupplungsmantel mit zunehmender Verbindung bis zum Nennbetrieb hochfährt. Im Nennbetrieb arbeitet die

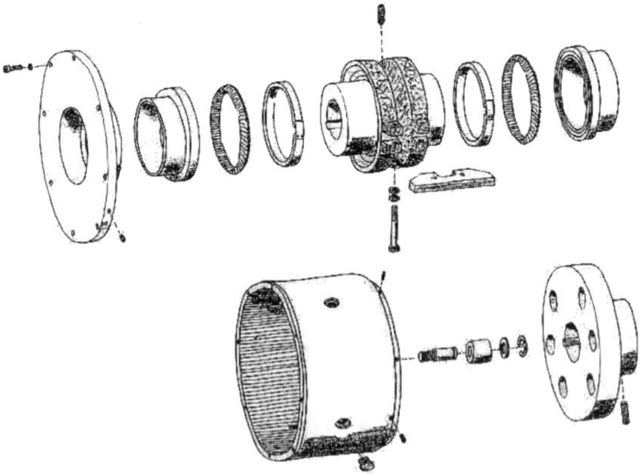

Bild 4.92 Bauteile einer Pulvis-Kupplung (*Arthur Schütz & Co. KG Wien*)

Kupplung schlupffrei. Bei Überbelastung hat die Kupplung zunehmenden Schlupf, da die Füllgutanhäufungen vor den Mitnehmern dem Druck nicht mehr standhalten. Durch den einteiligen Innenraum wuchtet sich die Kupplung selbsttätig aus. Der Kupplungsbetrieb erfolgt verschleißfrei, geräuschfrei und ohne Erwärmung. Die Einstellung des Drehmoments erfolgt über die Füllgutmenge. Bevorzugt werden Pulvis-Kupplungen zur Beschleunigung von größeren Maschinen eingesetzt (Brecher, Mühlen, Gebläse, Transportanlagen und Textilmaschinen).

Metalluk-Kupplung

Bild 4.93 zeigt schematisch den Aufbau einer **Metalluk-Kupplung**. Diese besteht aus einer Nabe mit Schaufelrad (1) als Antrieb, ölgeschmierten Metallkugeln (2) als Übertragungselemente und einem Kupplungsgehäuse (3) als Abtriebseinheit. Die Kugeln sind gewichtsgleich in die einzelnen durch das Schaufelrad entstandenen Kammern der Kupplung gefüllt. Das Schaufelrad beschleunigt nach Einschalten des Antriebs die Metallkugeln, sodass sie unter Einfluss der Zentrifugalkraft gegen das Gehäuse gepresst werden und den Abtrieb entsprechend antreiben. Bei Überlast rutscht die Kupplung durch. Über die Füllgutmenge kann das zu übertragende Drehmoment beeinflusst werden. Die Kupplung zeichnet sich durch kleine Abmessungen, Geräuscharmut, Verschleiß- und Verlustfreiheit aus.

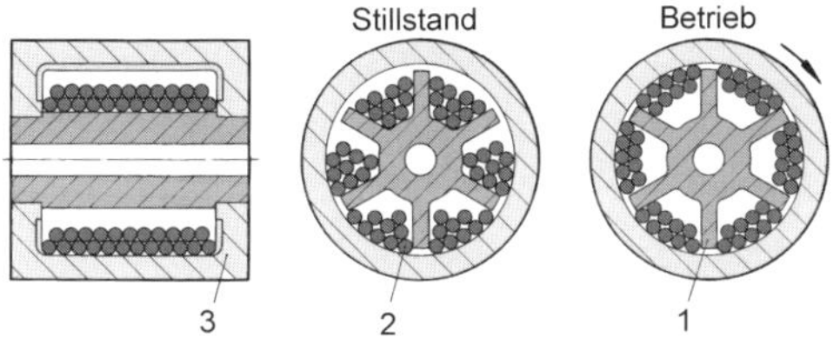

Bild 4.93 Metalluk-Kupplung (*Metalluk Bauscher GmbH & Co. KG Bamberg*)

4.7.2 Hydrodynamische Kupplungen und Bremsen

Dr.-Ing. Volker Middelmann

Die Entwicklung der hydrodynamischen Leistungsübertragung geht auf ein Grundpatent von Prof. Dr.-Ing. Hermann Föttinger aus dem Jahr 1905 zurück (Bild 4.94).

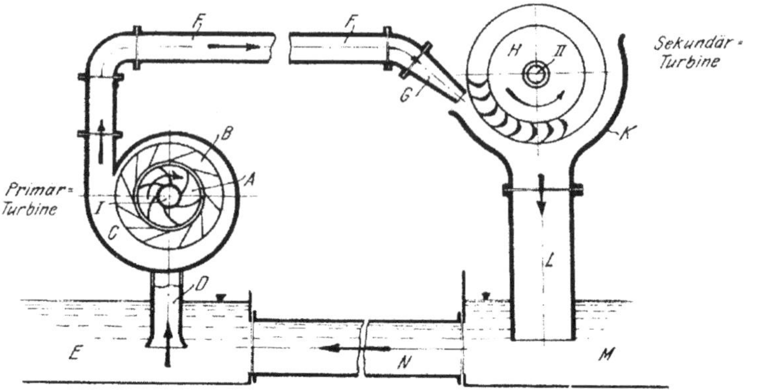

Bild 4.94 Föttingers Skizze zur Idee der hydrodynamischen Leistungsübertragung. Pumpe (in Föttingers Sprachgebrauch Primärturbine) und Turbine (Sekundärturbine) sind noch räumlich getrennt.

Wirkprinzip der hydrodynamischen Leistungsübertragung

Die Leitung und Wandlung der Leistung vom Antrieb zur Arbeitsmaschine erfolgt im klassischen Maschinenbau vorwiegend nach dem direkten Wirkprinzip, also beispielsweise durch Wellen, Kupplungen und Getriebe. Die **hydrodynamische Leistungsübertragung** erfolgt dagegen nach einem indirekten Wirkprinzip (Bild 4.95). Ein **Primärteil** (Pumpe) überträgt die eingeleitete mechanische Leistung $P_{\text{mech, 1}}$ auf einen Flüssigkeitsstrom.

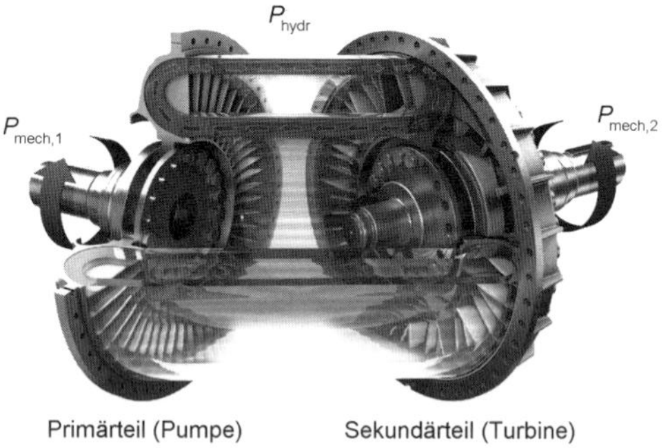

Bild 4.95 Leistungsübertragung nach dem indirekten Wirkprinzip in einer hydrodynamischen Kupplung (*Voith Turbo*).

Dieser transportiert die Leistung in Form von Strömungsenergie P_{hydr} zu einem **Sekundärteil** (Turbine). Dort erfolgt eine Rückwandlung in mechanische Leistung $P_{mech,2}$. Die Leistungsübertragung erfolgt also ohne mechanische Kopplung und damit verschleißfrei. Eine weitere positive Eigenschaft dieses indirekten Wirkprinzips ist das unterschiedliche Übertragungsverhalten im stationären und instationären Zustand. Primär- und sekundärseitige Drehmomentschwankungen mit niedriger Frequenz erfahren eine starke Dämpfung. Höherfrequente Drehmomentschwankungen werden praktisch nicht übertragen. Dieses vorteilhafte Übertragungsverhalten ist auf die Trägheit und das Reibungsverhalten des umlaufenden Flüssigkeitsstroms zurückzuführen.

4.7.2.1 Übertragungsverhalten hydrodynamischer Kupplungen

Hydrodynamische Kupplungen haben nur zwei Schaufelräder, ein Pumpenrad und ein Turbinenrad, die mit einer Schale den Arbeitsraum bilden. Da kein zusätzliches Leitrad vorhanden ist, sind Pumpen- und Turbinenmoment immer gleich groß und damit die Momentenwandlung $\mu = 1$.

$$|M_P| = |M_T|$$

$$\mu = \frac{M_T}{M_P} = 1$$

Für den Wirkungsgrad η hydrodynamischer Kupplungen folgt hieraus, dass dieser gleich dem Drehzahlverhältnis ν ist:

$$\eta = \frac{M_T \cdot \omega_T}{M_P \cdot \omega_P} = \mu \cdot \nu = \nu$$

Aus der Eulerschen Turbinengleichung und den Ähnlichkeitsgesetzen der Strömungsmaschinen ergibt sich für das hydrodynamische Pumpenmoment M_P die Proportionalität $M_P \sim \rho \cdot \omega_P^2 \cdot D_P^5$. Hierin sind ρ die Dichte der Betriebsflüssigkeit, D_P der Profildurchmesser (größter beschaufelter Durchmesser) des Pumpenrades und ω_P die Winkelgeschwindigkeit des Pumpenrades. Der Proportionalitätsfaktor ist eine dimensionslose Kenngröße, die in der VDI-Richtlinie 2153 festgelegt ist und als Leistungszahl λ bezeichnet wird. λ beschreibt für geometrisch und strömungstechnisch ähnliche hydrodynamische Kupplungen und Bremsen, aber auch für Wandler die Höhe der Leistungsaufnahme und berücksichtigt dabei deren Bauform, den Füllungsgrad sowie andere Merkmale der konstruktiven Gestaltung. Für **Drehmoment** und **Leistung** gelten die Gleichungen:

$$M_P = \lambda \cdot \rho \cdot \omega_P^2 \cdot D_P^5$$

$$P_P = M_P \cdot \omega_P = \lambda \cdot \rho \cdot \omega_P^3 \cdot D_P^5$$

Bei hydrodynamischen Kupplungen stellt sich die **Turbinendrehzahl** in Abhängigkeit von der Größe der Belastung selbständig und stufenlos ein. Es liegt eine **Hauptschlusscharakteristik** vor. Damit ist natürlich auch die Leistungszahl λ keine konstante Größe, sondern abhängig vom Drehzahlverhältnis: $\lambda = f(\nu)$. Neben dem Drehzahlverhältnis beeinflussen weitere Parameter die Leistungszahl λ, z. B. die Anordnung der Schaufeln und vor allem der Füllungsgrad. Es ist üblich, die Übertragungscharakteristik von hydrodynamischen Kupplungen und Wandlern mithilfe der Primärkennline und der Sekundärkennlinie darzustellen. Die **Primärkennlinie** beschreibt die Abhängigkeit des Pumpenmoments M_P von der Pumpendrehzahl n_P bei konstantem Drehzahlverhältnis ν:

$$M_P \sim n_P^2 \Big|_{\lambda,\nu = \text{const}}$$

Die Sekundärkennlinie beschreibt die Abhängigkeit der Leistungszahl λ vom Drehzahlverhältnis ν bei einer konstanten Antriebsdrehzahl n_P. Diese Abhängigkeit wird als „erste charakteristische Beziehung“ oder als **Kennlinie** bezeichnet. Es gilt:

$$\lambda = \frac{M_P}{\rho \cdot \omega_P^2 \cdot D_P^5} = f(\nu) \Bigg|_{n_P = \text{const}}$$

$$\lambda \sim M_P$$

Die natürliche Kennliniengrundform von hydrodynamischen Kupplungen weist einen monoton fallenden Verlauf auf (Bild 4.96). Mit dem Füllungsgrad V_K als Parameter ergibt sich eine Kennlinienschar, das sog. (Sekundär-) **Kennfeld** einer hydrodynamischen Kupplung.

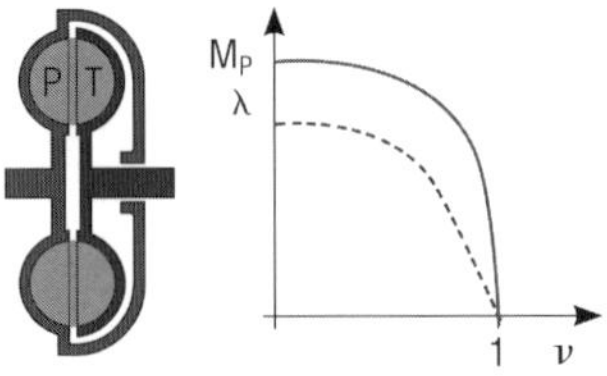

Bild 4.96 Natürliche Kennlinie einer hydrodynamischen Kupplung mit Vollfüllung (Füllungsgrad V_K = 100 %)

Die Bauformen hydrodynamischer Kupplungen gliedern sich nach der VDI-Richtlinie 2153 in:

- Konstantfüllungskupplungen,
- Stellkupplungen,
- Schaltkupplungen.

Bei **Konstantfüllungskupplungen** erfolgt die Befüllung vor oder während der Inbetriebnahme im Stillstand. Kupplungen dieser Bauart finden ihren Einsatz hauptsächlich zum Anfahren, zur Drehmomentbegrenzung und zur Beeinflussung des Drehschwingungsverhaltens eines Antriebssystems. Mit einer **Stellkupplung** lässt sich die Drehzahl der Arbeitsmaschine über einen weiten Bereich unterhalb der Antriebsdrehzahl steuern oder regeln. Das geschieht durch Änderung des Füllungsgrades, entweder über ein radial bewegtes Schöpfrohr oder über eine Steuerung des Betriebsflüssigkeitszulaufs und -ablaufs über Ventile und Düsen. **Schaltkupplungen** unterbrechen durch Entnahme der Betriebsflüssigkeit auf einfache Art und Weise den Kraftfluss zwischen Antriebsmotor und Arbeitsmaschine.

4.7.2.2 Hydrodynamische Kupplung als Anfahr- und Sicherheitskupplung

Das Anfahren von Antriebssystemen mit großer Massenträgheit (z.B. Gurtförder- und Schredderanlagen) und der Schutz des Triebstrangs gegen Überlastung gehört zu den Hauptanwendungsfeldern von hydrodynamischen Kupplungen. Diese Aufgabe kann entweder mit **Konstantfüllungskupplungen** oder bei komplexeren antriebstechnischen Anforderungen mit **füllungsgesteuerten Kupplungen** (Stellkupplungen) realisiert werden (Bilder 4.97 und 4.98).

Bild 4.99 zeigt den typischen Aufbau einer **Gurtförderanlage**. Der Gurt selbst kann mehrere Kilometer lang sein und muss vor zu großen Momenten geschützt werden. Dies erfolgt durch den Einsatz hydrodynamischer Kupplungen.

Typische Kupplungsbauformen für eine Gurtförderanlage weisen eine **Verzögerungskammer**, manchmal auch eine zusätzliche **Ringkammerschale**, auf. Die Verzögerungskammer und die Ringkammerschale nehmen im Stillstand einen Teil der Betriebsflüssigkeit auf. Während des Motorhochlaufs nimmt die Ringkammerschale noch einen zusätzlichen Teil der Betriebsflüssigkeit aus dem Arbeitsraum auf. Während des Anfahrvorgangs entleert sich die Verzögerungskammer wieder in den Arbeitsraum (Bild 4.100).

Bild 4.97 Hydrodynamische Kupplung im Antrieb eines Schaufelradbaggers (*Voith Turbo*)

Bild 4.98 Hydrodynamische Kupplung im Antrieb eines Gurtförderers (*Voith Turbo*)

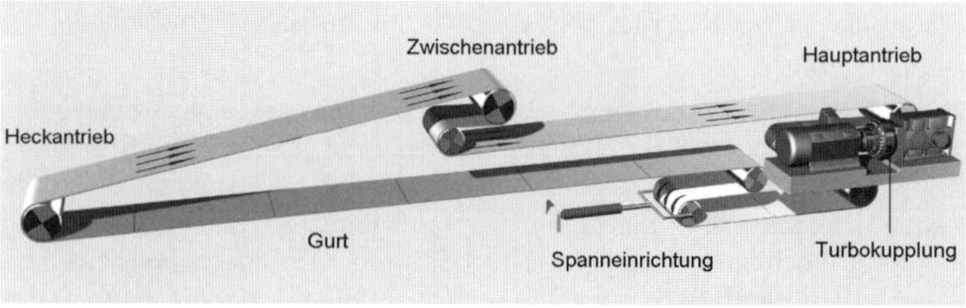

Bild 4.99 Gurtförderer mit hydrodynamischen Konstantfüllungskupplungen in den Antrieben

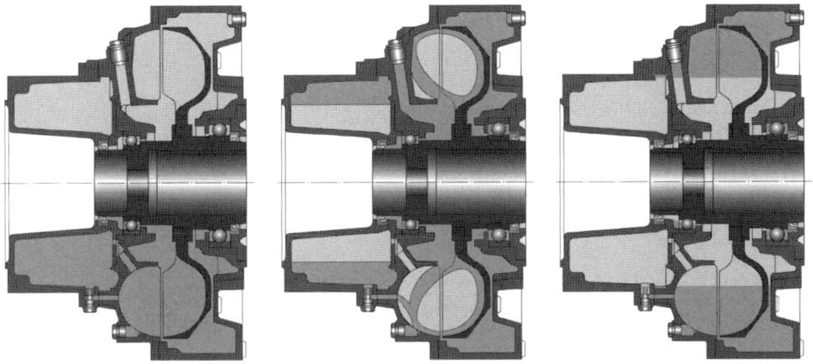

Bild 4.100 Hydrodynamische Konstantfüllungskupplung für Gurtförderer mit Verzögerungskammer und Ringkammerschale. Von links nach rechts: Kupplung im Stillstand, während des Anfahrvorgangs und im Nennbetrieb (*Voith Turbo*)

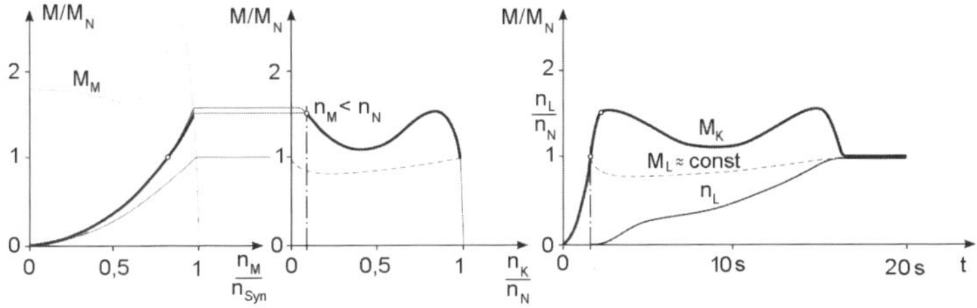

Bild 4.101 Anfahrvorgang eines beladenen Gurtförderers mit hydrodynamischer Konstantfüllungskupplung mit Verzögerungskammer. Links: Kennlinie des Kurzschlussläufer-Asynchronmotors und die Primärkennlinien der Kupplung (Parabeln), Mitte: Sekundärkennlinie der Kupplung, rechts: Drehmoment- und Drehzahlverlauf des Gurtförderers über der Zeit

Das Zusammenspiel zwischen Elektromotor und hydrodynamischer Kupplung während des Anfahrvorgangs wird im Bild 4.101 beschrieben.

- Bereich $0 \rightarrow t_0$: Die hydrodynamische Kupplung entkoppelt den Asynchronmotor weitgehend vom Gurtförderer. Der Asynchronmotor läuft quasi lastfrei hoch. Bis zum Zeitpunkt t_0 baut sich ein Kupplungsmoment M_K (Turbinenmoment) auf, das parabolisch mit der Motordrehzahl n_M steigt. Der Gurtförderer setzt sich in Bewegung, nachdem das Kupplungsmoment M_K das Lastmoment M_L überschritten hat.
- Bereich t_0 bis zum Schnittpunkt der Primärparabel mit der Motorkennlinie: Das Kupplungsmoment ist bei weiter steigender Motordrehzahl gemäß der Sekundärkennlinie zusätzlich vom Drehzahlverhältnis ν abhängig.

- Bereich nach dem Schnittpunkt der Primärkennlinie mit der Motorkennlinie: Nach Beendigung des Motorhochlaufs entspricht das Kupplungsmoment der Sekundärkennlinie. Die hydrodynamische Kupplung begrenzt das in den Gurtförderer eingeleitete Drehmoment sehr wirkungsvoll. Der Gurtförderer beschleunigt aufgrund des überschüssigen Drehmoments sanft bis auf seine Nenndrehzahl.

Mit **Stellkupplungen** wird die Funktionalität in Antriebssystemen wie Gurtförderanlagen weiter erhöht. Hierzu wird die Momentenübertragungsfähigkeit der hydrodynamischen Kupplung durch Einstellung des Füllungsgrads während des Betriebs eingestellt (Bild 4.102). Dies erfolgt durch gezielte Zu- und Abfuhr der Betriebsflüssigkeit.

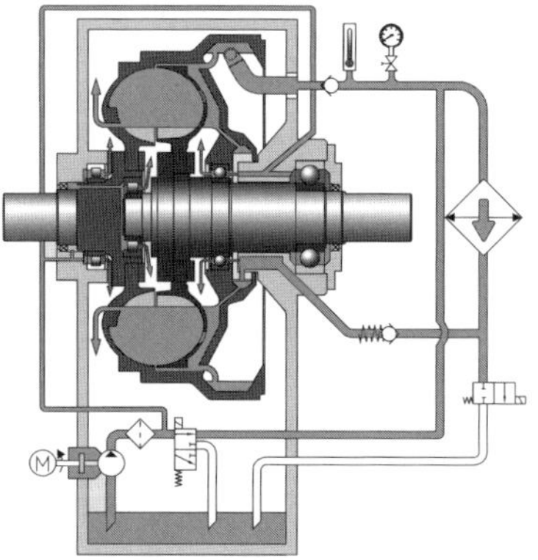

Bild 4.102 Füllungsgesteuerte hydrodynamische Kupplung (*Voith Turbo*).

Hydrodynamische Stellkupplungen erweitern die Funktionalität in Gurtförderanlagen auf folgende Punkte:

- Steuerung oder Regelung des Anfahr- und Betriebsprozesses,
- Belastungsausgleich bei Mehrmotorenantrieben,
- Realisierung von Schleich- und Kriechfahrt zu Wartungszwecken,
- gesteuerte Entleerung zur Unterbrechung des Leistungsflusses.

Hydrodynamische Stellkupplungen werden auch als sehr effiziente und wirkungsvolle drehzahlregelbare Antriebe für Pumpen und Ventilatoren eingesetzt. Insbesondere als drehzahlregelbarer Antrieb von Kesselspeisepumpen hat sich der Einsatz von Stellkupplungen bewährt.

4.7.2.3 Hydrodynamische Bremse

Hydrodynamische Bremsen sind eine Sonderform der hydrodynamischen Kupplungen (Bild 4.103). Sie haben ein rotierendes und ein feststehendes Schaufelrad. Die **Pumpe** (Rotor) ist mit der Antriebswelle verbunden, die **Turbine** (Stator) mit dem Gehäuse. Im Vergleich zur hydrodynamischen Kupplung werden hydrodynamische Bremsen also nur im Betriebspunkt $\nu = n_T / n_P = 0$, d. h. bei feststehender Turbine, betrieben.

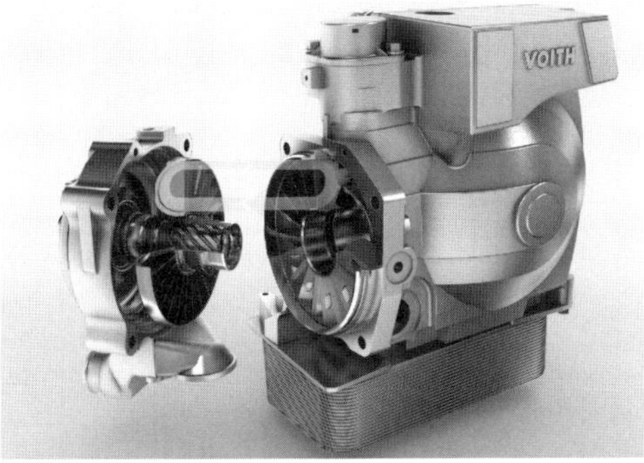

Bild 4.103 Hydrodynamische Bremse als verschleißfreie Zusatzbremse in Lkws, Bussen und Schienenfahrzeugen (*Voith Turbo*).

Hydrodynamische Bremsen werden in der Prüfstandstechnik als Belastungseinheiten verwendet. Von weitaus größerer praktischer Bedeutung ist der Einsatz als **verschleißfreie Zusatzbremse** (Retarder) in der Fahrzeugtechnik (in Lkws, Bussen und Schienenfahrzeugen) (Bild 4.104). Hydrodynamische Zusatzbremsen reduzieren den mechanischen Verschleiß der Radbremse. Das senkt die Betriebskosten bei vergrößerten Serviceintervallen und reduziert die Emissionen von Staubpartikeln.

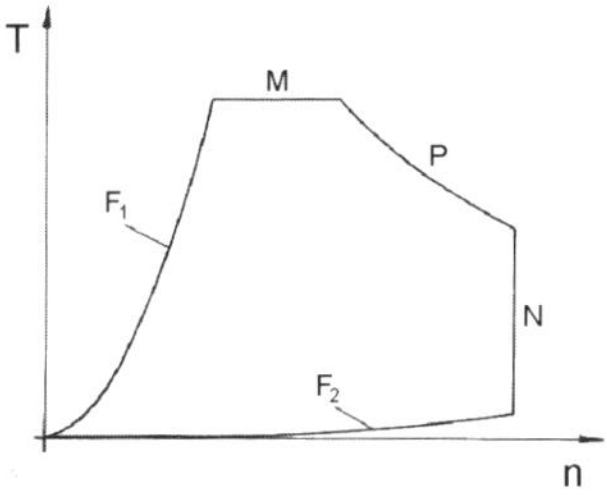

Bild 4.104 Leistungskennfeld (Drehmoment über Antriebsdrehzahl) eines Retarders. F_1 Drehmomentparabel bei 100 % Füllung, F_2 Drehmomentparabel bei entleertem Retarder (Luftfüllung), M maximal zulässiges Drehmoment, P maximal zulässige Leistung, N maximal zulässige Drehzahl

Durch den Einsatz von hydrodynamischen Zusatzbremsen werden längere Gefällefahrten mit höherer Fahrzeuggeschwindigkeit ebenso ermöglicht wie adaptives Bremsen.

Hydrodynamische Bremsen können entweder in das Fahrzeuggetriebe integriert sein oder an das Getriebe angebaut werden. Auch ist eine Integration der Bremse in den Kühlkreislauf des Motors möglich. In diesem Fall arbeitet die Bremse mit Kühlwasser als Arbeitsmedium.

4.8 Freilaufkupplungen

Dr.-Ing. Torsten Kretschmer

Schon vor mehreren hundert Jahren wurden **Freiläufe** eingesetzt, um beispielsweise Zugbrücken in geöffneter Position zu fixieren. So ist es nicht verwunderlich, dass sich auch Leonardo da Vinci (Bild 4.105) eingehend mit diesem Maschinenelement beschäftigte und eine Klinkensperre entwickelte, mit der ein Lastenaufzug oder Kran betrieben werden konnte, ohne dass das Transportgut unkontrolliert zu Boden stürzte.

Bei einem Freilauf, auch **Freilaufkupplung** genannt, handelt es sich um ein Maschinenelement, das in Abhängigkeit von der Drehrichtung eine Drehmomentübertragung gewährleistet, ohne dass ein weiteres Signal oder eine äußere Größe dazu notwendig ist. Der Vorgang findet selbsttätig statt.

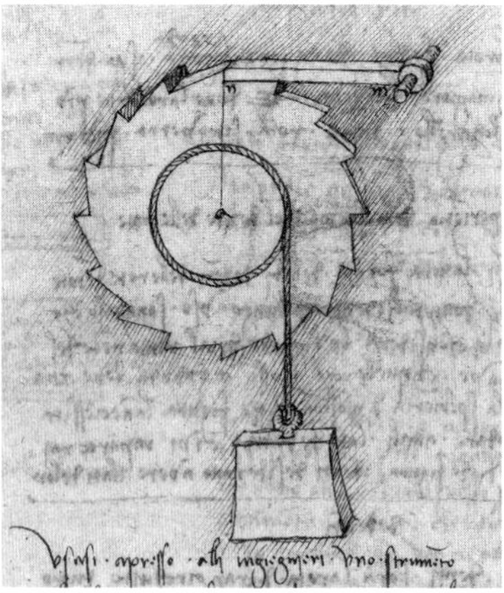

Bild 4.105 Prinzipskizze eines Sperrklinkenfreilaufs von Leonardo da Vinci [4.29]

Freiläufe sind **schaltbare Kupplungen**, die in Abhängigkeit von der relativen Verdrehrichtung von Antrieb und Abtrieb selbsttätig schalten.

In Verbindung mit weiteren Maschinenteilen kann durch dieses Element ein sehr komplexer Bewegungsablauf realisiert werden, der im einfachsten Fall das bloße Zurückdrehen verhindert oder aber in seinem komplexesten Anwendungsfall eine stufenlos einstellbare Übersetzung ermöglicht. Eingeteilt werden die Freiläufe i. Allg. nach dem zeitlichen Drehmomentverlauf und den verschiedenen relativen Bewegungsabläufen der einzelnen Bauelemente. Auf diese Weise lassen sich drei Hauptgruppen unterscheiden, in die alle Freiläufe eingeteilt werden können:

- **Schaltkupplung:** Umwandlung einer Drehbewegung mit wechselnder Drehrichtung in eine diskontinuierliche Drehbewegung in nur eine Richtung (z. B. Vorschubeinrichtung in Druck- und Verpackungsmaschinen),
- **Rücklaufsperre:** Realisierung einer Drehbewegung in nur eine Richtung, ein Drehrichtungswechsel wird verhindert (z. B. Sicherheitseinrichtung in Förderanlagen),
- **Überholkupplung:** Trennen von Antrieb und Abtrieb, wenn das getriebene Element eine höhere Drehzahl aufweist als das treibende Element (z. B. Startermotor, Fahrradfreilauf).

4.8.1 Bauformen und Funktionsweise

Konstruktiv lassen sich die drei Freilauf-Hauptgruppen auf unterschiedliche Weise realisieren (Tabelle 4.11).

Die Funktionsweise von **Zahngesperren** und **Klinkensperren** als Vertreter der formschlüssigen Freilaufkupplungen kann durch das Zusammenspiel von Zahnrad und Klinke realisiert werden, wobei die Klinke durch ihr Eigengewicht oder federbelastet in die Verzahnung eingreift und so die Drehmomentübertragung steuert. Die Form der Verzahnung und der Klinke ist so ausgelegt, dass die Klinke bei Drehbewegung in die eine Richtung aus dem Kontakt gehoben wird, bei Drehrichtungsänderung aber im Kontakt verbleibt (Selbsthemmung). In industriellen Anwendungen sind diese Arten von Freiläufen nur wenig verbreitet, da kraftschlüssige Systeme deutlich geräuschärmer arbeiten, in jeder Position schalten und ein höheres Drehmoment bei gleichem Bauraum übertragen können. Anwendung finden formschlüssige Freiläufe beispielsweise in Fahrradfreiläufen und in Ratschen.

Tabelle 4.11 Einteilung verschiedener Freilaufkupplungen

Wirkprinzip	kraftschlüssig			formschlüssig
Drehmoment übertragendes Verbindungselement	Zylinderrollen	Klemmkörper	Bremsband, Bremsbacken	Verzahnung
Freilaufbauart	Klemmrollenfreilauf	Klemmrollenfreilauf	Bandfreilauf, Trommelfreilauf	Zahngesperre, Klinkensperre
Prinzip	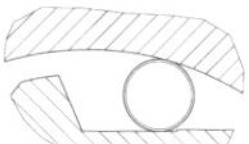	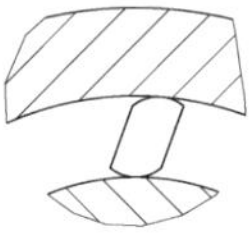	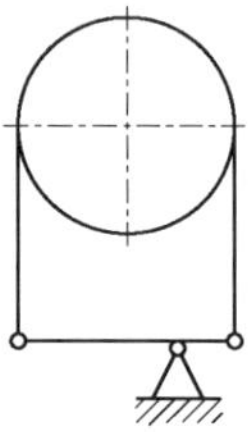	
Anwendungsbeispiel	Schaltkupplung in Drahtziehmaschinen	Rücklaufsperre in Kühlwasserpumpen	nur noch vereinzelte Anwendungen	Ratsche, Rücklaufsicherung in Seilwinden

Band- und **Trommelfreiläufe** als kraftschlüssige Kupplungen nutzen die drehrichtungsabhängige Selbstverstärkung des Bremsmoments, um die Drehmomentübertragung zu gewährleisten. Bei diesen Elementen handelt es sich im eigentlichen Sinne um Bremsen, die durch konstruktive Besonderheiten zur Selbsthemmung neigen. Die **Selbsthemmung** beschreibt dabei den durch Reibung hervorgerufenen Zustand der Bewegungslosigkeit (Relativbewegung = null) von berührenden Körpern. Am anschaulichsten kann dies am Beispiel eines massebehafteten Körpers auf einer schiefen Ebene dargestellt werden. Dabei wird die Masse in der Ausgangslage verweilen, solange die Hangabtriebskraft durch Vergrößerung der Rampensteigung (Steigungswinkel α) kleiner als die entgegenwirkende Reibkraft im Kontakt ist. Band- und Trommelfreiläufe sind so konstruiert, dass sie die Bewegung bei Drehung in die eine Richtung zulassen, bei Drehrichtungsumkehr aber blockieren. Anwendung finden diese Freiläufe nur noch selten. Im industriellen Bereich sind sie heutzutage nahezu bedeutungslos.

Zu den kraftschlüssigen Kupplungen zählen weiterhin die **Klemmrollenfreiläufe** und **Klemmkörperfreiläufe**. Diese Bauarten sind jeweils aus einem antreibenden und einem angetriebenen Element aufgebaut, die durch geeignete Zwischenelemente kraftschlüssig miteinander verbunden

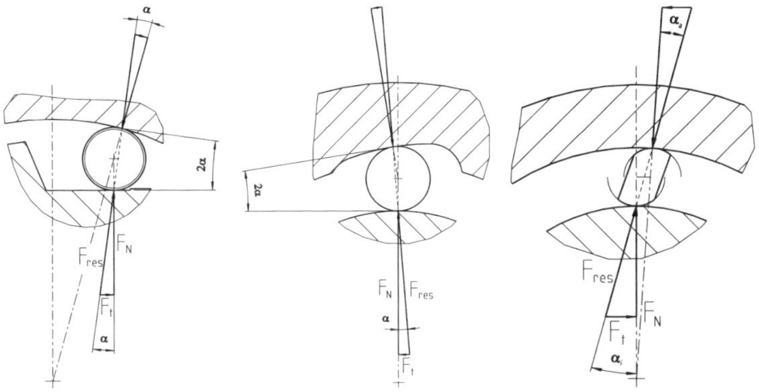

Bild 4.106 Kraftplan an der Kontaktstelle verschiedener Freilaufbauarten.
a) Klemmrollenfreilauf mit Innenstern, b) Klemmrollenfreilauf mit Außenstern,
c) Klemmkörperfreilauf

werden. Diese Zwischenelemente, auch **Klemmelemente** genannt, werden als Zylinderrollen oder aber als Klemmkörper ausgeführt (Bild 4.106).

Die Funktionsweise beruht wie bei den Band- und Trommelfreiläufen auf dem Prinzip der **Selbsthemmung**. Damit kann eine uneingeschränkte Funktion gewährleistet werden, solange das Reibkraftpotenzial im Kontakt größer als die Tangentialkraft ist. Dies bedeutet aber auch, dass der Freilauf nur innerhalb eines gewissen Bereichs funktioniert, der durch das **allgemeine Funktionskriterium für Freiläufe** beschrieben werden kann.

4.8.2 Allgemeines Funktionskriterium für Freiläufe

An einer Freilaufkupplung ergibt sich das übertragene Drehmoment aus dem Produkt der resultierenden Kraft im Kontakt (F_{res}) und dem Hebelarm um den Drehpunkt. Diese resultierende Kraft lässt sich in zwei orthogonale Komponenten aufteilen, die normal und tangential zur Kontaktoberfläche angeordnet sind. Da die Lage der Kontaktoberfläche zum Drehpunkt aber durch die Freilaufkonstruktion bestimmt wird, sind auch die resultierende Normal- und Tangentialkraft von der Freilaufkonstruktion abhängig und werden durch den **Klemmwinkel** (α) in Beziehung gesetzt (Bild 4.106):

$$\tan\alpha = \frac{F_t}{F_N}$$

Um ein Drehmoment übertragen zu können, muss die aufgeprägte Tangentialkraft im Kontakt durch die Reibkraft vollständig kompensiert werden. Die Reibkraft ergibt sich ihrerseits aus dem Produkt von Normalkraft und Reibungszahl und lässt sich wie folgt darstellen: $F_t \leq F_R = \mu \cdot F_N$. Wird vereinfachend angenommen, dass im Kontakt Coulombsche Reibung vorliegt, d.h. die Reibungszahl konstant ist, lässt sich aus den oben genannten Gleichungen das allgemeine Funktionskriterium für Freiläufe ableiten: $\tan\alpha \leq \mu$. Zur sicheren Funktion von kraftschlüssigen Freilaufkupplungen muss daher gelten, dass der Tangens des geometrischen Klemmwinkels α kleiner als die Reibungszahl sein muss.

4.8.3 Aufbau von Freilaufkupplungen

4.8.3.1 Klemmrollenfreilauf

Der Aufbau von Klemmrollenfreiläufen ist vergleichsweise einfach gehalten. Sie bestehen grundsätzlich aus zwei konzentrisch angeordneten **Ringelementen** und zylinderförmigen Zwischenelementen (**Klemmrollen**).

Wie im Bild 4.107 zu erkennen, weist dabei einer der beiden Ringe eine kreisrunde Laufbahn auf. Der andere ist hingegen durch eine Vielzahl von Aussparungen gekennzeichnet, die an eine Sternkontur erinnern, sodass an dieser Stelle auch von **Innen**- bzw. **Außenstern** gesprochen wird. Die Geometrie der Aussparungen ist so gestaltet, dass ein verjüngender Spalt mit der gegenüberliegenden Laufbahn resultiert, in den die Klemmrolle bei Drehmomentübertragung hineingepresst wird. Bei der Konstruktion von Klemmrollenfreiläufen ist dabei grundsätzlich unerheblich, an welchem der beiden Ringe die Aussparungen angebracht sind. Beide Bauarten bieten Vor- und Nachteile, die entsprechend der auftretenden Betriebsbedingungen und den jeweiligen Anforderungen abgewogen werden müssen.

Für die vollständige Funktionstüchtigkeit sind weiterhin **Anfederungen** notwendig, die den stetigen Kontakt zwischen den Klemmrollen und den

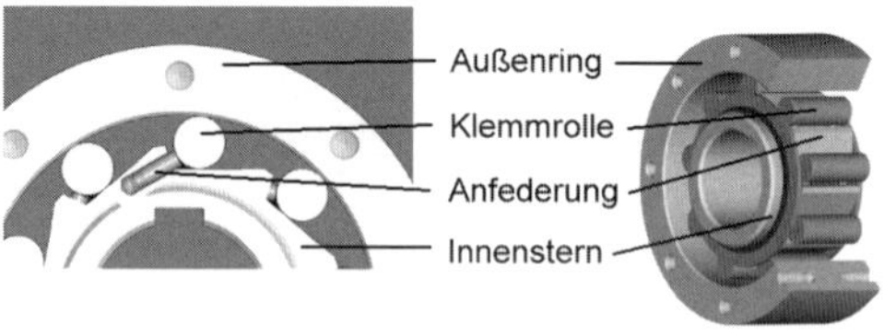

Bild 4.107 Aufbau eines Klemmrollenfreilaufs mit Innenstern (*STIEBER Heidelberg*)

Laufbahnen sicherstellen und damit die Betriebsbereitschaft der Freiläufe garantieren. Durch Variation von Federsteifigkeit und Wirkrichtung der Federkraft ist es möglich, sowohl das Ansprechverhalten als auch das Verschleißverhalten des Freilaufs einzustellen.

4.8.3.2 Klemmkörperfreilauf

Der Aufbau von Klemmkörperfreiläufen unterscheidet sich von dem der Rollenfreiläufe grundsätzlich darin, dass der sich verjüngende Spalt nicht auf der Laufbahn eines der beiden Ringe, sondern auf dem Klemmkörper selbst befindet.

Im Bild 4.108 ist zu erkennen, dass bei Relativbewegung in **Sperrrichtung** das Klemmelement so weit verdreht, dass eine größere Bauhöhe zum Tragen kommt und somit eine Drehmomentübertragung realisiert wird. Bei Drehbewegung in **Leerlaufrichtung** kommt hingegen eine geringere Bauhöhe des Klemmelements zum Einsatz, sodass der Spalt zwischen den Ringen nicht mehr ausgefüllt werden kann. Um einen sicheren Betrieb zu gewährleisten, ist auch hier eine **Anfederung** notwendig, welche die Klemmelemente in den Kontakt drückt.

Die Klemmelemente sind meist in einem Käfig integriert, der auch die Anfederung aufnimmt. Auf diese Weise kann eine kompakte Freilaufeinheit realisiert werden, die sehr einfach in die Freilaufringe oder aber in kundenseitig vorhandene Elemente integriert werden kann.

Eine weitere Besonderheit dieser Bauart ist, dass ein **berührungsfreier Leerlaufbetrieb** möglich ist. Dazu werden die Schwerpunktlage der Klemmkörper und die wirkenden Federkräfte so ausgelegt, dass das Klemmelement ab einer definierten Drehzahl fliehkraftbedingt aus dem Kontakt zum Innen- und Außenring abhebt. Damit kann ein verschleißfreier Leerlaufbetrieb ermöglicht werden. Bevorzugt werden solche Systeme in

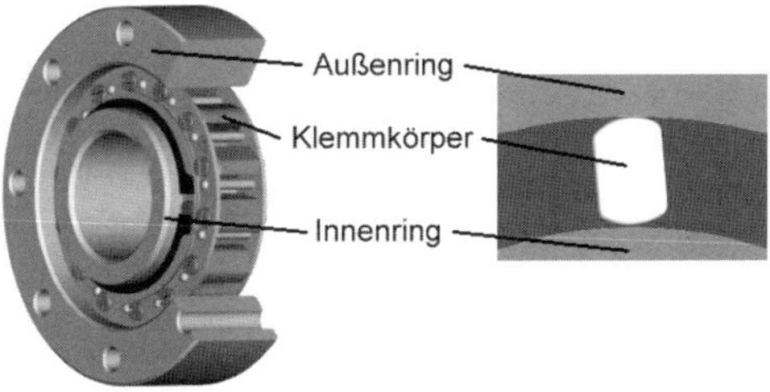

Bild 4.108 Aufbau eines Klemmkörperfreilaufs (*STIEBER Heidelberg*)

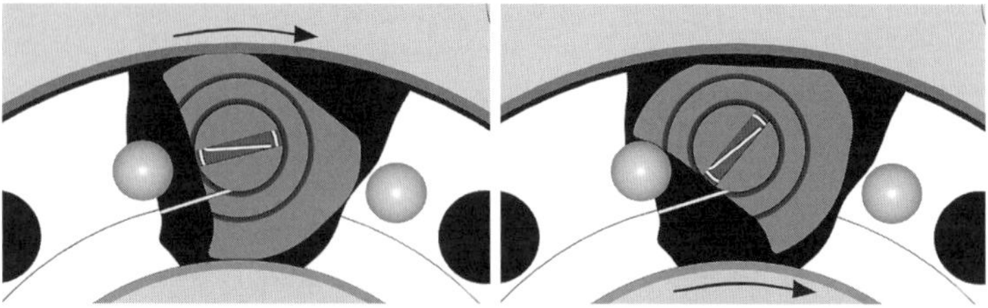

a) b)

Bild 4.109 Betriebszustände eines fliehkraftabhebenden Klemmkörperfreilauf. a) Drehmomentübertragung, b) verschleißfreier Leerlaufbetrieb (*STIEBER Heidelberg*)

Rücklaufsperren eingesetzt, bei denen selten ein Drehmoment übertragen werden muss, aber die Schaltgenauigkeit und Zuverlässigkeit auch nach sehr langen Leerlaufzeiten gewährleistet sein soll. Bild 4.109 zeigt einen Klemmkörper bei der Drehmomentübertragung und im verschleißfreien Leerlaufbetrieb.

4.8.3.3 Arten von Anfederungen

Damit die Funktionstüchtigkeit eines Freilaufs bei allen erdenklichen Betriebsbedingungen gewährleistet werden kann, ist es notwendig, dass die Klemmelemente in den Kontakt zum Innenring und Außenring gepresst werden. Diese Aufgabe übernimmt die **Anfederung** der Klemmelemente, die dabei so kräftig ausgelegt werden muss, dass ein eventuell vorhandener Schmierfilm durchstoßen werden kann. Berücksichtigt werden muss, dass unter Umständen dazu die Gewichtskraft der Klemmelemente oder deren Trägheit überwunden werden muss. Zum Einsatz kommen verschiedene Arten von Anfederungen (Bild 4.110).

Die wesentliche Größe, die aus der Anfederkraft resultiert, ist die im Klemmkontakt erzeugte **Kontaktpressung**, die das Betriebsverhalten des Freilaufs bei beginnender Drehmomentübertragung entscheidend prägt. Wird diese zu gering gewählt, werden die Klemmelemente nicht oder nur unzureichend in den Kontakt gepresst. Dabei wird der Freilauf bei beginnender Drehmomentübertragung rutschen, bis die Kontaktflächen frei von Schmierstoff sind. Die Schaltgenauigkeit ist in diesem Fall gering. Auf der anderen Seite führt aber die geringe Anfederkraft zu einer geringen Reibkraft und damit auch zu einer geringen Wärmeentwicklung im Leerlaufbetrieb. Außerdem wird der Leerlaufverschleiß verringert, sodass eine längere Einsatzbereitschaft für den Freilauf angegeben werden kann.

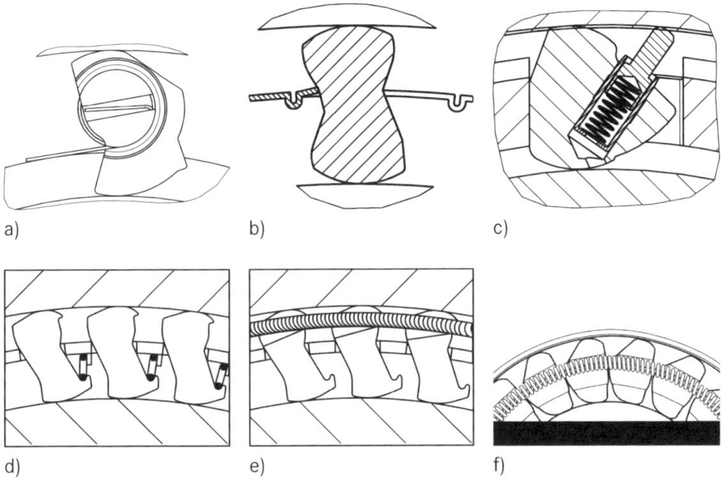

Bild 4.110 Verschiedene Anfederungsarten von Freilaufklemmkörpern.
a) Schenkelfeder, b) Bandspreizfeder, c) Schraubenfeder, d) Mäanderfeder,
e) Ringfeder außen, f) Ringfeder innen
a) bis c) *STIEBER Heidelberg*, d) und e) *GMN Paul Müller Industrie Nürnberg*,
f) *Formsprug Clutch Warren, MI*

Wird die Anfederkraft zu hoch ausgelegt, kehren sich die Vor- und Nachteile um, sodass einem präzisen Schaltverhalten ein hoher Verschleiß und eine hohe Wärmeentwicklung im Leerlaufbetrieb gegenüberstehen.

Als Auslegungsgrundlage dienen unter anderem die durch Stölzle und Hart veröffentlichten Anhaltswerte für Klemmrollenfreiläufe. Die Autoren unterscheiden dabei zwischen **Einzelanfederung**, bei der jedes Klemmelement durch eine oder mehrere Federn in den Kontakt gedrückt werden und der **Käfiganfederung**, bei der die Klemmelemente in einem Käfig geführt und durch diesen in den Kontakt gepresst werden. Die Vorspannung wird über den Käfig durch äußere Federn aufgebracht.

Anfederkräfte für Klemmrollenfreiläufe [4.30]:

- Einzelanfederung: 10-... 50-faches Rollengewicht,
- Käfiganfederung: 20-... 30-faches Gesamtrollengewicht.

Die Aufgabe des Konstrukteurs besteht darin, die Kundenanforderungen sowie die auftretenden Betriebsbedingungen genau zu analysieren und einen angemessenen Kompromiss zu finden.

4.8.4 Schmierung

Da Freiläufe wie andere Maschinenelemente auch durch eine Relativbewegung der einzelnen Bauteile gekennzeichnet sind, ist eine **Schmierung** vorzusehen. Verwendung finden dabei sowohl Schmieröle als auch Schmierfette. Die Auswahl, welches Schmiermittel eingesetzt wird, hängt im Wesentlichen von den Vor- und Nachteilen sowie den entsprechenden Einsatzbedingungen ab. Schmierfette kommen häufig dort zum Einsatz, wo wartungsfreie oder zumindest wartungsarme Freiläufe genutzt werden sollen. Dabei werden Nachteile im Korrosionsschutz, im Verschleiß und damit in der Lebensdauer, der Schaltgenauigkeit und dem Wärmeabtransport in Kauf genommen. Schmieröle werden bevorzugt eingesetzt, wo hohe Anforderungen an die Schaltgenauigkeit oder die Lebensdauer sowie die Einsatzbereitschaft gestellt werden. Als Nachteile müssen hier der deutlich erhöhte Aufwand bei der Abdichtung sowie der höhere Wartungsaufwand berücksichtigt werden.

Die Frage, welcher Schmierstofftyp eingesetzt werden soll, ist nur schwer zu beantworten. Grundsätzlich werden die Schmierstoffe durch die Freilaufhersteller getestet und freigegeben. Die Vielzahl der am Markt verfügbaren Schmiermittel macht aber eine komplette Überprüfung unmöglich, sodass nur eine vergleichsweise geringe Anzahl an Schmierstoffen freigegeben ist. Im Allgemeinen gilt, dass die Schmiermittel keine reibzahlreduzierenden Zusatzstoffe enthalten dürfen und dass die Betriebsviskosität einen Höchstwert (Rutschgefahr) nicht überschreiten sowie einen Tiefstwert (Verschleiß) nicht unterschreiten darf. Nur so ist gewährleistet, dass der Freilauf in seiner Funktion nicht beeinträchtigt wird und dass ein gewisses Maß an Verschleißschutz gegeben ist.

4.8.5 Einteilung aus industrieller Sicht

Im industriellen Anwendungsbereich von Freiläufen spielt neben den dargestellten geometrischen Unterschieden auch eine Reihe weiterer Kriterien eine Rolle, die bei der Auswahl eines geeigneten Systems berücksichtigt werden müssen. Beispiele hierfür sind die angrenzende Konstruktion, die Schmierstoffversorgung und der Wartungsaufwand. Wichtig ist in erster Linie die Positionierung von Außenring zu Innenring, da der Freilauf diese beiden Bauteile nicht zueinander zentrieren kann. Wird dies durch die angrenzende Konstruktion ermöglicht, kann ein Freilauf ohne eigene Lagerung eingebaut werden, sodass von einem **Einbaufreilauf** (Bild 4.111 a) gesprochen wird. Ist dies nicht der Fall, muss der Freilauf die Lagerung von Innen- und Außenring in geeigneter Weise übernehmen.

a) b)

Bild 4.111 Einbaufreilauf (a) und Anbaufreilauf (b) (*STIEBER Heidelberg*)

Diese Art von Freiläufen wird als **Anbaufreilauf** (Bild 4.111 b) bezeichnet, da zur Drehmomentübertragung der Freilauf ohne großen Aufwand auf einen Wellenstumpf aufgesetzt werden kann.

Aber auch die Schmierung, die neben der Geometrie von zentraler Bedeutung für die Betriebs- und Funktionssicherheit verantwortlich ist, wird als Einteilungskriterium herangezogen. So wird in eigenständig geschmierte und zu integrierende Systeme unterschieden. **Integrierte Freiläufe** werden im Wesentlichen in Maschinen und Anlagen verbaut, die über eine eigene Schmierstoffversorgung verfügen und somit auch die Schmiermittelversorgung des Freilaufs übernehmen. **Eigenständig geschmierte Systeme** unterschieden sich von integrierten Freiläufen durch das Vorhandensein von Dichtungselementen (Bild 4.112) und können im Falle einer eigenen Ringpositionierung sogar als autarke Freiläufe (z. B. **Gehäusefreilauf**) aufgestellt werden.

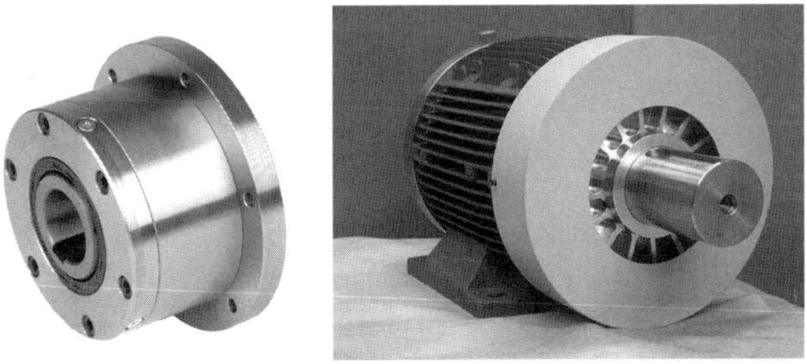

a) b)

Bild 4.112 Abgedichtete Freiläufe mit eigener Schmierstoffversorgung.
a) abgedichteter Freilauf, b) Gehäusefreilauf mit Zwangskühlung (*STIEBER Heidelberg*)

Bild 4.113 Wälzlagerfreilauf (*STIEBER Heidelberg*)

Darüber hinaus werden Freiläufe angeboten, die in ihrer Dimension exakt den Abmessungen von Standard-Wälzlagertypen entsprechen und daher **Wälzlagerfreiläufe** (Bild 4.113) genannt werden. Auf diese Weise wird der konstruktive und fertigungstechnische Aufwand von Maschinen und Anlagen minimiert.

4.8.6 Vor- und Nachteile verschiedener Freilaufbauformen

Klemmkörper- und Klemmrollenfreiläufe unterscheiden sich nicht nur in ihrer Konstruktion, sondern weisen auch verschiedene Stärken und Schwächen auf, die bei der Auswahl eines geeigneten Systems gegeneinander abgewogen werden müssen. Tabelle 4.12 listet einige dieser Vor- und Nachteile auf.

Tabelle 4.12 Vor- und Nachteile verschiedener Freilaufbauformen

Klemmrollenfreilauf		Klemmkörperfreilauf	
Vorteile	**Nachteile**	**Vorteile**	**Nachteile**
▪ robuste Bauweise, vielseitig einsetzbar ▪ Funktionsfähigkeit nach Überbelastung eingeschränkt gegeben ▪ hohe Schaltlebensdauer ▪ durch Einsatz von Hartmetall kann die Schaltlebensdauer um den Faktor 4 gesteigert werden	▪ verschleißbehafteter Leerlaufbetrieb bei Innenstern-Freilauf ▪ hohes Leistungsgewicht ▪ geringe zulässige Innenringdrehzahl im Überholbetrieb ▪ empfindlich gegen Positionsfehler von Außenring zu Innenring	▪ verschleißfreier Leerlaufbetrieb möglich ▪ hohe Leistungsdichte ▪ unempfindlich gegen Positionsfehler von Außenring zu Innenring ▪ Verwendung als Käfigfreilauf ▪ unempfindlich gegenüber vielen Schmierstofftypen	▪ Totalausfall bei Überbelastung durch Umkippen der Klemmkörper ▪ geringere Schaltlebensdauer als Klemmrollenfreiläufe ▪ Einsatz von Hartmetall nicht möglich

Generell kann festgehalten werden, dass Klemmrollenfreiläufe aufgrund ihrer Robustheit tendenziell vielseitiger einsetzbar sind. Außerdem zeichnen sie sich durch eine hohe **Schaltlebensdauer** aus, sodass sie häufig als Schaltfreilauf zur Anwendung kommen. Dafür ist ein verschleißfreier Leerlaufbetrieb nicht immer realisierbar, weshalb die Anwendung als Rücklaufsperre mit hohen Überholdrehzahlen kritisch analysiert werden muss.

Klemmkörperfreiläufe sind durch eine hohe Leistungsdichte gekennzeichnet, da bei gleichem Bauraum deutlich mehr Klemmkörper als im Rollenfreilauf untergebracht werden können. Des Weiteren sind diese Freiläufe unempfindlicher gegenüber dem exzentrischen Einbau von Innenring zu Außenring, was durch einen speziellen Verlauf des Klemmwinkels in Abhängigkeit vom Drehmoment realisiert werden kann. Auf der anderen Seite fällt die ertragbare Schaltwechselzahl aber geringer aus, sodass sie i. Allg. etwas früher ausfallen als ein vergleichbarer Rollenfreilauf.

4.8.7 Einsatzgebiete und Anwendungsbeispiele

Freiläufe kommen aufgrund ihres einfachen Aufbaus in einer Vielzahl von Anwendungen zum Einsatz und erfüllen dort die unterschiedlichsten Aufgaben. Grundlage bilden dabei immer die drei Hauptfunktionsarten **Rücklaufsperre**, **Überholkupplung** und **Schaltfreilauf**. An dieser Stelle sollen einige Einsatzbeispiele aufgelistet werden, in denen Freiläufe zur Anwendung kommen.

In der Schwerindustrie werden Freiläufe häufig als **Überholkupplungen** verwendet. Auf diese Weise können Mehrmotorenantriebe realisiert werden, z. B. an großen Ventilatoren in Raffinerien. Dabei wird der Ventilator während der Startphase von einem Elektromotor angetrieben. Ist die Anlage vollständig in Betrieb genommen, wird der Antrieb durch eine Dampfturbine realisiert, die mit Prozessdampf angetrieben wird. Um ein Mitschleppen der jeweils ungenutzten Antriebseinheit zu verhindern, werden Freiläufe als Überholkupplungen verwendet. Ein weiteres Beispiel für den Einsatz von Freiläufen als Überholkupplung findet sich in der **dynamischen unterbrechungsfreien Stromversorgung** (Bild 4.114) von Banken und IT-Zentren. Um hier eine hundertprozentige Stromversorgung zu gewährleisten, wird ein Dieselmotor eingesetzt, der bei Stromausfall einen Generator antreibt und so die Stromversorgung gewährleistet. Im Normalbetrieb wird der Generator als E-Motor betrieben, der lastfrei mitläuft. Damit der Dieselmotor nicht mitgeschleppt wird, ist dazwischen ein Freilauf als Überholkupplung eingebaut. Bei einem Stromausfall wird der Dieselmotor gestartet, der dann den Generator antreibt. Um die Start-

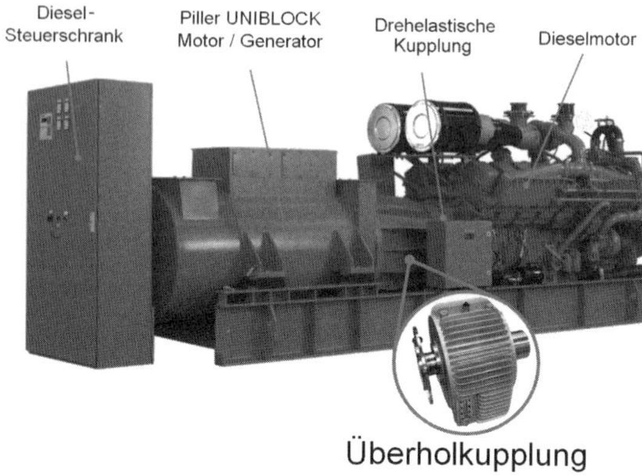

Bild 4.114 Rotierend unterbrechungsfreie Stromversorgung (*Piller Osterode*)

phase zu überbrücken, ist weiterhin ein Energiespeicher vorhanden, der die Drehbewegung des Generators für diesen Zeitraum aufrechterhält.

Freiläufe die als **Rücklaufsperren** eingesetzt werden, finden sich beispielsweise in Förderbandanlagen in Tagebaurevieren. Hier übernehmen sie die Funktion eines Sicherheitsbauteils, das bei einem Stromausfall das Rückschnellen des gespannten Förderbands und des darauf befindlichen Förderguts verhindert. Die größten, dabei zur Anwendung kommenden Freiläufe können mehrere Millionen Newtonmeter Drehmoment übertragen. In einigen Anwendungsfällen wird der Freilauf zusätzlich mit einer mechanischen oder hydraulischen Lösevorrichtung ausgestattet, wodurch der kontrollierte Abbau der Zugspannung ermöglicht wird.

Weitere Einsatzgebiete für Freiläufe finden sich in Getrieben und Getriebemotoren, wie sie in der Textilindustrie, der Verpackungsindustrie, der Druckindustrie und der Agrarindustrie eingesetzt werden. Hierbei handelt es sich häufig um **Schaltkupplungen**, die beispielsweise eine getaktete Vorschubbewegung von Förderanlagen realisieren. Des Weiteren lassen sich durch Freiläufe stufenlos verstellbare Übersetzungsgetriebe aufbauen. Dazu werden mehrere Schaltfreiläufe in Reihe mit einer Abtriebswelle verbunden und jeweils über einen eigenen Kurbeltrieb angesteuert. Auf diese Weise wird eine eingehende Rotationsbewegung zunächst mithilfe des Kurbeltriebs in eine diskontinuierliche Drehbewegung mit wechselnder Drehrichtung umgewandelt und anschließend durch die Freiläufe in eine nahezu gleichförmige Rotationsbewegung mit nur einer Drehrichtung übersetzt. Das Übersetzungsverhältnis ist dabei abhängig von der Anzahl der verwendeten Freiläufe und dem Exzenterhub. Ist der Exzenterhub variabel einstellbar, kann ein stufenloses Übersetzungsverhältnis realisiert werden. Anwendung findet dieses System beispielsweise in Saatmaschinen.

Freilaufkonstruktionen kommen in einem weiten Feld zur Anwendung. Sie sind robust, wartungsarm und stellen in vielen Einsatzbereichen eine kostengünstig Alternative zu aufwendigen servoelektrischen und servohydraulischen Konstruktionen dar.

4.9 Bremsen

Prof. Dr.-Ing. Horst Haberhauer

Bremsen sind Kupplungen mit stillstehendem Abtriebsteil. Sie haben im Wesentlichen drei **Aufgaben** zu erfüllen:

- Festhalten einer Last (Haltebremse),
- Reduzierung einer Geschwindigkeit (Stopp- oder Regelbremse),
- Belastung einer Kraftmaschine (Belastungsbremse).

Haltebremsen sollen Bewegungen in beide Richtungen verhindern. Da sie nur im Stillstand wirksam sind, tritt auch keine Erwärmung auf.

Stoppbremsen reduzieren Bewegungen bis zum Stillstand. Das Bremsmoment muss bis daher bis zum Stillstand zur Verfügung stehen.

Regelbremsen regulieren die Geschwindigkeit auf eine vorgegeben Größe. Sie können auch zur Regulierung von Momenten eingesetzt werden.

Belastungsbremsen erzeugen auf Prüfständen durch Umwandlung von Bewegungsenergie in Wärme Belastungsmomente.

Bei der Berechnung von **Haltebremsen** ist darauf zu achten, dass das Bremsmoment größer als das größte auftretende Lastmoment einschließlich aller dynamischen Wirkungen ist. Bei Bremsen mit **Verzögerungsfunktion** erfolgt die Berechnung wie bei Kupplungen, indem für das schaltbare Kupplungsmoment T_{KS} das Bremsmoment T_{B} gesetzt wird. Das Beschleunigungsmoment T_a heißt hier dann **Verzögerungsmoment**. Bei der Berechnung des Verzögerungsmoments T_a ist das auf die Bremswelle bezogene Massenträgheitsmoment aller abzubremsenden Massen zu berücksichtigen. Das Lastmoment T_{L} kann in die gleiche Richtung wie das Bremsmoment wirken oder entgegen. So wirkt zum Beispiel bei Hubwerken das Lastmoment beim Abbremsen einer sinkenden Last entgegen, beim Abbremsen einer hebenden Last jedoch in Richtung des Bremsmoments.

Das heißt, das Lastmoment T_L muss beim Senken einer Last positiv, beim Heben einer Last negativ in untenstehende Gleichung eingesetzt werden. Die Summe der auftretenden Reibmomente T_R im Antriebssystem (z.B. Lagerreibung, Seilreibung usw.) unterstützt das Bremsmoment. Für das erforderliche Bremsmoment gilt dann:

$$T_B = T_a + T_L - T_R$$

Als Bremsen eignen sich grundsätzlich alle kraftschlüssigen Kupplungen nach Kapitel 4.5. Bild 4.115 zeigt den prinzipiellen Aufbau verschiedener Bauarten von Reibungsbremsen.

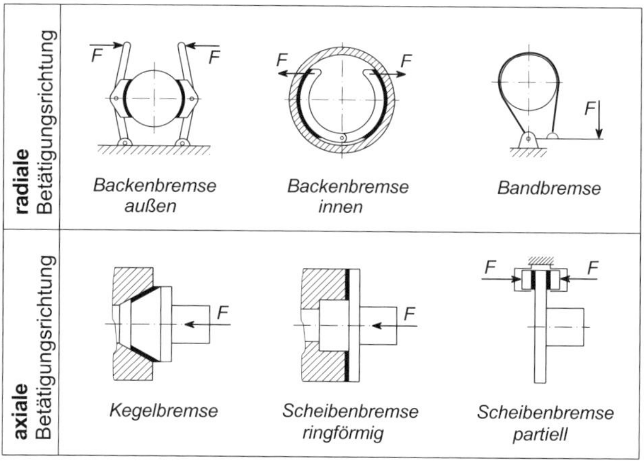

Bild 4.115 Prinzipieller Aufbau von Bremsen

4.9.1 Backenbremsen

Prof. Dr.-Ing. Horst Haberhauer

Backenbremsen, auch **Trommelbremsen** genannt, werden als Außen- und Innenbackenbremsen gebaut. Heute werden meist **Innenbackenbremsen** verwendet, da hierbei die Bremsbacken im Inneren der Trommel vor äußeren Einflüssen geschützt sind. In der Regel werden zwei Bremsbacken genutzt, die mittels hydraulisch betätigter Bremszylinder an die Trommel gedrückt werden.

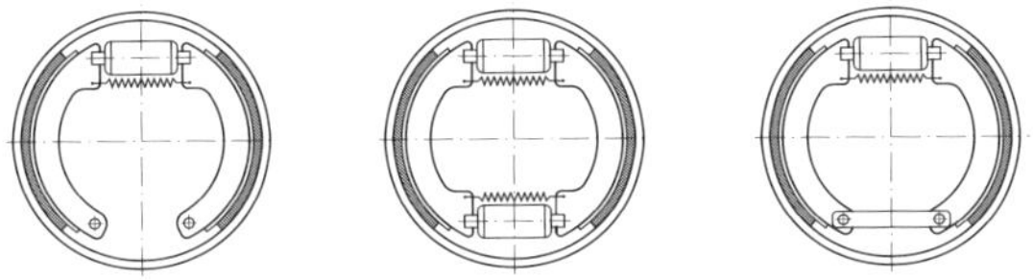

Bild 4.116 Trommelbremsen. a) Simplex, b) Duo-Duplex, c) Duo-Servo

Die **Simplexbremse** (Bild 4.116a) hat bei einer Drehung der Trommel entgegen dem Uhrzeigersinn links eine auflaufende und rechts eine ablaufende Bremsbacke. Infolge der Keilwirkung entsteht bei der auflaufenden Bremsbacke eine Selbstverstärkung, während bei der ablaufenden Bremsbacke eine Selbstschwächung vorliegt. Bei der **Duo-Duplexbremse** (Bild 4.116b) sind beide Bremsbacken auflaufend. Dadurch wird eine deutlich höhere Selbstverstärkung erzeugt.

Die größte Selbstverstärkung wird mit der **Duo-Servobremse** (Bild 4.116c) erzielt. Der Unterschide zur Simplexbremse ist, dass beide Bremsbacken über eine Lasche miteinader verbunden sind. Zusätzlich ist noch ein Anschlag am Radbremszylinder erforderlich.

Außenbackenbremsen, wie in DIN 15435 beschrieben, werden jedoch nur noch selten eingesetzt. Man findet sie als Halte-, Stopp- oder Regelbremse für rauhe Betriebsverhältnisse in Kran-, Förder- und Walzanlagen.

4.9.2 Scheibenbremsen

Dr.-Ing Günter Schäfer

Allgemein betrachtet ist die Scheibenbremse eine kraftschlüssige Kupplung, die fremdbetätigt wird und eine enge Verwandtschaft zu den Lamellenkupplungen, speziell zur Einscheibenkupplung, hat. Als **Reibungsbremse** kann sie zur Überlastsicherung eingesetzt werden, z.B. bei Schiffsankerwinden. Wesentliches Merkmal der Scheibenbremse ist, dass eine Kupplungsseite (die **Bremszange**) still steht (Drehzahl $n = 0$). Das rotierende Bauteil, die **Bremsscheibe**, hat ein vorteilhaft kleineres Massenträgheitsmoment als eine Bremstrommel. Trotzdem sollte das Massenträgheitsmoment beachtet werden. Die Bremsscheibe gehört bei vielen Fahrzeuganwendungen zu den ungefederten Massen, was den Druck zur Gewichtsreduzierung zusätzlich erhöht.

Die Berechnung der Scheibenbremsen erfolgt analog zu den im Kapitel 4.4 dargestellten Kupplungsberechnungen. Es gilt $T_{Br} \leq 2\,\mu\,F\,r_m$ und ebenso ist die Wärmebilanz zu berücksichtigen. Die Schalthäufigkeit hängt hier vom Anwendungsfall ab. Scheibenbremsen werden eingesetzt als:

- **Stoppbremse** zum Abbremsen rotierender Wellen,
- **Regelbremse** zur Einstellung von Antriebsmomenten,
- **Haltebremse** gegen unbeabsichtigtes Anlaufen von Wellen.

Haltebremsen sind thermisch unkritisch, die **Regelbremse** ist auf Dauerschalten auszulegen, für die **Stoppbremse** ist die Bremshäufigkeit zu beachten (Fahrzeugbremse oder Notbremse im Industrieantrieb), siehe hierzu auch die Einteilung in DIN 15434-1 Trommel- und Scheibenbremsen, Berechnungsgrundsätze [4.32].

Bei den Bremssystemen wird prinzipiell zwischen voll- und teilbeaufschlagten Systemen unterschieden. Bei den **vollbeaufschlagten Systemen** wird die gesamte Reibfläche vom Reibbelag bedeckt. Aufgrund der hohen eingebrachten Wärmereibleistung ist dies auch bei innenbelüfteten Scheiben technisch nicht sinnvoll realisierbar. Üblicherweise werden daher Scheibenbremsen als teilbeaufschlagte Systeme (Bild 4.117 a und b) ausgeführt. Es werden zwei Bremsbeläge rechts und links symmetrisch über einen begrenzten Sektor an die Bremsscheibe angedrückt, die restliche Scheibenoberfläche wird zur Wärmeabgabe genutzt. Bei **innenbelüfteten Bremsscheiben** werden radiale Luftkanäle in der Bremsscheibe zur Vergrößerung der Oberfläche genutzt (Bild 4.123).

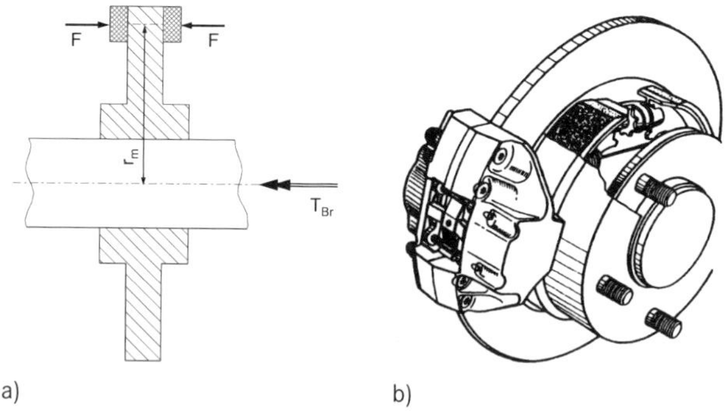

Bild 4.117 Teilbeaufschlagte Scheibenbremssysteme. a) Prinzipdarstellung mit Anpresskräften, b) Fahrzeug-Bremskombination, Scheibenbremse als Stoppbremse und Trommelbremse als Haltebremse (*Continental-Teves*)

Die Scheibenbremsen können mechanisch, hydraulisch, pneumatisch oder elektrisch betätigt werden. Die Scheibenbremsen können aktiv betätigt oder gelüftet werden. Im Fahrzeugbau werden bei Pkws und Lkw-Zugmaschinen meist hydraulisch betätigte Scheibenbremsen und in sonstigen Lkw-Anwendungen pneumatisch gelüftete Bremsen eingesetzt. In der Antriebstechnik sind grundsätzlich die Anwendungen in der **Fahrzeugtechnik** (geringes Gewicht, kleiner Bauraum, meist Bremskraftverstärker) und in der **Industrie** (robust, wartungsarm, weniger Bauraumbeschränkungen) zu unterscheiden [4.1].

Wesentliches Bauteil einer Scheibenbremse, neben der Bremsscheibe selber, ist der **Bremssattel**. Im Bremssattel sind die **Bremsbeläge** und der/die **Betätigungszylinder** eingebaut. Man unterscheidet **Festsattel** und **Schwimmsattel**. Der Festsattel ist in axialer Richtung über der Bremsscheibe fest montiert und benötigt zum Anpressen der beiden Bremsbeläge jeweils einen Kolben, er wird daher auch **Zweikolbensattel** genannt. Der Schwimmsattel ist axial verschieblich und kommt dadurch mit nur einem Kolben aus, der die Anpresskraft erzeugt und als Reaktionskraft über den Bremssattel auf den zweiten Bremsbelag leitet. Das Ansprechverhalten der Festsattelbremse ist direkter als das des Schwimmsattels, weshalb bei hochwertigen Pkws die teurere Festsattelbremse verbaut wird. Bild 4.118 zeigt die Einzelteile einer solchen Festsattelbremse.

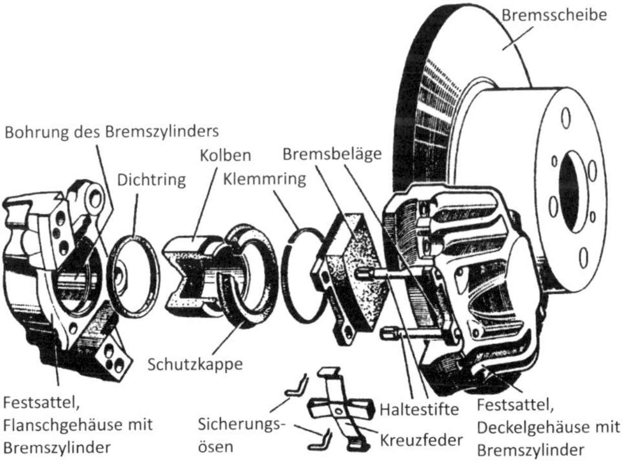

Bild 4.118 Einzelteile einer Festsattel-Scheibenbremse (*Continental-Teves*)

Bei **Zweirad-Scheibenbremsen** findet man häufig Doppelkolben zur Krafterhöhung. Dabei sind auf einer Sattelseite zwei Kolben nebeneinander angeordnet, um bei gleichem Druck die Anpresskraft auf den Bremsbelag zu erhöhen und gleichmäßig einzuleiten (Bild 4.119). Eine in Umfangsrichtung noch längere Bremszange mit dem dadurch weiter verkürzten Bereich zur Wärmeabgabe macht technisch keinen Sinn. Stattdessen werden auf der gleichen Welle weitere Scheibenbremsen parallel angeordnet. Damit ergibt sich die im Motoradbereich häufig anzutreffende **Doppelscheibenbremse** (Bild 4.119). Bei den parallel auf einer Welle angeordneten Scheibenbremsen addieren sich die Bremsleistungen auf. Nach diesem Prinzip werden bei Schienenfahrzeugen und Industrieanwendungen bis zu vier Scheibenbremsen parallel angeordnet. Bild 4.120 zeigt eine Bahnachse mit drei Scheibenbremsen.

Bild 4.119 Doppelscheibenbremse mit Doppelkolbensattel und Zahnring für das Bremsregelsystem ABS an einem Motorradvorderrad

Bild 4.120 Achse eines Hochgeschwindigkeitszuges mit drei Scheibenbremsen

In Verbindung mit den an jedem Rad angebrachten Drehzahlsensoren für das **Bremsregelsystem** (ABS) kann im Pkw auf die Bremsenansteuerung im normalen Fahrbetrieb z. B. auch so eingewirkt werden, dass ein auf Schnee durchdrehendes Rad gebremst wird und damit wieder eine Leistungsverzweigung im Differenzial und eine Drehbewegung an beiden Antriebsrädern erzwungen wird (elektronische Differenzialsperre). Die Scheibenbremse wird damit zur Regelbremse, was bei der Auslegung in der Wärmebilanz zu berücksichtigen ist.

Die **Industriescheibenbremsen** werden ebenso als Regelbremsen z. B. zur Einstellung einer konstanten Zugkraft in einem Bandantrieb oder als Stopp- und Haltebremse in Antrieben von Förder-, Zerkleinerungs- und Windkraftanlagen eingesetzt. Typische Scheibendurchmesser liegen im Bereich zwischen 315 mm und 1 600 mm und können in sehr langsam bewegten Anwendungen noch deutlich größer ausgeführt werden.

Die Bremsmomente pro Scheibenbremse reichen bei den pneumatisch betätigten bis 40 kN · m und bei den hydraulisch betätigten bis 350 kN · m. Neben Bremsmoment und Wärmehaushalt ist bei der Auslegung von Scheibenbremsen die **Fliehkraftbelastung** der Scheibe zu berücksichtigen. Für den bei Industrie-Scheibenbremsen häufig eingesetzten Scheibenwerkstoff GGG50 darf die Umfangsgeschwindigkeit 100 m/s nicht überschreiten. Dabei ist die erhebliche Temperaturbelastung von ca. 300 °C in den zugrunde gelegten Werkstofffestigkeiten bereits berücksichtigt. Für massive Bremsscheiben werden auch St52-3 oder bei besonders hohen Beanspruchungen 42CrMo4 verwendet. Als Grenze für die Umfangsgeschwindigkeit sind auch die zulässigen Flächenpressungswerte der Reibbeläge, abhängig von der Umfangsgeschwindigkeit, zu beachten, die typisch zwischen 50 m/s und 90 m/s angewendet werden [4.31].

Bild 4.121 zeigt eine federbetätigte und hydraulisch gelüftete Scheibenbremse. Durch die symmetrische Anordnung von zwei Bremszangen gleichen sich die außermittig angreifenden Bremskräfte weitestgehend aus, was eine deutliche Reduzierung der Wellenbelastung bewirkt. Eine einzelne außermittige Bremskraft erzeugt ein Wechselbiegemoment in der Welle und muss von den benachbarten Lagerstellen aufgenommen werden.

Industrie-Scheibenbremsen werden in allen Varianten hergestellt:

- pneumatisch/hydraulisch betätigt – federgelüftet (Bild 4.122),
- federbetätigt – pneumatisch/hydraulisch gelüftet,
- vollständig handbetätigt.

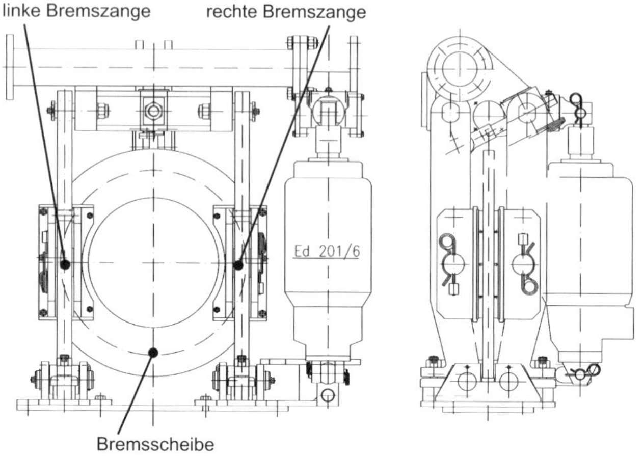

Bild 4.121 Scheibenbremse nach DIN 15433 mit zwei Bremszangen in symmetrischer Anordnung (*ASKU-Scholten*)

Bild 4.122 Hydraulisch betätigter und federgelüfteter Bremssattel (*Ringspann*)

Im Übergang von der Scheibenbremse zur Trommelbremse existiert auch die **Konusbremse**. Sie entspricht der Konuskupplung in Kapitel 4.4 und wird heute noch häufig in elektrischen Hebezeugantrieben verblockt mit dem Antriebsmotor eingesetzt (Bild 4.123). Sobald der Motor stromlos ist, wird die Bremse über die Feder betätigt. Schaltet man den Motor ein, zieht das Magnetfeld im kegeligen Luftspalt den Läufer aus der Bremse heraus, sie ist dann gelüftet. Durch die konische Geometrie der Reibflächen reicht eine relativ kleine Federkraft aus, um das notwendige Bremsmoment zu erzeugen.

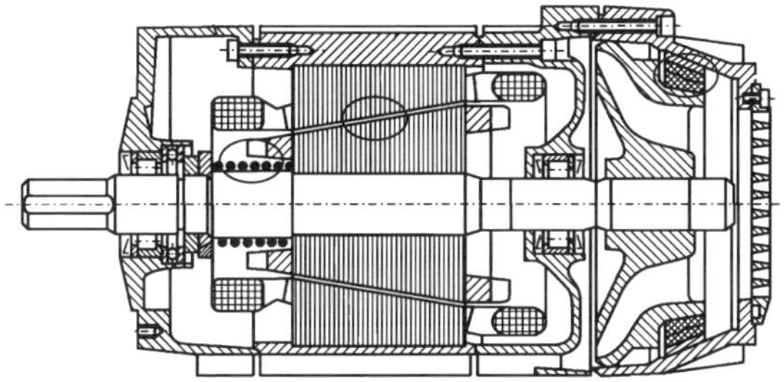

Bild 4.123 Konusläufer-Bremsmotor mit Konusbremse (*DEMAG KB-Motor*)

4.9.3 Lamellenbremsen

Dipl.-Ing. Markus Albrecht

4.9.3.1 Funktion und Anwendung – Überblick

Lamellenbremsen sind charakterisiert durch ein aus mehreren Reibscheiben bestehendes **Lamellenpaket**. Wird das Lamellenpaket kraftbelastet, kann ein reibschlüssig wirkendes Drehmoment zwischen An- und Abtriebsseite übertragen werden. Bild 4.124 zeigt am Beispiel einer hydraulisch gelüfteten, federbelasteten Lamellenbremse den üblichen Aufbau. Lamellenbremsen bestehen im Wesentlichen aus Betätigungseinheit, Gehäuse, Innenmitnehmer sowie Außen- und Innenlamellen.

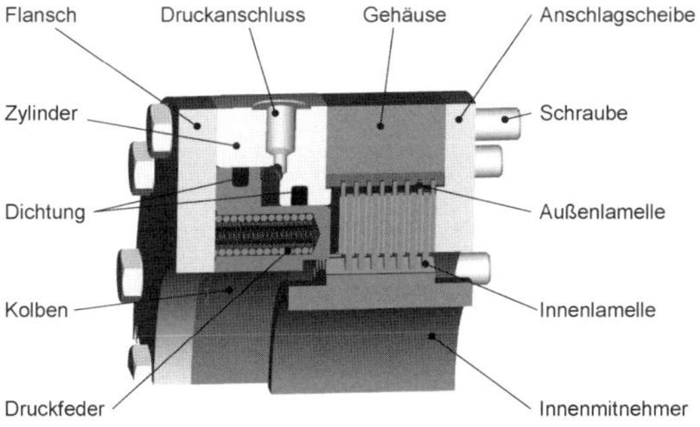

Bild 4.124 Lamellenbremse (*Ortlinghaus-Werke GmbH*)

Außen- und **Innenlamellen** sind jeweils abwechselnd mit dem Gehäuse bzw. mit dem Innenmitnehmer formschlüssig verbunden und bilden das Lamellenpaket. Der Formschluss ist spielbehaftet, sodass die Lamellen in Kraftrichtung verschoben werden können. Zur Aufnahme von Federkraft oder Druckkraft dienen die seitlich am Gehäuse angeschraubten Bauteile **Flansch** und **Anschlagscheibe**. Das Gehäuse wird mit dem stillstehenden Maschinenteil verschraubt, der Innenmitnehmer ist mit der Welle formschlüssig verbunden. Bei aktiver Bremsfunktion wird das über die Welle eingeleitete Drehmoment über die Schraubverbindung reibschlüssig in das Maschinengestell weitergeleitet. Bei aufgehobener Bremswirkung nimmt dieselbe Schraubenverbindung die zum Öffnen der Bremse erforderlichen Axialkräfte auf.

Im Bild 4.124 ist die Bremse im geöffneten Betriebszustand dargestellt. Hierbei hält eine im Kolbenraum befindliche und unter Druck stehende Ölsäule den Kolben gegen die Federkraft in der Endlage. Erst in dieser Kolbenposition ist die Bremse vollständig offen, und die Lamellen sind in axialer Richtung kraftfrei. Ist der Kolbenraum dagegen drucklos, ist das volle Bremsmoment wirksam und kann zwischen Innenmitnehmer und Gehäuse reibschlüssig übertragen werden.

Lamellenbremsen zeichnen sich durch hohe Leistungsdichte aus. Die kompakte Bauart ermöglicht den Einsatz der Bremsen bei hohen Drehzahlen. Das geringe Massenträgheitsmoment der Reibscheiben trägt im Vergleich zum Massenträgheitsmoment der abzubremsenden Massen nur unwesentlich zur Erhöhung der Bremsenergie bei. Lamellenbremsen ermöglichen sehr kompakte und kostengünstige Gesamtkonstruktionen bei gleichzeitig hoher Leistungsdichte.

Bauartbedingt sind die Lamellenbremsen in der Regel nach außen geschlossene Konstruktionen, sodass die Bremsen unter rauen Betriebsbedingungen bei hohem Staub- und Schmutzanteil eingesetzt werden können. Ebenfalls ermöglicht diese Bauart den Einsatz in umweltsensiblen Anwendungen, da möglicherweise auftretender Abrieb nicht in die Umwelt gelangt. Zusätzlich kann bei geschlossener Bauweise eine Beölung der Lamellen vorgesehen werden, sodass ein nahezu wartungsfreier Betrieb der Bremse ermöglicht wird. Bei entsprechender Kühlölmenge und Beölungsart kann die Lamellenbremse thermisch hoch belastet werden. Die Bremseigenschaften können gezielt durch verschiedene Reibwerkstoffe, Beschaffenheit der Belagoberfläche und Beölungsarten eingestellt werden.

Betätigungsarten

Zur Drehmomenterzeugung muss das Lamellenpaket mit Kraft belastet werden. Damit das Lamellenpaket nach dem Bremsvorgang wieder freigestellt werden kann, wird eine zweite, der Bremskraft entgegen gerichtete Lüftkraft benötigt. Die erforderliche Brems- oder Lüftkraft kann durch Federn, Elektromagnete oder durch ein druckbetätigtes Kolben-Zylinder-System aufgebracht werden. In der Regel werden Lamellenbremsen federbelastet ausgeführt, damit die beweglichen Teile der Anlage bei Energieabschaltung oder -ausfall stillgesetzt werden können.

Die größte Leistungsdichte federbelasteter Bremsen erzielt man in der Kombination federbelastet – hydraulisch gelüftet. In dieser Kombination steht ein hoher Druckbereich zum Lüften zur Verfügung, wodurch die Verwendung vieler Federn mit hohen Federkräften möglich ist. Im Bild 4.125 sind federbelastete Lamellenbremsen verschiedener Lüftungsarten bei gleichem Drehmoment gegenübergestellt. Die hydraulisch gelüftete Bauart benötigt deutlich weniger Einbauraum als die übrigen Bauarten.

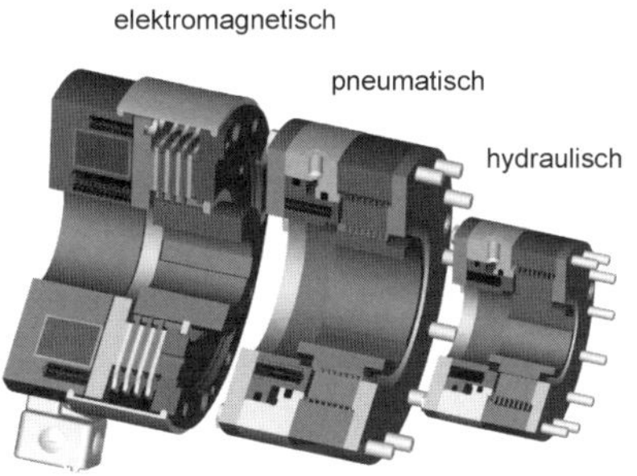

Bild 4.125 Vergleich von federbelasteten Lamellenbremsen verschiedener Lüftungsarten bei gleichem Drehmoment (*Ortlinghaus-Werke GmbH*)

Anwendungen und Beispiele

Lamellenbremsen werden überwiegend als statische Bremsen (Haltebremse) eingesetzt. Bei bewusst herbeigeführter Energieabschaltung hält die federbelastete Bremse die Maschine sicher in Position. Der Einfall der Bremse erfolgt bei dieser Anwendung im Stillstand, sodass eine thermische Belastung nicht auftritt. Neben der Haltefunktion kann die Lamellenbremse auch als dynamische Bremse eingesetzt werden, um Massen aus der Bewegung kontrolliert bis zum Stillstand abzubremsen oder die Bewegung zu kontrollieren. Ggf. muss die Bremse hierbei mit Kühlöl durchströmt werden, um eine thermische Überlastung der Reibflächen zu vermeiden oder die Lamellen vor Verschleiß zu schützen.

Eingebaut werden diese Bremsen z. B. im Fahrantrieb oder im Drehwerk von Baumaschinen, in Krananlagen und Seilwinden. Der Einsatz der Bremsen ist aber nicht nur auf das Gebiet der Baumaschinen beschränkt: Transportaufzüge, Förderanlagen z. B. in der Getränkeindustrie, Spindelarretierung für Hubwerke, Reibschweißmaschinen, Werkzeugmaschinen oder Drehpfannen sind nur einige von vielen möglichen Anwendungen, bei denen Lamellenbremsen zum Einsatz kommen.

Die Tabelle 4.13 gibt einen Überblick über die Einsatz- und Anwendungsmöglichkeiten von federbelasteten Lamellenbremsen (jede Spalte ist für sich zu betrachten).

Tabelle 4.13 Einsatzmöglichkeiten und Anwendungen

Einsatz	Anwendung als
Winde	Haltebremse (statische Bremse)
Drehwerk	Betriebsbremse (dynamische Bremse)
Fahrantrieb	Überlastbremse (dynamische Bremse)
allgemeine Industrieanwendungen	Notstopp-Bremse (dynamische Bremse)

Generell gilt: Federbelastete Lamellenbremsen können eingesetzt werden, um Anlagen/Maschinen bei Energieausfall sicher abzubremsen und Maschinenteile in Position zu halten.

4.9.3.2 Dimensionierung von Lamellenbremsen

Bei der Größenbestimmung sind konstruktive und auch betriebsbedingte Einflüsse zu berücksichtigen. Für die Größenbestimmung einer Lamellenbremse können das dynamische oder statische Drehmoment, die Drehzahl, die geforderte Verzögerung oder die zulässige thermische Belastung maßgebend sein. Daneben müssen weitere, aus der jeweiligen Anwendung resultierende Einflussgrößen und Einbauverhältnisse berücksichtigt werden (Bild 4.126).

Betriebsart der Bremse

Je nach Funktion der Bremse kann unterschieden werden zwischen:

- einer reinen Halteanwendung (statische Belastung),
- Halteanwendung mit nachfolgendem Notstopp,
- überwiegend dynamischer Anwendung.

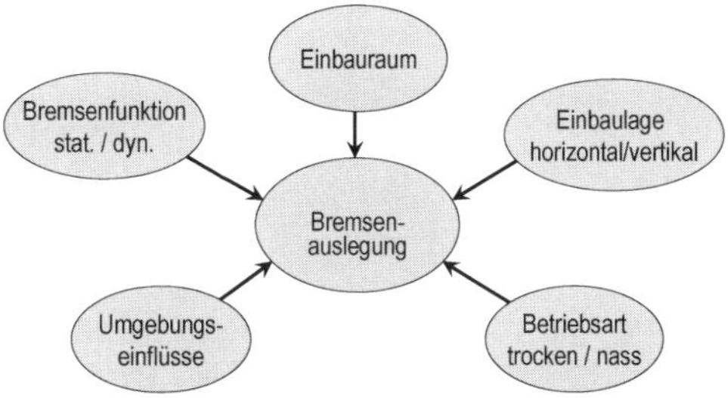

Bild 4.126 Einflüsse auf die Bremsenauslegung (*Ortlinghaus-Werke GmbH*)

Die Auslegung muss somit mechanische und thermische Belastungen berücksichtigen. Zur mechanischen Auslegung gehören die Überprüfung des erforderlichen Drehmoments, der kraft- und drehmomentübertragenden Bauteile und die Überprüfung der zulässigen Drehzahlen. Die thermische Auslegung beschäftigt sich mit der zulässigen Belastung im dynamischen Belastungsfall unter Berücksichtigung aller relevanten Einflussgrößen wie z.B. Lastmoment, Massenträgheitsmoment und Schaltdrehzahl.

Im Betriebszustand **Trockenlauf** ist der Reibungszustand durch die Gesetzmäßigkeiten der Festkörperreibung bestimmt und die Reibpaarung ist – anders als im Nasslaufbetrieb – prinzipiell verschleißbehaftet. Höhere thermische Belastungen erfordern **Nasslaufbetrieb**, um die beim Reibvorgang entstehende Wärme über das Öl abzuführen. Für viele Reibpaarungen liegt der Reibungsbeiwert im Nasslaufbetrieb deutlich niedriger als im Trockenlauf, sodass unter Öl betriebene Lamellenbremsen im gleichen Einbauraum und bei gleicher Anpresskraft weniger Drehmoment übertragen als trockenlaufende Bremsen.

Weitere bei der Auslegung zu berücksichtigende Einflüsse resultieren aus dem zur Verfügung stehenden Einbauraum, den Umgebungsbedingungen am Einbauort sowie der Einbaulage (horizontal/vertikal). In der **horizontalen Einbaulage** arbeitet die Bremse nahezu verlustleistungsfrei, da sich die Lamellen lediglich punktuell touchieren. Ein Betrieb mit vertikal liegender Bremsachse ist möglich, jedoch müssen unter vertikaler Einbaulage betriebene Bremsen besonders auf Leerlauferwärmung überprüft werden. Umgebungseinflüsse ergeben sich aus der Anwendung und dem Einsatzort. Hierzu zählen z.B. Temperatur (Betriebs- und Umgebungstemperatur), Luftfeuchtigkeit, Schmutz, Salzgehalt der Luft.

Bei der Auswahl und Auslegung der Lamellenbremsen ist zu berücksichtigen, dass Eingangssignal (Schaltsignal) und Anliegen des vollen Drehmoments zeitlich verzögert aufeinander folgen. Diese Zeitspanne ist u. a. abhängig von der Trägheit der Steuerung sowie der Bremsenausführung. Aufgrund der verschiedenen Einflussgrößen ist die Verzögerung an der Anlage nur empirisch zu bestimmen.

Dimensionierung nach Drehmoment und Drehzahl

Bei **statischen Anwendungen** wird die Bremse erst im Stillstand belastet. Es tritt keine Reibarbeit auf. Für statische Anwendungen sind die Bremsen so auszulegen, dass das statische Bremsmoment für jeden Betriebszustand größer als das maximal auftretende Lastmoment ist. Der dabei anzustrebende Sicherheitsbeiwert ist abhängig vom jeweiligen Anwendungsfall und sollte mindestens $S_F = 1{,}25 \ldots 1{,}5$ betragen. Bei starken Vibrationen und Stößen sind höhere Werte zu verwenden. Statische Anwendungen, die zusätzliche Notbremsungen erfordern, werden wie dynamische Anwendungen ausgelegt und müssen zusätzlich auf thermische Belastung überprüft werden.

Bei **dynamischen Anwendungen** entstehen Reibleistung und Reibenergie. Dies führt zu einer Erwärmung der Reibflächen. Die dabei entstehende Wärme muss von den Reibflächen aufgenommen bzw. abgeleitet werden, ohne dass der für die Reibpaarung zulässige Wärmekennwert überschritten wird. Für den einfachen Bremsvorgang wird empfohlen, die Bremse im 1. Schritt so auszulegen, dass das dynamische Bremsmoment T_{dyn} 1,25-… 1,5fach größer gewählt wird als das anlagenbedingte Lastmoment T_{Last}. Je nach Anwendungsfall, Verzögerung oder auftretender thermischer Belastung können andere Werte für das dynamische Bremsmoment erforderlich werden: $T_{dyn} \geq S_F \cdot T_{Last}$.

Ist die für die Anwendung ermittelte bzw. gewünschte mechanische Bremszeit t_R bekannt, so errechnet sich für den Fall des über der Drehzahl konstanten Lastmomentes das erforderliche dynamische Bremsmoment der Bremse zu

$$T_{dyn,erf} = T_a + T_{Last} = J_{red} \cdot \frac{\omega_{an} - \omega_{ab}}{t_R} + T_{Last} \leq T_{dyn}$$

J_{red} das auf die Bremswelle reduzierte Massenträgheitsmoment aller abzubremsenden Massen, T_a Verzögerungsmoment $T_a = T_{dyn} - T_{Last}$, T_{Last} statisch wirksames Lastmoment

Für den sicheren Betrieb der Bremse ist die **zulässige Drehzahl** bei geöffneter Bremse zu beachten. Bei Überschreiten der Grenzdrehzahl kann es zum Lamellentaumeln mit einhergehender Schädigung von Lamellen und Bremse kommen. Eine sichere Grenze zur Vermeidung von Lamellentaumeln stellt die auf den mittleren Reibradius bezogene Gleitgeschwindigkeit v_{rel} = 35 m/s dar. Die zulässige Grenzdrehzahl der geöffneten Bremse kann mit nachfolgender Formel ermittelt werden:

$$n_{zul,Br} = \frac{30 \cdot v_{rel}}{r_m \cdot \pi}$$

R_m mittlerer Reibradius $r_m = \frac{1}{4}\left(D_{BA} + D_{BI}\right)$, D_{BA} Reibdurchmesser außen, D_{BI} Reibdurchmesser innen

HINWEIS: Eine Schaltung bei dieser Drehzahl ist ohne vorherige thermische Berechnung nicht zulässig.

Durch geeignete konstruktive Maßnahmen, z. B. Einbau von Sinusringen, können höhere Drehzahlen zugelassen werden. Zur Bewertung der Durchführbarkeit muss der jeweilige Anwendungsfall mit seinen Randbedingungen betrachtet werden.

Die rechnerische Ermittlung des Bremsmoments ist abhängig vom mittleren Reibradius r_m, der effektiven axialen Anpresskraft F_{ax}, der Anzahl der Reibflächen i_{RF} sowie vom Reibungsbeiwert μ:

dynamischers Drehmoment $T_{dyn} = r_m \cdot i_{RF} \cdot \mu_{dyn} \cdot F_{ax}$

statisches Drehmoment $T_{stat} = r_m \cdot i_{RF} \cdot \mu_{stat} \cdot F_{ax}$

Die Reibungsbeiwerte werden von der Werkstoffpaarung, der Oberflächenstruktur der Reibpartner, der Gleitgeschwindigkeit und Flächenpressung sowie dem im Reibkontakt verwendeten Öl beeinflusst. Für die Werkstoffpaarung Sinter/Stahl können folgende Reibungsbeiwerte als Anhaltswert für die Berechnung verwendet werden (Tabelle 4.14).

Tabelle 4.14 Reibungsbeiwerte für Sinter/Stahl nach [4.33]

Betriebsart	μ_{dyn}	μ_{stat}
Trockenlauf	0,12 ... 0,15	0,15 ... 0,20
Nasslauf	0,07 ... 0,11	0,11 ... 0,15

Weitere Angaben zu Reibpaarungen und Reibungsbeiwerten findet man in [4.33], [4.38] oder können beim Hersteller erfragt werden.

Der **mittlere Reibradius** ist abhängig vom effektiven äußeren und inneren Reibdurchmesser D_{BA} und D_{BI} und kann näherungsweise wie folgt ermittelt werden:

$$r_m = \frac{1}{4} \cdot \left(D_{BA} + D_{BI}\right)$$

Jede Bremse benötigt zur einwandfreien Funktion ausreichend große **Spalte** zwischen den Lamellen, damit sich die Lamellen im geöffneten Zustand der Bremse freistellen können. Werden die Bremsen mit **Sinuslamellen**® bestückt, so ist der Betrag der Sinushöhe zusätzlich zu berücksichtigen. Der **Gesamtspalt** bzw. **Kolbenhub** ergibt sich somit aus der Addition der Einzelbeträge für die Lüftung je Reibfläche L/RF und der Sinushöhe je Sinuslamelle h_{Sinus}:

$$\text{Spalt} = L/RF \cdot i_{RF} + h_{\text{Sinus}} \cdot i_{SL}$$

Die Lüftung je Reibfläche L/RF ist von geometrischen Eigenschaften der Lamellen (Ebenheit, Parallelität und dem Durchmesser bzw. Baugröße) abhängig.

Bei der Konstruktion von Bremsen ist darauf zu achten, dass je nach vorliegenden Betriebsbedingungen (Beölungsart, Drehzahl, thermische Belastung) ein möglichst guter Kompromiss zwischen minimalem und maximalem Spalt gefunden wird. Zu enge Spalte führen bei hohen Drehzahlen und unter Nasslaufbedingungen zu großen Leerlaufverlusten, zu große Spalte erhöhen die Einfallzeiten und reduzieren bei federbelasteten Bremsen die Federkräfte und damit auch das mögliche Drehmoment.

Das Lamellenpaket wird axial belastet. Die **maximal zulässige Flächenpressung** des Reibbelages p_{Lam} darf dabei nicht überschritten werden. Die Flächenpressung wird aus der Einzelreibfläche sowie der effektiv wirkenden Axialkraft gebildet:

$$p_{\text{Lam}} = \frac{F_{ax}}{A_{\text{Reib}}} \quad \text{mit} \quad A_{\text{Reib}} = \frac{\pi}{4} \cdot \left(D_{BA}^2 - D_{BI}^2\right)$$

Angaben zu den zulässigen Grenzwerten findet man in [4.33], [4.38] oder können beim Hersteller erfragt werden.

Beachte: Zum sicheren Betrieb der Lamellenbremse

- muss der Spalt zwischen den Reibflächen ausreichend groß dimensioniert werden,
- muss der mindestens erforderliche Lüftdruck an der Bremse eingehalten werden,
- müssen drehmomentmindernde Einflüsse (z. B. der auf den Kolbenraum wirkende Staudruck) berücksichtigt werden,
- darf die zulässige Flächenpressung nicht überschritten werden.

Dimensionierung nach termischer Belastung

Bei dynamischen Bremsvorgängen entsteht Reibenergie, die zu einer Erwärmung der Lamellen führt. Die Größe der zulässigen Reibenergie ist vom Reibmaterial und vom Wärmeableitungsvermögen abhängig. Je nach Anwendungsfall ist dabei die Wärmebelastung je Schaltung oder die Wärmebelastung je Stunde ausschlaggebend. Ziel der **thermischen Berechnung** ist daher die Dimensionierung ausreichend großer Reibflächen unter Berücksichtigung eines geeigneten Wärmeableitungverfahrens. Nach [4.35], [4.37] empfiehlt sich zur Bewertung der thermischen Belastung die Berechnung der maximalen, während einer Schaltung auftretenden Temperatur. Für verschiedene Reibpaarungen sind bei Ortlinghaus spezielle Diagramme und Berechnungsprogramme vorhanden, mit denen eine schnelle und zielsichere thermische Auslegung unter Berücksichtigung verschiedenster Betriebsparameter möglich ist. Aufgrund der Vielzahl an unterschiedlichen Reibpaarungen ist es nicht möglich, allgemeingültige Zahlenwerte zu zulässigen Belastungswerten für Reibpaarungen an dieser Stelle anzugeben. Weiterführende Literatur zu diesem Thema: [4.34], [4.35], [4.38]. Angaben zu zulässigen Grenzwerten für verschiedene Reibpaarungen können bei den Herstellern erfragt werden.

Einzelschaltungen folgen in einem relativ großen zeitlichen Abstand aufeinander. Während eines Bremsvorgangs treten hohe Spitzentemperaturen auf, wenn in kürzester Zeit eine große Energiemenge in Wärme umgesetzt wird. Maßgebend für die **zulässige Wärmebelastung** einer Einzelschaltung sind die Reibarbeit pro Schaltung Q_S, die Zeitspanne zwischen den Einzelschaltungen sowie die Wärmeableitung der Bremse.

Bei Dauer- oder **Mehrfachschaltungen** erfolgen mehrere Bremsvorgänge in zeitlich kurzen Abständen aufeinander. Dies führt zu einem mit jeder neuen Bremsung einhergehenden weiteren Anstieg der Wärmebelastung. Die Wärmebelastungen der Einzelbremsungen werden – vereinfacht ausgedrückt – addiert. Stehen eingebrachte und abgeführte Reibenergie im Gleichgewicht, stellt sich für eine bestimmte Anzahl von Schaltungen/Stunde ein Temperaturniveau an der Bremse ein. Neben der zulässigen Wärmebelastung einer Einzelschaltung ist für die Häufigkeitsschaltung die zulässige Wärmbelastung pro Stunde q_{zul} in $(J/mm^2)/h$ zu beachten. Dieser Kennwert ist unter der Voraussetzung annähernd gleicher Zeitabstände zwischen den Einzelschaltungen anwendbar.

Trocken- und Nasslaufbetrieb

Abhängig von der thermischen Belastung, die aus verschiedenen Lastfällen resultiert, wird eine **Kühlung** des Reibbelages erforderlich. Die Möglichkeiten der Wärmeabfuhr sind je nach Betriebsart unterschiedlich. Bei geringer thermischer Belastung ist **Trockenlauf** möglich. Bei höherer thermischer Belastung kann die entstehende Reibungswärme durch eine Durchflutung des Lamellenpakets durch Kühlöl (Nasslauf) sicher abgeleitet werden. Das Verschleißverhalten der Reibbeläge ist abhängig von der gewählten Betriebsart **Trockenlauf** bzw. **Nasslauf**. Im Trockenlauf ist der Reibungszustand durch die Gesetzmäßigkeiten der Festkörperreibung bestimmt, und die Reibpaarung ist prinzipiell verschleißbehaftet. Im Betriebszustand **Nasslauf** arbeiten die Lamellen bei richtiger Dimensionierung von Beölungsart und Reibfläche verschleißfrei.

In der Betriebsart Trockenlauf erfolgt die Wärmeabfuhr durch Konvektion am Bremsgehäuse. Für eine verbesserte Wärmeabfuhr kann die Bremse mit Luft angeblasen werden. Eine Verrippung des Bremsengehäuses vergrößert die abstrahlende Oberfläche und führt zu einer Verbesserung der Wärmeabfuhr. Im Betriebszustand **Trockenlauf** ist – wie schon oben erwähnt – die Reibpaarung verschleißbehaftet. Bei Kenntnis der Verschleißrate K kann die zu erwartende Anzahl von Schaltungen unter Berücksichtigung von Schaltenergie Q_s und Verschleißvolumen V_{SL} angegeben werden:

Anzahl Schaltungen bei maximalem Verschleiß: $$i_s = \frac{V_{SL}}{K \cdot Q_s}$$

In der Betriebsart Nasslauf sind die Lamellen beölt. Der Begriff **Nasslauf** wird sowohl für leicht eingeölte Lamellen als auch für Anwendungen, bei denen das Lamellenpaket intensiv mit Öl von innen nach außen durchspült wird, verwendet.

Unter **Tauchschmierung** versteht man das partielle Eintauchen der Lamellen in ein Ölreservoir. Im Getriebe wird diese Beölungsart dadurch erreicht, dass die Bremse partiell in den Ölsumpf des Getriebes eintaucht. Außerhalb eines Getriebes besteht die Möglichkeit, die Bremse selbst mit einer geringen Ölfüllung zu betreiben.

Bei **Durchlaufbeölung** wird der Lamellenraum der Bremse mit Öl durchspült. Dabei tritt z. B. auf der einen Seite Öl ein, auf der gegenüberliegenden Seite befindet sich der Ölauslass. Somit ist immer ein kontinuierlicher Öldurchfluss durch die Lamellenbremse gegeben.

In Verbindung mit radialen Austrittsöffnungen am Bremsengehäuse stellt die **Innenbeölung** die effektivste Kühlmöglichkeit einer Lamellenbremse dar. Bei der Innenbeölung wird das Schmieröl zentral durch die Welle in den Lamellenraum eingebracht, durchströmt das Lamellenpaket und tritt durch radiale Öffnungen am Bremsengehäuse ins Freie. Das austretende Öl muss anschließend in geeigneter Weise außen aufgefangen, ggf. rückgekühlt und dem Tank wieder zugeführt werden. Bild 4.127 zeigt beispielhaft die Ausführung mit Innenbeölung.

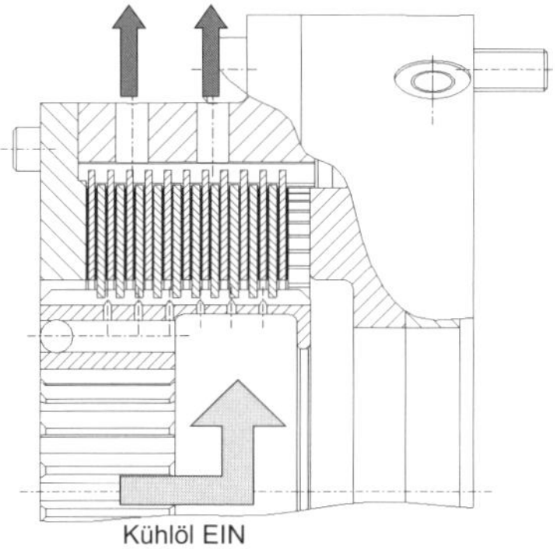

Bild 4.127 Innenbeölung (*Ortlinghaus-Werke GmbH*)

Leerlaufverhalten – Verlustleistung

Jede nasslaufend betriebene Lamellenbremse erzeugt unter Differenzdrehzahl **Verlustleistung**. Die Verlustleistung ist abhängig von der Ölviskosität, der Kühlölmenge bzw. dem Ölstand in der Bremse, der Drehzahl sowie von der Ausprägung und Größe der Reibflächen, Sinushöhe und Lüftung/Reibfläche.

Beachte: Die Verlustleistung kann ohne ausreichende Wärmeabfuhr zu einem starken Temperaturanstieg und Schädigung der Bremse führen.

Bei **Durchlaufbeölung** findet ein ständiger Ölaustausch statt. Dabei kann das durch die Verlustleistung aufgeheizte Öl wieder rückgekühlt und der Bremse über den Ölkreislauf wieder zugeführt werden. Werden die Bremsen für **Tauchölung** ohne Ölumlauf ausgelegt, sind das Leerlaufmoment und die Verlustleistung zu überprüfen, um eine thermische Überlastung der Bremse schon bei der Auslegung festzustellen und somit durch geeignete Maßnahmen zu vermeiden. Mögliche Maßnahmen zur Verringerung der Gefahr der thermischen Überlastung durch Verlustleistung sind:

- externe Kühlung der Bremse,
- große Spalte zwischen den Lamellen,
- Umlaufschmierung,
- Verringerung des Ölstandes in der Bremse,
- Vergrößerung der abstrahlenden Oberfläche der Bremse.

Die Verlustleistung bzw. das Leerlaufmoment kann mithilfe von Rechenprogrammen [4.34] mittlerweile gut abgeschätzt werden.

Die Verlustleistung **trockenlaufender** Lamellenbremsen ist für den Einbaufall der horizontal liegenden Bremsachse in der Regel vernachlässigbar klein. Bei vertikaler Einbaulage jedoch reiben die einzelnen Lamellen aufgrund ihrer Schwerkraft aufeinander und erzeugen so ein Reibmoment. Dabei wird das Reibmoment je Reibfläche umso größer, je mehr Lamellen oberhalb der betrachteten Reibfläche angeordnet sind. Wird das Leerlaufmoment bzw. die Verlustleistung zu groß, müssen die Lamellen durch konstruktive Maßnahmen distanziert werden. Bild 4.128 zeigt beispielhaft eine **Lamellendistanzierung** mit Sinusringen.

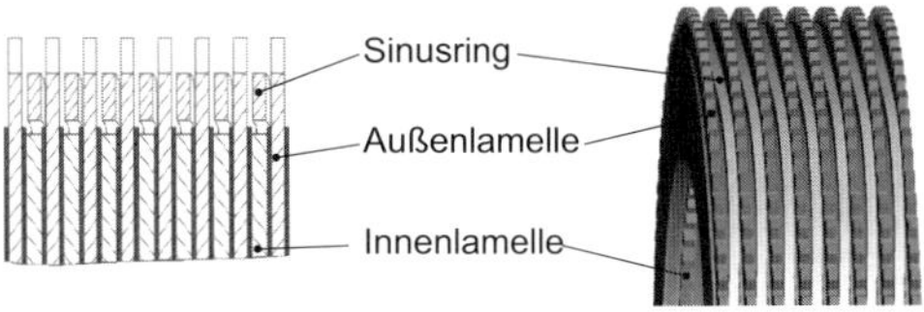

Bild 4.128 Lamellendistanzierung mit Sinusringen (*Ortlinghaus-Werke GmbH*)

Durch die in Umfangsrichtung eingebrachte Wellenform erhält der Sinusring eine gewollte Federwirkung und hält die Außenlamellen in einem definierten Abstand zueinander. Somit ist bei vertikaler Einbaulage lediglich die Gewichtskraft einer Innenlamelle je Kontaktfläche und nicht die Summe der Gewichtskraft aller über der Kontaktfläche angeordneten Lamellen für die Ermittlung der Verlustleistung zu berücksichtigen. Durch eine geeignete Lamellendistanzierung wird so die Verlustleistung erheblich reduziert.

Quellen und weiterführende Literatur

4.1

[4.1] *Decker, K.-H.; Kabus, K.:* Maschinenelemente. Funktion, Gestaltung und Berechnung. München: Carl Hanser Verlag, 2011
[4.2] *Haberhauer, H.; Bodenstein, F.:* Maschinenelemente. Gestaltung, Berechnung, Anwendung. Berlin: Springer-Verlag, 2006
[4.3] DIN 115: Schalenkupplungen. Maße, Drehmomente, Drehzahlen. Berlin: Beuth-Verlag, 1973
[4.4] DIN 116: Scheibenkupplungen. Maße, Drehmomente, Drehzahlen. Berlin: Beuth-Verlag, 1971
[4.5] VDI 2240: Wellenkupplungen. Systematische Einteilung nach ihren Eigenschaften. Düsseldorf: VDI-Verlag, 1971
[4.6] DIN 7190: Pressverbände. Berechnungsgrundlagen und Gestaltungsregeln. Berlin: Beuth-Verlag, 2001

4.2

[4.7] *Pierburg, B.; Amborn, P.:* Gleichlaufgelenkwellen für Personenkraftwagen. Düsseldorf: verl. moderne industrie, 1998
[4.8] Gelenkwellen und Gelenkwellenstränge mit Kreuzgelenken: Einbaubedingungen für Homokinetik. Verein Deutscher Ingenieure, VDI-Richtlinie VDI 2722, August 2003
[4.9] Wellengelenke: Baugrößen, Anschlussmaße, Belastbarkeit, Einbau. Entwurf Januar 2003, DIN Deutsches Institut für Normung e. V., Ref.-Nr. E DIN 808: 2003-01
[4.10] *Schmelz, F.; v. Seherr-Thoss, H.-Ch.; Aucktor, E.:* Gelenke und Gelenkwellen: Berechnung, Gestaltung, Anwendungen. Berlin: Springer Verlag, 2002
[4.11] *Rzeppa, A. H.:* US Patent 2046584, 1934
[4.12] DIN 740 Teil 1 und Teil 2. Berlin: Beuth Verlag 1986
[4.13] *Hagedorn, L.:* Konstruktive Getriebelehre. Düsseldorf: VDI-Verlag, 1986
[4.14] *Künne, B.:* Köhler/Rögnitz Maschinenelemente 2. Wiesbaden: Vieweg + Teubner Verlag, 2008
[4.15] *Peeken, H.; Troeder, C.:* Elastische Kupplungen, Konstruktionsbücher Band 33. Berlin: Springer Verlag, 1986
[4.16] *Rieg, F.; Kaczmarek, M.:* Taschenbuch der Maschinenelemente. Leipzig: Fachbuchverlag, 2006
[4.17] *Schalitz, A.:* Kupplungsatlas. Ludwigsburg: A.G.T. Verlag, 1975
[4.18] *Schlecht, B.:* Maschinenelemente. 2 Teile. München: Addison-Wesley, 2006
[4.19] *Stübner, K.; Rüggen, W.:* Kupplungen. München: Carl Hanser Verlag, 1961
[4.20] VDI 2241 Blatt 1: Schaltbare fremdbetätigte Reibkupplungen und -bremsen. Begriffe, Bauarten, Kennwerte, Berechnungen

4.6

Firmendrucke: mayr Antriebstechnik Mauerstetten
Veröffentlichungen: Überlast mechanisch absichern/Warum Überlastkupplungen unentbehrlich sind. Dipl.-Ing Chr. Dropmann/Dipl.-Ing. Chr. Hörmann
Dauermagnetische Kupplungen (ThyssenKrupp-Magnettechnik)
Brechbolzenkupplung (Sonderdruck-Konstruktion)

4.7.2

[4.21] VDI-Richtlinie 2153: Hydrodynamische Leistungsübertragung, Begriffe – Bauformen – Wirkungsweise. VDI, 1994
[4.22] *Föttinger, H.:* Eine neue Lösung des Schiffturbinenproblems. Jahrbuch der Schiffbautechnischen Gesellschaft, 1910, S. 175–239
[4.23] *Schweickert, H.:* Voith Antriebstechnik, 100 Jahre Föttinger Prinzip. Berlin: Springer Verlag, 2005
[4.24] *Naunheimer, H.; Bertsche, B.; Lechner, G.:* Fahrzeuggetriebe. Grundlagen, Auswahl, Auslegung und Konstruktion. Berlin: Springer-Verlag, 2007
[4.25] Voith Turbo: Hydrodynamik in der Antriebstechnik; Wandler, Wandelgetriebe, Kupplungen, Bremsen. Mainz: Krausskopf-Verlag, 1987
[4.26] Voith Turbo: Hydrodynamische Kupplungen; Grundlagen – Merkmale – Vorteile. Voith Sonderdruck cr394de, 2010
[4.27] *Sigloch, H.:* Strömungsmaschinen. München: Carl Hanser Verlag, 2013
[4.28] *Klement, W.:* Fahrzeuggetriebe. München: Carl Hanser Verlag, 2011

4.8

[4.29] *Troitsch, U.; Weber, W.:* Die Technik – Von den Anfängen bis zur Gegenwart. Braunschweig: Westermann Druck, 1982
[4.30] *Stölzle, K.; Hart, S.:* Freilaufkupplungen – Berechnung und Konstruktion. Berlin: Springer-Verlag, 1961

4.9.2

[4.31] *Breuer, B.; Bill, K. H.:* Bremsenhandbuch. Grundlagen, Komponenten, Systeme, Fahrdynamik. Wiesbaden: Vieweg-Verlag, 2006
[4.32] DIN 15434-1: Trommel- und Scheibenbremsen. Berechnungsgrundsätze. Berlin: Beuth-Verlag, 1989

4.9.3

[4.33] Ortlinghaus-Werke GmbH, Allgemeine Informationen/Technische Grundlagen
[4.34] *Hämmerl, B.:* Naßlaufende Reibkupplungen und Reibbremsen in Industrieantrieben. Antriebstechnisches Kolloquium ATK '97
[4.35] *Hämmerl, B.:* Auslegungsrichtlinien für ölgekühlte Lamellenkupplungen. FVA-Vorhaben Nr. 150/I, FVA-Forschungsheft Nr. 456, 1995

[4.36] *Niemann, G.; Winter, H.:* Maschinenelemente. Bd. II, Berlin: Springer-Verlag, 1989

[4.37] VDI 2241, Blatt 1: Schaltbare fremdbetätigte Reibkupplungen und -bremsen. Begriffe, Bauarten, Kennwerte, Berechnungen. 1982

[4.38] VDI 2241, Blatt 2: Schaltbare fremdbetätigte Reibkupplungen und -bremsen. Systembezogene Eigenschaften, Auswahlkriterien, Berechnungsbeispiele. 1984

5 Getriebe

Prof. Dr.-Ing. Horst Haberhauer

Auch heute gibt es noch viele Anwendungen, bei denen Drehmoment und Drehzahl des Motors nicht den Anforderungen der Arbeitsmaschine entsprechen. So sind zum Beispiel die Drehzahlen von kostengünstigen Asynchronmotoren von den Polzahlen und der Netzfrequenz abhängig. Auch Verbrennungsmotoren arbeiten nur in einem kleinen Drehzahl-Drehmoment-Bereich wirtschaftlich. Die Anpassung vom Motor an die Arbeitsmaschine erfolgt mit einem **Getriebe**. Die Aufgabe eines Getriebes ist es, eine Drehzahl und ein Drehmoment zu übertragen und zu wandeln.

Je nach Einsatz werden an Getriebe unterschiedliche Anforderungen gestellt. In den meisten Fällen sollen sie:

- Bewegungen gleichförmig oder ungleichförmig übersetzen,
- drehende oder geradlinige Bewegungen erzeugen.

Das Verhältnis von Antriebs- zu Abtriebsdrehzahl ist das **Übersetzungsverhältnis** oder kurz die **Übersetzung** *i*. Für viele Anwendungsfälle ist ein Getriebe mit konstanter Übersetzung ausreichend. Es gibt aber auch Anwendungsfälle, bei denen ein Getriebe mit veränderlicher Übersetzung (**Schaltgetriebe**) sinnvoll ist.

Eine **gleichförmige Übersetzung** liegt vor, wenn das Verhältnis von Antrieb zu Abtrieb während einer Periode konstant bleibt (Bild 5.1).

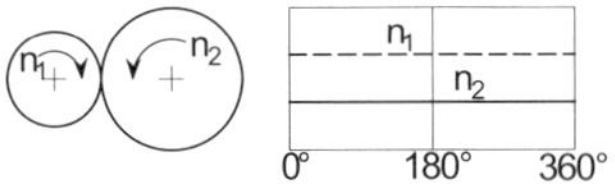

Bild 5.1 Drehendes, gleichförmig übersetzendes Getriebe

Bei einem ungleichförmig übersetzenden Getriebe verändert sich dieses Verhältnis während einer Periode (Bild 5.2).

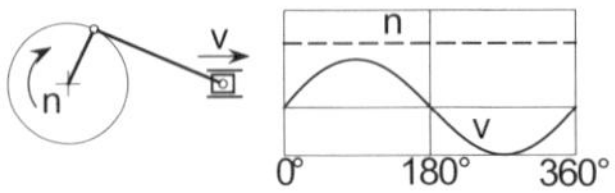

Bild 5.2 Geradliniges, ungleichförmig übersetzendes Getriebe

In diesem Taschenbuch wird nur auf **gleichförmig übersetzende Getriebe** eingegangen. Ungleichförmig übersetzende Getriebe sind ein Spezialgebiet der Getriebelehre, auf die in spezieller Literatur ausführlich eingegangen wird.

Die Bewegungsübertragung in einem mechanischen Getriebe kann form- oder kraftschlüssig erfolgen (Tabelle 5.1).

Tabelle 5.1 Wirkprinzip und Übertragungsverhalten

Wirkprinzip	Übertragungsverhalten	Ausführungen
Formschluss	starr	Zahnradgetriebe, Kettengetriebe
	elastisch	Zahnriemengetriebe
Kraftschluss	mit Schlupf	Riemengetriebe, Reibradgetriebe, Kettenwandlergetriebe

Eine besondere Art von Getrieben stellen die **Fluid**- oder **Hydrogetriebe** dar. Die Energie wird hierbei über ein Fluid übertragen, die Energiegrößenwandlung (Drehmoment und Drehzahl) erfolgt entweder hydrostatisch oder hydrodynamisch. Hydrogetriebe haben häufig eine variable Übersetzung und besitzen einen Überlastschutz.

Neben drehenden und geradlinigen Abtriebsbewegungen sind von gleichförmig übersetzenden Getrieben unter Umständen zusätzlich folgende Funktionen zu erfüllen:

- Abtrieb als Schwenkbewegung,
- große Übersetzungen realisieren,
- große Achsabstände überbrücken,
- Übersetzungen in Stufen oder stufenlos verändern.

Tabelle 5.2 Zuordnung Funktion zu Bauarten (○ abhängig von Ausführung)

	Rädergetriebe	Zugmittelgetriebe	Hubgetriebe	Fluidgetriebe	Pneumatischer Antrieb[1)]
Drehende Abtriebsbewegung	●	●	○	●	●
Schwenkbewegung				●	●
Geradlinige Abtriebsbewegung			●	●	●
Großer Achsabstand		●		●	
Große Übersetzung	○			○	
Übersetzung ändern	○	○		○	

1) siehe Kap. 3.2

Zur Erfüllung dieser Funktionen gibt es eine Vielzahl von unterschiedlichen **Getriebebauformen** (Tabelle 5.2), deren Funktionsweise, Einsatz und Auslegung in den folgenden Kapiteln beschrieben werden.

5.1 Getriebe mit konstanter Übersetzung

5.1.1 Rädergetriebe

Dipl.-Ing. Roland Denefleh

Rädergetriebe mit einer konstanten Übersetzung findet man in vielfältigen Industriebranchen. Diese Branchen stellen jedoch sehr unterschiedliche Anforderungen. In der Getränkeindustrie und im Automobilbau werden z. B. in der Regel hohe Anforderungen bezüglich der Flexibilität bei der Bewegung gesetzt, in der Umwelt- und Recyclingtechnik dagegen werden sehr hohe Kräfte benötigt. Somit kann die industrielle Antriebstechnik aus Sicht der Getriebetechnik in drei Hauptbereiche untergliedert werden.

Standardgetriebe (Bild 5.3) sind charakterisiert durch eine große Anzahl von Ausführungsvarianten und in der Regel als Getriebemotor (direkte Kopplung von Getriebe und Elektromotor) ausgeführt. Mit diesem Getriebe wird ein Drehmomentbereich von bis zu 50 000 Nm abgedeckt.

Industriegetriebe findet man in Anwendungen, wo sehr große Kräfte gefordert sind (Drehmomentenbereich bis 1 000 000 Nm), es wird in der Regel nicht in direkter Kombination mit Elektromotoren ausgeführt.

Servogetriebe (auch Präzisionsgetriebe genannt) findet man in einem Drehmomentbereich bis zu 5 000 Nm, es ist dann erforderlich, wenn höchste Anforderungen an Dynamik und Präzision von Bewegungen gestellt werden.

Bild 5.3 Standardgetriebe – Industriegetriebe – Servogetriebe (*SEW-EURODRIVE GmbH & Co KG Bruchsal*)

Allen Getrieben ist jedoch gemeinsam, dass sie in einem sehr guten Preis-Leistungs-Verhältnis dem Markt innerhalb kürzester Zeit zur Verfügung stehen müssen. Aus diesem Grunde ist es unerlässlich, solche Produkte in einem Baukastensystem herzustellen.

Der **Standardgetriebemotor** ist aufgrund seiner hohen Verbreitung der bekannteste Antriebstyp und besteht hinsichtlich seines Aufbaus aus einem Getriebe und einem Motor. Aufgrund der Vielseitigkeit eines Getriebemotors ergibt sich eine Vielzahl von Einsatzmöglichkeiten. In fast allen Bereichen der industriellen Produktion, Fertigung und des Transports kommen Getriebemotoren zum Einsatz. Um diesen gänzlich verschiedenen Anforderungen gerecht zu werden, sind viele verschiedene Bauarten, Leistungsgrößen und Ausführungen vonnöten. Immer wieder spezielle Getriebemotoren für alle Anwendungen herzustellen, wäre sehr teuer und mit langen Lieferzeiten verbunden. Zielsetzung eines **Baukastensystems** ist es daher, mit einer Kombination von wenigen Komponenten und Einzelteilen eine möglichst große Anzahl von Endprodukten realisieren zu können. Das bedeutet, dass sich Motoren, Getriebe und Anbauteile unterschiedlicher Baugröße und unterschiedlichen Typs miteinander kombinieren lassen müssen.

Die Bereitstellung von gewünschter Leistung, Drehzahl und Drehmoment erfordert es, dass zum einen das Getriebe mit unterschiedlichen Motoren (unterschiedliche Leistung) kombinierbar ist und zum anderen natürlich

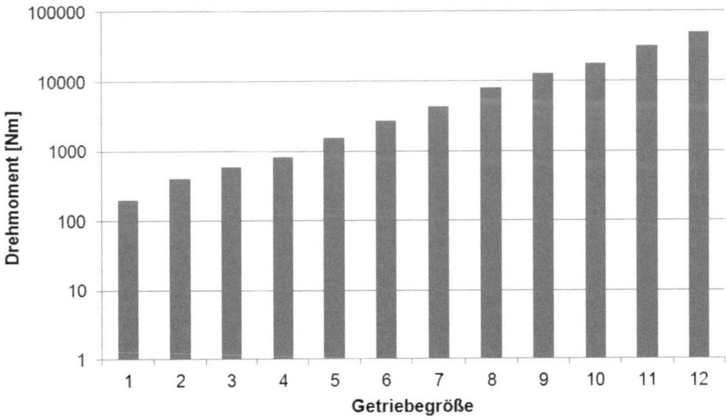

Bild 5.4 Getriebegrößen und deren Drehmomente
(*SEW-EURODRIVE GmbH & Co KG Bruchsal*)

die Leistungsfähigkeit besitzt, um die vorgegebene Leistung übertragen zu können (unterschiedliche Getriebegrößen). In der Regel werden die Getriebe in einem Drehmomentbereich von 25...50 000 Nm in 10...15 Drehmomentstufen untergliedert (Bild 5.4).

Somit entsteht die Notwendigkeit einer großen Vielfalt von Kombinationsmöglichkeiten zwischen Getriebe und Motor. Die Fähigkeit, durch den Motor vorgegebene Drehzahlen und Drehmomente dem Produktionsprozess anzupassen, wird dadurch erreicht, dass eine Getriebeart innerhalb einer Leistungsgröße unterschiedliche **Übersetzungen** besitzt.

Neben der prinzipiellen Forderung, dass Getriebe Drehmoment und Drehzahl wandeln, müssen diese natürlich noch weitere Bedingungen erfüllen. Die industriellen Anlagen geben z. B. unterschiedliche Einbaumöglichkeiten vor. In der Fördertechnik ist es nicht zulässig, dass Getriebe vom Förderband in Begehungswege ragen. Aus diesem Grund werden Getriebe benötigt, die einen rechtwinkligen Kraftfluss besitzen. Somit kann differenziert werden zwischen:

- Koaxialgetrieben,
- Parallelwellengetrieben,
- Winkelgetrieben.

Bei Koaxial- und Parallelwellengetrieben liegen eintreibende und abtreibende Welle in einer Ebene – der Kraftfluss ist geradlinig. Bei Winkelgetrieben stehen eintreibende und abtreibende Welle senkrecht zueinander – der Kraftfluss wird rechtwinklig umgelenkt. Um solche Kraftflussrichtungen zu realisieren, bedarf es entsprechender Verzahnungsarten, die sich in diesen Getrieben befinden und eine andere Art der Getriebedifferenzierung ermöglichen. In Wälzgetrieben findet man Stirnrad- und Kegelradverzahnungen, die Hypoidverzahnung in Wälzschraubgetrieben. Das Schraubgetriebe besitzt eine Schnecken- oder Spiroplanverzahnung.

5.1.1.1 Stirnradgetriebe

Dipl.-Ing. Roland Denefleh

Das Stirnradgetriebe ist die mit Abstand bekannteste Getriebeart. Die Leistungsübertragung erfolgt ausschließlich über außenverzahnte, evolventische Stirnräder Mit dieser Getriebeart kann entweder der Kraftfluss koaxial oder parallel geführt werden. Die **Koaxialgetriebe** (Bild 5.5) werden primär als zwei- oder dreistufige Getriebe ausgeführt und können somit Übersetzungen von $i = 3$ bis $i = 290$ bereitstellen.

Bild 5.5 Koaxialgetriebe (*SEW-EURODRIVE GmbH & Co KG Bruchsal*)

Das **außenverzahnte Stirnrad** gilt als das bedeutendste formschlüssige Kraftübertragungselement des Maschinenbaus. Diese Verzahnungsart ist mit unkomplizierten Werkzeugen prozesssicher und kostengünstig herstellbar. Bei diesem Getriebetyp ist man in der Lage, hohe Drehmomente und Querkräfte zu übertragen. Er zeichnet sich weiterhin durch einen hohen Getriebewirkungsgrad aus, ist aufgrund seines Gehäusekonzeptes für einen harten Langzeitbetrieb geeignet und schwingungs- und geräuscharm. Koaxialgetriebe werden primär in einem Drehmomentbereich von 50 ... 18 000 Nm bzw. Leistungsbereich 0,09 ... 160 kW eingesetzt.

Beim **Parallelwellengetriebe** (Bild 5.6) verlaufen eintreibende und austreibende Welle parallel, aber innerhalb einer Ebene, zueinander. Das Getriebe wird dadurch kurz und schmal, weshalb dieses Getriebe vor allem bei beengten Platzverhältnissen eingesetzt wird. Wie bei den Koaxialgetrieben gibt es zwei- und dreistufige Ausführungen sowie außenverzahnte, evolventische Zahnräder für die Wandlung von Drehmoment und Drehzahl.

Bild 5.6 Parallelwellengetriebe (*SEW-EURODRIVE GmbH & Co KG Bruchsal*)

Durch die parallele Anordnung der Getriebewellen besteht gegenüber dem Stirnradgetriebe die Möglichkeit, eine **Abtriebswelle**, die als **Hohlwelle** ausgeführt werden kann, einzubauen. Dadurch ist es möglich, z.B. bei Fahrantrieben, durch eine durchgesteckte Welle Kraft synchron auf beide Antriebsräder zu übertragen. Ebenso wie das Koaxialgetriebe zeichnet sich diese Getriebeart durch einen hohen Wirkungsgrad aus, ist aufgrund seines Gehäusekonzeptes für einen harten Langzeitbetrieb geeignet, ist schwingungs- und geräuscharm und in der Lage, hohe Drehmomente und Querkräfte zu übertragen. Parallelwellengetriebe werden primär in einem Drehmomentbereich von 130 ... 18 000 Nm bzw. Leistungsbereich von 0,1 ... 200 kW eingesetzt.

Die **Getriebegehäuse** werden überwiegend aus Grauguss GG20 gefertigt. Grauguss ist verwindungssteif und neigt auch bei der Bearbeitung nicht zu Schwingungen, sodass die Gehäuse in einer Aufspannung maßhaltig und rationell gefertigt werden können. Bei kleinen Getriebebaugrößen, die in einer hohen Stückzahl gefertigt werden müssen, wird sehr häufig auch Aluminium als Gehäusewerkstoff (Alu-Druckguss) eingesetzt. Neben geringeren Kosten für den Rohteilherstellung sind als weitere Vorteile die schnellere Bearbeitung und das deutlich geringere Gewicht zu nennen. Dies ist insbesondere bei Applikationen wichtig, wo der Antrieb mitbewegt werden muss. Allerdings unterscheiden sich beide Werkstoffe sehr wesentlich in ihrem Werkstoffverhalten, sodass der Gehäuseaufbau hinsichtlich seines Verformungsverhaltens (statisch und dynamisch) genauestens

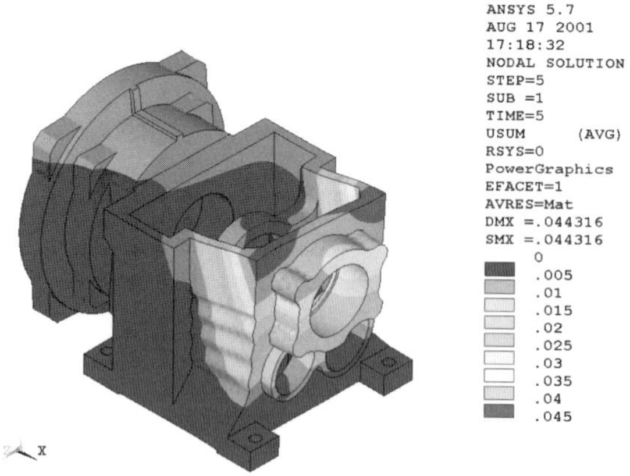

Bild 5.7 Analyse eines Getriebegehäuses mit der Finite-Elemente-Methode (FEM) (*SEW-EURODRIVE GmbH & Co KG Bruchsal*)

analysiert werden muss. Aus diesem Grund werden Getriebegehäuse im Vorfeld einer Verformungsanalyse (statisch und dynamisch) mithilfe der **Finite-Elemente-Methode** (FEM) unterzogen (Bild 5.7).

Idealerweise werden Getriebegehäuse so konzipiert, dass sie für jeden Getriebetyp die maximale Anzahl der vorgesehenen Zahnradstufen aufnehmen können. Die Gehäusegröße wird letztendlich nur bestimmt durch die Größe der Zahnräder und Wellen, d. h. durch das maximal übertragbare Drehmoment.

Die wichtigsten Bauteile des Getriebes sind die **Zahnräder**. Die richtige Wahl von Werkstoffen, Bearbeitungsverfahren und Auslegungskriterien hat für den Betrieb des Getriebes große Bedeutung. Um gleichzeitig eine ausreichende Anzahl von möglichen Getriebeübersetzungen mit möglichst wenigen Zahnrädern zu erhalten, muss eine **Zahnradkonstruktion** durchgeführt werden, die sich in 7 Schritte untergliedert:

1. **Gewünschtes maximales Abtriebsdrehmoment des Getriebes festlegen**
   Damit liegen auch die Achsabstände der Wellen zueinander grob fest, da diese proportional zum Drehmoment sind.
2. **Gewünschten Gesamtübersetzungsbereich und Übersetzungsabstufung φ vorgeben**
   In der Praxis werden Übersetzungen zwischen $i_{\text{min}} \approx 4$ und $i_{\text{max}} \approx 200$ benötigt. Die minimale Abstufung zweier aufeinanderfolgender Übersetzungen ist mit $\varphi = 1{,}2$ hinreichend fein genug, sodass die Übersetzungsreihe eines Getriebes wie folgt aussehen könnte:

$$i_1 = i_{\text{min}} = 5$$
$$i_2 = \varphi \cdot i_1 = 6{,}0$$
$$i_3 = \varphi \cdot i_2 = 7{,}2$$
$$i_4 = \varphi \cdot i_3 = 8{,}64$$
$$i_{\text{max}} = \varphi \cdot i_{n-1} = 191{,}69$$

   Diese Gesamtübersetzungen sind wiederum das Produkt aus den Übersetzungen der einzelnen Getriebestufen, gebildet aus dem Verhältnis der Zähnezahlen:

$$i_{\text{ges}} = \frac{z_2}{z_1} \cdot \frac{z_4}{z_3} \cdot \frac{z_6}{z_5} \cdot \ldots \cdot \frac{z_m}{z_{m-1}}$$

   m Anzahl der Getriebestufen

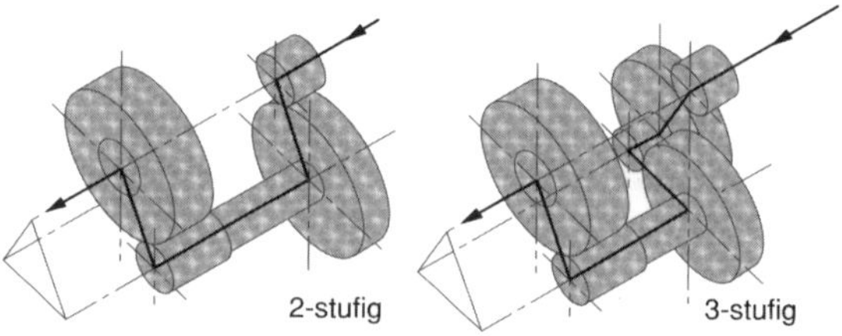

Bild 5.8 Wellenanordnungen bei zwei- und dreistufigen Koaxialgetrieben

3. **Anzahl der Getriebestufen festlegen**
   In der Regel werden zwei- und dreistufige Getriebe in einem identischen Getriebegehäuse realisiert (Bild 5.8).
4. **Zähnezahlen eingrenzen**
   Bei Zahnrädern mit sehr kleinen Zähnezahlen kommt es zum **Unterschnitt** im Zahnfuß mit der Gefahr des Zahnbruchs bei voller Belastung. Zahnräder mit sehr großen Zähnezahlen erfordern lange Bearbeitungszeiten. Deshalb schränkt man sich auf einen Bereich von $11 \leq z \leq 118$ ein. Eine weitere Beschränkung resultiert aus der Forderung, dass die Zähnezahlen einer Zahnradpaarung keine gemeinsamen Teiler haben sollen, da in diesem Fall stets unterschiedliche Zähne im Eingriff sind, wodurch sich Verzahnungsabweichungen geringfügiger auswirken.
5. **Mögliche Zähnezahlen berechnen**
   Unter Berücksichtung der Randbedingungen aus den Schritten 1 bis 4 werden die möglichen Zähnezahlen berechnet. Das Ergebnis dient als Basis für die folgenden Bestimmung der Zahnradgeometrie.
6. **Zahnradgeometrie festlegen**
   Basierend auf Erfahrungswerten werden Geometriewerte wie Raddurchmesser, Zahnbreite, Nabenstärke usw. festgelegt. Hierbei werden auch bereits vorhandene Werkzeuge und Bearbeitungsmaschinen berücksichtigt.
7. **Sicherheiten berechnen**
   Für jedes Zahnradpaar berechnet man nun für die unter Punkt 1 vorgegebene Belastung die Zahnfußsicherheit gegen Zahnbruch und die Zahnflankensicherheit gegen Pittingbildung. Grundlage ist hierbei die Norm DIN 3990. Liegen die Rechenergebnisse im zulässigen Rahmen, wird das ermittelte Zahnradpaar akzeptiert, und es erfolgt die Überprüfung des nächsten Paars. Werden zulässige Grenzwerte überschritten, muss entweder die Zahnradgeometrie korrigiert oder sogar die Zähnezahl geändert werden.

Das Ergebnis dieser Iterationsschritte ist eine Matrix mit den Übersetzungsmöglichkeiten innerhalb einer Getriebegröße (Tabelle 5.3).

Tabelle 5.3 Übersetzungen innerhalb einer Getriebegröße

2- und 3-stufiges Stirnradgetriebe						
i_{ges}	i_1	z_2/z_1	i_2	z_4/z_3	i_3	z_6/z_5
235,49	5,94	16/95	5,47	17/93	7,25	12/87
201,61	5,08	12/61				
169,98	4,29	21/90				
143,77	3,63	24/87				
117,57	2,96	28/83				
97,91	2,47	32/79				
80,69	2,03	29/59				
67,57	1,70	27/46				
56,85	1,43	30/43				
47,64	1,70	27/46	3,86	28/108		
40,08	1,43	30/43				
37,46	5,17	18/93			7,25	12/87
31,07	4,29	21/90				
26,10	3,60	30/108				
21,49	2,96	28/83				
17,90	2,47	32/79				
14,98	2,07	30/62				
12,50	1,72	29/50				
10,65	1,47	32/47				
10,20	3,60	30/108			2,83	18/51
8,40	2,96	28/83				
6,99	2,47	32/79				
5,86	2,07	30/62				
4,89	1,72	29/50				
4,16	1,47	32/47				

Das Innenleben eines neuen Stirnradgetriebes ist festgelegt. Die Zahnradkonstruktion ist unabhängig von der Verzahnungsart und kann somit auch auf Winkelgetriebe angewendet werden. Für die Auslegung der Zahnradgeometrie (**Makrogeometrie**) und Berechnung der Tragfähigkeit stehen vielfältige genormte Berechnungsverfahren (z. B. DIN 3960, DIN 3990 für Stirnräder, DIN 3991 für Kegelräder, DIN 3975 für Zylinderschnecken) zur Verfügung. Verzahnungen müssen jedoch aufgrund der zunehmenden Leistungssteigerung und erhöhten Anforderungen bezüglich der Drehgleichförmigkeit zunehmend im Detail (**Mikrogeometrie**) unter Berücksichtigung der spezifischen Verzahnungseigenschaften und aller Einflussfaktoren analysiert werden.

5.1.1.2 Winkelgetriebe

Dipl.-Ing. Roland Denefleh

Für die Realisierung eines rechtwinkligen Kraftflusses stehen unterschiedliche Getriebeverzahnungen zur Verfügung, die sich sehr stark in ihrem Aufbau und ihrer Komplexität unterscheiden. Die wichtigsten Verzahnungen sind nach Bild 5.9:

- Schneckenradverzahnung,
- Kegelradverzahnung/Hypoidverzahnung,
- SPIROPLAN®-Verzahnung.

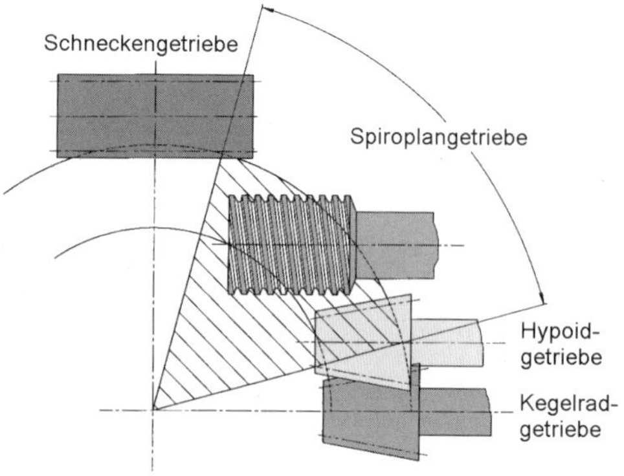

Bild 5.9 Verzahnungen für den rechtwinkligen Momentenfluss

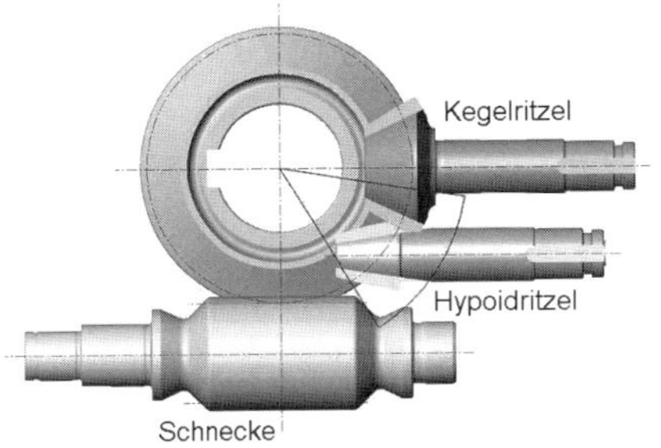

Bild 5.10 Kegelritzel - Hypoidritzel - Schneckenwelle
(*SEW-EURODRIVE GmbH & Co KG Bruchsal*)

Antriebe, bei denen die Verlustleistung eine Rolle spielt, sollten mit **Kegelradgetrieben** ausgeführt werden, da Schneckengetriebe - je nach Übersetzungsverhältnis - einen geringeren Wirkungsgrad als Kegelradgetriebe aufweisen (Bild 5.10).

Im mittleren Leistungsbereich sind sowohl **Schneckengetriebe** als auch **Kegelradgetriebe** weitgehend gleichwertig. Dabei ist jedoch zu beachten, dass das Schneckenrad bei hohen Belastungen einem natürlichen Verschleiß unterliegt. Kegelradgetriebe, die in der Regel als dreistufiges Stirn-Kegelradgetriebe ausgeführt sind (Bild 5.11), werden primär im Drehmomentbereich von 200 ... 50 000 Nm bzw. Leistungsbereich von 0,12 ... 200 kW eingesetzt. Sie decken einen Übersetzungsbereich von 5 ... 200 ab. Die zweistufigen Stirn-Kegelrad-Ausführungen findet man in den kleinen Drehmomentbereichen (bis 1 500 Nm), es sind Übersetzungen bis $i = 70$ realisierbar.

Bild 5.11 Dreistufiges Stirn-Kegelradgetriebe
(*SEW-EURODRIVE GmbH & Co KG Bruchsal*)

Kegelradverzahnung

Bei der Kegelradverzahnung unterscheidet man nach Bild 5.12 prinzipiell zwei Grundarten:

- Kegelradverzahnung,
- Hypoidverzahnung (Bild 5.12).

Bild 5.12 Zweistufiges Stirn-Hypoidgetriebe
(*SEW-EURODRIVE GmbH & Co KG Bruchsal*)

Kegelräder ohne Achsversatz sind auf sich schneidenden Achsen angeordnet. Bei Kegelrädern mit Achsversatz, auch als **Hypoidräder** bezeichnet, kreuzen sich die Achsen mit einem Abstand a. Kegelräder ohne Achsversatz sind ein Sonderfall der allgemeinen Kegelräder mit dem Achsabstand $a = 0$. Sie weisen einen höheren Wirkungsgrad auf und lassen sich wirtschaftlicher herstellen als Hypoidräder. Mit steigendem Achsabstand a nimmt die Laufruhe der Verzahnung zu, und es lassen sich größere Übersetzungen realisieren.

Die **Kegelradverzahnung** besteht aus Kegelritzel und Tellerrad (Bild 5.13). Im Regelfall ist die Zähnezahl des eintreibenden Verzahnteils (**Kegelritzel**) kleiner als die des abtreibenden Verzahnteils, das als **Tellerrad** bezeichnet wird. Die Kegelradverzahnung kann sehr unterschiedliche geometrische Formen aufweisen und wird nach folgenden Merkmalen klassifiziert:

- Verlauf der Zahnhöhe entlang der Flanke,
- Art und Form der Flankenlängslinie,
- Achsabstand,
- Herstellverfahren.

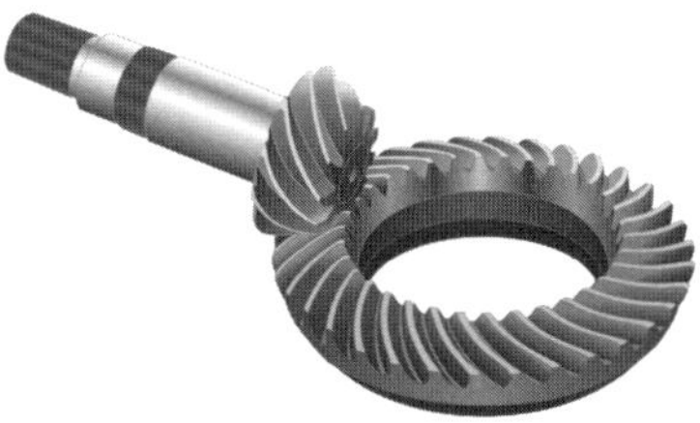

Bild 5.13 Kegelradverzahnung (*SEW-EURODRIVE GmbH & Co KG Bruchsal*)

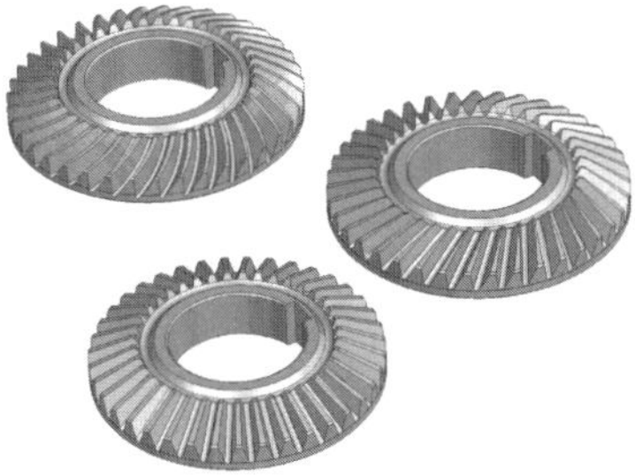

Bild 5.14 Spiralverzahnung - Geradverzahnung - Schrägverzahnung (*SEW-EURODRIVE GmbH & Co KG Bruchsal*)

Beim Verlauf der Zahnhöhe entlang der Flanke wird weiterhin zwischen konstanter und veränderlicher Zahnhöhe unterschieden. Sie ist vom Herstellverfahren abhängig. Kegelräder können drei verschiedene Arten von **Flankenlängslinien** aufweisen (Bild 5.14):

- geradverzahnt mit Schrägungswinkel $\beta = 0°$,
- schrägverzahnt mit Schrägungswinkel $\beta \neq 0°$,
- spiralverzahnt mit Spiralwinkel $\beta \neq 0°$.

Die größte Verbreitung besitzen **bogenverzahnte Kegelradsätze** (Spiralkegelradsatz). Spiralverzahnte Kegelräder werden weiter unterteilt nach der Form der Flankenlängslinie:

- Kreisbogen,
- verlängerte Epizykloide,
- Evolvente,
- verlängerte Hypozykloide.

Die heute am häufigsten verwendeten Formen sind der **Kreisbogen** und die **verlängerte Epizykloide**.

Gleason 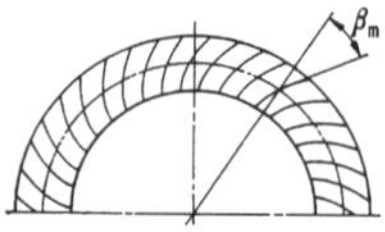	Leitlinie: **Kreisbogen** Zahndicke, Zahnhöhe und Lückenweite verjüngen sich zur Kegelspitze. – Spiralwinkel von 0° (Zerolverzahnung) bis etwa 45°; normal etwa 35°. – Gleicher Messerkopf für rechts- und linksgängige Verzahnung verwendbar.
Oerlikon-Spiromatic 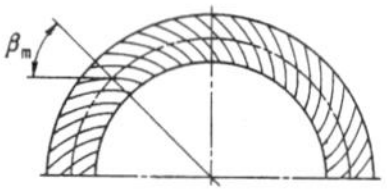	Leitlinie: **Epizykloide** Konstante Zahnhöhe. – *N-Verzahnung:* Normalmodul ist in der Zahnmitte am größten und verringert sich nach den beiden Seiten. Spiralwinkel meist 30...50°. – *G-Verzahnung:* Spiralwinkel von 0° bis etwa 50°. – Getrennte Messerköpfe für links- und rechtsgängige Verzahnung.
Klingelnberg-Palloid 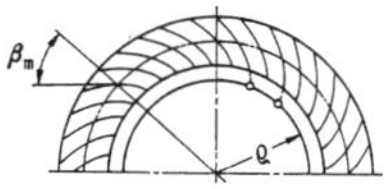	Leitlinie: **Evolvente** Konstante Zahnhöhe; annähernd konstante Normalteilung und Normalzahndicke. – Spiralwinkel normalerweise 35° bis 38°. – Leicht schuppige Oberfläche (hervorgerufen durch Hüllschnitte des kegeligen Wälzfräsers). – Linksgängige Fräser für rechtsgängige Verzahnungen und umgekehrt erforderlich.
Klingelnberg-Zyklo-Palloid 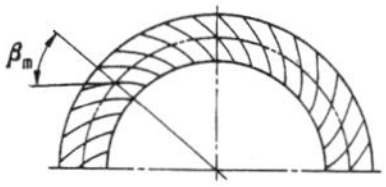	Leitlinie: **Epizykloide** Konstante Zahnhöhe; Normalmodul und Normalteilung je nach Spiralwinkel verjüngend bis annähernd konstant. Spiralwinkel von 0° bis etwa 45°. Ein zweiteiliger Messerkopf kann durch Auswechseln der Messer für links- und rechtsgängige Verzahnungen verwendet werden.
Modul-Kurvex 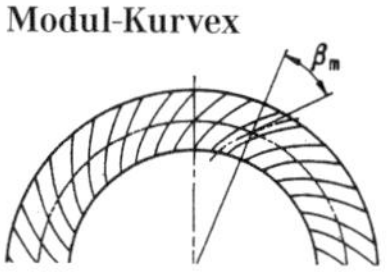	Leitlinie: **Kreisbogen** Konstante oder verjüngende Zahnhöhe. – Spiralwinkel von 25° bis etwa 45°. – Werkzeug: Zweiteiliger Messerkopf. – Beide Kegelräder eines Radpaares können mit demselben Messerkopfsatz bearbeitet werden.

Bild 5.15 Geometrie und Herstellung des bogenverzahnten Kegelrades

Es existieren verschiedene Herstellverfahren für Kegelräder (Bild 5.15). Verzahnteile, die mit gleicher Makrogeometrie (Modul, Flankenlinienform), aber unterschiedlichem Herstellverfahren erzeugt wurden, sind dabei häufig nicht miteinander kombinierbar, da unterschiedliche Flanken und Fußgeometrien erzeugt werden.

Das **Übersetzungsverhältnis** bei Kegelradverzahnungen ohne Achsversatz liegt üblicherweise im Bereich von 1 bis 6. Bei Achsversatz entsteht eine kombinierte **Gleit-Roll-Bewegung** im Zahnkontakt. Mit größer werdendem Achsabstand nimmt der Gleitanteil zu und es erhöht sich die mögliche Übersetzung. Aus diesem Grund ist der herstellbare Übersetzungsbereich mit 3 ... 30 wesentlich größer als bei achsschneidenden Kegelrädern.

Bei der Montage von Kegelradverzahnungen müssen mehrere Kriterien beachtet werden, um ein optimales Abwälzen der Zahnflanken unter Last, und damit bei elastisch verformten Bauteilen, zu erhalten. Dazu gehören neben der Achslage der Wellen im Gehäuse auch die Axialposition von Ritzel und Tellerrad auf den Wellen und der Achswinkel.

Kegelritzelwellen werden häufig fliegend gelagert. Je nach Momentenflussrichtung führen die wirksamen Zahnkräfte zu einer elastischen Verformung von Welle und Lagerstellen. Diese Verformung verursacht eine Verlagerung des Kegelrades aus seiner Ruhelage. Bei der geometrischen Auslegung muss diese Verlagerung berücksichtigt und entsprechend vorgehalten werden. Heutige Simulationsprogramme sind in der Lage, die Verlagerung des Zahnkontaktbereiches zwischen Ritzel und Tellerrad bei gegebener Wellen- und Lagersteifigkeit zu berechnen.

Kegelräder müssen gemäß ihrer Belastung eine hohe Schwingfestigkeit und Verschleißfestigkeit aufweisen. Es werden Werkstoffe benötigt, die eine hohe Oberflächenhärte bei gleichzeitig zähem Kernmaterial zeigen. Die Fertigung muss prozesssicher und wirtschaftlich sein. Für industrielle Anwendungen mit hohen Lasten werden daher heute hauptsächlich einsatzhärtbare Stähle mit den Legierungszusätzen Mangan, Nickel, Chrom und Molybdän eingesetzt. Um das Verschleißverhalten am Zahnkontakt zu verbessern, können bei **Kegelradverzahnungen** ohne Achsversatz mineralische oder synthetische Schmierstoffe verwendet werden. Bei **Hypoidverzahnungen** dagegen muss der Schmierstoff dem erhöhten Gleitanteil an der Flanke Rechnung tragen. Aus diesem Grunde kommen dort Öle mit hohem Fressschutz nach API GL4 oder GL5 zum Einsatz.

Die gewählten Öleigenschaften (Viskosität, Viskositätsindex und Additivierung) müssen sicherstellen, dass sich bei den zu erwartenden Betriebsbedingungen jederzeit ein Schmierfilm zwischen den Zahnflanken befindet.

Die Tragfähigkeitsberechnung von Kegelrädern kann durch verschiedene Verfahren erfolgen. Hierbei sind heute vorrangig die Methoden DIN 3991, ISO 10300, FVA411, Niemann/Winter, ISO/TR 13989 und AGMA2003 zu nennen. Häufig wird in den Berechnungsmethoden die Kegelradverzahnung in eine **Ersatz-Stirnradverzahnung** umgewandelt, die eine äquivalente Belastbarkeit aufweist. Eingabegrößen sind jeweils die Makrogeometrie, Betriebsbedingungen, Drehzahl und Drehmoment, Werkstoffe und Schmierstoffe.

Je nach Verfahren werden verschiedene Tragfähigkeitsrechnungen durchgeführt. Das Ergebnis ist ein **Sicherheitsfaktor**, der das Verhältnis von vorhandener zu zulässiger Beanspruchung darstellt.

Der Wirkungsgrad einer Kegelradstufe ohne Achsversatz liegt im Bereich von 95 ... 98 %, da es sich beim Zahnkontakt ähnlich wie bei einer Stirnradstufe im Wälzpunkt um ein reines Abrollen der Zahnflanken aufeinander handelt. Der zusätzliche Längsgleitanteil in der Abwälzbewegung von Hypoidrädern reduziert den Wirkungsgrad auf einen Bereich von 80 % (bei großen Übersetzungen) bis 96 % (bei kleinen Übersetzungen).

Schneckenradverzahnung

Die Verzahnung der Schneckengetriebe (Bild 5.16) zeigt ihre Vorteile in der hohen Schwingungsdämpfung und ist sehr kostengünstig in der Herstellung. Des Weiteren bietet die Schneckenverzahnung die Möglichkeit einer sehr hohen Übersetzung (bis $i = 40$) und damit verbunden einer statischen Selbsthemmung. Gelegentlich wird diese statische Selbsthemmung als zusätzliche **Sicherheitsbremse** benutzt.

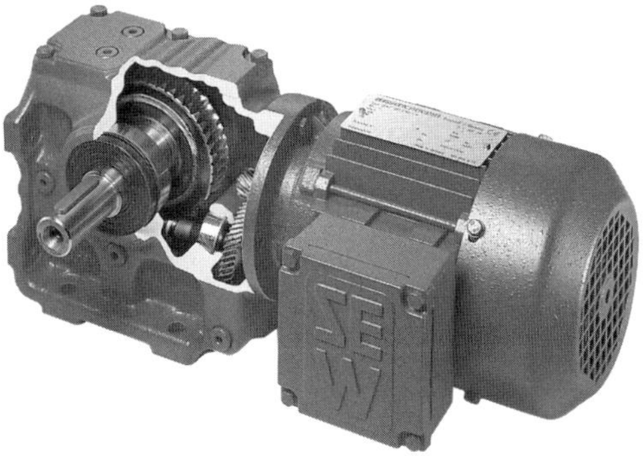

Bild 5.16 Schneckengetriebe (*SEW-EURODRIVE GmbH & Co KG Bruchsal*)

Schneckengetriebe werden primär im Drehmomentbereich von 90 bis 4 000 Nm bzw. Leistungsbereich von 0,12 ... 2 kW eingesetzt. Sie decken einen Übersetzungsbereich von 7 ... 290 ab, wenn diese Getriebeart als zweistufiges Stirnrad-Schneckengetriebe ausgeführt ist. Entsprechend den Grundkörpern von Rad und Schnecke unterscheidet man drei Paarungsarten, wobei die **Zylinderschnecke** (Bild 5.17 a) primär Verwendung findet.

Je nach Herstellungsverfahren ergeben sich unterschiedliche Flankenformen (Bild 5.18), die nach DIN 3975 in fünf Arten untergliedert werden. Aufgrund der Wirtschaftlichkeit in der Herstellung sind die Flankenformen K und I am gebräuchlichsten.

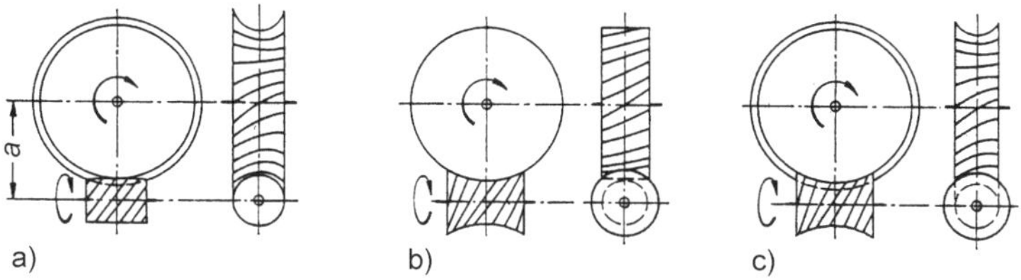

Bild 5.17 Paarungsarten der Schneckenradsätze (a = Achsabstand)

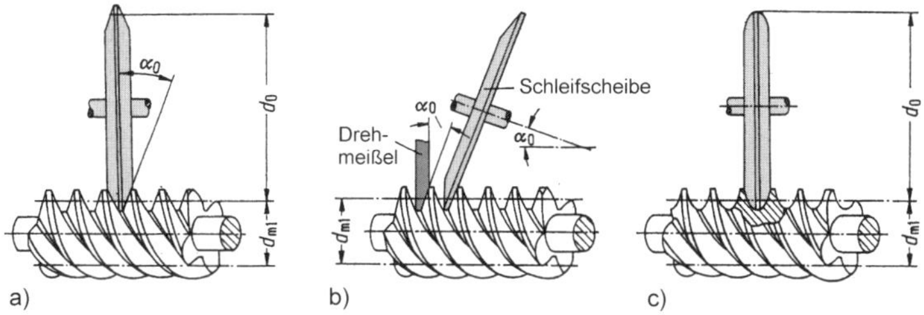

Bild 5.18 Flankenformen von Zylinderschnecken (DIN 3975).
a) ZK-Schnecke (Flankenform K), b) ZI-Schnecke (Flankenform I), c) ZH-Schnecke (nicht in DIN 3975)

Neben Vorteilen (hoher Übersetzungsbereich, kostengünstige Herstellung) besitzt die **Schneckenverzahnung** natürlich auch Nachteile, die im niedrigen Wirkungsgrad und in der Gefahr der Selbsthemmung bei großen Übersetzungen (d. h. bei eingängigen Schnecken mit Steigungswinkel $< 8°$) liegen. Schneckenverzahnungen (Schneckenrad) sind verschleißbehaftet und haben eine endliche Lebensdauer. Diese Lebensdauer ist berechenbar nach DIN 3996, unterliegt jedoch zum Teil erheblichen Schwankungen infolge von Toleranzeinflüssen und realen Betriebslasten. Gegenüber den Stirnrad- und Kegelradverzahnungen besitzt die Schneckenverzahnung je nach Übersetzung sehr hohe Gleitanteile bei der Bewegungsübertragung. Deshalb ist eine niedrige Reibungszahl von Vorteil. Des Weiteren soll die Materialpaarung ein gutes Einlaufverhalten zeigen, d. h. Anpassungsverschleiß zum Ausgleich von Fertigungsabweichungen und Verformungen unter Last zulassen. Aus diesem Grund wird in der Regel die Schnecke aus Einsatzstahl ausgeführt und das Schneckenrad aus Bronze. Aufgrund des hohen Gleitanteils werden folgende Anforderungen an die Schmierung gestellt:

- niedrige Reibungszahl (mindert Verschleiß und Verlustleistung),
- hohe Viskosität (vergrößert und verbessert den hydrodynamischen Anteil),
- gute Wärmeableitung (Öl gut, Fett ungünstig).

Für eine minimale Verschleißrate ist ein gutes Anfangstragbild erforderlich. Das ideale **Tragbild** eines unbelasteten Schneckengetriebes ist in Bild 5.19 gezeigt, und soll tendenzmäßig auf der Auslaufseite liegen. Auf der Einlaufseite sollen sich Schnecke und Schneckenrad nicht berühren, damit sich hier der **Schmierfilmkeil** ausbilden kann. Durch die Verwendung des Bronze-Werkstoffes beim Schneckenrad ist eine weitere Besonderheit zu beschreiben. Wie bei allen anderen Getriebetypen erfolgt die Drehmomentübertagung in der Regel über eine formschlüssige Verbindung mit einer Passfeder. Würde das Schneckenrad ausschließlich aus Bronze bestehen, müsste das zulässige Drehmoment erheblich reduziert werden, da gegenüber dem Stahlwerkstoff die zulässigen Flächenpressungen sehr viel geringer sind. Aus diesem Grund wird ein Stahlteil als Nabe eingesetzt und der Bronzering mit der Schneckenverzahnung stoffschlüssig verbunden.

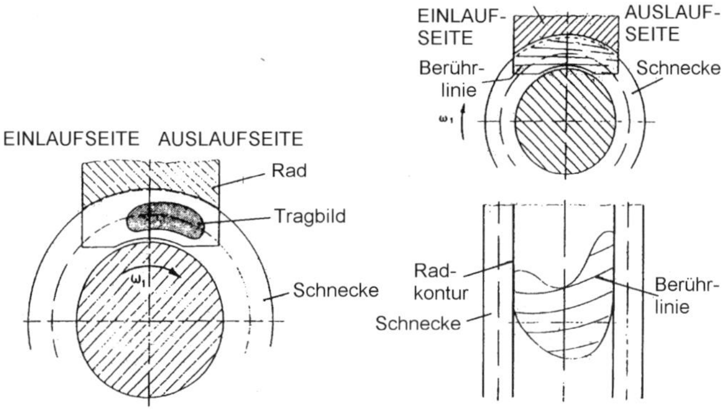

Bild 5.19 Tragbild einer Schneckenradstufe

SPIROPLAN®-Verzahnung

Müssen Antriebsaufgaben mit kleinen Antriebsleistungen und Übersetzungen bis $i = 75$ gelöst werden, z. B. einfache Bandantriebe, so lassen sich diese kostengünstig mit einstufigen **SPIROPLAN®-Getrieben** realisieren (Bild 5.20). Bei diesem Getriebe liegt die Position des Ritzels zum Rad zwischen den Extremlagen der Kegelrad- bzw. Schneckenverzahnung.

Bild 5.20 SPIROPLAN®-Getriebe (*SEW-EURODRIVE GmbH & Co KG Bruchsal*)

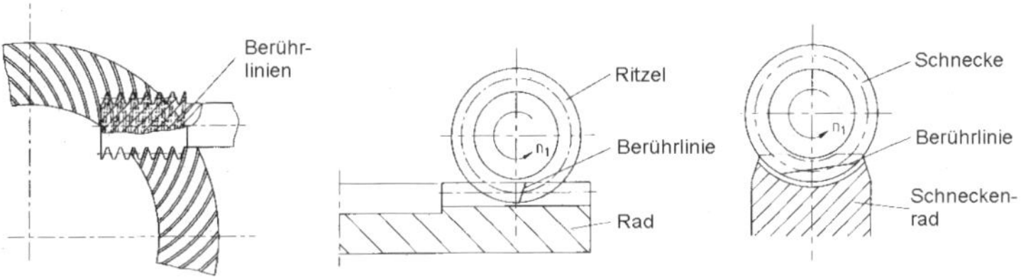

Bild 5.21 Berührlinien bei der SPIROPLAN®- und Schneckenverzahnung

Diese Getriebeart besitzt einen besonders geräuscharmen Lauf, lebenslange Schmierung und im Gegensatz zur Schneckenverzahnung eine verschleißfreie Verzahnung. Es stehen Abtriebsdrehmomente von 25 ... 70 Nm bzw. Leistungen von 0,09 ... 1,1 kW zur Verfügung. Im Gegensatz zur Schneckenverzahnung entstehen bei der SPIROPLAN®-Verzahnung radial nach außen verlaufende **Berührlinien** und dadurch eine annähernd gleiche Schmierfilmdicke (Bild 5.21). Bei der Schneckenverzahnung hingegen nimmt die Schmierfilmdicke durch die tangential verlaufende Berührlinie von der Einlaufseite her zunächst bis null ab, um dann zur Auslaufseite wieder anzusteigen. Deshalb muss bei der Schneckenverzahnung der Werkstoff eines Verzahnungspartners gute Notlaufeigenschaften (Schneckenrad aus Bronze) aufweisen. Bei der SPIROPLAN®-Verzahnung können Rad und Ritzel wegen der annähernd konstanten Schmierfilmdicke aus Stahl gefertigt werden.

Die SPIROPLAN®-Verzahnung besteht aus einem zylindrischen Ritzel und einem Planrad mit bogenförmiger Verzahnung. Bei neuen Verzahnungen sind die Zahnflanken noch nicht vollständig geglättet. Deshalb ist während der Einlaufphase der Reibungswinkel größer und somit der Wirkungsgrad niedriger als im späteren Betrieb. Dieser Effekt verstärkt sich mit größer werdender Übersetzung. Die Einlaufphase dauert üblicherweise 24 Stunden. Ebenfalls wie bei der Schneckenverzahnung besteht die Gefahr der **Selbsthemmung**. Beim SPIROPLAN®-Getriebe liegt Selbsthemmung bei Übersetzungen > 20 vor. Im Gegensatz zum Schneckengetriebe ist beim SPIROPLAN®-Getriebe keine Tragbildeinstellung notwendig.

5.1.1.3 Planetengetriebe

Prof. Dr.-Ing. Norbert Babel
und Dipl.-Ing. (FH) Ulrike Schwanke

Planeten- oder **Umlaufgetriebe** nehmen aufgrund ihrer speziellen Eigenschaften, insbesondere in der modernen Antriebstechnik, eine herausragende Stellung ein. Viele Antriebslösungen mit der Forderung nach leichten Konstruktionen, hohen Übersetzungen und großen Leistungsdichten wären ohne die Technik der Planetengetriebe nicht realisierbar (Tabelle 5.4).

Tabelle 5.4 Vergleich Standgetriebe und Planetengetriebe [5.1]

Getriebeausführung		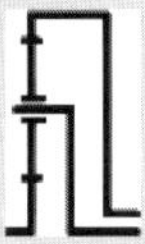	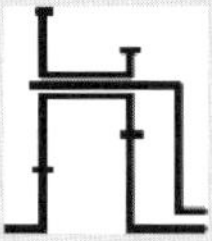
Maximale Übersetzung	7	12	23
Anzahl Leistungspfade	1	3	3
Leistungsgewicht	höher	niedriger	
Verzahnungswirkungsgrad	niedriger	höher	
Komplexität (Teilezahl)	niedriger	höher	

Vorteile von Umlaufrädergetrieben gegenüber Standgetrieben:

- Überlagerung von Drehzahlen und Drehmomenten,
- Möglichkeit der Leistungsverzweigung,
- Abdeckung eines großen Übersetzungsbereiches,
- geringes Bauvolumen bei gleicher Übersetzung,
- geringeres Leistungsgewicht,

- kleinere Wälz- und Gleitgeschwindigkeiten (30 ... 40 % eines Stirnradgetriebes),
- geringeres Geräuschverhalten,
- besserer Verzahnungswirkungsgrad gegenüber bauartgleichen Standgetrieben,
- bis zu 75 % geringere Schwungmassen gegenüber einem Stirnradgetriebe mit gleicher Gesamtübersetzung, dadurch wesentlich niedrigere Beschleunigungs-, Verzögerungs- und Stoßmomente.

Nachteile:

- schwierige Inspektion, Wartung und Reparatur,
- größere Gefahr eines Totalschadens bei Zahnbruch,
- kleineres Ölvolumen im Getriebe und dadurch schnelleres Warmlaufen,
- höhere Fertigungsgenauigkeit/-sorgfalt,
- größere Anzahl von Teilen.

Aufbau von Planetenradgetrieben

In der dargestellten Bauform Typ IV (AA) in Bild 5.22 links mit nur einem Planetenräderblock besäße das Getriebe eine Unwucht. Deshalb wird das Getriebe in der Praxis mit zwei, drei oder mehr gleichmäßig am Umfang verteilten **Planetenräderblöcken** wie rechts beim Typ I (AI) ausgeführt. In den Getriebeskizzen und Zeichnungen wird aber aus Gründen der Vereinfachung immer nur ein Planetenräderblock dargestellt [5.2].

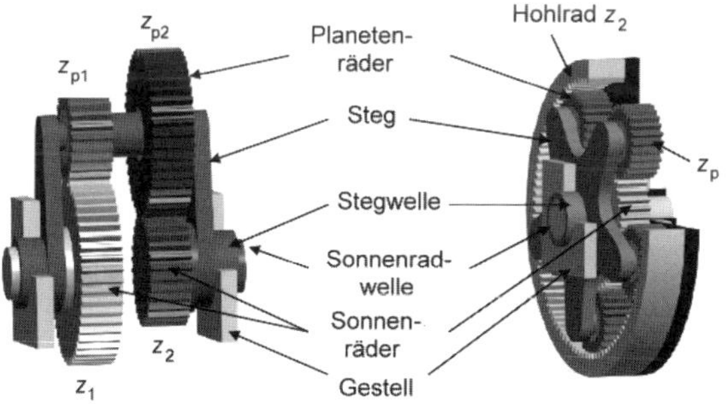

Bild 5.22 Bezeichnung der Elemente eines Planetenradgetriebes.
Links: Typ IV Außen/Außen verzahnt (AA), rechts: Typ I Außen/Innen verzahnt (AI) [5.1]
Bezeichnungen s. a. Tabelle 5.5

Tabelle 5.5 Bezeichnungen von Planetengetrieben

Standgetriebe	Zahnradgetriebe oder Umlaufgetriebe mit feststehendem Steg	
Standübersetzung	Übersetzung, die sich bei feststehendem Steg ergibt	
Plusgetriebe	Bei festgehaltenem Steg haben die beiden nach außen geführten Wellen die gleiche Drehrichtung. $\Rightarrow$ positive Standübersetzung $i_{12} = \left(-z_{p1}/z_1\right)\cdot\left(-z_2/z_{p2}\right)$	
Minusgetriebe	Bei festgehaltenem Steg haben die beiden nach außen geführten Wellen entgegengesetzte Drehrichtungen. $\Rightarrow$ negative Standübersetzung $i_{12} = \left(-z_p/z_1\right)\cdot\left(z_2/z_p\right)$	
Rückkehrende Umlaufgetriebe	Die Mittellinien der Antriebs- und Abtriebswellen liegen in einer Flucht (siehe Getriebeschemata von Plus- und Minusgetriebe).	
Nicht rückkehrende Umlaufgetriebe	Antriebs- und Abtriebswelle liegen nicht in einer Flucht und kehren nicht auf die Mittellinie der Antriebswelle zurück.	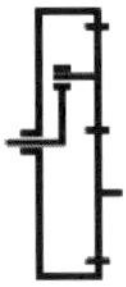

Vorzeichendefinition beim Übersetzungsverhältnis nach DIN 3960

Bei gleichsinnig laufenden Wellen ist das Übersetzungsverhältnis **positiv**, bei entgegengesetztem Drehsinn **negativ**.

Auf die in verschiedenen Veröffentlichungen [5.1], [5.6] getroffene Festlegung, dass ein Hohlrad mit negativem Vorzeichen in die Gleichungen einzusetzen ist, wird hier verzichtet, was insbesondere bei kompliziert aufgebauten und gekoppelten Umlaufgetrieben von Vorteil sein kann. Die Vorzeichenregelung für die Übersetzungsgleichungen wird im vorliegenden Schrifttum nur von der Drehrichtung bestimmt.

Vom Stand- zum Umlaufgetriebe

Der Übergang von einem normalen Stirnradgetriebe zu einem Planetengetriebe soll durch eine Gegenüberstellung der beiden Getriebearten erfolgen. Beim Standgetriebe gilt aufgrund der Gleichgewichtsbedingungen für die Momente:

$$\sum M_{\text{An}} + M_{\text{Ab}} + M_{\text{Gehäuse}} = 0$$

Das auf das Getriebegehäuse wirkende Moment $M_{\text{Gehäuse}}$ muss durch eine entsprechende Befestigung am Fundament abgestützt werden. Verbindet man das Getriebegehäuse nicht mit dem Fundament, sondern lagert es drehbar und konzentrisch zur An- und Abtriebswelle in einem zusätzlichen Gehäuse, so erhält man eine dritte Welle, an der aus Gleichgewichtsgründen das Stützmoment angreifen muss. Es entsteht ein **Umlaufgetriebe** mit drei sich drehenden Wellen, bei dem auf das äußere (zusätzliche) Gehäuse im Gegensatz zum Standgetriebe kein Stützmoment wirkt. Das innere, drehbar gelagerte Gehäuse wird zum sog. **rotierenden Steg**, in dem die umlaufenden Räder (**Planeten**) gelagert sind und an dessen Stegwelle das ursprüngliche Gehäusemoment angreift ($M_{\text{Gehäuse}} = M_{\text{Steg}}$).

$$\sum M_{\text{An}} + M_{\text{Ab}} + M_{\text{Steg}} = 0$$

Tabelle 5.6 zeigt den Übergang vom zweistufigen koaxialen Stirnradgetriebe zum Planetengetriebe.

Tabelle 5.6 Gegenüberstellung Stirnradgetriebe und Planetengetriebe [5.1]

Zweistufiges koaxiales Stirnradgetriebe	Planetengetriebe
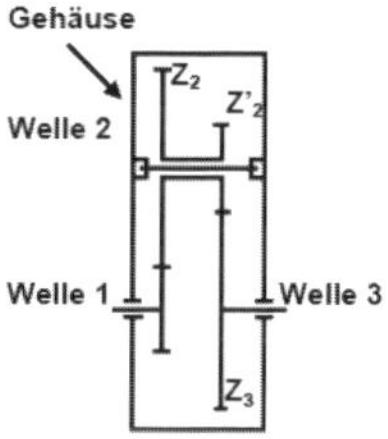	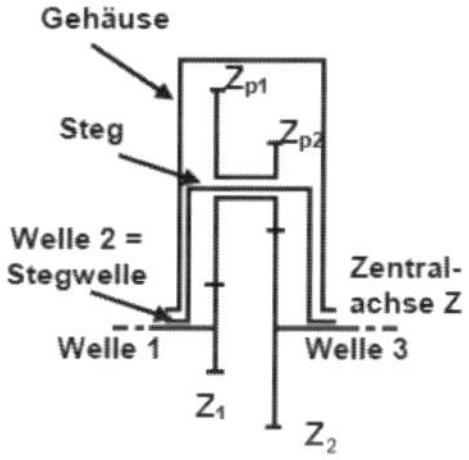
Welle 1 = Antrieb Welle 3 = Abtrieb	Stirnräder z_1 und z_2 = **Sonnenräder** Stirnräder z_{p1} und z_{p2} = **Planetenräder** Zentralachse z = gemeinsame Achse
Bei dem dargestellten zweistufigen Stirnradgetriebe stehen zwei Wellen für den Anschluss von Antrieb und Abtrieb zur Verfügung. Die Zwischenradwelle mit den Zwischenrädern z_2 und z_2' ist fest im Gehäuse gelagert.	Die Zwischenradwelle ist nicht mehr im feststehenden Gehäuse gelagert, sondern im Steg, der sich selbst um die Zentralachse Z dreht. Die Zwischenräder z_2 und z_2' werden zu den Planetenrädern z_{p1} und z_{p2}. Die Planetenräder z_{p1} und z_{p2} drehen sich nicht nur um ihre eigene Achse, sondern zusätzlich noch um die Zentralachse Z. Aus dem Getriebe tritt zusätzlich die Stegwelle S.
$\sum M_{\text{An}} + M_{\text{Ab}} + M_{\text{Gehäuse}} = 0$	$\sum M_{\text{An}} + M_{\text{Ab}} + M_{\text{Steg}} = 0$

Übersetzungsbereiche für einfache Umlaufgetriebe

Bild 5.23 zeigt das Getriebeschema eines einfachen, rückkehrenden Umlaufgetriebes (Typ I), das die Grundform des im Maschinenbau am häufigsten eingesetzten Planetengetriebes darstellt. Es wird bis zu einer maximalen Standübersetzung von i_{12} = 12,5 gebaut [5.6].

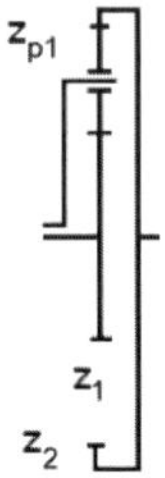

Bild 5.23 Getriebeschema eines häufig eingesetzten Planetengetriebes [5.1]

Tabelle 5.7 Praktische Übersetzungsbereiche für den Getriebetyp I (bei drei Planetenrädern) [5.1]

Fall	Getriebeglied	Funktion	Übersetzungsbereich	Drehrichtung von Antrieb und Abtrieb
1	Sonnenrad Hohlrad Planetenträger	Festglied Antrieb Abtrieb	i = 1,1 ... 1,5	gleichläufig
2	Sonnenrad Hohlrad Planetenträger	Antrieb Festglied Abtrieb	i = 3,0 ... 12,0	gleichläufig
3	Sonnenrad Hohlrad Planetenträger	Antrieb Abtrieb Festglied	i = −2,0 ... −12,0	gegenläufig
4	Sonnenrad Hohlrad Planetenträger	Festglied Abtrieb Antrieb	i = 0,67 ... 0,92	gleichläufig
5	Sonnenrad Hohlrad Planetenträger	Abtrieb Festglied Antrieb	i = 0,08 ... 0,33	gleichläufig
6	Sonnenrad Hohlrad Planetenträger	Abtrieb Antrieb Festglied	i = −0,08 ... −0,5	gegenläufig

Bei dem Umlaufgetriebetyp I in Bild 5.23 ergeben sich nach [5.6] mit minimalem Planetenradabstand und unter Berücksichtigung der erforderlichen Tragfähigkeit günstige Bauabmessungen für die Übersetzungsbereiche, wie sie in Tabelle 5.7 dargestellt sind.

Grundgleichungen häufig verwendeter Planetengetriebe

Für die Berechnung der Drehzahlen von Umlaufgetrieben kann entweder die Drehzahlhauptgleichung oder das grafische Verfahren nach Kutzbach angewendet werden. Die Grundgleichungen für die wichtigsten Planetengetriebe sind in Tabelle 5.8 dargestellt [5.6].

Tabelle 5.8 Grundgleichungen für die am häufigsten verwendeten Planetengetriebe [5.1]

Getriebeschema	Grundgleichungen	Planetendrehzahl
I 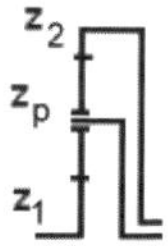	$n_1 + \frac{z_2}{z_1} \cdot n_2 - \left(1 + \frac{z_2}{z_1}\right) \cdot n_S = 0$	$n_p = \frac{z_1}{z_p} \cdot (n_S - n_1)$
II 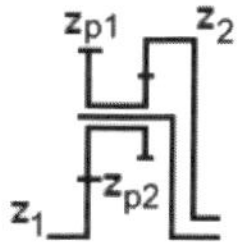	$n_1 + \frac{z_2 \cdot z_{p1}}{z_1 \cdot z_{p2}} \cdot n_2 - \left(1 + \frac{z_2 \cdot z_{p1}}{z_1 \cdot z_{p2}}\right) \cdot n_S = 0$	$n_p = \frac{z_1}{z_{p1}} \cdot (n_S - n_1)$
III 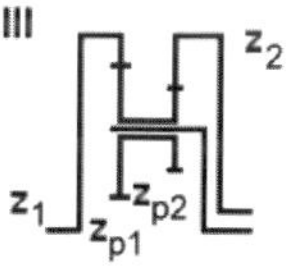	$n_1 - \frac{z_2 \cdot z_{p1}}{z_1 \cdot z_{p2}} \cdot n_2 - \left(1 - \frac{z_2 \cdot z_{p1}}{z_1 \cdot z_{p2}}\right) \cdot n_S = 0$	$n_p = \frac{z_1}{z_{p1}} \cdot (n_1 - n_S)$
IV 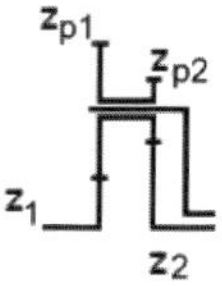	$n_1 - \frac{z_2 \cdot z_{p1}}{z_1 \cdot z_{p2}} \cdot n_2 - \left(1 - \frac{z_2 \cdot z_{p1}}{z_1 \cdot z_{p2}}\right) \cdot n_S = 0$	$n_p = \frac{z_1}{z_{p1}} \cdot (n_S - n_1)$

Drehzahlhauptgleichung und Kutzbach-Plan

Durch die Drehzahlhauptgleichung sind für ein beliebiges Umlaufgetriebe alle Beziehungen zwischen den Drehzahlen und Übersetzungen eindeutig in Abhängigkeit von der Standübersetzung festgelegt.

Hierbei gilt $n_1 - i_{12} \cdot n_2 - n_s \cdot (1 - i_{12}) = 0$ für Getriebe vom

Typ I und II: $i_{12} = i_{1p1} \cdot i_{2p2} = \left(-\frac{z_{p1}}{z_1}\right) \cdot \left(+\frac{z_2}{z_{p2}}\right)$

Typ III: $i_{12} = i_{1p1} \cdot i_{2p2} = \left(+\frac{z_{p1}}{z_1}\right) \cdot \left(+\frac{z_2}{z_{p2}}\right)$

Typ IV: $i_{12} = i_{1p1} \cdot i_{2p2} = \left(-\frac{z_{p1}}{z_1}\right) \cdot \left(-\frac{z_2}{z_{p2}}\right)$

Kutzbach entwickelte ein sehr anschauliches zeichnerisches Verfahren, mit dem die Geschwindigkeiten und Drehzahlen sehr schnell ablesbar sind (Bild 5.24). Anleitungen zur Konstruktion eines Drehzahlplanes nach Kutzbach finden sich in der Fachliteratur unter [5.8], [5.1].

Aus dem Drehzahlplan lassen sich nur die Absolutdrehzahlen ablesen. Um die für die Planetenradlager wichtigen Relativdrehzahlen gegenüber dem Steg ablesen zu können, muss die Differenz n_P - n_S gebildet werden.

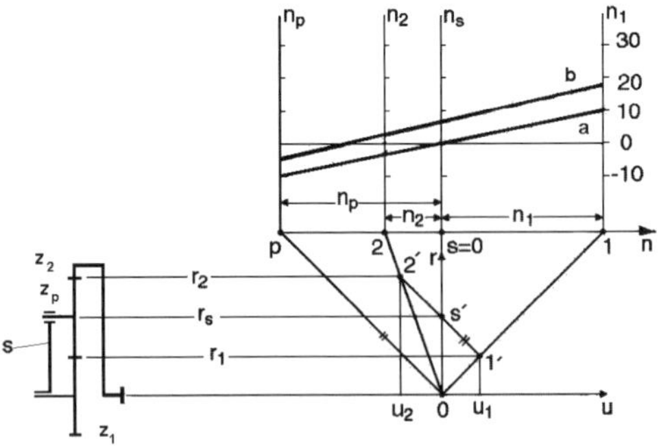

Bild 5.24 Kutzbach-Plan für Getriebetyp I (Kurve a: $n_s = 0$, Kurve b: $n_s \neq 0$) [5.1]

Leistung, Leistungsflüsse und Wirkungsgrad

Die **mechanische Leistung** ist das Produkt aus der Kraft, die zwei Bauteile aufeinander ausüben, und der Geschwindigkeit, mit der sich der Kraftangriffspunkt bewegt: $P = F \cdot v$. Auf Wellen übertragen gilt für die zu- bzw. abgeführte Leistung daher: $P = M \cdot \omega = M \cdot 2\pi \cdot n$. Zugeführte Leistungen (Antriebsleistungen) sind immer positiv ($P_{An} = M_{An} \cdot \omega_{An} > 0$), abgeführte Leistungen (Abtriebsleistungen) sind immer negativ ($P_{Ab} = M_{Ab} \cdot \omega_{Ab} < 0$).

Bei Planetengetrieben mit drei umlaufenden Wellen sind zwei unterschiedliche Betriebsarten möglich:

1. **Leistungsteilung**
   Das Planetengetriebe besitzt eine Antriebswelle und zwei Abtriebswellen. Hier wird die zugeführte Leistung auf die Abtriebswellen verteilt. Das Getriebe wird **Differenzgetriebe** genannt.
2. **Leistungssummierung**
   Das Planetengetriebe besitzt zwei Antriebswellen und eine Abtriebswelle. Hier werden die zugeführten Leistungen auf die Abtriebswelle gebündelt. Das Getriebe wird **Summier**- oder **Sammelgetriebe** genannt.

Eine alleinige Antriebs- bzw. Abtriebswelle nennt man **Gesamtleistungswelle**, die anderen Wellen werden **Teilleistungswellen** genannt.

Die **Wälzleistung** P_W wird über das Abwälzen der Zahnräder nur von Welle 1 auf Welle 2 übertragen. Wälzleistung kann nur über mit Zahnrädern versehene Wellen und nicht über die Stegwelle übertragen werden. Für die Betrachtung der Wälzleistung werden daher die Relativdrehzahlen bezogen auf den Steg zugrunde gelegt. Die Wälzleistung ist aufgrund der Zahnreibungsverluste beim Abwälzen verlustbehaftet. Die Wälzleistung ist eine Größe, die den inneren Leistungsfluss in einem Umlaufgetriebe beschreibt. Detaillierte Erläuterungen zu den Verhältnissen des inneren Leistungsflusses findet man in der weiterführenden Literatur [5.5] oder [5.1].

$$P_{W1} = M_1 \cdot (\omega_1 - \omega_S)$$

$$P_{W2} = M_2 \cdot (\omega_2 - \omega_S)$$

Auch die **Kupplungsleistung** P_K beschreibt die Vorgänge im Umlaufgetriebe und zählt somit auch zu den Größen des inneren Leistungsflusses. Hier wird die Annahme zugrunde gelegt, dass alle drei Wellen des Getriebes mit gleicher Drehzahl rotieren, die Zahnräder, bezogen auf den Steg, stillstehen und das Dreiwellengetriebe wie eine starre Kupplung arbeitet. Die Kupplungsleistung ist stets verlustfrei.

Die **Wellenleistung *P*** erhält man durch Überlagerung der beiden im Planetengetriebe übertragenen Leistungsanteile Wälzleistung und Kupplungsleistung. Die Leistungsüberlagerung kann nur für jede Welle separat vorgenommen werden:

$$P_1 = P_{K1} + P_{W1} = M_1 \cdot \omega_S + M_1 \cdot (\omega_1 - \omega_S) = M_1 \cdot \omega_1$$

$$P_2 = P_{K2} + P_{W2} = M_2 \cdot \omega_S + M_2 \cdot (\omega_2 - \omega_S) = M_2 \cdot \omega_2$$

$$P_S = P_{KS} + 0 = M_S \cdot \omega_S$$

Um den Reibungsverlustanteil der Wälzleistung zu ermitteln, kann die **Reibungsverlustleistung P_V** in Abhängigkeit von der positiven antreibenden Wälzleistung der Welle 1 oder 2 eines Umlaufgetriebes und dem Verlustgrad ζ_0 des Standgetriebes bei derselben antreibenden Welle berechnet werden:

$$P_V = -P_{W-An} \cdot \zeta_0 = -P_{W-An} \cdot (1 - \eta_0)$$

Zur Vereinfachung kann diese Gleichung nach dem Vorschlag von Brandenberger [5.5] auch wie folgt geschrieben werden:

$$P_V = -P_{W1} \cdot \left(1 - \eta_0^{w1}\right) = -M_1 \cdot (\omega_1 - \omega_S) \cdot \left(1 - \eta_0^{w1}\right)$$

Der Exponent $w1$ des Standwirkungsgrades η_0 ermöglicht es, die Reibungsverlustleistung immer bezogen auf die Wälzleistung der Welle 1 auszudrücken, unabhängig davon, ob die Welle 1 Antriebs- oder Abtriebswelle ist. Er kann für Dreiwellengetriebe folgendermaßen aus Tabelle 5.9 entnommen werden. Mit der Standübersetzung i_{12} und einem freien Drehzahlverhältnis k wird die Gesamtleistungswelle ermittelt. Ist von einer Welle bekannt, ob sie antreibt oder abtreibt, liegt $w1$ und somit auch der Lastfall über die Richtung des äußeren Leistungsflusses fest.

Es gilt: $w1 = +1 \quad \rightarrow \quad \eta_0^{w1} = \eta_{12}$

$$w1 = -1 \quad \rightarrow \quad \eta_0^{w1} = \frac{1}{\eta_{21}}$$

Die Indizierung von η zeigt die Leistungsflussrichtung an, d. h. entweder von Welle 1 nach Welle 2 oder umgekehrt. Diese Wirkungsgrade, später zur Unterscheidung mit **Standwirkungsgrad** bezeichnet, können je nach Leistungsflussrichtung sehr unterschiedlich sein. Für Zahnradstandgetriebe kann man im Gegensatz z. B. zu Schneckengetrieben vereinfachend annehmen, dass die Wirkungsgrade für beide Leistungsflussrichtungen annähernd gleich groß sind [5.7], [5.4].

Die **Reibungsverlustleistung P_V** bezieht sich ausschließlich auf die Wälzleistungsbilanz. Mit dem Energiesatz ergibt sich:

Kupplungsleistung: $P_{K1} + P_{K2} + P_{KS} = 0$

Wälzleistung: $P_{W1} + P_{W2} + P_V = 0$

Wellenleistung: $P_1 + P_2 + P_S + P_V = 0$

Tabelle 5.9 Ermittlung des Exponenten $w1$ zur Verlustleistungs- und Wirkungsgradberechnung [5.5]

Ermittlung: Gesamtleistungswelle					**Leistungsteilung**			**Leistungs-summierung**		
i_{12}	$k_{12} = n_1/n_2$	$k_{1S} = n_1/n_S$	$k_{2S} = n_2/n_S$	Glw*)	Fall	*Lfl**)	w1*)	Fall	*Lfl**)	w1*)
< 0	$< i_{12}$	$> i_{1S}$	< 0	1	A	$1<^{2}_{S}$	+1	B	$^{2}_{S}>1$	-1
	$i_{12} \dots 0$	< 0	$> i_{2S}$	2	C	$2<^{1}_{S}$	-1	D	$^{1}_{S}>2$	+1
	$0 \dots 1$	$0 \dots 1$	$1 \dots i_{2S}$	S	E	$S<^{1}_{2}$	+1	F	$^{1}_{2}>S$	-1
	> 1	$1 \dots i_{1S}$	$0 \dots 1$	S	G	$S<^{1}_{2}$	-1	H	$^{1}_{2}>S$	+1
0 … 1	< 0	$0 \dots i_{1S}$	$i_{2S} \dots 0$	S	E	$S<^{1}_{2}$	+1	F	$^{1}_{2}>S$	-1
	$0 \dots i_{12}$	< 0	$< i_{2S}$	2	C	$2<^{1}_{S}$	-1	D	$^{1}_{S}>2$	+1
	$i_{12} \dots 1$	> 1	> 1	1	A	$1<^{2}_{S}$	+1	B	$^{2}_{S}>1$	-1
	> 1	$i_{1S} \dots 1$	$0 \dots 1$	1	I	$1<^{2}_{S}$	-1	K	$^{2}_{S}>1$	+1
> 1	< 0	$i_{1S} \dots 0$	$0 \dots i_{2S}$	S	G	$S<^{1}_{2}$	-1	H	$^{1}_{2}>S$	+1
	$0 \dots 1$	$0 \dots 1$	$i_{2S} \dots 1$	2	L	$2<^{1}_{S}$	+1	M	$^{1}_{S}>2$	-1
	$1 \dots i_{12}$	> 1	> 1	2	C	$2<^{1}_{S}$	-1	D	$^{1}_{S}>2$	+1
	$> i_{12}$	$< i_{1S}$	< 0	1	A	$1<^{2}_{S}$	+1	B	$^{2}_{S}>1$	-1

*) Glw = Gesamtleistungswelle
Lfl = äußerer Leistungsfluss
$w1$ = Exponent des Standwirkungsgrads η_0

Betriebsbereiche eines Umlaufgetriebes

Der Leistungsfluss in einem Dreiwellengetriebe ist mit der **Standübersetzung**, einem frei gewählten Drehzahlverhältnis und einem beliebigen Drehmoment, das durch sein Vorzeichen die Richtung vorgibt, bestimmt. Kehrt sich an einer oder zwei Wellen die Drehrichtung um, so ändert sich auch der Leistungsfluss, und eine andere Welle wird zur Gesamtleistungswelle. Beim Durchfahren des Kupplungspunktes $k_{12} = k_{1S} = k_{2S} = 1$ (d.h. alle drei Wellen laufen mit gleicher Drehzahl) wechselt

- der Wälzleistungsfluss seine Richtung,
- der Exponent $w1$ sein Vorzeichen,
- die Gesamtleistungswelle von einer Antriebs- zu einer Abtriebswelle oder umgekehrt,
- der Betriebszustand von Leistungssummierung zu Leistungsteilung.

Im Grenzbereich zwischen zwei Leistungsflüssen arbeiten Dreiwellengetriebe als Stand- oder Zweiwellengetriebe. Das bedeutet, dass Maschinen, die an ein Dreiwellengetriebe angeschlossen sind, sich stets an dessen Leistungsfluss anpassen müssen und nicht umgekehrt. Somit müssen diese Maschinen auch als Generatoren betrieben werden können.

Wirkungsgrad

Der Wirkungsgrad vergleicht die nach einem Umwandlungsprozess in einer Maschine verbleibende nutzbare Leistung mit der zugeführten Leistung:

$$\text{Wirkungsgrad } \eta = -\frac{\text{Abtriebsleistung } P_{\text{Ab}}}{\text{Antriebsleistung } P_{\text{An}}}$$

Bei fast allen üblichen Getrieben ändert sich diese auch als **Standwirkungsgrad** bezeichnete Größe im gesamten Betriebsbereich bei Laständerung nur wenig. Der Wirkungsgrad von Planetengetrieben wird durch den sogenannten **Umlaufwirkungsgrad** η_{Umlauf} beschrieben.

Der Standwirkungsgrad η_0 ist das Produkt der Einzelwirkungsgrade aller im Wälzleistungsfluss des Standgetriebes, also bei festgehaltenem Steg, liegenden wirksamen Verluststellen eines Getriebes [5.10]. Die Einzelwirkungsgrade sind die **Verzahnungswirkungsgrade** η_Z (η_{ZAA} bzw. η_{ZAI}) und die **Lagerwirkungsgrade** η_L (η_{LW} bzw. η_{LG}) der Zentral- und Planetenräder:

$$\eta_0 = \eta_Z \cdot \eta_L = \eta_{ZAA} \cdot \eta_{ZAI} \cdot \eta_{LW} \cdot \eta_{LG}$$

Für eine überschlägige Berechnung können die Richtwerte aus der Tabelle 5.10 herangezogen werden:

Tabelle 5.10 Richtwerte für Wirkungsgrade [5.7], [5.8]

Außen-Außen-Verzahnung ZAA	Außen-Innen-Verzahnung ZAI	Welle mit jeweils zwei Wälzlagern LW	Welle mit jeweils zwei Gleitlagern LG
η_{ZAA}	η_{ZAI}	η_{LW}	η_{LG}
0,99	0,995	0,99	0,97

Berechnung des Umlaufwirkungsgrades

Der **Umlaufwirkungsgrad** η_{Umlauf} eines Planetengetriebes ist immer nur für einen bestimmten Betriebszustand gültig und unterliegt extremen, vorausberechenbaren Schwankungen, die von den gerade gegebenen Drehzahlverhältnissen abhängen und sich auf den Standwirkungsgrad beziehen:

$$\eta_{\text{Umlauf}} = -\left(\frac{P_{\text{Ab}}}{P_{\text{An}}}\right) = -\frac{\Sigma\left(M_{\text{Ab}} \cdot \omega_{\text{Ab}}\right)}{\Sigma\left(M_{\text{An}} \cdot \omega_{\text{An}}\right)} = -\frac{\Sigma\left(M_{\text{Ab}} \cdot n_{\text{Ab}}\right)}{\Sigma\left(M_{\text{An}} \cdot n_{\text{An}}\right)}$$

η_{Umlauf} kann folgende Werte annehmen: bei Minusgetrieben von η_0 bis +1, bei Plusgetrieben von +1 bis zu negativen Werten. Vereinfacht kann der Umlaufwirkungsgrad berechnet werden aus:

$$\eta_{\text{Umlauf}} = 1 + \frac{P_{\text{V}}}{\sum P_{\text{An}}} = 1 - \frac{M_1 \cdot \left(\omega_1 - \omega_{\text{S}}\right) \cdot \left(1 - \eta_0^{w1}\right)}{\Sigma P_{\text{An}}}$$

$w1$ aus Tabelle 5.9

Korrekturen des Umlaufwirkungsgrades müssen noch aufgrund der Verluste, die im Umlaufbetrieb auftreten und stark von der konstruktiven Ausführung des Umlaufgetriebes beeinflusst sind, vorgenommen werden. Diese sind zum Beispiel Reibungsverluste von Dichtelementen, Plantsch- und Ventilationsverluste.

Selbsthemmung

Umlaufgetriebe sind selbsthemmungsfähig, d. h., sie blockieren sich unter bestimmten Voraussetzungen selbst. Dies trifft für alle einfachen Planetengetriebe, bei denen die Standübersetzung i_{12} zwischen η_{21} und $1/\eta_{12}$ liegt und die Stegwelle die einzige Abtriebswelle ist, zu. Diese Verhältnismäßigkeiten sind der weiterführenden Literatur [5.4], [5.5], [5.8] zu entnehmen.

Konstruktive Hinweise

Zähnezahlbedingung

Um die Planetenräder gleichmäßig am Umfang des Sonnenrades verteilt einbauen zu können, muss die **Montierbarkeits-** oder **Zähnezahlbedingung** erfüllt sein (Tabelle 5.11). Durch den Einbau des ersten Planeten ist die Winkelstellung der beiden Zentralräder zueinander bestimmt. Jeder weitere Planet lässt sich nur noch an bestimmten Stellen zwischen den Zentralrädern einbauen. Das Montierbarkeitskriterium hängt vom Teilungswinkel zwischen den Planetenachsen und den Zähnezahlen der Zentralräder ab. Auf die ausführliche Herleitung soll an dieser Stelle verzichtet und auf die Fachliteratur [5.5], [5.6], [5.8] verwiesen werden.

Tabelle 5.11 Zusammenfassung der Zähnezahlbedingungen für wichtige Getriebetypen [5.1]

Getriebeschema	Zähnezahlbedingung	Getriebeschema	Zähnezahlbedingung
I 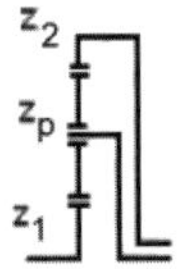	$g = \frac{z_1 + z_2}{N}$	II 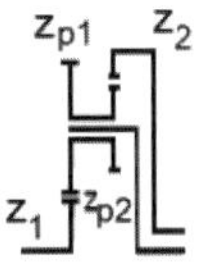	$g = \frac{z_{p1} \cdot z_2 + z_1 \cdot z_{p2}}{N \cdot q}$
III 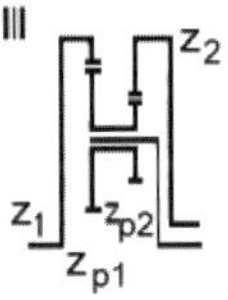	$g = \left\lvert \frac{z_{p1} \cdot z_2 - z_1 \cdot z_{p2}}{N \cdot q} \right\rvert$	IV 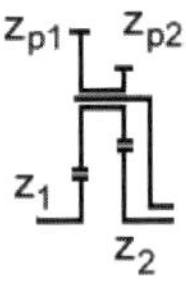	$g = \left\lvert \frac{z_{p1} \cdot z_2 - z_1 \cdot z_{p2}}{N \cdot q} \right\rvert$

Grundsätzlich werden zwei Fälle unterschieden:

- Getriebe mit einfach kämmenden Planeten

bei Minusgetrieben gilt: $g = \frac{z_1 + z_2}{N}$,

bei Plusgetrieben gilt: $g = \frac{z_1 - z_2}{N}$

Das Montierbarkeitskriterium ist erfüllt, wenn entweder jede Zähnezahl (z_1; z_2) der Zentralräder für sich oder deren Summe bzw. die Differenz durch die Anzahl N der einzubauenden Planeten teilbar ist und sich dabei eine ganze Zahl g ergibt. Um eine möglichst niedrige Geräuschemission zu erhalten, sind die Zähnezahlen vorzugsweise so zu wählen, dass nur die Summe bzw. die Differenz durch die Planetenradzahl teilbar ist.

- Getriebe mit Stufenplaneten

bei Minusgetrieben gilt: $$g = \frac{\left(z_{p1} \cdot z_1\right) + \left(z_2 \cdot z_{p2}\right)}{N \cdot q},$$

bei Plusgetrieben gilt: $$g = \left| \frac{\left(z_{p1} \cdot z_2\right) - \left(z_1 \cdot z_{p2}\right)}{N \cdot q} \right|$$

q ist der größte gemeinsame Teiler der Planetenräderzähnezahlen z_{p1} und z_{p2}.

Bedingung für die Grenzübersetzung

Die Anzahl der möglichen Planetenräder wird von der Getriebebaugröße und dem erforderlichen Übersetzungsverhältnis bestimmt [5.5], [5.6]. So erhält man bei einem großen Sonnenrad und kleinen zahlreichen Planetenrädern ein kleines Übersetzungsverhältnis, während ein kleines Sonnenrad mit wenigen großen Planetenrädern ein großes Übersetzungsverhältnis ermöglicht (Bild 5.25).

Im praktischen Fall muss jedoch ein **Sicherheitsabstand** gegen das Berühren der Kopfkreise von mindestens 1 × Modul eingehalten werden (Teilkreisabstand mindestens 3 × Modul) [5.6]. Technisch und wirtschaftlich sinnvolle Maximalübersetzungen liegen ähnlich wie bei Standgetrieben bei $i = 7$ für eine Stufe. Sind höhere Übersetzungen gefordert, so werden mehrstufige Getriebe kleiner, leichter und damit kostengünstiger.

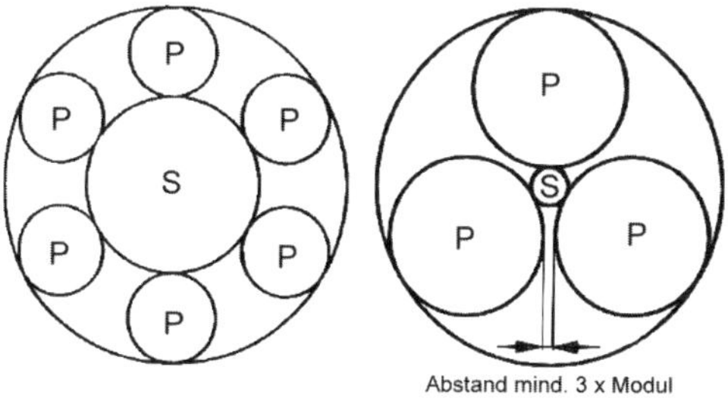

Bild 5.25 Anzahl der einbaubaren Planeten in Abhängigkeit von der Übersetzung [5.1]

Computerunterstützte Berechnung von Umlaufgetrieben

Der wesentliche Vorteil der Umlaufrädergetriebe durch die Leistungsverzweigung und Lastverteilung über mehrere Zahneingriffe stellt hohe Anforderungen an die Berechnung. Insbesondere

- die Ermittlung des **Lastverteilungsfaktors** und die **Breitenlastverteilung** in sämtlichen Zahneingriffen,
- die grundsätzlich nicht bestimmbaren Einflüsse wie die Verformung der Radkörper bei dünnwandigen Hohlradkonstruktionen,
- die Verformung des Steges,
- der versteifende Einfluss von Sonnenritzel und Hohlrad durch anschließende Bauelemente

stellen einen hohen rechnerischen Aufwand dar. Unterstützung bei der Beanspruchungsanalyse bieten hier Computerprogramme von KISSsoft, MDESIGN LVR^{planet} oder PLANKORR, die spezielle Module für die Auslegung von Planetengetriebe entwickelt haben.

Anwendungsbeispiele

Bild 5.26 CAD-Modell Planetengetriebe Typ I (*TANDLER Zahnrad- und Getriebefabrik Bremen*)

Bild 5.27 Minusgetriebe mit doppeltem Planetenradsatz (*HS Esslingen*)

Bild 5.28 Beispiel für ein mehrstufiges Planetengetriebe (*Maxon Motor AG; Sachseln, Schweiz*)

5.1.1.4 Exzentrische Umlaufgetriebe

Prof. Dr.-Ing. Norbert Babel

Exzentrische Umlaufgetriebe sind eine spezielle Art von Planetengetrieben. Durch die Schrumpfung der Exzentrizität des Steges auf wenige Millimeter ist es möglich, die Zähnezahldifferenz sehr gering auszuführen und somit hohe Übersetzungen ins Langsame zu erreichen (Bilder 5.29 und 5.30). Der Antrieb erfolgt dabei stets über die exzentrisch ausgeführte Stegwelle 1 und der Abtrieb wahlweise über das Hohlrad 2 oder die Zentralachse 3. Bei einer Verzahnung nach DIN 867 ohne Profilverschiebung muss die Zähnezahldifferenz mindestens drei Zähne betragen, damit die Kopfkreise von außen- und innenverzahntem Zahnrad auf der sich nicht im Eingriff befindlichen Seite einen Abstand von 1× Modul haben.

Zum Einsatz kommen diese Getriebe überall dort, wo hohe Übersetzungen auf kleinem Raum erforderlich sind, wie z. B. in der Robotertechnik oder der Luft- und Raumfahrtindustrie.

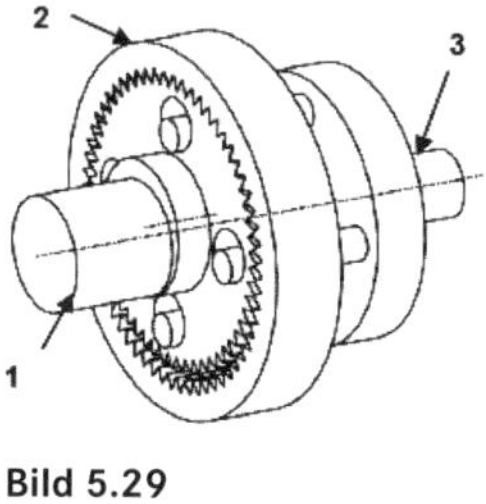

Bild 5.29
Exzentrisches Umlaufgetriebe

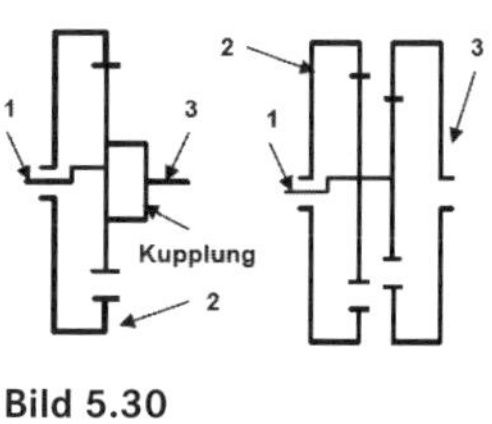

Bild 5.30
Schemata möglicher Bauarten

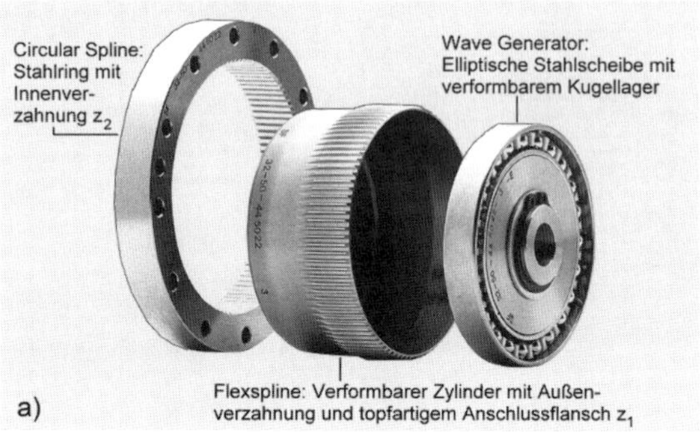

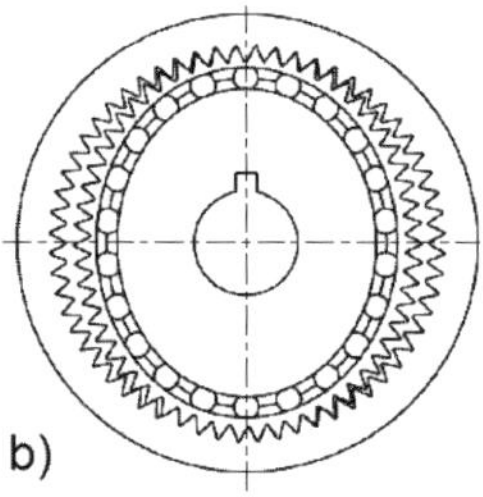

Bild 5.31 Wellgetriebe (Harmonic Drive). a) Einzelteile, b) montierter Zustand (*Harmonic Drive AG Limburg*)

Eine Sonderstellung unter den Exzenterumlaufgetrieben nehmen aufgrund ihrer Bauarten das **Harmonic Drive® Getriebe** und das **Cyclo-Getriebe** ein. Beim **Wellgetriebe** (Harmonic Drive Getriebe) ist das umlaufende Rad z_1 ein flexibler, außenverzahnter, dünner Ring (**Flexspline**). Dieser wird an zwei gegenüberliegenden Stellen durch einen oval ausgeführten Steg mit einem ebenfalls flexiblen, elliptisch verformbaren Kugellager (**Wave Generator**) in die Verzahnung des Hohlrades z_2 (**Circular Spline**) gedrückt (Bild 5.31). Durch eine spitze Spezialverzahnung werden Zähnezahldifferenzen von $z_2 - z_1 = 2$ erreicht.

Das **Cyclo-Getriebe** (Bild 5.32) hat eine Zykloidenverzahnung am umlaufenden Rad z_1 (**Cycloscheibe**) und Rollen als Zähne am „Hohlrad" z_2. Die Zähnezahldifferenz ist stets $z_2 - z_1 = 1$. Das Getriebe ist weitestgehend verschleißarm, da die Lastübertragung durch reines Rollen ohne Gleiten erfolgt.

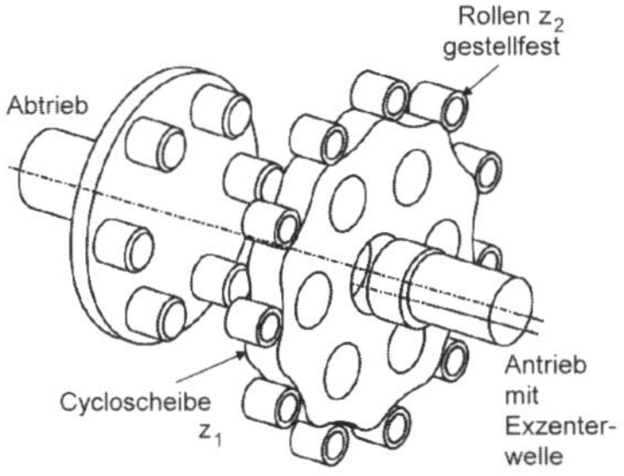

Bild 5.32 Explosionszeichnung eines Cyclo-Getriebes

Eine konstruktive Variante des Cyclo-Getriebes stellt das Getriebe der Firma Nabtesco (Düsseldorf) dar. Das Antriebsritzel überträgt die Drehbewegung auf eine Zahnradvorstufe, die aus zwei oder drei feststehenden, konzentrisch angeordneten Zahnrädern besteht. Diese sitzen auf Exzenterwellen, die mit Kurvenscheiben verbunden sind, an deren Umfang sich eine Zykloidenverzahnung befindet (Bild 5.33). Die gestellfesten Rollen haben wie beim Cyclo-Getriebe eine Teilung mehr als die Kurvenscheiben, wodurch eine Zähnezahldifferenz von 1 erzeugt wird. Die wesentlichen konstruktiven Unterschiede zum Cyclo-Getriebe bestehen

- in der Anordnung von zwei um 180° versetzten Kurvenscheiben, wodurch ein Lastausgleich erreicht wird,
- der Einleitung des Antriebsdrehmoments über eine Zahnradstufe,
- der Aufteilung der Gesamtübersetzung auf die Zahnrad- und die Zykloidenstufe.

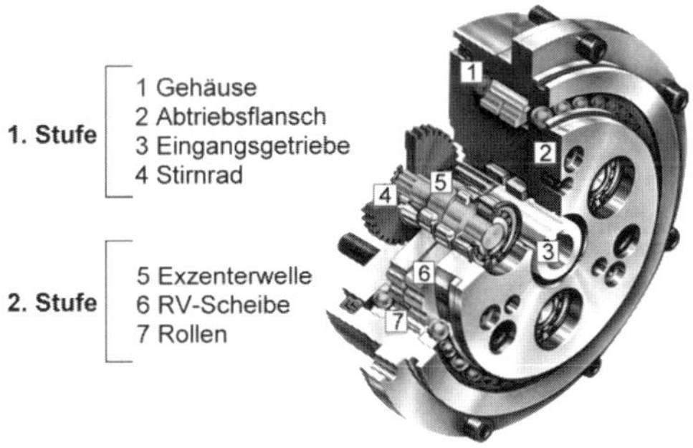

Bild 5.33 Schnitt durch ein Nabtesco-Getriebe (*Nabtesco Precision Europe GmbH Düsseldorf*)

Die Koppelung der Abtriebswelle mit der Kurvenscheibe erfolgt ähnlich wie beim Cyclo-Getriebe.

Alle drei beschriebenen Getriebearten zeichnen sich durch folgende Eigenschaften aus:

- sehr geringes Verdrehspiel,
- hohe Verdrehsteifigkeit,
- geringes Massenträgheitsmoment und geringe Masse,
- kompakte Bauweise,
- hohe Übersetzungen in nur einer Stufe,
- hoher Wirkungsgrad.

5.1.2 Zugmittelgetriebe

Prof. Dr.-Ing. Frank Schäfer

Zugmittel sind Riemen und Ketten, die je nach Bauart rein kraftschlüssig oder mit zusätzlichem Formschluss in mechanischen Getrieben Drehmomente und Drehzahlen über größere Abstände übertragen, aber auch Drehrichtungen verändern. Sie übertragen (Bild 5.34) die Umfangskraft von der Antriebsscheibe (Index 1) auf die Abtriebsscheibe (Index 2). Die Zugmittelstränge zwischen den Scheiben werden als **Trume** bezeichnet. Dabei wird unterschieden zwischen dem ziehenden Trum (**Lasttrum**) und dem gezogenen Trum (**Leertrum**). Das Zugmittel umschlingt die Antriebs- und Abtriebsscheibe. Dazu muss sich eine Scheibe um den Verstellweg y zur anderen hin verschieben lassen. Durch den Spannweg x wird dann die Scheibe von der anderen weg bewegt und damit eine Vorspannung erzeugt.

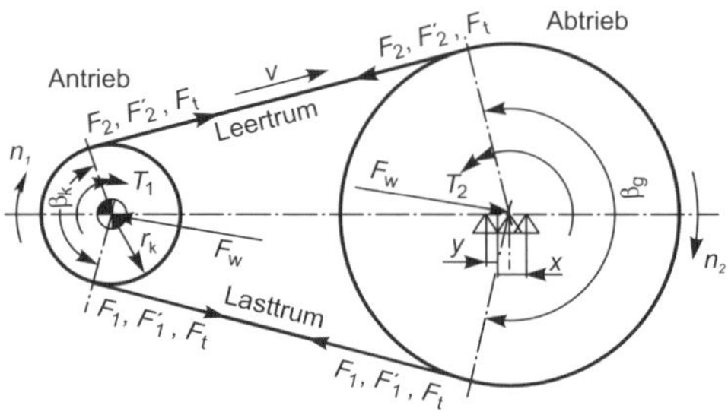

Bild 5.34 Bezeichnungen am offenen Zweischeiben-Getriebe nach [5.11]

Tabelle 5.12 Bewertbare Eigenschaften von Zugmittelgetrieben (nach [5.11])

Anforderung	Zugmittel					
	Flachriemen	**Keilriemen**	**Keilrippenriemen**	**Zahnriemen**	**Rollenketten**	**Zahnketten**
Art der Kraftübertragung	kraftschlüssig	kraftschlüssig	kraftschlüssig	formschlüssig	formschlüssig	formschlüssig
max. Drehzahl in min^{-1}	130000	10000	12500	20000	9000	10000
Leistung in kW	5000	3000	1000	1000	150*	150*
max. Umfangsgeschwindigkeit in m/s	> 100	42	60	80	25	30
max. Biegefrequenz in Hz	> 200	100	200	200	40	50
Kriterium für Überlastung	Durchrutschen	Durchrutschen	Durchrutschen	Überspringen	-	-
Wellenbelastung	1,5 bis 1,8 F_u	1,3 F_u	1,3 F_u	1,1 F_u	-	-
Wirkungsgrad in %	98	96	96	98	98	98
Übersetzung	bis 1:12	bis 1:12	bis 1:35	bis 1:10	bis 1:10	bis 1:10
Übersetzungsverhältnis (Regelbereich R)	bedingt variabel ($R_{max} = 1{,}6$)	konstant ($R_{max} = 1{,}6$)	konstant	konstant	konstant	konstant
Synchronlauf	nein	nein	nein	ja	ja	ja
Temperaturbereich in °C	-50 bis +100	-35 bis +80	-35 bis +80	-35 bis +100	abhängig vom Schmiermittel	abhängig vom Schmiermittel
Spannweg (s. ISO 155)	$0{,}01\ L_w + 0{,}003 \cdot (d + D)$	0,03 L_w	0,03 L_w	0,005 L_w	gem. Kettendurchhang	gem. Kettendurchhang
Montageverstellweg (s. ISO 155)	ca. 0,005 bis 0,016 L_w	0,015 L_w	-	ca. 1 bis 2,5 Teilung	-	-

* Gültig für die Verwendung einer Einzelkette. Mehrfachkettengetriebe: üblich bis 3-fach-Ketten; bis 12-fach-Ketten möglich. Für die endgültige Auslegung sind Rückfragen beim Hersteller erforderlich.

Die Entscheidung, welches der zahlreichen Zugmittel zum Einsatz kommen soll, richtet sich grundlegend nach der Frage, ob **Formschluss** oder **Kraftschluss** gefordert wird und/oder nach der Höhe der zu übertragenden Leistung. Zur Erleichterung dieser Entscheidung eines geeigneten Zugmittels für einen konkreten Anwendungsfall sind in Tabelle 5.12 die wichtigsten Betriebseigenschaften dargestellt. Zusätzlich sind Angaben zu deren Montage aufgeführt. Die Einsatzbedingungen wie Betriebstemperatur, Feuchtigkeit und die Verwendung von Spann- und Umlenkrollen können die Leistungsdaten verändern. Zur Klärung der Einflüsse sind Rückfragen bei den Herstellern erforderlich.

5.1.2.1 Riemen

Moderne Riemen basieren auf der Idee der Funktionstrennung hinsichtlich Biegsamkeit, Zugfestigkeit sowie Reibungs- und Verschleißverhalten und werden deshalb als Mehrschicht- oder Verbundriemen ausgeführt. Sie arbeiten alle kraftschlüssig. Eine Ausnahme bildet der formschlüssig übertragende Zahnriemen.

Flachriemen

Flachriemen bestehen in der Regel aus drei Schichten (Bild 5.35). Für die Deck- und Reibschicht wird ein hochabriebfestes Elastomer, Chromleder oder Polyamidgewebe verwendet. Die Zugschicht ist je nach Anforderung an die Leistungsübertragungsfähigkeit aus hochverstrecktem Polyamidband oder aus einem thermoplastischen, hochmodulen Mischgewebe aufgebaut. Alternativ kommen Aramidcorde zum Einsatz.

Flachriemengetriebe eignen sich besonders gut für große Wellenabstände, hohe Umlaufgeschwindigkeiten, sehr kleine bis große Umfangskräfte und für Mehrwellenantriebe. Sie werden in der Fördertechnik, Landmaschinen- und Gerätetechnik sowie aufgrund ihrer hohen Gleichlaufgenauigkeit in Werkzeugmaschinen eingesetzt.

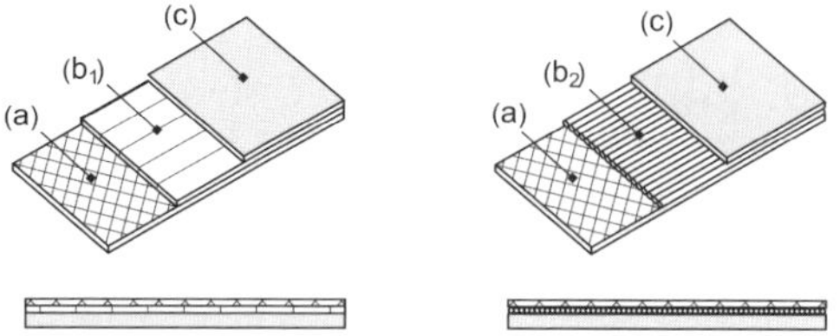

Bild 5.35 Aufbau von Flachriemen. a) Reibschicht, b) Zugschicht aus 1 Polyamid-Folie 2 Aramidcord, c) Deckschicht [5.12]

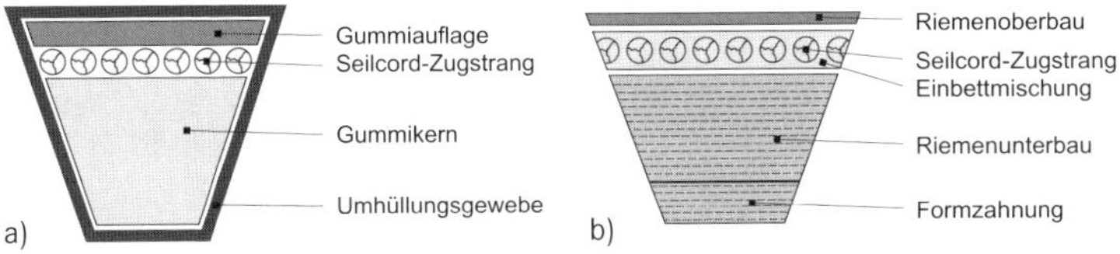

Bild 5.36 Aufbau klassischer Keilriemen. a) ummantelt, b) flankenoffen [5.13]

Keilriemen

Keilriemen werden nach den geometrischen Abmessungen, dem Breiten-Höhen-Verhältnis und deren Bauarten (ummantelt und flankenoffen) unterschieden (Bild 5.36). **Ummantelte Keilriemen** bestehen aus einer Gummiauflage, einem Polyestercord- oder Aramidzugstrang der in eine Gummimischung eingelagert ist, einem Gummikern aus Polychloropren mit quer zur Laufrichtung ausgerichteten Fasern und dem Umhüllungsgewebe mit abriebfester Gummimischung aus Polyester und Baumwolle. **Flankenoffene Keilriemen** bestehen aus einem Riemenober- und Riemenunterbau aus Polychloropren und dazwischen einer Einbettmischung für den Zugstrang aus Polyestercord. Im Gegensatz zu ummantelten Keilriemen weisen sie im Unterbau eine Formzahnung auf, die die Biegsamkeit des Zugmittels deutlich erhöht.

Neben den klassischen Keilriemen mit einem Breiten-Höhen-Verhältnis von 1,6 gibt es Keilriemen mit einer für den jeweiligen Einsatz optimierten Querschnittsgeometrie (**Schmalkeilriemen** mit einem Breiten-Höhen-Verhältnis von 1,25 oder **Breitkeilriemen** mit einem Breiten-Höhen-Verhältnis von 3,1). Anders als bei den klassischen Keilriemen gibt es Breitkeilriemen, die sowohl im Oberbau als auch im Unterbau formgezahnt ausgeführt sind.

Klassische Keilriemen finden u. a. in kleineren Elektromaschinen sowie bei Pumpen, Vertikutierern oder Rasenmähern ihren Einsatz. Schmalkeilriemen werden in allen Maschinenarten eingesetzt, bei denen eine noch größere Leistungsübertragungsfähigkeit bei gleicher Wirkbreite gefordert wird. Kfz-Keilriemen finden ihre Anwendung bei Antrieben von Hilfsaggregaten von Kraftfahrzeugen (Lichtmaschine, Wasserpumpe oder Servolenkung). Breitkeilriemen werden in Stellgetrieben der Landmaschinentechnik und Bohreinheiten eingesetzt.

Kraftband

Kraftbänder sind **Einzelkeilriemen**, die durch eine Deckplatte miteinander verbunden sind. Sie werden durch ihre Einbandcharakteristik als

Verbundriemen bezeichnet. Der Aufbau entspricht dem des ummantelten oder flankenoffenen Keilriemens. In der Regel werden bis zu fünf Einzelriemen verbunden. Kraftbandantriebe werden bei pulsierendem Lauf wie bei Steinbrechern, Vibrationswalzen und Straßenfräsen sowie bei notwendiger Kupplungsfunktion und großen Wellenabständen eingesetzt.

Rippenband

Rippenbänder oder **Keilrippenriemen** bestehen aus einem Oberbau, einem eingebetteten Polyester-Zugstrang und einem Unterbau, der aus keilförmigen, längs zur Laufrichtung angeordneten Rippen geformt ist. Rippenbänder kommen in der „weißen" Industrie (etwa in Waschmaschinen) und Hauptspindelantrieben sowie bei Antrieben von Nebenaggregaten, vornehmlich im Kraftfahrzeug, zum Einsatz.

Blockkeilriemen

Blockkeilriemen sind Zugmittel, die als Verbundriemen Elemente sowohl aus Polymerwerkstoffen als auch aus Metallen formschlüssig verbinden (Bild 5.37). Diese Riemen bestehen aus einer Vielzahl von Aluminiumblöcken, die mit zwei Elastomerbändern geführt werden. Die Bänder selbst bestehen aus einem Aramidzugstrang, einem Gemisch aus Naturkautschuk und einer Ummantelung aus Nylon. Sie werden hauptsächlich in Stufenlosgetrieben für geringe Leistungsübertragung eingesetzt.

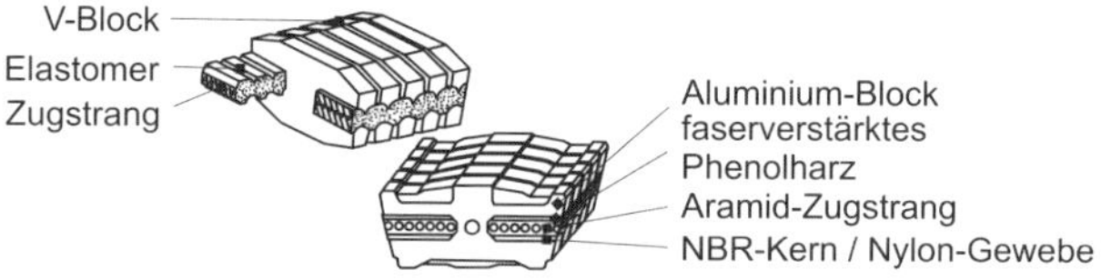

Bild 5.37 Aufbau von Blockkeilriemen

Zahnriemen

Zahnriemen bestehen grundsätzlich aus den Elementen Rücken, Zugstrang, Zähne und Schutzgewebe (Bild 5.38). Ihre Bauart wird im Wesentlichen von der Zahnform bestimmt. Der klassische Zahnriemen mit trapezförmigen Zähnen ist im Kfz-Bereich weit verbreitet und besteht entweder aus Chloropren mit einem Zugstrang aus Glasfaser oder er ist aus Polyurethan gegossen und mit Stahlcord als Zugstrang ausgeführt.

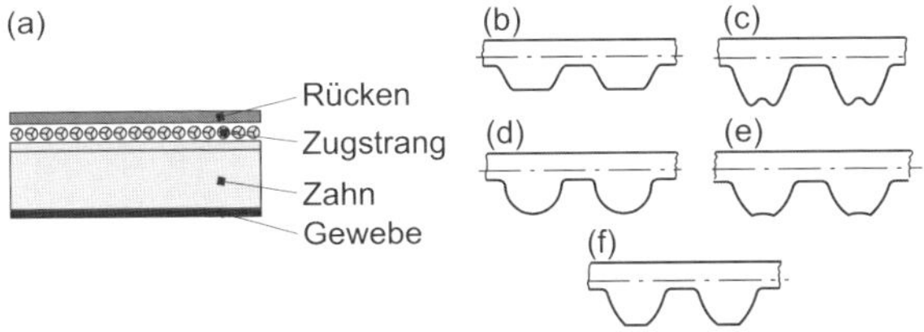

Bild 5.38 Zahnriemen.
a) Prinzipieller Aufbau, b) Trapez-(AT-)Profil, c) RPP-Profil, d) HTD-Profil,
e) Omega-Profil, f) STPD-Zahnprofil

Eine Weiterentwicklung des klassischen Zahnriemens stellt der **Hochleistungszahnriemen** mit bogenförmigem Zahnprofil dar. Sein Zahnkopf ist darüber hinaus profiliert und aus höherwertigen Materialien gefertigt. Die Zähne des Zahnprofils sind so geformt und entsprechend der Teilung angeordnet, dass sie sich exakt und unter geringster Reibung in die Zahnlücken der dem Profil entsprechenden Zahnscheibe einpassen [5.13]. Der Zahnriemen findet dort Anwendung, wo eine formschlüssige Leistungsübertragung gefordert wird.

5.1.2.2 Dimensionierung der Riemengetriebe

Die **Dimensionierung** eines Riemengetriebes basiert nach der Wahl der Riemenbauart auf der zu übertragenden Leistung unter Berücksichtigung der Art der Antriebs- und Arbeitsmaschine und der vorliegenden Betriebsbedingungen gemäß den Anwendungsfaktoren, die den Herstellerkatalogen entnommen werden können. Mithilfe der **Berechnungsleistung**, bestehend aus der Nennleistung und diesen Anwendungsfaktoren, lässt sich aus den vorliegenden Diagrammen eine Querschnittsgeometrie bzw. Baugröße, bei Zahnriemen die notwendige Teilung, ermitteln. Die Diagramme sind im Folgenden in Abhängigkeit von der Drehzahl an der kleinen Riemenscheibe für einzelne Riemenbauarten angegeben und können für eine Vorauslegung genutzt werden (Bilder 5.39 bis 5.45).

Nach der Bestimmung der **Profilform** muss die **Getriebegeometrie**, die vom Wellenabstand und den Scheibendurchmessern bestimmt wird, berechnet werden. Anschließend wird die **Riemenlänge** anhand des Herstellerkatalogs als Standardlänge gewählt. Mit diesen Daten kann abschließend die jeweils notwendige **Riemenbreite** berechnet werden. Mit der nächstgrößeren Standardbreite ergibt sich der zu verwendende Riemen [5.13].

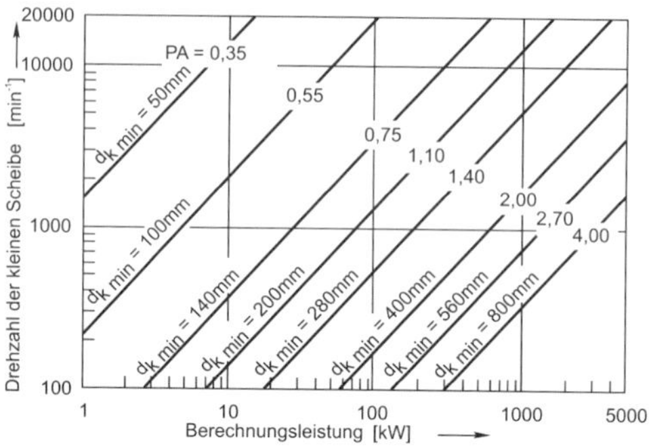

Bild 5.39 Berechnungsleistung Flachriemen und klassischer Keilriemen [5.11]

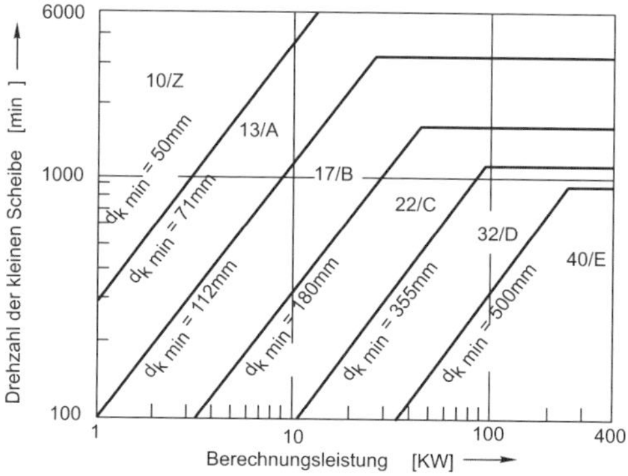

Bild 5.40 Berechnungsleistung klassischer Keilriemen [5.11]

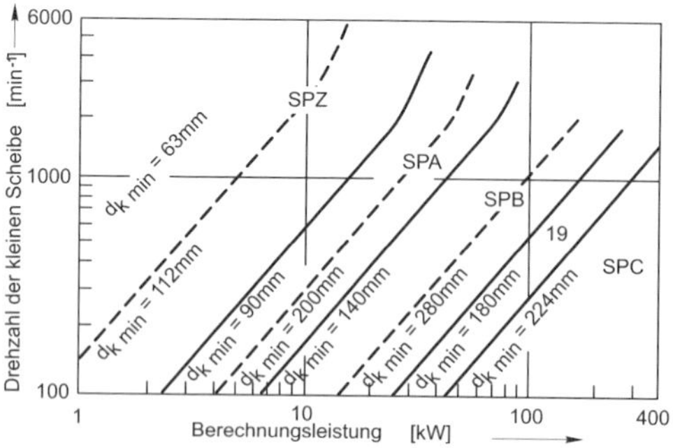

Bild 5.41 Berechnungsleistung flankenoffener Keilriemen [5.11]

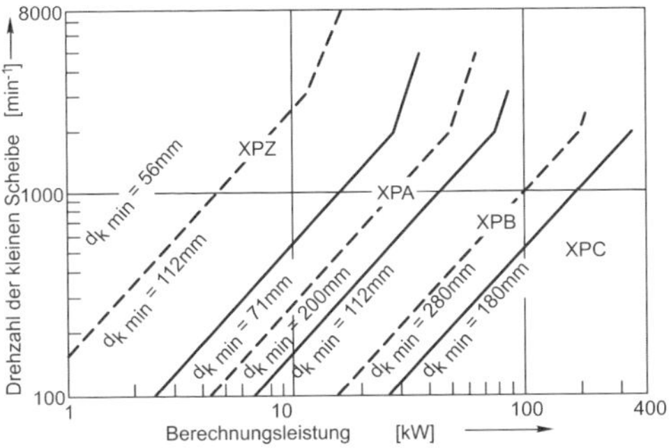

Bild 5.42 Berechnungsleistung Schmalkeilriemen [5.11]

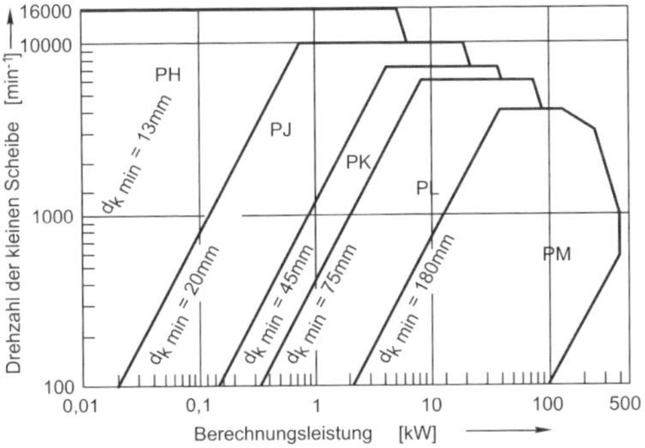

Bild 5.43 Berechnungsleistung Keilrippenriemen [5.11]

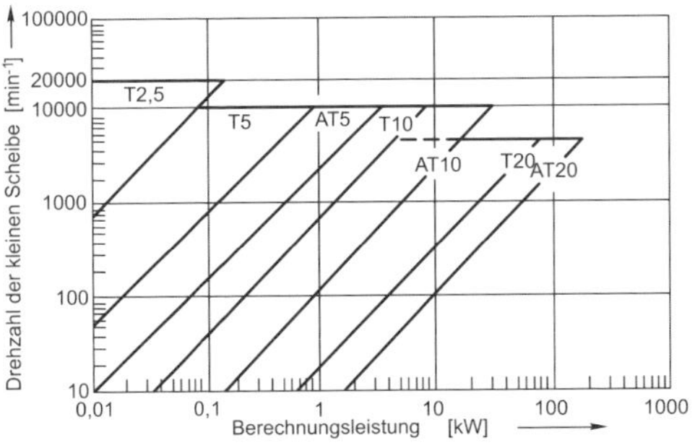

Bild 5.44 Berechnungsleistung Zahnriemen mit Trapezzahnprofil [5.11]

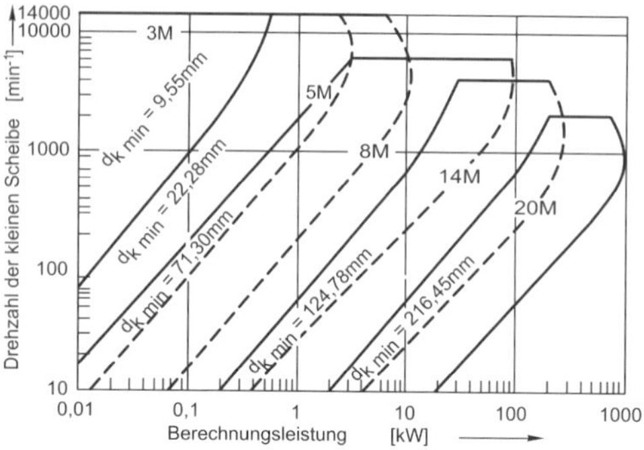

Bild 5.45 Berechnungsleistung Zahnriemen mit kreisbogenförmigem Zahnprofil [1]

Ist die Leistung für einen gewählten Riemen zu groß, können bei kraftschlüssig arbeitenden Riemen auch mehrere parallel eingesetzt werden. Zur Gewährleistung einer optimalen Leistungsübertragung muss eine korrekte **Riemenvorspannung** ermittelt werden. Verschiedene Hersteller bieten dazu **Vorspannmessgeräte** (auch in digitaler Form) an. Die Lebensdauer der Riemen hängt von den genannten Einstellungen ab, in starkem Maße aber auch von der Qualität der zugehörigen Riemenscheiben. Bei der Verwendung von mehreren Riemen in Mehrrillenscheiben ist bei der Montage und nach längerer Laufzeit sowie beim Austausch auf die gleiche Vorspannung der Einzelriemen zu achten.

5.1.2.3 Ketten

Ketten für die Leistungsübertragung werden häufig in geschmierten Zweirädergetrieben bei großen Wellenabständen eingesetzt. Zwei Bauarten, die Rollen- und die Zahnkette, weisen eine sehr gute Biegewilligkeit bei hohem Verschleißwiderstand auf. Die Übertragung erfolgt durch Formschluss, bei dem das Leertrum nicht gespannt ist und im Gegensatz zu den Riemengetrieben unten liegt. In stufenlos verstellbaren Getrieben kommen Ketten und Gliederbänder zum Einsatz.

Rollenkette

Die Rollenkette besteht aus hochfesten Buchsen, galvanisch beschichteten Rollen, Laschen und verschleißfesten Bolzen. Sie können auch aus verschleißfesten, kunststoffbeschichteten Gleitlagerbuchsen in Verbindung mit Trägerbuchsen aufgebaut sein, sodass auf eine Nachschmierung verzichtet werden kann (Bild 5.46).

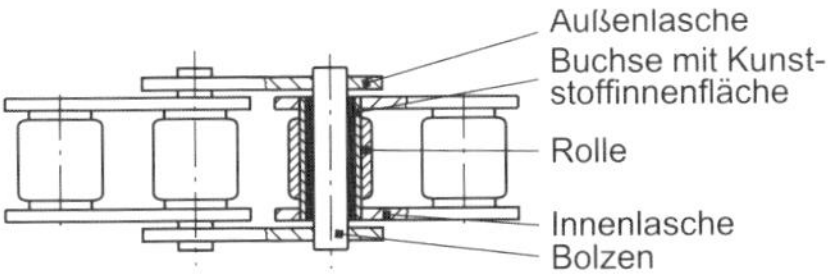

Bild 5.46
Aufbau einer Rollenkette

Zahnkette

Die Zahnkette besteht je nach Kettenbreite aus mehreren nebeneinanderliegenden Laschen, die von Glied zu Glied versetzt angeordnet sind. Ihr wesentlicher Vorteil ist der geräuscharme Lauf (Bild 5.47).

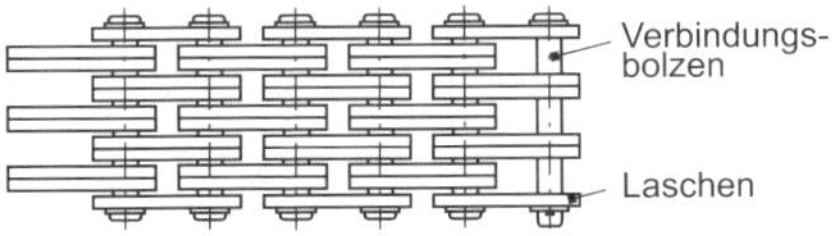

Bild 5.47
Aufbau einer Zahnkette

Zugkette und Schubgliederband

Zugketten und Schubgliederbänder bestehen aus einer Vielzahl metallischer Glieder, die über eine Bolzenverbindung oder ein Stahlband formschlüssig miteinander verbunden sind (Bild 5.48). Sie werden ausschließlich in Stufenlosgetrieben eingesetzt. Ihr Anwendungsbereich reicht von Werkzeugmaschinen bis hin zu modernen Automatikgetrieben in Kraftfahrzeugen.

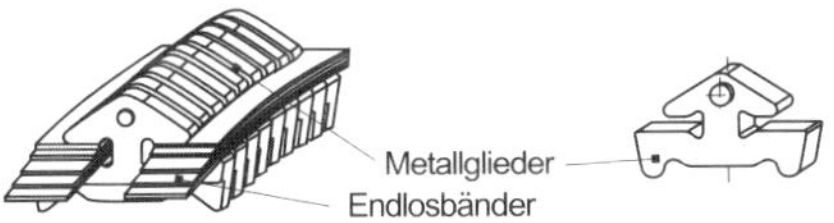

Bild 5.48
Aufbau eines Schubgliederbandes

5.1.2.4 Dimensionierung der Kettengetriebe

Die **Dimensionierung** eines Kettengetriebes basiert nach der Wahl der Kettenart auf der zu übertragenden Leistung unter Berücksichtigung der Drehzahl des kleinen Rades und der Art der Antriebs- und Arbeitsmaschine sowie der Betriebsbedingungen. Mithilfe von Anwendungsfaktoren kann dann eine korrigierte Leistung berechnet werden. Sie ist die Grundlage, um über die folgenden Leistungsdiagramme die Kettenbreite bzw. das Kettenprofil zu bestimmen (Bilder 5.49 und 5.50).

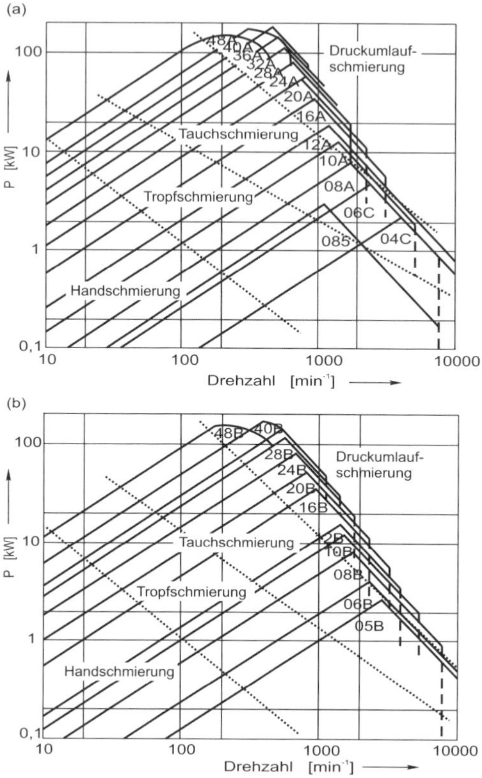

Bild 5.49 Leistungsdiagramme für Einfach-Rollenketten.
a) amerikanische, b) europäische Bauart [5.14]

Die **Leistungsdiagramme** setzen für das kleine Rad eine Zähnezahl von 19 und den Einsatz einer Einzelkette voraus. Zweifach-Ketten übertragen das 1,7fache, Dreifach-Ketten das 2,5fache von Einzelketten. Grundsätzlich sollte die Zähnezahl zwischen 17 und 114 liegen. Dabei sollte ein Übersetzungsverhältnis von 1 : 3 bis 3 : 1 vorausgesetzt werden. Die Kette hat großen Einfluss auf die Lebensdauer und sollte aus mehr als 120 Gliedern bestehen, um die Anzahl der Kettenumläufe klein zu halten. Die Lebensdauer wird auf 15 000 Betriebsstunden und eine maximale Kettenverschleißlängung von 3 % berechnet. Stöße oder häufige Neustarts sind zu vermeiden. Sie setzen wie eine unzureichende Schmierung die

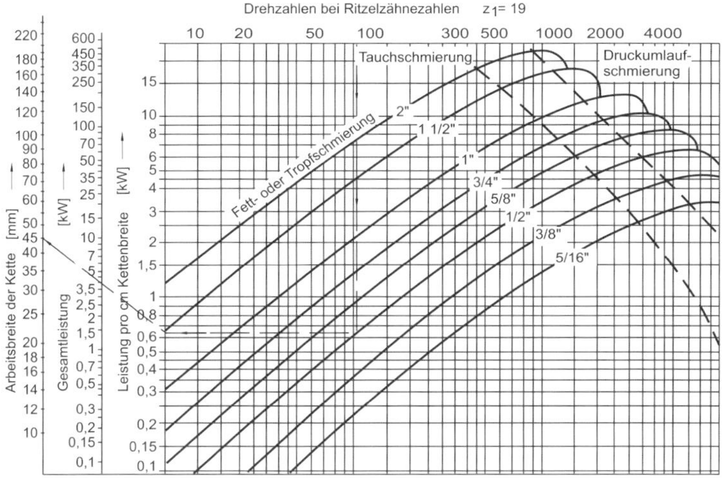

Bild 5.50 Leistungsdiagramm für Zahnketten [5.15]

Lebensdauer herab. Allgemein wird ein Kettengetriebe bei einer Betriebstemperatur von -5 °C bis +70 °C betrieben. Für andere Bedingungen werden Sonderanfertigungen angeboten.

5.1.3 Hubgetriebe

Prof. Dr.-Ing. Anton Haberkern

Hubgetriebe (auch **Lineargetriebe** genannt) sind Getriebe, die eine rotierende Eingangsbewegung in eine lineare Ausgangsbewegung umwandeln. Damit stehen Hubgetriebe in Konkurrenz zu Antriebselementen, die eine lineare Bewegung direkt erzeugen (Pneumatikzylinder, Hydraulikzylinder, elektrischer Linearmotor). Diese **linearen Antriebselemente** werden auf die geforderte Kraft und Geschwindigkeit ausgelegt und direkt an die Nutzlast angekoppelt. Hydraulik- oder Pneumatikzylinder sind oftmals dann wirtschaftlicher, wenn nur die Endlagen des Hubs angefahren werden müssen. Der elektrische Linearmotor gewinnt dort, wo maximale Geschwindigkeit und Beschleunigung Priorität haben. Dagegen ermöglichen es **Hubgetriebe**, dass ein rotierender Antrieb (meist Elektromotor) eingesetzt wird, auch wenn die erforderliche Bewegung eine lineare ist.

Hubgetriebe (= Lineargetriebe)

Gleichförmig übersetzende Hubgetriebe

Spindel-Hubgetriebe (= Gewindetrieb)
- Gleitgewindetrieb (= Bewegungsschraube)
- Wälzgewindetrieb
  - Kugelgewindetrieb
  - Rollengewindetrieb
- Hydrostatischer Gewindetrieb

Zahnstangen-Hubgetriebe
- Zahnstange-Ritzel-Getriebe
- Zahnstange-Schnecke-Getriebe

Schubketten-Hubgetriebe

Zugmittel-Hubgetriebe

Ungleichförmig übersetzende Hubgetriebe
- Schubkurbel-Hubgetriebe
- Schubkurven-Hubgetriebe

Bild 5.51 Systematik der Hubgetriebe

Obwohl die Kombination aus rotierendem Motor und Hubgetriebe zunächst aufwendiger erscheint als ein direkter Linearantrieb, ist die Lösung doch meist die kostengünstigere, vor allem wenn auch Zwischenpositionen des Hubs angefahren werden sollen. Mit einem Hubgetriebe kann ein kleines Motordrehmoment bei hoher Motordrehzahl in eine große axiale Kraft mit geringerer Lineargeschwindigkeit übersetzt werden.

Hubgetriebe können auch in umgekehrter Richtung betrieben werden, also zur Umwandlung einer linearen in eine rotierende Bewegung (solange keine Selbsthemmung vorliegt) dienen. Diese Wirkrichtung hat jedoch wenig praktische Bedeutung, da direkte rotierende Antriebe in großer Vielfalt zur Verfügung stehen. Ungleichförmig übersetzende Hubgetriebe sind in Spezialfällen sinnvoll. Eine breite Anwendung haben dagegen die gleichförmig übersetzenden Hubgetriebe, die im Folgenden genauer beschrieben werden (Bild 5.51).

5.1.3.1 Spindel-Hubgetriebe

Spindel-Hubgetriebe (= Gewindetriebe) sind Getriebe, die eine rotierende Eingangsbewegung mithilfe einer Gewindespindel und einer Mutter in eine lineare Ausgangsbewegung umwandeln. In diesem Zusammenhang bedeutet Spindel eine Gewindespindel, d. h. eine Schraube. Spindel-Hubgetriebe heißen deshalb auch **Gewindetriebe**, **Schraubtriebe** oder **Schraubengetriebe**. Mechanisch kann man ein Gewinde als aufgewickelte schiefe Ebene (oder aufgewickelten Keil) betrachten. Gewinde erlauben eine enorme Kraftverstärkung. Es gibt folgende Möglichkeiten der kinematischen Anordnung:

- Die Gewindespindel ist ortsfest, aber drehbar gelagert. Die Mutter ist mit der linear geführten Nutzlast fest verbunden. Versetzt man die Gewindespindel in Rotation, so bewegt sich die Mutter linear.
- Die Mutter ist ortsfest, aber drehbar gelagert. Die Gewindespindel ist starr mit der Nutzlast verbunden. Versetzt man die Mutter in Rotation, so bewegt sich die Gewindespindel axial.
- Die Gewindespindel ist komplett starr befestigt. Die Mutter ist auf der linear geführten Nutzlast drehbar gelagert. In diesem Fall muss die Mutter in Rotation versetzt werden. Der Antriebsmotor muss auf der Nutzlast mitfahren.

Gleitgewindetriebe

Gleitgewindetriebe bestehen aus Gewindespindel und Mutter, deren Profilflächen sich direkt berühren. Bei der Bewegung tritt reine Gleitreibung auf. Gleitgewindetriebe entsprechen geometrisch einer Befestigungsschraube mit Mutter und heißen deshalb auch **Bewegungsschrauben** (Bild 5.52).

Bei allen Gleitgewindetrieben tritt ein Umkehrspiel beim Wechsel der Belastungsrichtung auf. Der Gleitkontakt benötigt Spiel für seine Funktion. (Spielfreiheit kann nur mit Wälzgewindetrieben erreicht werden.)

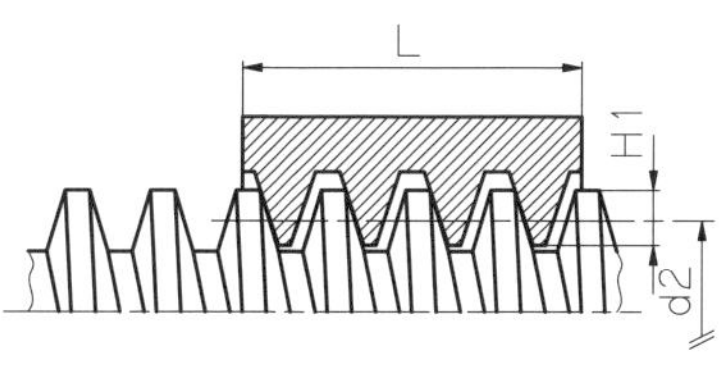

Bild 5.52 Gleitgewindetrieb

Gewindeprofile

Im Gegensatz zu Befestigungsschrauben sollen Bewegungsschrauben möglichst wenig Gewindereibung aufweisen. Dies wird durch einen großen Steigungswinkel φ und einen kleinen Flankenwinkel β erreicht.

Bei großem φ wird **Selbsthemmung** vermieden und der Wirkungsgrad erhöht. Bei kleinem β wird die Normalkraft auf die Gewindeflanke bei gleicher Axialkraft kleiner. Ein großes φ ist aber nachteilig für die erreichbare Positioniergenauigkeit und Kraftverstärkung. Deshalb muss hier sorgfältig ein Kompromiss gesucht werden.

- **Befestigungsschraube:** Kleines φ. Großes β. Hohe Gewindereibung.
- **Bewegungsschraube:** Großes φ. Kleines β. Geringe Gewindereibung.

Genormte **Profilformen** sind:

- **Trapezgewinde** (DIN 103): Flankenwinkel $\beta = 30°$.
  Häufigste Gewindeform für Gleitgewindetriebe. Das Profil kann in beide Richtungen gleich stark belastet werden.
- **Sägengewinde** (DIN 513): Einseitig wirksamer Flankenwinkel $\beta = 6°$
  Der Flankenwinkel ist in einer Richtung sehr klein. Geeignet für Bewegungen ohne Umkehr der Lastrichtung.
- **Metrisches ISO-Gewinde** (DIN 13): Flankenwinkel $\beta = 60°$
  Für Anwendungen mit kleinen Betriebskräften (z. B. Messgeräte) wird auch das metrische ISO-Gewinde als Gleitgewindetrieb verwendet, da hierfür Fertigungs- und Prüfmöglichkeiten in großem Umfang von den Befestigungsschrauben zur Verfügung stehen.

Auslegung

Kraftübersetzung durch Gewinde/Wirkungsgrad

Die Abwicklung eines Gewindegangs (360°) in die Ebene ergibt das Steigungsdreieck des Gewindes (Bild 5.53).

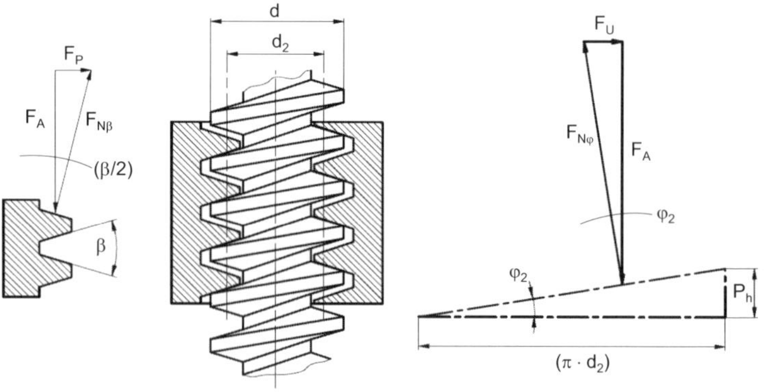

Bild 5.53 Kraftübersetzung durch Gewinde

$$\tan\varphi_2 = \frac{P_h}{d_2 \cdot \pi}$$

φ_2 Steigungswinkel bezogen auf d_2, d_2 Flankendurchmesser, P_h Steigung (engl. pitch), d Nenndurchmesser

$$F_N = \frac{F_A}{\left(\cos\varphi_2 \cdot \cos\frac{\beta}{2} - \mu \cdot \sin\varphi_2\right)}$$

F_N Normalkraft, F_A axiale Betriebskraft

$$M_A = \frac{F_A \cdot P_h}{(2 \cdot \pi) \cdot \eta}$$

M_A Antriebs-Drehmoment

$$\eta = \frac{\text{Nutzen}}{\text{Aufwand}}$$

η Wirkungsgrad

Für die Umwandlung Drehmoment in Längskraft (Heben einer Last) (mit Näherung $\tan x \approx x$ für kleine x):

$$\eta_H = \frac{\tan\varphi_2}{\tan(\varphi_2 + \rho)} \approx \frac{1}{1 + \frac{\mu \cdot \pi \cdot d_2}{P_h}}$$

μ Gleitreibwert, $\tan\rho = \mu$, ρ „Reibungswinkel“

Für Umwandlung Längskraft in Drehmoment (Senken einer Last):

$$\eta_S = \frac{\tan(\varphi_2 - \rho)}{\tan\varphi_2} \approx 1 - \frac{\mu \cdot \pi \cdot d_2}{P_h}$$

Zulässige Flächenpressung

Beim Gleitgewindetrieb besteht die Spindel meist aus Stahl und die Mutter aus einem weicheren Werkstoff, der gute Trockenlaufeigenschaften für das ständige Durchfahren der Misch- und Festkörperreibung hat (Buntmetall, Gusseisen, Kunststoff). In diesem Fall muss der Mutternwerkstoff auf zulässige Flächenpressung überprüft werden (Bild 5.52):

$$p_{\text{ist}} = \frac{F_A \cdot P_h}{\pi \cdot d_2 \cdot L \cdot H_1} \leq p_{\text{zul}}$$

p_{ist} wirkende Flächenpressung, p_{zul} zulässige Flächenpressung, L tragende Mutternlänge, H_1 Gewindetiefe $A = \left[\pi \cdot d_2 \cdot (L/P_h) \cdot H_1\right]$ tragende Fläche der Gewindeflanken

Werte: $p_{\text{zul}} \approx 5 \ldots 15\ \text{N/mm}^2$ für Bronze,
$3 \ldots 8\ \text{N/mm}^2$ für Grauguss,
$1 \ldots 5\ \text{N/mm}^2$ für Kunststoff.

Die zulässige Flächenpressung ist bei Gleitgewindetrieben oft das begrenzende Kriterium bzgl. zulässiger Belastung. Genauso muss aber auch die Festigkeit der Spindel bzgl. Zug, Druck, Knickung und biegekritischer Drehzahl gewährleistet sein. Besonders bei langen schlanken Spindeln können diese Werte kritisch werden. Die Formeln für diese weiteren Auslegungsrechnungen sind den jeweiligen Herstellerunterlagen zu entnehmen.

Kugelgewindetriebe

Der Kugelgewindetrieb (KGT) ist das am häufigsten eingesetzte Hubgetriebe für Präzisionsanwendungen. Eine typische Anwendung sind lineare Vorschubachsen von Werkzeugmaschinen. Diese sollen im Wesentlichen drei Anforderungen erfüllen:

- hohe Axialkraft,
- hohe Dynamik (Beschleunigung und Geschwindigkeit),
- hohe Positioniergenauigkeit.

Der KGT kann den erforderlichen Kompromiss zwischen diesen widersprüchlichen Anforderungen gut erfüllen und verursacht dabei geringere Kosten als andere Lösungen.

Tribologie des Wälzkontakts (Reibung, Verschleiß, Schmierung)

Beim KGT werden Kugeln als Wälzkörper zwischen den Gewindeflanken von Spindel und Mutter eingebracht (Bild 5.54). Dadurch wird die Gleitreibung des herkömmlichen Gewindes durch die wesentlich geringere Wälzreibung ersetzt. Typische Werte sind:

	Gleitgewinde	Kugelgewinde
Reibwert μ	0,1 ... 0,3	0,005 ... 0,02
Wirkungsgrad η	30 ... 60 %	85 ... 95 %

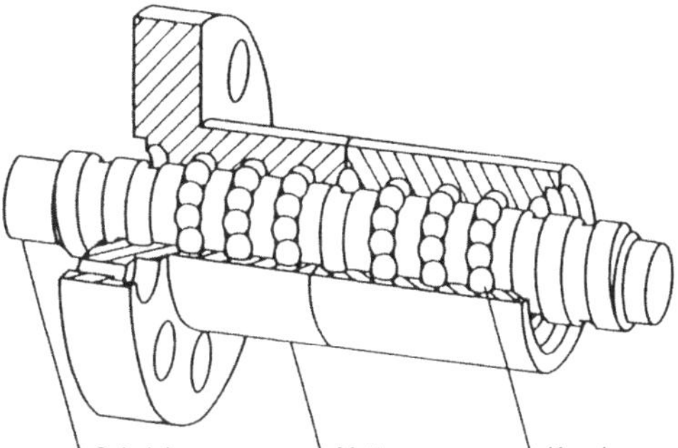

Bild 5.54 Kugelgewindetrieb (nach [5.17])

In erster Näherung entspricht der Wälzkontakt im KGT dem eines Schrägkugellagers (der Kontaktwinkel = Lastwinkel beträgt: $0° < \alpha < 90°$). Die Kinematik der Wälzbewegung ist beim KGT jedoch komplizierter, da die Kugeln auf einer Schraubenlinie abwälzen und nicht wie beim Wälzlager auf einer geschlossenen Kreisbahn. Durch diese Schraubenbewegung weist der Wälzkontakt im KGT höhere Gleitreibungsanteile auf als beim Schrägkugellager. Hinzu kommt beim KGT die Notwendigkeit einer **Kugelrückführung**, da sich die Kugeln in Längsrichtung der Mutter fortbewegen. Diese Rückführung bedeutet eine zyklische Entlastung, Richtungsänderung und Belastung der Kugeln. Das Umlenk- und Rückführsystem hat deshalb großen Einfluss auf Verschleiß und Lebensdauer des Systems KGT.

Wie bei Wälzlagern liegt auch beim KGT ein elastohydrodynamischer Kontakt im Wälzpunkt vor. Ab einer bestimmten Relativgeschwindigkeit entsteht ein tragender Schmierfilm, der die metallischen Kontaktpartner vollständig voneinander trennt: Es liegt dann reine Flüssigkeitsreibung (hydrodynamische Reibung) vor. Bei Wälzlagern ist ein andauernder Betrieb mit Flüssigkeitsreibung möglich, wenn sie dauernd mit ausreichend hoher Drehzahl laufen. Im KGT ist dies nicht möglich, da er zwangsläufig oszillierende Bewegungen mit Richtungswechseln ausführt und deshalb ständig das Mischreibungs- und Festkörperreibungsgebiet durchfährt. Deshalb sind KGT oft die verschleißkritischen Elemente eines Antriebsstrangs. Um die maximale Lebensdauer zu erreichen, müssen gute Trockenlaufeigenschaften vorhanden sein, z. B. durch eine tribologisch wirksame Beschichtung von Kugeln und/oder Gewinde, sowie Rückführsystem. Aus Kostengründen ist dies jedoch nicht Stand der Technik.

Bauarten

Vorspannung

Die Möglichkeit, das System vorzuspannen und damit spielfrei zu machen, ist ein großer Vorteil des Wälz- gegenüber dem Gleitgewindetrieb. Folgende Vorspannungs-Prinzipien kommen zum Einsatz (Bild 5.55):

- eingängiges Gewinde mit Steigungsversatz zwischen zwei getrennten Mutternhälften. Ergibt Doppelmutter und Zweipunktberührung der Kugeln.
- eingängiges Gewinde mit Steigungsversatz zwischen den Hälften einer Mutter. Ergibt Einzelmutter und Zweipunktberührung der Kugeln („Shift"-Mutter).
- zweigängiges Gewinde mit Steigungsversatz zwischen Gang 1 und 2. Ergibt Einzelmutter und Zweipunktberührung der Kugeln.
- Kugelübermaß. Ergibt Einzelmutter und Vierpunktberührung der Kugeln.

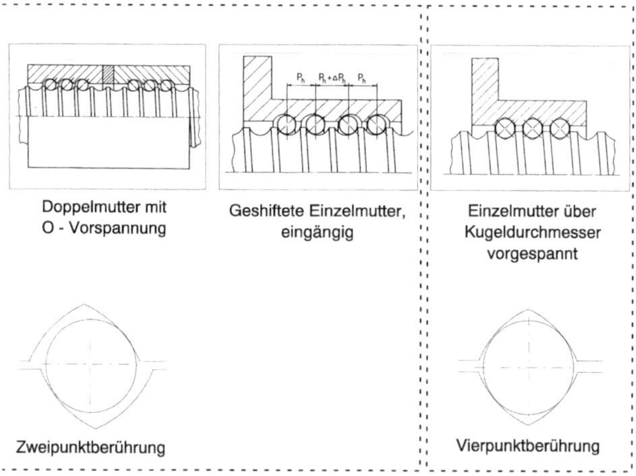

Bild 5.55 Vorspannprinzipien beim Kugelgewindetrieb (nach [5.17])

Kugelrückführung

Die Rückführung der Kugeln ist notwendig, da sich diese in Längsrichtung der Mutter fortbewegen. Folgende Prinzipien kommen zum Einsatz (Bild 5.56):

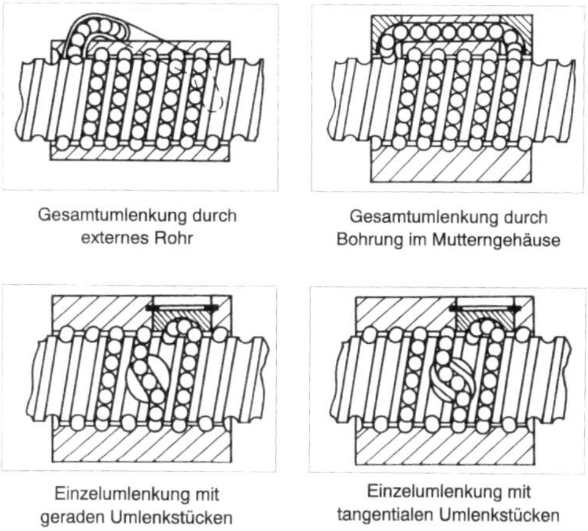

Bild 5.56 Prinzipien der Kugelrückführung beim Kugelgewindetrieb (nach [5.17])

- externe Rückführung über Umlenkrohre,
- externe Rückführung über Bohrungen im Mutternkörper,
- interne Rückführung über Umlenkstücke.

Berührgeometrie im Wälzkontakt

Profilform

Es kommen Rundbogen- oder Spitzbogen-Profile für die Kugellaufbahnen zum Einsatz. Das Spitzbogen-Profil ist fertigungstechnisch aufwendiger, aber günstiger bzgl. der unschädlichen Einlagerung von Schmutzpartikeln.

Lastwinkel

Die Betriebskräfte wirken im KGT rein axial. Prinzipiell wäre daher ein Lastwinkel von 90° ideal. Da dies fertigungstechnisch jedoch aufwendig ist und außerdem durch geometrische Toleranzen der Umgebungsteile doch Radialkräfte entstehen, sind Lastwinkel im Bereich 45° ... 50° Standard.

Schmiegung

Die Schmiegung gibt an, wie eng sich Kugel und Laufbahn berühren.

$$f_{\mathrm{rn}} = \frac{r_{\mathrm{n}}}{D_{\mathrm{w}}}$$

f_{rn} Schmiegung Kugel-Mutternlaufbahn, r_{n} Radius Gewindeprofil der Mutter, D_{W} Kugeldurchmesser

$$f_{rs} = \frac{r_s}{D_w}$$

f_{rs} Schmiegung Kugel-Spindellaufbahn, r_S Radius Gewindeprofil der Spindel

Eine engere Schmiegung erhöht Steifigkeit und Tragfähigkeit, aber auch die Reibung. Deshalb muss hier ein Kompromiss gefunden werden. Übliche Werte sind $f = 0{,}53 \dots 0{,}55$.

Abdichtung

Die Abdichtung des Mutter-Inneren gegen Feuchtigkeit und Schmutz aus der Umgebung ist eine potenzielle Schwachstelle des KGT. Unter ideal sauberen Bedingungen erreichen die Wälzkontakte die rechnerische Ermüdungslebensdauer. Durch Verschmutzung kommt es jedoch zu drastisch reduzierten tatsächlichen Lebensdauern. Aufgrund der Relativbewegung zwischen Spindel und Mutter muss mit **schleifenden Abstreifern** gearbeitet werden, die immer nur endlich dicht sein können. Eine stärkere Anpressung der Abstreifer führt zwar zu besserer Dichtigkeit, aber auch zu höherer Reibung. Die Abstreiferreibung ist typischerweise höher als die Wälzreibung der Kugelkontakte.

Auslegung

Kraftübersetzung durch Gewinde/Wirkungsgrad

Auch für den KGT gelten die Formeln, die im Kapitel über Bewegungsschrauben hergeleitet wurden. Beim KGT ist der Reibwert so gering, dass in erster Näherung $\mu = 0$ gesetzt werden kann.

Genauigkeit

Bei einer Positionierachse ohne geschlossenen Lageregelkreis geht die Steigungsgenauigkeit der Gewindespindel direkt in die erreichbare Positionsgenauigkeit ein. Aber auch bei Achsen mit Lageregelung ist hohe Steigungsgenauigkeit wichtig, denn eine Schwankung der Steigung über dem Hub ergibt Schwankungen in Steifigkeit und Reibung und damit ein ungleichmäßiges Laufverhalten. Für KGT sind Toleranzklassen genormt (kleinste Zahl ist beste Genauigkeit):

- P0, P1, P3, P5 für Positionier-KGT (höhere Genauigkeit),
- T0, T1, T3, T5, T7, T10 für Transport-KGT (geringere Genauigkeit)

Zugehörige Toleranzwerte siehe ISO 3408.

Lebensdauer

Im tribologischen System Wälzkontakt wirken vier **Verschleißmechanismen**:

- Abrasion (Oberflächen-Furchung durch harte Partikel),
- Adhäsion (Oberflächen-Verschweißung der Kontaktpartner),
- Ermüdung (Oberflächen-Zerrüttung durch Wechselbelastung),
- tribochemischer Verschleiß (Oberflächen-Veränderung durch chemische Reaktionsprodukte).

Die Verschleißformen Abrasion, Adhäsion und tribochemischer Verschleiß können nicht zuverlässig vorausberechnet werden. Sie hängen zu stark von den Umgebungsbedingungen (eindringende Feuchtigkeit, Schmutzpartikel) ab. Man geht deshalb wie bei Wälzlagern vor und dimensioniert das System rechnerisch ausschließlich auf die **Ermüdungslebensdauer**. Die Lebensdauerformel ist analog zu der von Wälzlagern. Die Tragfähigkeit des Systems wird durch die dynamische Tragzahl C_a ausgedrückt (Symbole nach ISO 3408).

$$L = \left(\frac{C_a}{F_m} \right)^3 \cdot 10^6$$

L Lebensdauer in Umdrehungen, C_a dynamische Tragzahl in N, F_m mittlere Betriebskraft in N

$$L_h = \frac{L}{n_m \cdot 60}$$

L_h Lebensdauer in Stunden, n_m mittlere Drehzahl in 1/min

Statische Tragfähigkeit

Analog zu Wälzlagern erfolgt die Dimensionierung auf die statische Tragzahl C_{0a}.

$$F_{0m} < \frac{C_{0a}}{S}$$

F_{0m} mittlere statische Belastung in N, C_{0a} statische Tragzahl in N, S Sicherheitsfaktor

Axiale Steifigkeit

Die Gesamtsteifigkeit des KGT ergibt sich als Reihenschaltung der Steifigkeiten von Spindel und Mutter (Symbole nach ISO 3408):

$$\frac{1}{R_{bs}} = \frac{1}{R_s} + \frac{1}{R_{nu}}$$

R_{bs} Steifigkeit KGT (ball screw), R_s Steifigkeit Spindel (spindle), R_{nu} Steifigkeit Mutter (nut)

Die Steifigkeit der Mutter wiederum aus:

$$\frac{1}{R_{nu}} = \frac{1}{R_{b/t}} + \frac{1}{R_{ns}}$$

$R_{b/t}$ Steifigkeit Kugel-Laufbahn, R_{ns} Steifigkeit Mutterngehäuse

Hohe Steifigkeit des Kugel-Laufbahnbereichs wird vor allem durch eine größere Anzahl an Wälzkontakten pro Bauraum erreicht. Das heißt, dass Systeme mit kleineren Kugeln die höhere Steifigkeit (aber die geringere dynamische und statische Tragzahl) haben. Die ebenfalls in Reihe geschaltete Steifigkeit des Axiallagers der Spindel (bzw. der Mutter bei Lösungen mit rotierender Mutter) muss zusätzlich betrachtet werden. Das Axiallager ist nicht Bestandteil des KGT.

Festigkeit und Stabilität der Spindel

Die Spindel muss auf Festigkeit bzgl. Zug, Druck sowie Stabilität bzgl. Knickung und biegekritischer Drehzahl geprüft werden. Besonders bei langen, schlanken Spindeln können diese Werte kritisch werden. Die Formeln für diese Auslegungsrechnungen sind den jeweiligen Herstellerunterlagen zu entnehmen. Auch Systeme mit stillstehender Spindel und rotierender Mutter müssen auf die biegekritische „Drehzahl" der Spindel überprüft werden. Es handelt sich um die erste Biege-Eigenfrequenz, die auch bei nicht rotierender Spindel kritisch wird.

Normung

International ist ISO 3408 die Norm für KGT. Folgende Teile sind derzeit gültig:

ISO 3408: Kugelgewindetriebe
Teil 1: Begriffe und Bezeichnungssystem
Teil 2: Nenndurchmesser und Nennsteigungen, Metrische Reihe
Teil 3: Abnahmebedingungen und Abnahmeprüfungen
Teil 4: Statische axiale Steifigkeit
Teil 5: Statische und dynamische axiale Tragzahl und Lebensdauer

Die Teile 1, 3, 4 und 5 wurden als DIN ISO in eine deutsche Norm übernommen.

Für die Nennmaße und Mutternabmessungen sind in Deutschland jedoch immer noch die Teile 2 und 5 der DIN 69051 gültig, aus der ISO 3408 entwickelt wurde:

DIN 69051: Werkzeugmaschinen, Kugelgewindetriebe
Teil 2: Nenndurchmesser und Nennsteigungen
Teil 5: Anschlussmaße für Kugelgewindemuttern

Rollengewindetriebe

Auch der Rollengewindetrieb (RGT) besitzt Wälzkontakte und damit kleine Reibwerte sowie die Möglichkeit zur Vorspannung, d. h. Spielfreiheit, analog zum Kugelgewindetrieb (KGT). Die Wälzkörper sind beim RGT mehrere Schraubenspindeln („Rollen"), die planetenförmig um die zentrale Gewindespindel herum angeordnet sind und zwischen Spindel und Mutter abwälzen. Es entstehen linienförmige Kontakte statt der punktförmigen wie beim KGT. Bei gleichem Bauraum hat ein RGT größere Tragfähigkeit, aber auch größere Reibung sowie höhere Herstellkosten im Vergleich zum KGT. RGT erlauben kleine wirksame Gewindesteigungen und hohe Belastungen.

Auslegung

Wie bei Maschinenelementen mit Wälzkontakten üblich, werden RGT auf die rechnerische Ermüdungslebensdauer sowie die statische Belastbarkeit dimensioniert. Die dazu benötigten Tragzahlen (C_a, C_{0a}) sind in den Produktkatalogen der Hersteller angegeben.

Hydrostatische Gewindetriebe

Der Kontakt zwischen Spindel und Mutter erfolgt hier durch hydrostatische, d. h. extern druckbeaufschlagte, Taschen in den Gewindeflanken der Mutter. Das System ist damit vorgespannt und spielfrei (wie die Wälzgewindetriebe). Alleinstellungsmerkmale des hydrostatischen Gewindetriebs sind die völlige Verschleißfreiheit unabhängig von der Bewegungsgeschwindigkeit sowie die minimale Anlaufreibung. Es liegt immer reine Flüssigkeitsreibung vor, unabhängig von der Relativgeschwindigkeit im Kontakt. Es entsteht kein Ruckgleiten (Stick-Slip) bei langsamen Bewegungen (Bild 5.57).

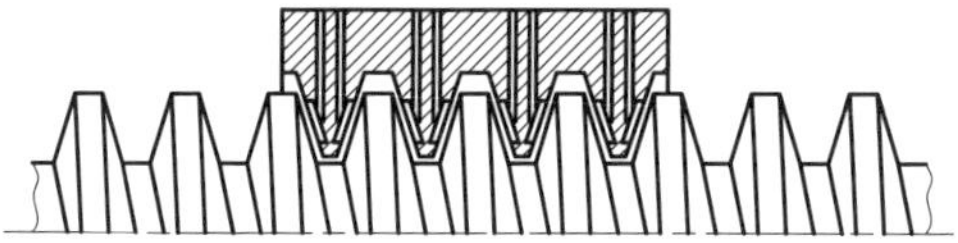

Bild 5.57 Hydrostatischer Gewindetrieb

Die Fertigung der Drucktaschen sowie die benötigte Druckölversorgung, Durchflussregelung und Ölrückführung machen das System jedoch wesentlich teurer als die anderen Gewindetriebe. Hydrostatische Gewindetriebe kommen dort zum Einsatz, wo große Lasten in einer ständigen Oszillation präzise bewegt werden müssen. (Beispiel: Vorschubachsen von Unrund-Schleifmaschinen zur Nockenwellen-Fertigung.)

Auslegung

Die Lebensdauer des Systems ist rechnerisch unbegrenzt. Zur groben Vorauslegung bzgl. Tragfähigkeit und Reibung können die Drucktaschen als kombinierte hydrostatische Axial-Radial-Lager betrachtet werden. Aufgrund der vielfältigen konstruktiven Einflüsse muss die exakte Dimensionierung jedoch der jeweilige Hersteller vornehmen.

5.1.3.2 Zahnstangen-Hubgetriebe

Zahnstangen-Hubgetriebe sind Getriebe, die eine rotierende Eingangsbewegung mithilfe einer Zahnstange und eines Zahnrades in eine lineare Ausgangsbewegung umwandeln. Ein Zahnstangen-Hubgetriebe besteht aus einem **Zahnrad** (Ritzel) als Antrieb und einer **Zahnstange** als Abtrieb. Die Zahnstange kann dabei als Zahnrad mit unendlich großem Radius betrachtet werden. Zahnstangen-Hubgetriebe heißen auch **Zahnstange-Ritzel-Getriebe** (Bild 5.58).

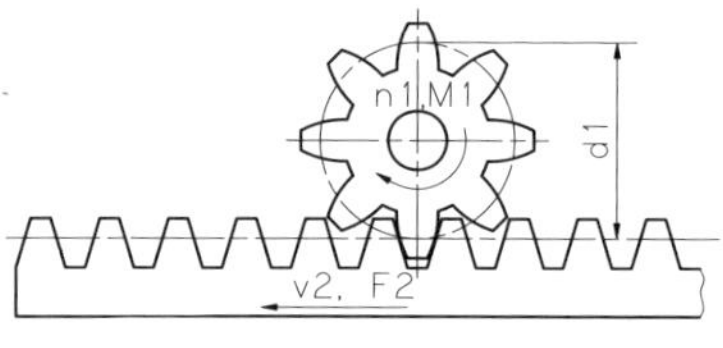

Bild 5.58
Zahnstange-Ritzel-Hubgetriebe

Hierbei gibt es zwei Möglichkeiten der Anordnung:

- Das Zahnrad ist ortsfest, aber drehbar gelagert. Die mit ihm in Eingriff stehende Zahnstange ist axial verschiebbar gelagert. Hier wird die Zahnstange mit der Nutzlast verbunden. Die Energiezuführung zum rotierenden Antriebsmotor kann ortsfest verlegt werden. Eignet sich nur für kürzere Hübe, da die komplette Zahnstange mitbewegt wird.
- Das Zahnrad ist auf der bewegten Nutzlast drehbar gelagert. Die Zahnstange ist komplett ortsfest. Hierbei fährt der rotierende Antrieb auf der Nutzlast mit. Eignet sich auch für lange Hübe, wenn die Masse der Zahnstange die Masse von Zahnrad und Antriebsmotor übersteigt.

Auslegung

Kraft- und Geschwindigkeitsübersetzung

$$M_1 = F_2 \cdot \frac{d_1}{2}$$

M_1 Drehmoment Antrieb, F_2 axiale Betriebskraft, d_1 Teilkreisdurchmesser,

$$v_2 = \pi \cdot d_1 \cdot n_1$$

v_2 axiale Geschwindigkeit, n_1 Drehzahl Antrieb

Belastbarkeit

Die Dimensionierung der Verzahnung kann analog zum rotierenden Zahnradgetriebe erfolgen (siehe Kapitel Zahnradgetriebe). Die Zahnstange stellt den Spezialfall mit Teilkreisdurchmesser = ∞ dar.

Ein Spezialfall des Zahnstangen-Hubgetriebes ist die Verwendung einer **Schnecke** anstatt des Ritzels (Bild 5.59). Die Zahnstange muss dann analog einem Schneckenrad verzahnt sein. Zahnstangen-Schnecken-Hubgetriebe werden im Extremfall sogar hydrostatisch ausgeführt mit Drucktaschen in den Flanken der Schnecke. Wegen des enormen Aufwands kommt diese Lösung nur bei Präzisionsanwendungen mit großen bewegten Massen zum Einsatz (Groß-Werkzeugmaschinen).

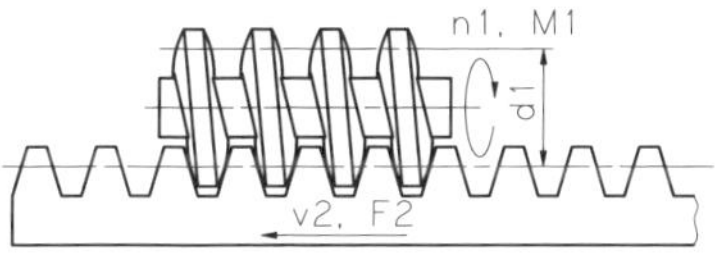

Bild 5.59
Zahnstange-Schnecke-Hubgetriebe

5.1.3.3 Schubketten-Hubgetriebe

Schubketten-Hubgetriebe sind Getriebe, die eine rotierende Eingangsbewegung mithilfe einer speziellen Kette, die unter Druck biegesteif, unter Zug jedoch biegeschlaff ist, in eine lineare Ausgangsbewegung umwandeln. Herkömmliche Ketten können nur in Zugrichtung Kräfte übertragen, da sie biegeschlaff sind (vgl. Kapitel Zugmittelgetriebe). Im Gegensatz dazu sind die Kettenglieder einer **Schubkette** so gestaltet, dass sie unter axialem Druck einen Formschluss untereinander bilden und so ein biegesteifes Trum ergeben. Unter axialem Zug wird die Kette wieder biegeschlaff. Die Kräfte werden also nicht wie bei der herkömmlichen Kette im gezogenen Trum, sondern im geschobenen Trum übertragen (Bild 5.60).

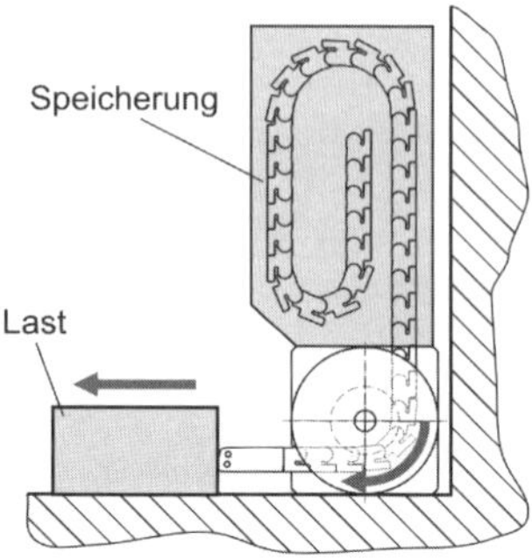

Bild 5.60 Schubketten-Hubgetriebe (*Framo Morat*)

Ein Vorteil der Schubkette ist der geringe Platzbedarf. Sie entspricht im Platzbedarf einem Hydraulik- oder Pneumatik-Zylinder, dessen Kolbenstange „sich beim Einfahren aufwickeln lässt."

Auslegung

Aufgrund der speziellen Gestaltung der Kettenglieder muss die Dimensionierung nach den Unterlagen des jeweiligen Herstellers erfolgen.

5.1.3.4 Zugmittel-Hubgetriebe

Zugmittel-Hubgetriebe sind Getriebe, die eine rotierende Eingangsbewegung in eine lineare Ausgangsbewegung umwandeln, indem das Zugmittel auf seiner linearen Wegstrecke zwischen den Umlenkrädern als Abtrieb genutzt wird. Zugmittelgetriebe können in zwei verschiedenen Weisen eingesetzt werden, entweder zur Übersetzung rotierend - rotierend (vgl. Kap. Zugmittelgetriebe) oder auch als Hubgetriebe (Bild 5.61).

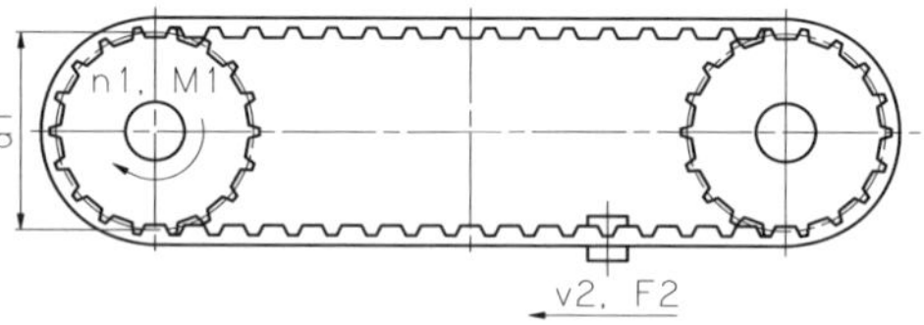

Bild 5.61 Zugmittel-Hubgetriebe mit Synchronriemen

Sämtliche Arten von Zugmitteln können verwendet werden:

Reibschlüssige (nicht synchron übersetzende):

- Flachriemen,
- Keilriemen,

Formschlüssige (synchron übersetzende):

- Synchronriemen (Zahnriemen),
- Ketten.

Am häufigsten werden Zugmittel-Hubgetriebe mit **Synchronriemen** eingesetzt, da sie folgende Vorteile haben:

- feste synchrone Übersetzung zwischen Antrieb und Abtrieb,
- geräuscharmer, schwingungsgedämpfter Lauf,
- Wartungsfreiheit (keine Schmierung notwendig).

Nachteilig ist jedoch die Gefahr des Riemenbruchs, da Riemen nicht dauerfest ausgelegt werden können. Wenn die Sicherheit Priorität hat, kann eine dauerfest dimensionierte Stahlkette als Zugmittel eingesetzt werden.

Auslegung

Kraft- und Geschwindigkeitsübersetzung

$$M_1 = F_2 \cdot \frac{d_1}{2}$$

M_1 Drehmoment Antrieb, F_2 axiale Betriebskraft, d_1 Teilkreisdurchmesser

$$v_2 = \pi \cdot d_1 \cdot n_1$$

v_2 axiale Geschwindigkeit, n_1 Drehzahl Antrieb

Belastbarkeit

Die Dimensionierung erfolgt analog zum Einsatzfall Übersetzung rotierend – rotierend. Siehe hierzu die Kapitel zu den verschiedenen Zugmittel-Getrieben.

5.2 Getriebe mit veränderlicher Übersetzung

Prof. Dipl.-Ing. Werner Klement

Getriebe mit veränderlicher Übersetzung sind:

- Getriebe mit festen Übersetzungsstufen (Rädergetriebe) und
- Getriebe mit variablem Übersetzungsbereich.

5.2.1 Rädergetriebe

Bei festen Übersetzungsstufen spricht man in der Regel von **Gängen**. Dies gilt insbesondere bei Schaltgetrieben. Bereits der Name sagt aus, dass man etwas schaltet, und dies sind die einzelnen Gänge. Jeder Gang hat daher eine konstante **Übersetzung** und auch eine festgelegte **Drehrichtung**. Mit der Wahl des Ganges ist die Übersetzung eindeutig in beide Flussrichtungen definiert.

Schaltgetriebe gibt es in verschiedenen Bauformen. Man unterscheidet diese in erster Linie nach der Wellenanordnung. Koaxiale Getriebe sind sog. **Vorgelegegetriebe**. Ein- und Ausgangswelle liegen auf einer Linie, und in der Regel ist ein direkter Durchtrieb ohne Übersetzung vorhanden. Man nennt diese Bauart auch **zweistufige Getriebe**, da grundsätzlich zwei Zahnradpaarungen an der Bildung einer Übersetzung beteiligt sind. Der prinzipielle Aufbau ist in Bild 5.62 dargestellt. Eine weitere Möglichkeit, ein Getriebe in koaxialer Bauform darzustellen, besteht in der Verwendung von **Planetenradstufen** (Bild 5.63). Durch das Verknüpfen mehrere Planetenradstufen lassen sich **mehrgängige Getriebe** bilden. Die Änderung der Übersetzung kann durch Blockieren einer der drei Wellen oder durch die Bildung anderer Verbindungen zwischen den Planetenradsätzen erfolgen.

Die andere Bauart ist die **non-koaxiale Anordnung**. Hier liegen An- und Abtriebswelle nicht auf einer Linie, sondern das Getriebe realisiert einen Achsversatz. In Bild 5.64 ist dies schematisch dargestellt. Diese Bauart wird auch als **einstufig** bezeichnet, da nur ein Zahnradpaar an der Übersetzung beteiligt ist. Ein direkter Gang ist nicht möglich.

Die bisher gezeigten Bauarten weisen für jede Zahnradstufe eine Übersetzung auf. Die Übersetzungen sind in ihrer Größe unabhängig voneinander. Damit sind die Stufensprünge frei wählbar. Bei den koaxialen Rädergetrieben gibt es eine weitere Möglichkeit, bei der zwei Getriebe kombiniert werden und mit der man wesentlich mehr Übersetzungen realisieren kann.

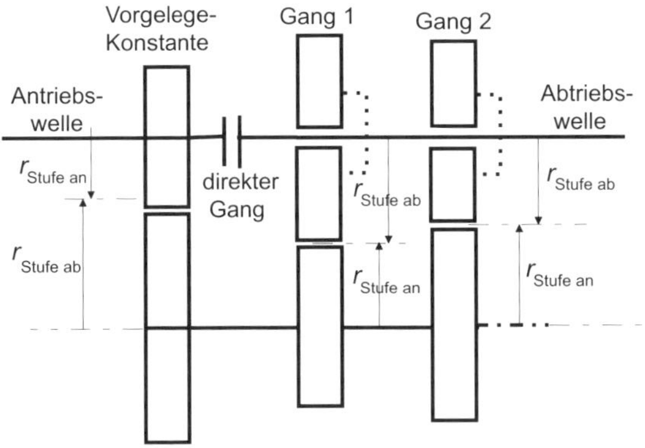

Bild 5.62 Prinzipieller Aufbau Vorgelegegetriebe

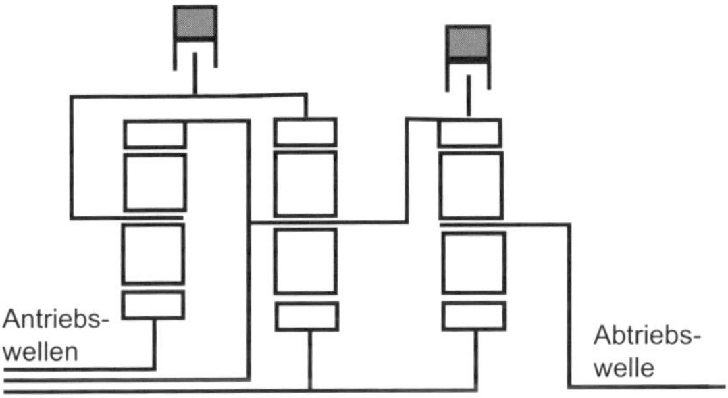

Bild 5.63 Prinzipieller Aufbau Planetengetriebe (Halbschnitt)

Das Grundprinzip wird in Bild 5.65 gezeigt. Das Problem dieser Bauart ist, dass sich Stufensprünge wiederholen. Daher haben diese Getriebe eine **geometrische Stufung**, wohingegen speziell Getriebe für Fahrzeuge eine **progressive Stufung** aufweisen. Die Stufung eines Getriebes nennt man abhängig vom Verhältnis der Stufensprünge progressiv oder geometrisch. Grundsätzlich muss entschieden werden, wie groß die maximale Übersetzung und wie groß die minimale Übersetzung sein sollen. Das Verhältnis nennt man die Spreizung I:

$$I = \frac{i_{\max}}{i_{\min}}$$

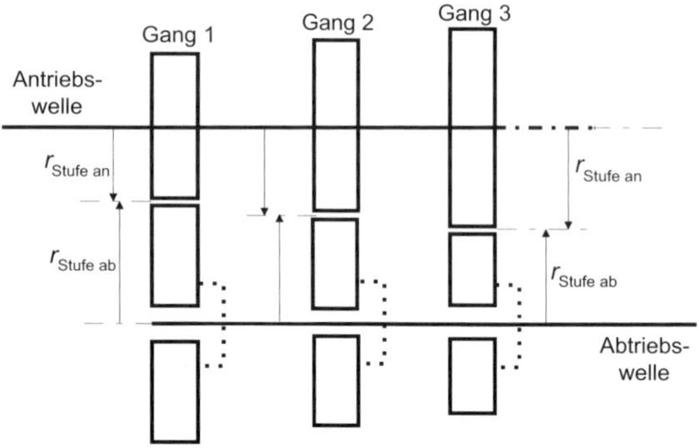

Bild 5.64 Prinzipieller Aufbau non-koaxiale Bauart

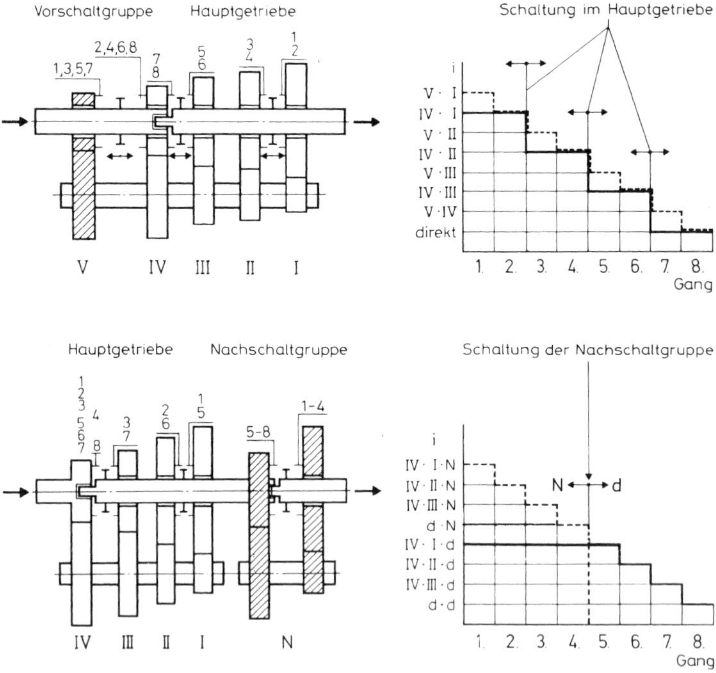

Bild 5.65 Grundprinzip Gruppengetriebe [5.27]

Dies gilt aber nur, wenn keine Drehrichtungsumkehr erfolgt. Vor allem bei stufenlosen Getrieben spricht man auch vom **Verstellbereich**. Der Stufensprung selbst wird immer auf den nächsten Gang bezogen, wobei man mit der größten Übersetzung startet.

$$\varphi = \frac{i_{1.\text{Gang}}}{i_{2.\text{Gang}}}$$

Wenn man einen gegebenen Übersetzungsbereich in eine vorgegebene Anzahl von Gängen n einteilen möchte, so erfolgt dies nach den Gesetzen für eine geometrische Reihe. Der Stufensprung φ berechnet sich nach:

$$\varphi = \sqrt[n-1]{\frac{i_{\text{max}}}{i_{\text{min}}}} = \sqrt[n-1]{I}$$

Anschaulich kann man dies an einem einfachen Beispiel aufzeigen. Der Übersetzungsbereich soll $I = 10$ sein, und die Anzahl der Gänge/Übersetzungen soll 4 betragen. Dann folgt ein **Stufensprung** von

$$\varphi = \sqrt[3]{10} = 2{,}154$$

Bei einer gegebenen Übersetzung des ersten Ganges mit $i = 20$ ergeben sich folgende Übersetzungen für die einzelnen Gänge:

1. Gang $i = 20$
2. Gang $i = 20/2{,}154 = 9{,}283$
3. Gang $i = 9{,}283/2{,}154 = 4{,}309$
4. Gang $i = 4{,}309/2{,}154 = 2$

Vor allem bei Getrieben für Fahrzeuge sind **progressive Stufungen** sinnvoller, da dort der absolute Geschwindigkeitsverlust konstant bleibt und nicht der relative (wie bei einer geometrischen Stufung). Daraus ergibt sich aber, dass die „Ableitungen" der Stufensprünge einer progressiven Stufung konstant sind. Man kann also umgekehrt eine progressive Stufung erzeugen, indem man die Stufensprünge ins Verhältnis zueinander setzt. Das Verfahren soll an einem Beispiel gezeigt werden. Zwischen den Stufensprüngen soll sich der Faktor 1,1 ergeben, und der 6. und letzte Gang hat die Übersetzung $i = 1$. Mit dem 5. Gang $i = 1{,}25$ folgt der Stufensprung vom 5. zum 4. Gang mit $1{,}25 \times 1{,}1 = 1{,}375$ und damit die Übersetzung mit $1{,}25 \times 1{,}375 = 1{,}719$. Für den dritten Gang ergibt sich als Stufensprung 1,513 und damit die Übersetzung 3. Gang $i = 2{,}601$ (2. Gang $i = 4{,}329$

und 1. Gang $i = 7{,}926$). Dieses Verfahren liefert Näherungswerte, die abhängig von den Zähnezahlen und anderen Faktoren variiert werden. Hierbei werden auch Erfahrungswerte und vor allem Versuche mit zur Festlegung verwendet.

5.2.1.1 Schalten ohne Last

Unabhängig von der Anordnung **koaxial** oder **non-koaxial** stellt die Möglichkeit einer Übersetzungsänderung bei diesen Getrieben den entscheidenden Unterschied zu anderen Getriebebauarten dar. Der Begriff **Schaltgetriebe** beinhaltet die Möglichkeit des Schaltens. Dieses **Schalten** wird auf verschiedene Arten realisiert. Ein ganz entscheidender Unterschied besteht in der Funktion des Getriebes während des Schaltvorganges. Dabei unterscheidet man „Schalten ohne Last" und „Schalten mit Last". Die Funktionsweise hängt vom Anwendungsfall ab, bedarf aber völlig unterschiedlicher technischer Konzepte. Das Schalten eines Zahnradgetriebes beruht physikalisch immer darauf, dass eine Änderung der Übersetzung auch eine Änderung im Leistungsfluss innerhalb des Getriebes bedeutet. Beim „Schalten" müssen neue Verbindungen von An- und Abtrieb über andere Zahnradpaarungen geschaffen werden.

Der einfachste Fall ist das Verschieben der Zahnräder auf einer mit einer Mitnahmeverzahnung ausgestatteten An- bzw. Abtriebswelle. Man spricht hier auch von **Schiebezahnrädern**, wie in Bild 5.66 dargestellt. Mittels einer **Schaltgabel** wird ein Zahnrad so verschoben, dass es zu einer neuen Paarung und damit zu einer anderen Übersetzung kommt. Es ist leicht vorstellbar, dass dies nur bei Geradverzahnung und bei stehenden bzw.

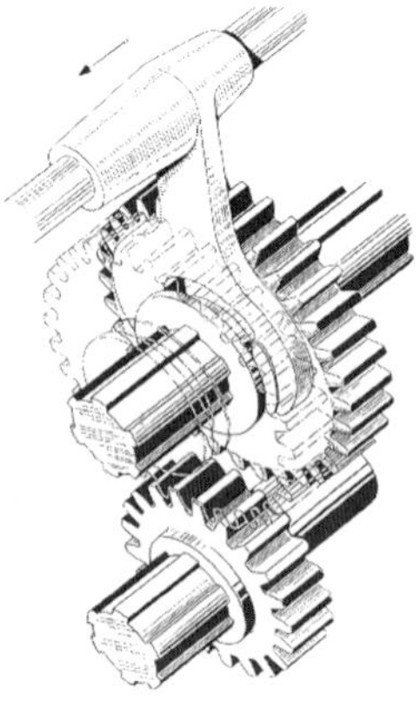

Bild 5.66 Schiebezahnrad [5.25]

sehr langsam drehenden Zahnrädern möglich ist. Diese einfache Lösung ist daher nur für Fälle geeignet, wo eine Geradverzahnung ausreichend ist und ein Wechsel der Übersetzung bei Stillstand erfolgen kann. Da die gesamte Zahnradbreite zur Überdeckung gebracht werden muss, sind lange Schaltwege notwendig. Diese sind bei von Hand geschalteten Getrieben machbar.

Falls jedoch aus Gründen der Laufruhe bzw. wegen des Bauraums und der Baugröße eine Schrägverzahnung benötigt wird, wird es schwierig, ein Schiebezahnrad zu verwenden. Das Einspuren wäre problematisch, und vor allem die Aufnahme der Axialkräfte müsste über die Schaltgabel erfolgen. Daher wurden andere Lösungen entwickelt. Diese beruhen auf einer Trennung der Funktionen Verzahnung und Verbindung zur An- bzw. Abtriebswelle. Alle Zahnradpaarungen befinden sich bei diesen Getrieben ständig im Eingriff. Geändert wird nur die Verbindung des gewünschten Zahnrades mit der An- oder Abtriebswelle. Die Übertragung von Drehmoment und Drehzahl wird mithilfe von **Klauen** realisiert. Dies sind am Umfang angeordnete Mitnahmeverzahnungen, die sehr klein bauen können, da viele Zähne am Leistungsfluss beteiligt sind. Statt einer Verschiebung des Zahnrades wird jetzt nur eine Muffe geschoben. Dies ist ein Ring mit einer auf dem Innenring aufgebrachten Verzahnung als Verbindungsstück zwischen der Welle und dem zu schaltenden Zahnrad. Bild 5.67 zeigt dies sehr anschaulich. Wird der Ring nach links geschoben, so ist der 2. Gang aktiv, wird der Ring mit der Schaltgabel nach rechts bewegt, so ist der 1. Gang geschaltet. In diesem Beispiel ist die Schaltung auf der Abtriebswelle angeordnet. Da die Zahnräder ihre Position nicht verändern, so bleibt auch der Zahneingriff bestehen, und die Zahnräder

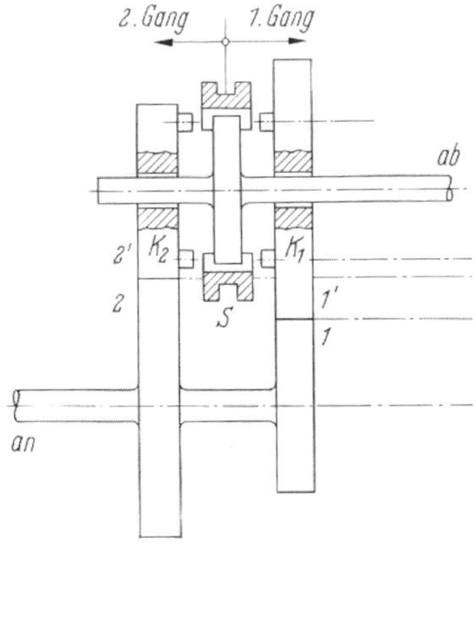

Bild 5.67 Schnittdarstellung Klauenschaltung [5.25]

rotieren alle mit, sodass eine Relativlagerung aller nicht im Kraftfluss arbeitenden Räder notwendig ist. Dies erfolgt durch **Nadellager**, die eine freie Rotation der Zahnräder auf der Welle erlauben. Die sich nicht im Leistungsfluss befindlichen Zahnräder nennt man **Losräder**.

Um nun eine Schaltung – Wechsel einer Übersetzung – durchführen zu können, muss die Relativdrehzahl zwischen Muffe und Klauenverzahnung klein genug sein. Ideal ist – abhängig von den Abmessungen – ein Drehzahlunterschied von 30 ... 100 min^{-1}. Damit dieser erreicht wird, kann man sich die Reibung im System zunutze machen. Sobald die Verbindung zum Motor getrennt und der Leistungsfluss unterbrochen wird, wirken nur die Massen- und Reibkräfte auf das System ein. Abhängig von diesen verändern sich die Drehzahlen der Primärwelle und der Sekundärwelle. Ist nun wie im Falle des Fahrzeuges die Sekundärmasse sehr viel größer als die Primärmasse, so wird sich die Abtriebsdrehzahl fast nicht bzw. nur minimal ändern. Dies ist auch physikalisch sinnvoll, da ein Stufengetriebe, sofern es nicht grundsätzlich in den verschiedenen Übersetzungen aus null heraus angefahren wird, zum Beschleunigen einer Masse dient und mit zunehmender Drehzahl die Übersetzung immer geringer wird. Beim Hochschalten eines Stufengetriebes genügt es also, einen Moment zu warten, bis die Drehzahl der Eingangswelle etwa um den Betrag des Stufensprunges (Verhältnis der Übersetzung von vorherigem zu neuem Gang) abgefallen ist und die Klauen schließen. Schwieriger wird eine Rückschaltung, da hier die Drehzahl der Eingangswelle erhöht werden muss. Dies geht nur durch Einsatz des Antriebsmotors. Man nennt diesen Vorgang auch „**Zwischengas**“, da ohne Gang eingekuppelt wird, um die Eingangswelle auf eine höhere Drehzahl zu bringen.

Es ist leicht vorstellbar, dass (bedingt durch die Einflüsse vor allem der Reibung) die Zeiten bis zum Erreichen des Drehzahlfensters sehr unterschiedlich ausfallen können und es dann passieren kann, dass ein Schalten nicht mehr möglich ist. Daher wurde ein System zur **Synchronisierung** entwickelt. Dieses muss man sich wie eine Kupplung vorstellen, die jetzt aber nur die Teile vor der zu schaltenden Verbindung auf die Synchrondrehzahl beschleunigt bzw. verzögert und so eine Schaltung unter allen Umständen ermöglicht. Diverse Patente und ausgeklügelte Lösungen verhindern ein Verschieben der Muffe, bevor die Synchrondrehzahl nicht erreicht ist. Das Bild 5.68 zeigt den konstruktiven Aufbau einer **Klauensynchronisierung**. Die Funktion besteht nur darin, die frei rotierenden Getriebeteile unter Berücksichtigung der neuen Übersetzung auf die richtige Drehzahl in der Abtriebswelle zu bringen. Sobald Gleichlauf am zu schaltenden Element erreicht ist, kann die Muffe verschoben werden, und die Klauenverzahnung verbindet nun formschlüssig die Ein- und die Ausgangswelle über die neue Übersetzung. Die **Synchronringe**, die in der Regel kegelig ausgeführt werden, sind im Augenblick der Synchronisierung sehr hoch beansprucht, da die Synchronzeiten extrem kurz (ca. 0,1 s) sind. Bei der Übertragung der Leistung sind die Synchronelemente nicht beteiligt. Im nicht geschalteten Zustand arbeiten aber alle Synchronringe mit einer Reibung, da sie quasi ein sehr kleines Spiel haben, um immer schaltbereit zu sein. Synchronisierungen sind daher ein Verlustfaktor bei Schaltgetrieben. Diese Art der Schaltung funktioniert nur, wenn zwischen Getriebe und Motor eine schaltbare **Trennkupplung** vorhanden ist.

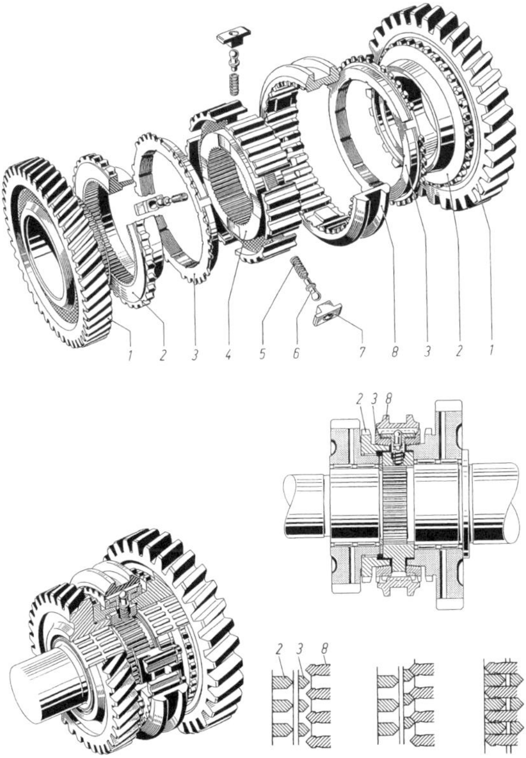

Bild 5.68 Aufbau und Funktion einer Synchroneinheit [5.25].
1 Zahnrad, 2 Kupplungskörper, 3 Synchronring, 4 Synchronkörper, 5 Druckfeder, 6 Kugelbolzen, 7 Druckstück, 8 Schiebemuffe

Bei Verwendung von hochdynamischen Antriebsaggregaten kann die Drehzahlsteuerung der Antriebsseite so präzise erfolgen, dass keine Synchronelemente mehr erforderlich sind. Dies erfordert aber auch innerhalb des Getriebes eine Konstruktion, sodass alle Drehzahlen ständig kontrollierbar sind. Falls dies nicht der Fall ist, sind weiterhin Synchronelemente notwendig. Möglich ist auch eine Schaltung ohne Betätigung der Trennkupplung. Zum Öffnen der Klauenverbindung wird in diesem Fall durch einen Momentenstoß ein Wechselmoment im Getriebe erzeugt, sodass die Klauenverbindung genau im Augenblick des Vorzeichenwechsels gelöst werden kann. Die Konstruktion der Klauenelemente erfordert viel Erfahrung. Das Problem ist das „Halten" eines Ganges unter Last. Damit sich die Verbindung nicht durch Drehschwingungen oder eine andere Anregung selbsttätig löst, sind die Elemente so ausgebildet, dass durch Schrägstellung eine Art Verhakung erfolgt. Diese darf aber nicht zu große Lösekräfte erfordern, da dies unkomfortabel wäre. Die Gestaltung erfordert daher viel Erfahrung und viele Versuche, um das Optimum zu finden.

5.2.1.2 Schalten mit Last

Es gibt Anwendungen, die eine kontinuierliche Leistungsübertragung erfordern. Ein Wechsel der Übersetzung ist in diesem Falle nur möglich, wenn die Leistung auch während der Schaltung übertragen wird. Falls man kein stufenloses Getriebe verwendet, sondern ein Getriebe mit Übersetzungen, die durch Zahnräder gebildet werden, bedarf es eines besonderen Aufwandes, um keine Trennung von Kraft- und Arbeitsmaschine zu bekommen. Es müssen gleichzeitig zwei Übersetzungen geschaltet sein. Dies kann physikalisch nur gelingen, wenn ein Schlupfglied vorhanden ist.

Am einfachsten ist dies am Bild 5.69 zu erklären. Zunächst ist Kupplung 1 geschlossen und Kupplung 2 geöffnet. Wird nun eine Drehzahl erreicht, bei der eine Hochschaltung in den direkten Gang als sinnvoll erachtet wird, so wird die Kupplung 2 betätigt. Kupplung 1 bleibt solange geschlos-

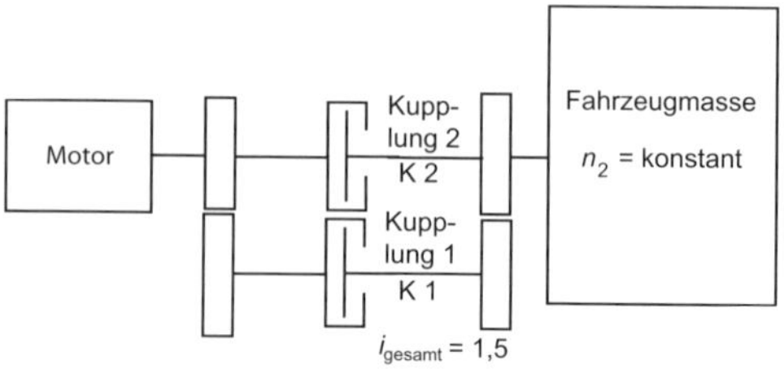

Bild 5.69 Modell einer Schaltung unter Last

sen, bis Kupplung 2 bzw. die Summe aus K 1 und K 2 mindestens das Motormoment übertragen kann. Wenn nun Kupplung 2 das volle Motormoment überträgt, wird K 1 geöffnet. Bisher haben sich die Drehzahlen des Motors und des Abtriebes nicht verändert. K 2 rutscht nun mit dem Stufensprung (hier 1,5), und es wird dabei Reibungswärme erzeugt. Zur Bildung der neuen Übersetzung erhöht man das Kupplungsmoment an K 2. Abhängig von den Trägheitsmassen der An- und Abtriebsseite ergibt sich eine entsprechende Drehzahlveränderung. Da die Antriebsseite in der Regel eine sehr viel kleinere Trägheitsmasse besitzt, wird der Abtrieb nur minimal beschleunigt, aber der Antrieb sehr stark (fast in der Größe des Stufensprunges) verzögert. Da während der Rutschphase Wärme anfällt, ist eine derartige Schaltung zeitkritisch, wie übrigens auch eine Anfahrt. An diesem einfachen Modell kann man noch weitere Effekte dieser „Lastschaltung“ erklären.

Die **Lastschaltung** funktioniert nur in eine Richtung. Bei einer Rückschaltung würde der Motor zwar auf eine höhere Drehzahl gebracht, aber gleichzeitig die Arbeitsmaschine abgebremst. Bei einer Rückschaltung unter Last wäre dies kontraproduktiv. Grundsätzlich gilt, dass für eine Schaltung unter Last immer mindestens zwei Schlupfelemente erforderlich sind. Das sicher einfachste reale Beispiel sind die **Doppelkupplungsgetriebe**, die derzeit vor allem in Europa verstärkt angeboten werden. Diese bestehen aus zwei Schaltgetrieben, eines davon hat die ungeraden Gänge und das andere die geraden Gänge. Durch die zwei am Getriebeeingang vorhandenen Kupplungen kann zwischen den beiden Zweigen ohne Zugkraftunterbrechung geschaltet werden. Im Bild 5.70 ist das Prinzip dargestellt. Die beiden außenliegenden Abtriebswellen treiben auf ein gemeinsames Differenzial.

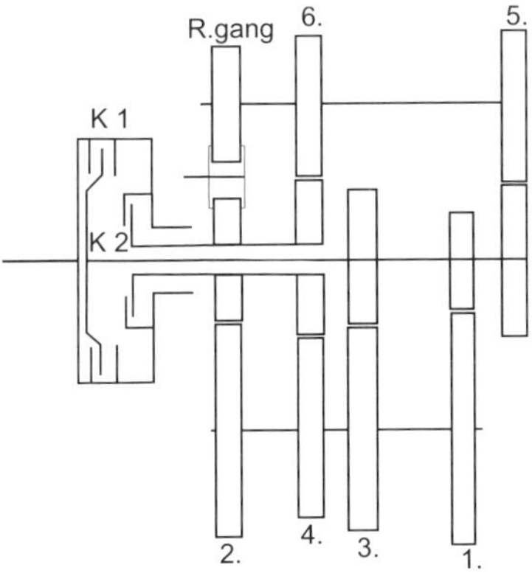

Bild 5.70
Doppelkupplungsgetriebe DSG
(Bauart für Front Quer-Anordnung)

Die klassischen **Wandlerautomatgetriebe** haben dagegen für jeden Gang ein eigenes Schaltelement, wobei dies auch eine Bremse sein kann.

Problematisch ist die Aufnahme der axialen Kräfte bei allen Getrieben mit Schrägverzahnung. Der Bauaufwand mit Axialrillenkugellager wäre riesig. Neben der Kostenfrage ist dies vor allem auch eine Frage des Bauraumes. Vor allem bei allen nichtstationären Anwendungen spielen der Bauraum und damit das Gewicht eine entscheidende Rolle. Die Lösung für diese Problematik sind **Anlaufscheiben**, die mit Nuten versehen sind und so ein Axialgleitlager darstellen. Die damit übertragbaren Stützkräfte sind begrenzt, sodass man bemüht ist, die Schrägungswinkel klein zu halten.

5.2.2 Reibradgetriebe

Die Bildung einer Übersetzung kann durch zwei **Reibräder** erfolgen. Im Unterschied zu einem Zahnrad kann somit bei entsprechender Gestaltung eine stufenlose Übersetzung realisiert werden. Wie man Bild 5.71 entnehmen kann, werden durch die Veränderung der Radien die Drehzahl und durch Veränderung des Hebelarmes die Drehmomente variiert. Die Problematik bei dieser Anordnung ist die axiale Verschiebung einer Welle. Grundsätzlich findet an der Kontaktstelle nur eine Kraftübertragung statt, wenn eine entsprechende Normalkraft auf die Kontaktstelle einwirkt. Um diese zu erzeugen, ist zusätzliche Energie erforderlich, sodass schon deshalb alle Reibradgetriebe einen schlechteren Wirkungsgrad haben als Zahnradgetriebe mit einer formschlüssigen Verbindung. Für eine stufenlose Verstellung muss zudem die Kontaktstelle unter Last verschoben werden. Die Verstellgröße sind die Radien. Daher ist weder ein „**Anfahrbetrieb**“ (Radius Abtriebsseite müsste null werden) noch eine Drehrichtungsumkehr möglich. Abhängig von der genauen Ausführung werden mit mechanisch stufenlosen Getrieben Übersetzungen von ca. 2,5 bis zu einem Faktor 0,4 nahezu unabhängig von der speziellen Ausführung erreicht. Dies entspricht einem Regelbereich von $I \approx 6$. Ein weiteres grundsätzliches Problem bei Reibradgetrieben ist die Breite der Kontaktstelle. Da nur genau eine Linie (Bild 5.72) die genaue Relativdrehzahl aufweisen kann, wird jeder Kontakt links und rechts von dieser Linie Schlupf haben. Diesen Effekt bezeichnet man auch als **Bohrreibung**.

Technisch gibt es zwei unterschiedliche Prinzipien bei den stufenlosen Getrieben:

- Toroidgetriebe (Globoide) und
- Kettengetriebe.

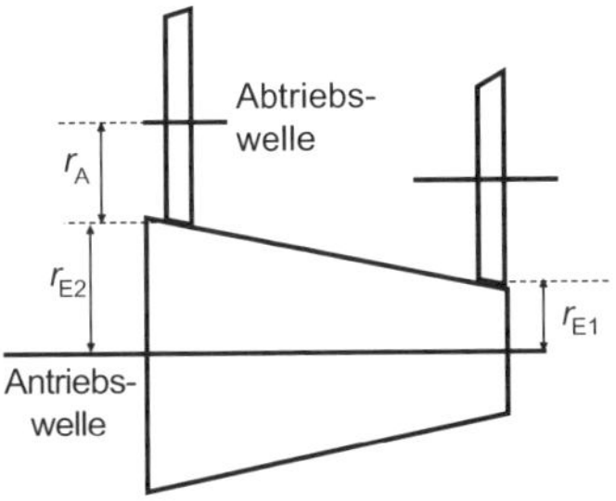

Bild 5.71 Grundprinzip Reibradgetriebe

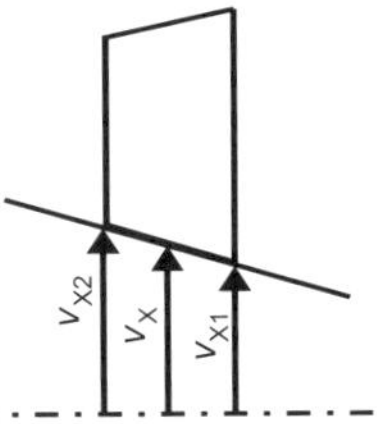

Bild 5.72 Bohrreibungseffekt bei mechanisch stufenlosen Getrieben

Bei den **Toroidgetrieben** wird die Verstellung mittels in sich gelagerter und bezüglich des Winkels verstellbarer Scheiben realisiert. Bild 5.73 zeigt das Grundprinzip. Das andere Prinzip sind die **Kettenwandler**. Mithilfe einer Kette, die seitlich eingespannt wird, werden die Radien zwischen Ein- und Ausgangswelle verändert und wird so eine stufenlose Übersetzung realisiert. Das Prinzip des Kettenwandlers zeigt Bild 5.74. Dieses Prinzip bedingt zwei während des Betriebes verschiebbare Scheiben. Wenn man eine Scheibe mit einer Feder vorspannt, so ist eine Verstellung nur noch auf einer Welle erforderlich. Dies bedeutet aber Nachteile beim Wirkungsgrad. Bei modernen Pkw-Anwendungen werden daher beide Seiten verstellt, und die Anpresskraft wird abhängig vom Drehmoment geregelt. Dies erfolgt mit einem mechanisch aufgebauten Drehmomentfühler und einer rein mechanischen Verstellung.

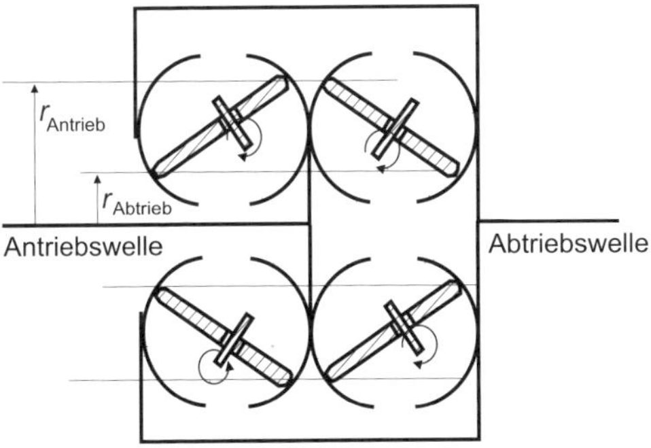

Bild 5.73 Prinzip Toroidgetriebe

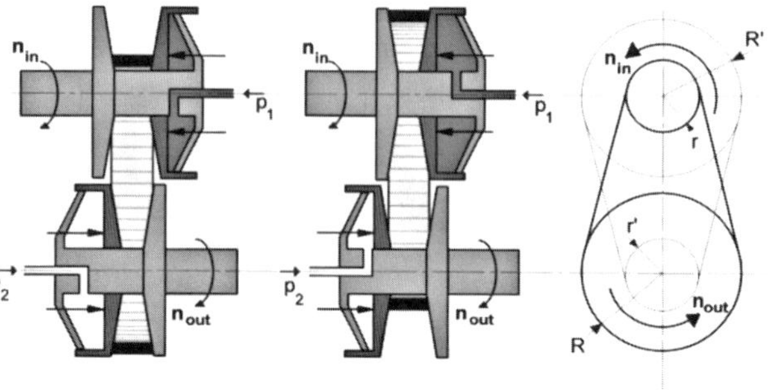

Bild 5.74 Funktionsdarstellung Kettenwandler

5.2.3 Stufenlose Getriebe mit Leistungsverzweigung

Grundsätzlich bestehen stufenlose Getriebe mit Leistungsverzweigung immer aus einem **Planetenradsatz** und einem **stufenlosen Kennungswandler**. Dieser Kennungswandler kann ein mechanisch stufenloses Getriebe, ein hydraulisches oder ein elektrisches Getriebe sein. Die Tatsache, dass ein Planetenradgetriebe immer über drei Wellen verfügt, wird bei Getrieben in Leistungsverzweigung genutzt. Dabei sind entweder zwei Wellen Antriebswellen, dann spricht man von **Sammelgetriebe** (Bild 5.75 a), oder zwei Wellen sind Abtriebswellen, dann spricht man von **Verteilergetriebe** (Bild 5.75 b).

Die Problematik dieser Getriebebauart liegt in der Anordnung und dem Regelbereich. Da die Momentenaufteilung bei einem Planetenradgetriebe wegen der Anordnung fest ist, ergeben sich die Leistungsflüsse bedingt durch die Drehrichtungen der Wellen. Daher ist je nach Anordnung eine echte Leistungsteilung und damit eine Verbesserung des Wirkungsgrades oder – falls Blindleistung auftritt – auch eine Verschlechterung möglich. Den grundlegenden Effekt zeigt Bild 5.76. Während bei echter Leistungsteilung immer eine Verbesserung des Wirkungsgrades erreicht wird, kommt es bei Vergrößerung des Regelbereiches zu Blindleistung. Je geringer der Anteil ist, der über den verstellbaren Teil fließt, desto besser wird der **Gesamtwirkungsgrad**. Diese Bauarten sind eine sehr sinnvolle Möglichkeit, einen stufenlosen Verstellbereich zu realisieren, ohne die Gesamtleistung mit dem meist sehr geringen Wirkungsgrad des stufenlosen Teils zu beaufschlagen. Wenn sichergestellt werden kann, dass immer nur ein kleiner Teil der Leistung über den stufenlosen Teil fließt, ergeben sich auch Kosten- und Bauraumvorteile.

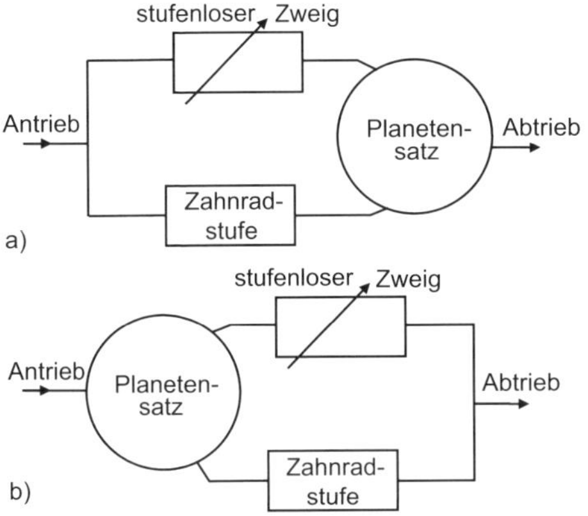

Bild 5.75 Sammel- und Verteilergetriebe

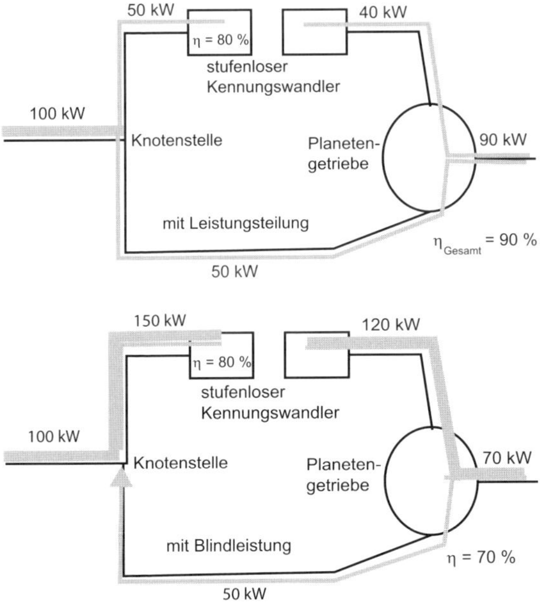

Bild 5.76 Prinzipieller Einfluss auf den Wirkungsgrad bei Getrieben mit Leistungsteilung

Anwendungen solcher Getriebe findet man z. B. bei Regelantrieben für Speisepumpen oder Regelgetriebe in Windkraftanlagen (WinDrive). Die Berechnung erfolgt über die Gesetze für Planetengetriebe [5.24].

Grundsätzlich ergibt sich bei einer Vergrößerung des Gesamtgetrieberegelbereiches $I = i_{max.}/i_{min.}$ im Vergleich zu dem Regelbereich des stufenlosen Teilgetriebes $I_S = i_{St.max.}/i_{St.min.}$ immer eine Blindleistung. Wenn $I > I_S$ wird, dann bedeutet dies eine Verschlechterung des Wirkungsgrades. Umgekehrt ergibt sich eine Verbesserung. Ein Sonderfall – vor allem bei Fahrzeuggetrieben – ist der **Nulldurchgang**. Dieser ist immer eine Vergrößerung des Regelbereiches, da $i_{min.}$ null werden kann und so I gegen ∞ geht. Daher ergibt sich bei Drehrichtungsumkehr Blindleistung, auch wenn I_S bereits unendlich groß ist. Eine Umgehung ist nur durch eine Auftrennung der Koppelstruktur möglich.

5.3 Fluidgetriebe

In Fluidgetrieben wird ein flüssiges Medium zur Leistungswandlung und -übertragung verwendet. In Abgrenzung zu hydrodynamischen Getrieben, welche die Massenkräfte des Fluids nutzen, erfolgt in hydrostatischen Getrieben der innere Leistungsfluss durch Druckkräfte im Fluid. Da die Druckkräfte die Massenkräfte weit übersteigen können, weisen hydrostatische Getriebe eine höhere Leistungsdichte als hydrodynamische Getriebe auf.

5.3.1 Hydrostatische Getriebe

Dr.-Ing. Ulrich Bräckelmann

5.3.1.1 Aufbau

Hydrostatische Getriebe können sowohl Drehmoment und Drehzahl wandeln als auch von einem rotatorischen Antrieb in einen translatorischen Abtrieb übertragen. Antrieb und Abtrieb können voneinander entfernt liegen, insofern dienen hydrostatische Getriebe auch der Leistungsübertragung. In Anlehnung an die VDI-Richtlinie 2127 ist damit jedes Hydrauliksystem ein Getriebe. Hydrostatische Getriebe sind in Anwendungen weit verbreitet, in denen eine komplexe Steuerung mehrerer Funktionen oder eine stufenlose Verstellbarkeit der Getriebeübersetzung gefordert ist.

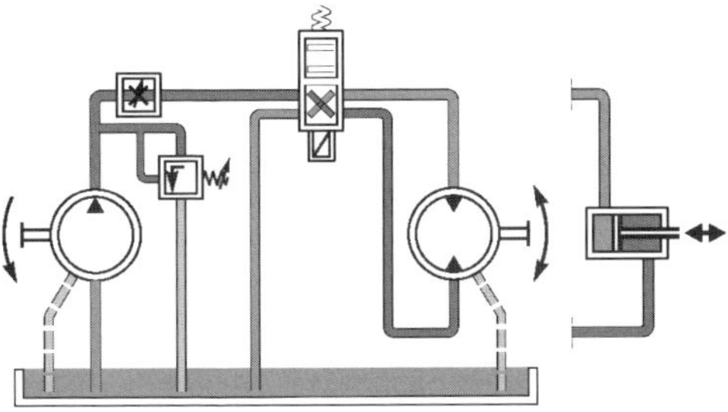

Bild 5.77 Schaltbild eines Systems mit offenem Kreislauf (*Bosch Rexroth AG, Elchingen*)

Hydrostatische Systeme, in denen eine Pumpe das Druckmedium aus einem Tank ansaugt, zum Verbraucher fördert und dieses von dort drucklos zum Tank zurückfließt, heißen **offene Systeme** oder **Systeme mit offenem Kreislauf**. Bild 5.77 zeigt das Schaltbild eines offenen Systems. Ein Ventil steuert die Drehrichtung oder Bewegungsrichtung des Verbrauchers, ein Druckbegrenzungsventil sichert das System gegen Überlast ab.

Wird das vom Verbraucher zurückfließende Druckmedium wieder direkt der Pumpe zugeführt, so spricht man von einem **geschlossenen System** oder einem **System mit geschlossenem Kreislauf**. Bei Belastung des Motors entsteht eine Druckdifferenz zwischen den Verbindungsleitungen zwischen Pumpe und Motor. In Abhängigkeit von der Drehrichtung des Antriebs oder der Lastungsrichtung des Verbrauchers können beide Leitungen zur Hochdruck- oder Niederdruckseite werden. Bild 5.78 zeigt das Schaltbild eines Systems mit geschlossenem Kreislauf.

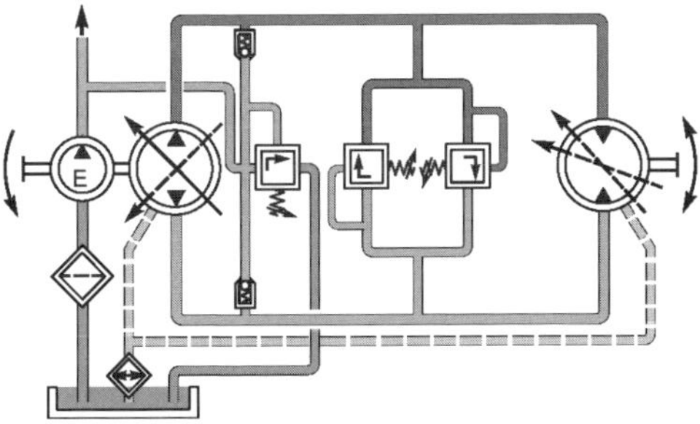

Bild 5.78 Schaltbild eines Systems mit geschlossenem Kreislauf (*Bosch Rexroth AG, Elchingen*)

Das Hubvolumen der Pumpe ist verstellbar, die Pumpe kann in beide Richtungen fördern. Der Motor ist ebenfalls als Verstellmaschine ausgeführt. Eine Füllpumpe (E) gleicht die Leckverluste der hydrostatischen Maschinen aus, Rückschlagventile bewirken, dass sie in die jeweilige Niederdruckleitung fördert. Druckbegrenzungsventile sichern das System gegen Überlast ab.

5.3.1.2 Berechnungsgrundlagen

Die folgenden Formeln liefern die Berechnungsgrundlagen für ein hydrostatisches Getriebe, das aus einer Hydropumpe und einem Hydromotor besteht.

Kraft- und Arbeitsmaschinen mit konstantem Hubvolumen

Der Volumenstrom $\dot{V}_1$, den eine Pumpe fördert, beträgt bei Pumpendrehzahl n_1 mit dem geometrischen Hubvolumen der Pumpe $V_{g,1}$ sowie ihrem volumetrischen Wirkungsgrad $\eta_{vol,1}$:

$$\dot{V}_1 = n_1 \cdot V_{g,1} \cdot \eta_{vol,1}$$

Für die Drehzahl n_2 des Hydromotors gilt mit dem Schluckvolumenstrom $\dot{V}_2$, dem geometrischen Hubvolumen $V_{g,2}$ und dem volumetrischen Wirkungsgrad $\eta_{vol,2}$:

$$n_2 = \frac{\dot{V}_2}{V_{g,2}} \cdot \eta_{vol,2}$$

Damit ergibt sich unter der Voraussetzung, dass der Förderstrom der Pumpe $\dot{V}_1$ identisch mit dem Schluckvolumenstrom des Motors $\dot{V}_2$ ist, die Übersetzung i_{12} des hydrostatischen Getriebes als Verhältnis von Antriebsdrehzahl der Pumpe zur Abtriebsdrehzahl des Motors:

$$i_{12} = \frac{n_1}{n_2} = \frac{V_{g,2}}{V_{g,1}} \cdot \frac{1}{\eta_{vol,1} \cdot \eta_{vol,2}}$$

Treibt der Hydromotor eine Arbeitsmaschine an, so stellt sich im Zusammenarbeitspunkt ein Abtriebsmoment T_2 ein, das den Hydromotor belastet. Dieses führt zu einer Druckdifferenz Δp zwischen der Zulaufleitung (Hochdruckleitung) und der Ablaufleitung (Niederdruckleitung) am Motor. Die Druckdifferenz beträgt unter Berücksichtigung des mechanisch-hydraulischen Wirkungsgrads $\eta_{mh,2}$ des Motors:

$$\Delta p = 2\pi \cdot \frac{T_2}{V_{g,2}} \cdot \frac{1}{\eta_{mh,2}}$$

Dann gilt für das Antriebsmoment T_1 der Pumpe mit dem mechanisch-hydraulischen Wirkungsgrad $\eta_{mh,1}$:

$$T_1 = \frac{\Delta p \cdot V_{g,1}}{2\pi} \cdot \frac{1}{\eta_{mh,1}}$$

Die mechanische Abtriebsleistung P_2 des Motors ergibt sich aus dem Abtriebsmoment und der Abtriebsdrehzahl. Sie entspricht der zugeführten hydrostatischen Antriebsleistung unter Berücksichtigung der Wirkungsgrade der Maschine:

$$P_2 = T_2 \cdot 2\pi \cdot n_2 = \dot{V}_2 \cdot \Delta p \cdot \eta_{vol,2} \cdot \eta_{mh,2}$$

Analog gilt für die Antriebsleistung P_1 der Pumpe

$$P_1 = T_1 \cdot 2\pi \cdot n_1 = \dot{V}_1 \cdot \Delta p \cdot \frac{1}{\eta_{vol,1} \cdot \eta_{mh,1}}$$

Damit folgt für den Gesamtwirkungsgrad $\eta_{ges,12}$ des Getriebes:

$$\eta_{ges,12} = \frac{P_2}{P_1} = \eta_{vol,1} \cdot \eta_{mh,1} \cdot \eta_{vol,2} \cdot \eta_{mh,2} = \eta_{ges,1} \cdot \eta_{ges,2}$$

$\eta_{ges,1}$ Gesamtwirkungsgrad der Pumpe, $\eta_{ges,2}$ Gesamtwirkungsgrad des Motors

Pumpe und Motor sind durch Leitungen (Rohre oder Schläuche, Verschraubungen, Krümmer, usw.) miteinander verbunden. Durch die Strömung des viskosen Druckmediums in den Leitungen können erhebliche Strömungswiderstände und damit Druckdifferenzen zwischen dem Anschluss der Leitungen an der Pumpe und dem Anschluss am Motor auftreten. Für die grundlegende Betrachtung sind diese Strömungsverluste vernachlässigt worden, können in der Praxis jedoch durchaus relevant sein.

Kraft- und Arbeitsmaschinen mit verstellbarem Hubvolumen

Bei volumenverstellbaren Maschinen ist das geometrische Hubvolumen nicht konstant, sondern kann stufenlos oder in Stufen verstellt werden. Bei der Berechnung ist für das geometrische Hubvolumen von Pumpe und Motor der jeweilige Ist-Wert einzusetzen.

5.3.1.3 Bauformen und Anwendungsbeispiele

Grundsätzlich können alle hydrostatischen Maschinen miteinander zu einem hydrostatischen Getriebe kombiniert werden. In der Praxis haben sich allerdings für die verschiedenen Anwendungsfälle spezielle Lösungen etabliert. Sollen hydrostatische Getriebe in einen Antriebsstrang integriert werden, so wird oft die **geschlossene Bauweise** mit Hydromotor und Hydropumpe in einem gemeinsamen Gehäuse gewählt. Diese Getriebe sind sehr kompakt und sowohl in mobilen Anwendungen als auch in der Stationär- oder Industriehydraulik verbreitet. Bei den **Verstellgetrieben** wird unterschieden zwischen:

- **Primärverstellung** (nur die Pumpe ist verstellbar),
- **Sekundärverstellung** (nur der Motor ist verstellbar),
- **Verbundverstellung** (beide Maschinen sind verstellbar).

Die **aufgelöste Bauweise** eines hydrostatischen Getriebes bietet größtmögliche Freiheit in der Anordnung der Komponenten. Die Pumpe kann unmittelbar an der Kraftmaschine angebracht werden, während die Motoren an den Verbrauchern angeordnet sind. Das hydrostatische Getriebe übernimmt damit nicht nur die Wandlung, sondern auch die Übertragung der Leistung. In der **Mobilhydraulik** sind hydrostatische Getriebe oft in aufgelöster Bauweise zu finden. Hydropumpe und ein Hydromotor sind als Standardkomponenten durch Leitungen zu einem Getriebe verschaltet. Der Vorteil liegt darin, dass Maschinen verschiedener Baugrößen den Erfordernissen folgend kombiniert werden können. Als Beispiel zeigt Bild 5.79 den Lüfterantrieb eines Nutzfahrzeugs. Ein hydrostatisches Getriebe dient zur

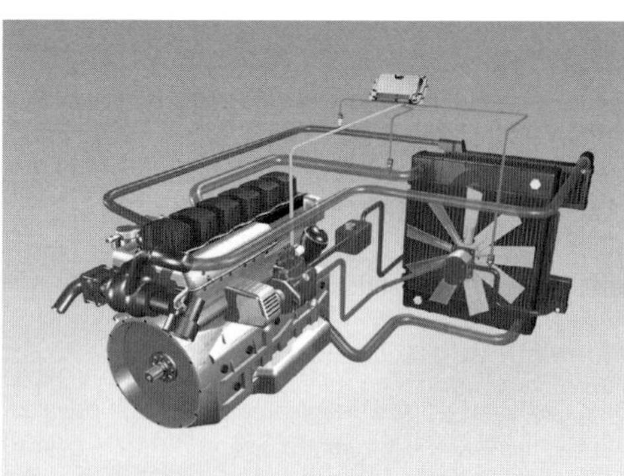

Bild 5.79 Hydrostatischer Lüfterantrieb (*Bosch Rexroth AG, Elchingen*)

Leistungsübertragung vom Nebenabtrieb der Verbrennungskraftmaschine zum Lüfter am Kühler. Die Drehzahl des Lüfterrades ist unabhängig von der Drehzahl der Verbrennungskraftmaschine mit dem Ziel einer konstanten Kühlmitteltemperatur geregelt. Hier ist ein Konstantmotor als Außenzahnradmaschine mit einer Verstellpumpe in Schrägscheiben-Axialkolbenbauweise kombiniert.

5.3.1.4 Hydrostatischer Fahrantrieb

Eine besondere Anwendung hydrostatischer Getriebe ist der **Fahrantrieb** von Kraftfahrzeugen (auch Traktoren), Bau-, Land- und Forstmaschinen sowie Flurförderzeugen. Kennzeichnend ist hoher Zugkraftbedarf bei geringen Geschwindigkeiten sowie Transportfahrten mit geringem Zugkraftbedarf. Hier steht das Prinzip der **hydrostatischen Leistungsübertragung** im Wettbewerb zu mechanischen (Zahnrad-)Getrieben und hydrodynamischen Getrieben.

Die stufenlose Verstellbarkeit der Hydromaschinen ist ein Vorteil, der ihre Verbreitung als Fahrantrieb fördert. Da das Fördervolumen der Pumpe bis auf null reduzierbar ist, kann auf ein zusätzliches Anfahrelement, wie z. B. eine Fahrkupplung, verzichtet werden. Neben der Verstellung des Fördervolumens von null bis zum Maximalwert ist auch eine Umkehrung der Förderrichtung möglich. Damit lässt sich das Fahrzeug allein durch die Steuerung der Pumpe und ohne Einsatz von Ventilen reversieren.

Als **Verstellpumpen** kommen vielfach Axialkolbenmaschinen zum Einsatz. Insbesondere die **Schrägscheiben-Axialkolbenmaschine** ist als Pumpe weit verbreitet, da sie ein hohes Druckniveau mit hoher Leistungsdichte und einfacher Verstellbarkeit verbindet (s. auch Kapitel 3.3.1.2). Als Motor wird oft ein Axialkolbenmotor nach dem Schrägachsenprinzip eingesetzt. Diesen kennzeichnet ein hoher Wirkungsgrad, insbesondere im Anlaufen der Maschine. Schrägachsenmaschinen werden mit konstantem und verstellbarem Schluckvolumen hergestellt. Insbesondere in der Mobilhydraulik ist die Kombination einer Schrägscheibenpumpe mit einem Schrägachsenmotor weit verbreitet.

Bild 5.80 zeigt ein Ausführungsbeispiel eines **hydrostatischen Fahrantriebs**. Die Brennkraftmaschine treibt eine Verstellpumpe an, die mit einem Hydromotor gekoppelt ist. Der Hydromotor treibt über das Achsgetriebe die Räder an. Sofern es der Bauraum erforderlich macht, ist auch ein Direktantrieb der Räder möglich. Hier werden oft Radialkolbenmotoren eingesetzt, da diese in kompakter Bauform höhere Abtriebsmomente bei niedrigeren Drehzahlen liefern.

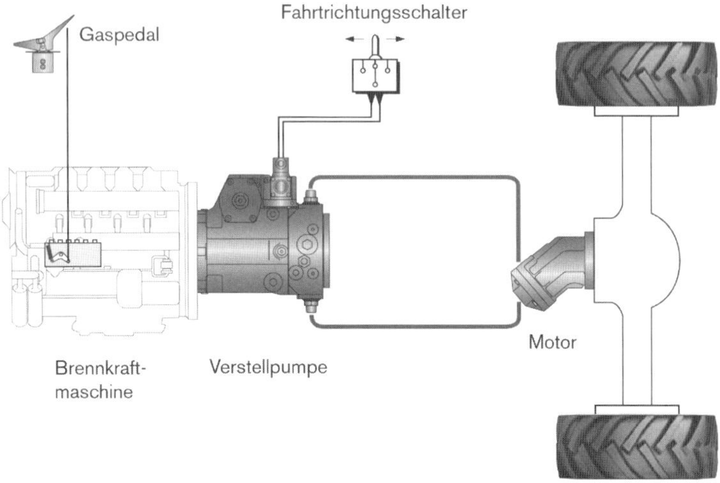

Bild 5.80 Konfiguration eines Fahrantriebs (*Bosch Rexroth AG, Elchingen*)

Die Antriebsleistung eines Fahrzeugs ist das Produkt aus Zugkraft und Fahrgeschwindigkeit. Damit ergibt sich die maximale Zugkraft bei konstanter (maximaler) Leistung als die bekannte **Zugkrafthyperbel** über der Fahrgeschwindigkeit.

Bild 5.81 zeigt das Fahrdiagramm eines hydrostatischen Fahrantriebs. Im Punkt 1 steht das Fahrzeug. Die Zugkraft hat ihr Maximum, die Druckabschneidung der Pumpe begrenzt den Druck im System auf den maximal zulässigen Wert. Die Pumpe ist minimal ausgeschwenkt und gleicht lediglich die volumetrischen Verluste des Systems aus. Das System sollte so dimensioniert sein, dass sich der Wert der maximalen Zugkraft im Bereich der Rutschgrenze der Antriebsräder befindet. Zwischen Punkt 1 und Punkt 2 hält die Zugkraft ihr Maximum, da die maximale Leistung der Brennkraftmaschine noch nicht erreicht ist. Diese Betriebspunkte sind typisch z. B. für das Anfahren eines Traktors oder Radladers. Erhöht sich die Geschwindigkeit über Punkt 2 hinaus, ist die maximale Leistung des Fahrantriebs erreicht. Die Zugkraft nimmt ab und folgt der Leistungshyperbel. Der Systemdruck fällt, bis in Punkt 3 die Hydropumpe voll ausgeschwenkt ist und den maximalen Volumenstrom liefert. Zwischen den Punkten 3 und 4 erfolgt das Rückschwenken des Hydromotors. Druck und Volumenstrom bleiben konstant. Durch das verringerte geometrische Hubvolumen des Motors steigen die Abtriebsdrehzahl und damit die Fahrgeschwindigkeit.

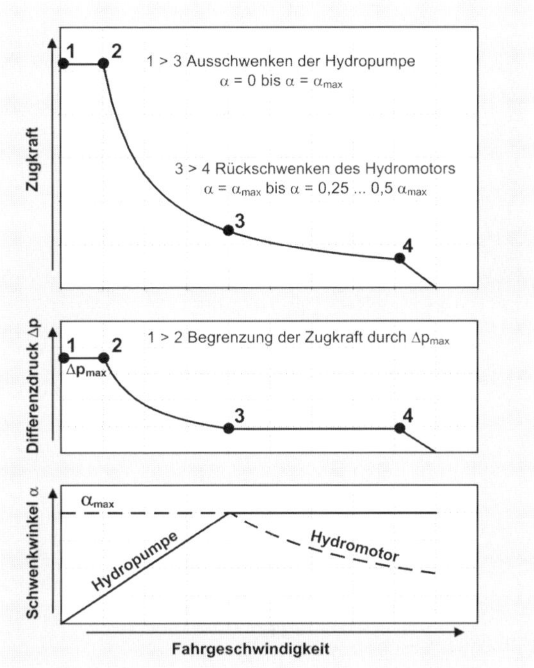

Bild 5.81 Fahrdiagramm eines hydrostatischen Fahrantriebs (*Bosch Rexroth AG, Elchingen*)

Ab dem Erreichen der Höchstgeschwindigkeit im Punkt 4 fallen der Druck und damit die Zugkraft, da keine weitere Leistung für die Beschleunigung des Fahrzeugs erforderlich ist.

Für die gezeigte Charakteristik ist eine Leistungsregelung erforderlich. Zudem ist es anwenderfreundlich, wenn der Fahrer die Geschwindigkeit des Fahrzeugs nur mit dem **Fahrpedal** steuern kann, ohne direkten Einfluss auf die Schwenkwinkel der Maschinen zu nehmen.

Die **drehzahlabhängige Antriebsregelung** DA (Bild 5.82) ermöglicht diese Funktion. Der Volumenstrom, den die Speisepumpe liefert, ist die Messgröße für die Motordrehzahl und fließt über das DA-Ventil. Eine Blende im DA-Ventil ermöglicht es, einen Steuerdruck abzugreifen, der vom Volumenstrom und damit von der Motordrehzahl abhängt.

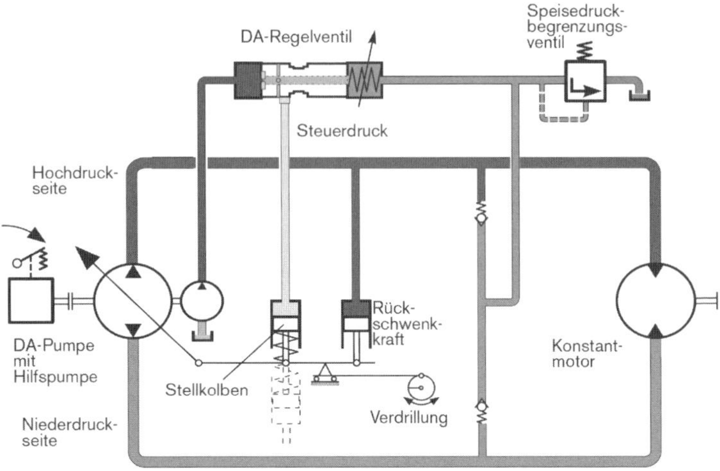

Bild 5.82 Hydraulikkreislauf mit Pumpenregelung für automotives Fahren (*Bosch Rexroth AG, Elchingen*)

Dieser Steuerdruck bewirkt das Ausschwenken der Pumpe. Bei Leerlaufdrehzahl ist er so gering, dass die Pumpe nicht ausschwenkt. Erhöht der Fahrer über das Fahrpedal die Motordrehzahl, so schwenkt die Pumpe aus, und das Fahrzeug setzt sich in Bewegung.

Die Fahrwiderstände führen zum Anstieg des Drucks in der Hochdruckleitung. Der Hochdruck wirkt über das Triebwerk der Maschine auf den Stellkolben und bewirkt bei geeigneter Einstellung der Maschine das Rückschwenken der Schrägscheibe. Damit stehen sich zwei Stellgrößen gegenüber:

- hohe Motordrehzahl lässt die Pumpe ausschwenken und das Fahrzeug beschleunigen,
- hoher Fahrwiderstand lässt die Pumpe rückschwenken und das Fahrzeug verlangsamen.

Dieses Rückschwenkverhalten wirkt wie ein Leistungsregler. Die Verdrillung der Steuerplatte ermöglicht die Abstimmung der Regelcharakteristik des Systems. Auch der Einfluss von Nebenverbrauchern wird durch das System unterstützt. Sie erzeugen eine Verringerung der Motordrehzahl und bewirken damit, dass der Fahrantrieb weniger Leistung aufnimmt.

Alternativ zu der mechanisch-hydraulischen Regelung lassen sich Pumpen und Motoren mit elektrisch-proportionaler Verstellung ausrüsten und über ein Steuergerät betätigen. Damit kann die Fahrstrategie über Software eingespielt werden. Für hydrostatische Fahrantriebe existiert z. B. Anwendungssoftware, die automotives Fahren sowie Inchen und Bremsen ermöglicht und eine Grenzlastregelung aufweist.

5.3.2 Hydrodynamische Getriebe

Dr.-Ing. Volker Middelmann

Die Entwicklung der hydrodynamischen Getriebe basiert ebenso wie die Entwicklung der hydrodynamischen Kupplungen und Bremsen auf einem Grundpatent von Hermann Föttinger aus dem Jahr 1905. Föttinger hatte die Aufgabe, die im Schiffbau aufkommende schnelllaufende Dampfturbine mit dem langsamlaufenden Schiffspropeller zu verbinden. Hieraus ergaben sich zwei zu lösende Probleme:

- Wandlung der Leistungsfaktoren Drehmoment (M) und Drehzahl (ω)
- Drehrichtungswechsel des Propellers für Vorwärts- und Rückwärtsfahrt

Systematische und rein theoretische Problemlösungsstudien brachten Föttinger zur **Hydrodynamik**. Er entwickelte ein hydrodynamisches Getriebe (hydrodynamischer Drehmomentwandler), mit dem die Leistungsfaktoren zwischen Kraft- und Arbeitsmaschine sehr effizient gewandelt werden konnten. Bereits 1909 baute Föttinger ein Erprobungsschiff, das mit einem hydrodynamischen Drehmomentwandler für Vorwärtsfahrt und einem für Rückwärtsfahrt ausgestattet war (Bild 5.83).

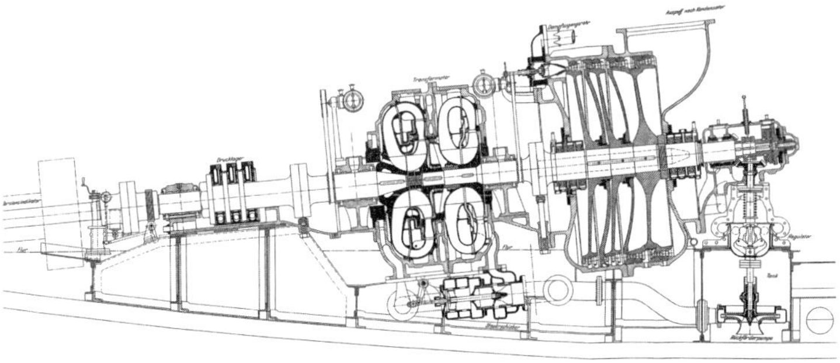

Bild 5.83 Aufbau des Erprobungsschiffes von Föttinger aus dem Jahr 1909. Von rechts nach links: Dampfturbine, Wandler für Rückwärtsfahrt, Wandler für Vorwärtsfahrt und abgehende Propellerwelle [5.29]

5.3.2.1 Übertragungsverhalten hydrodynamischer Getriebe

Das physikalische Wirkprinzip der Leistungsübertragung bei hydrodynamischen Getrieben, auch **hydrodynamische Wandler** genannt, ist identisch mit dem der hydrodynamischen Kupplungen und Bremsen, das in Kapitel 4.7.2 bereits erläutert wurde. Hydrodynamische Getriebe besitzen jedoch mindestens drei die Strömung umlenkende Schaufelräder: Pumpe P, Turbine T und Reaktionsglied R, auch Stator oder Leitrad genannt (Bild 5.84).

Bild 5.84 Hydrodynamischer Drehmomentwandler mit zentrifugal durchströmter Turbine nach dem Lysholm-Wandler-Prinzip (*Voith Turbo*)

Pumpe und Turbine leiten ein Drehmoment, das Reaktionsglied stützt ein Drehmoment am Gehäuse ab. Aus der Momentenbilanz $M_\mathrm{P} + M_\mathrm{T} + M_\mathrm{R} = 0$ folgt mit den Größen Momentenwandlung $\mu = M_\mathrm{T} / M_\mathrm{P}$ und Drehzahlwandlung $\nu = n_\mathrm{T} / n_\mathrm{P}$ für den Wirkungsgrad η:

$$\eta = \frac{P_\mathrm{T}}{P_\mathrm{P}} = \frac{M_\mathrm{T} \cdot \omega_\mathrm{T}}{M_\mathrm{P} \cdot \omega_\mathrm{P}} = \mu \cdot \nu$$

Das an einem Schaufelrad wirkende Drehmoment M berechnet sich für inkompressible Medien nach dem Impulsmomentensatz gemäß der Beziehung:

$$M = \rho \left(\int_{A_\mathrm{A}} c_\mathrm{m}\, c_\mathrm{u}\, r\, \mathrm{d}A - \int_{A_\mathrm{E}} c_\mathrm{m}\, c_u\, r\, \mathrm{d}A \right)$$

A_A und A_E die durchströmten Begrenzungsflächen eines das Schaufelrad umschließenden Kontrollvolumens, c_m Meridiangeschwindigkeitskomponente, c_u Umfangsgeschwindigkeitskomponente der Absolutgeschwindigkeit

Mit der Beziehung

$$\dot{m} = \rho\,\dot{V} = \rho \int\limits_{A_{\mathrm{A/E}}} c_m \,\mathrm{d}A$$

für den umlaufenden Massenstrom ergibt sich für die spezifische Schaufelarbeit Y:

$$\begin{aligned} Y &= \frac{P}{\dot{m}} = \frac{M \cdot \omega}{\dot{m}} = \omega \cdot \Delta\left(r\,c_{\mathrm{u}}\right) = \omega \cdot \left(r_{\mathrm{A}} \cdot c_{\mathrm{uA}} - r_{\mathrm{E}} \cdot c_{\mathrm{uE}}\right) \\ &= u_{\mathrm{A}} \cdot c_{\mathrm{uA}} - u_{\mathrm{E}} \cdot c_{\mathrm{uE}} \\ &= \Delta\left(u \cdot c_{\mathrm{u}}\right) \end{aligned}$$

Die Gleichung $Y = \Delta\left(u \cdot c_{\mathrm{u}}\right)$ ist die bekannte **Eulersche Gleichung für Turbomaschinen**. Sie sagt aus, dass das Drehmoment an einem Schaufelrad allein durch die Änderung der Strömungsgeschwindigkeit in Betrag (Massenstrom) und Richtung (Drall) zwischen Ein- und Austritt des Schaufelrades bestimmt wird (Bild 5.85).

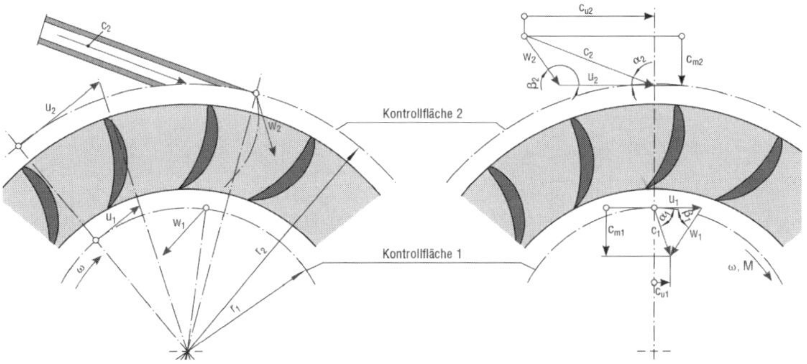

Bild 5.85 Prinzipskizze zur Bestimmung des Drehmoments an einem Schaufelrad nach der Eulerschen Turbinengleichung.
c Absolutgeschwindigkeit, *u* Umfangsgeschwindigkeit, *w* Relativgeschwindigkeit.
2 Eintritt, 1 Austritt, u Umfangskomponente, m Meridiankomponente

Die Momenten- und Energiebilanz kann für alle Schaufelräder mithilfe der eindimensionalen **Stromfadenrechnung** gemäß der Eulerschen Turbinengleichung durchgeführt werden. Hierbei definiert man einen mittleren Stromfaden, auf den die gesamte Energie der Strömung konzentriert gedacht ist. Die Strömungsbeiwerte (Reibungsfaktoren und Stoßfaktoren), die zur Berechnung des umlaufenden Massenstromes bekannt sein müssen, werden aus Erfahrungswerten abgeleitet oder durch experimentelle Untersuchungen bestimmt. Die eindimensionale Stromfadenrechnung liefert für eine Grobauslegung hinreichend genaue Ergebnisse. Eine verfeinerte Auslegung bzw. Optimierung erfolgt mithilfe **numerischer Strömungssimulation** (CFD).

Für das Pumpenmoment und die Pumpenleistung ergeben sich aus der Eulerschen Turbinengleichung und den Ähnlichkeitsgesetzen analog zu den Zusammenhängen bei hydrodynamischen Kupplungen unter Verwendung der bereits dort eingeführten Leistungszahl λ die Beziehungen:

$$M_\mathrm{P} = \lambda \cdot \rho \cdot \omega_\mathrm{P}^2 \cdot D_\mathrm{P}^5$$

$$P_\mathrm{P} = M_\mathrm{P} \cdot \omega_\mathrm{P} = \lambda \cdot \rho \cdot \omega_\mathrm{P}^3 \cdot D_\mathrm{P}^5$$

Bei hydrodynamischen Getrieben stellt sich die Turbinendrehzahl in Abhängigkeit von der Größe der Belastung und der Größe der Leistungszahl λ selbstständig und stufenlos ein. Die Leistungszahl ist keine konstante Größe, sondern abhängig vom Drehzahlverhältnis $\lambda = f(\nu)$.

Neben dem Drehzahlverhältnis beeinflusst der konstruktive Aufbau, insbesondere die Anordnung der drei Schaufelräder zueinander, die Sekundärkennlinie $\lambda = f(\nu)$. Man unterscheidet drei Typen von hydrodynamischen Getrieben oder Wandlern:

- hydrodynamische Getriebe (Wandler) mit abfallender λ-Charakteristik (Trilok-Wandler) (Bild 5.86).

  Die Turbine ist zentripetal durchströmt. Das Leitrad ist in Strömungsrichtung gesehen hinter dem Turbinenrad angeordnet. Das Gehäuse läuft um.
- hydrodynamische Getriebe (Wandler) mit konstantem λ-Verlauf (Föttinger-Wandler/Lysholm-Wandler) (Bild 5.87).

  Die Turbine wird zentrifugal durchströmt. Das Leitrad ist in Strömungsrichtung gesehen hinter dem Turbinenrad angeordnet. Das Gehäuse steht fest.
- hydrodynamische Getriebe (Wandler) mit steigendem λ-Verlauf (Gegenlaufwandler) (Bild 5.88).

  Die Turbine ist axial durchströmt. Das Leitrad ist in Strömungsrichtung gesehen vor dem Turbinenrad angeordnet. Das Gehäuse steht fest.

Die charakteristischen Kennlinien (Sekundärkennlinien) eines Lysholm-Wandlers mit konstantem λ-Verlauf sind im Bild 5.89 dargestellt. Die Momentenwandlung μ fällt mit steigender Drehzahlwandlung ν, also steigender Turbinendrehzahl n_T, kontinuierlich ab. Der Wirkungsgrad η steigt von null bei $\nu = 0$ auf ein Maximum an und fällt dann wieder im Bereich des Synchronpunktes $\nu = 1$ auf null ab.

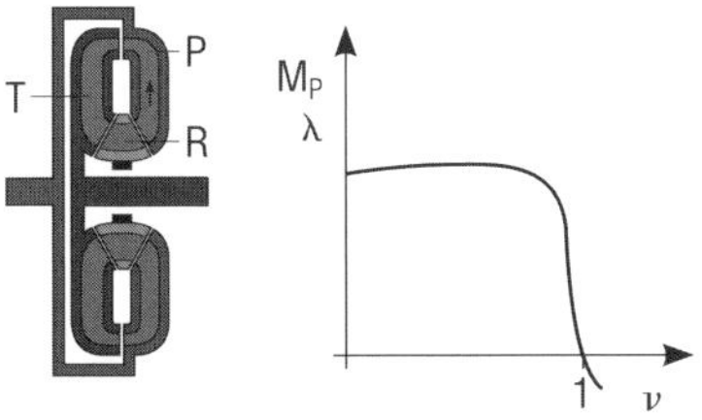

Bild 5.86 Hydrodynamischer Wandler nach dem Trilok-Prinzip

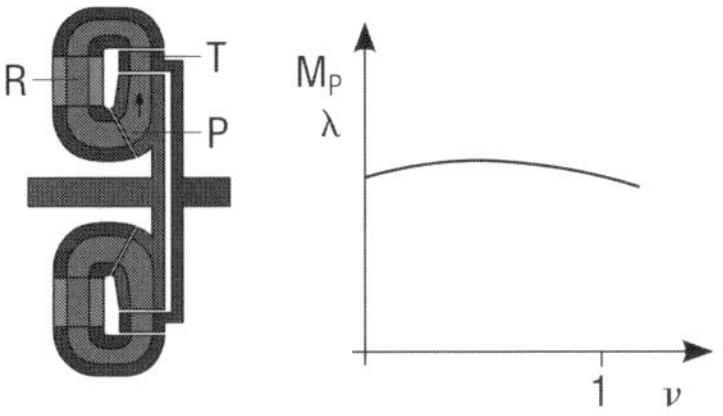

Bild 5.87 Hydrodynamischer Wandler nach dem Lysholm-Prinzip

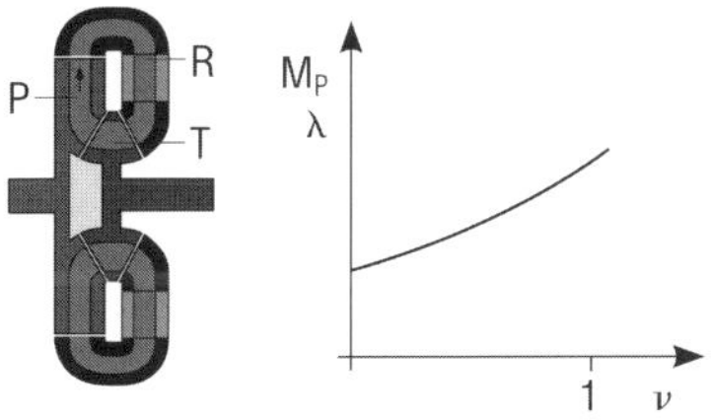

Bild 5.88 Hydrodynamischer Wandler mit steigendem λ-Verlauf

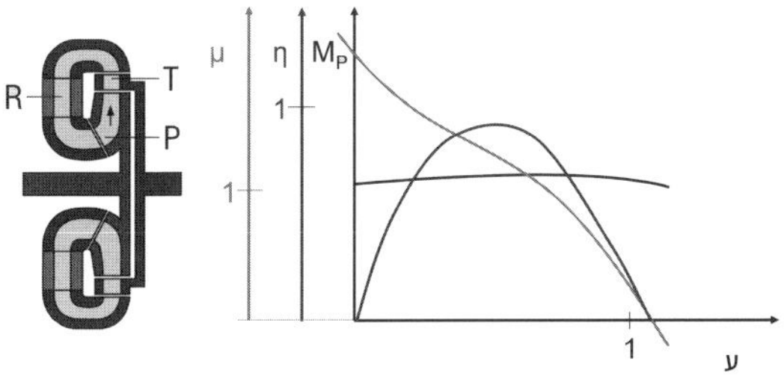

Bild 5.89 Charakteristische Kennlinien eines Lysholm-Wandlers

5.3.2.2 Hydrodynamische Getriebe in mobilen Anwendungen

Hydrodynamische Getriebe in Kraftfahrzeugen

Die bekannteste und verbreiteste Anwendung hydrodynamischer Getriebe ist die in Automatikgetrieben. In Automatikgetrieben für Personenkraftwagen wird üblicherweise ein **Trilok-Wandler** eingesetzt. Bei diesem Wandlertyp ist das Leitrad über einen Freilauf abgestützt, der ab einer bestimmten Drehzahlwandlung frei umläuft. In diesem Betriebsbereich arbeitet der Trilok-Wandler als hydrodynamische Kupplung. Mithilfe einer hydraulisch angesteuerten Schaltkupplung (**Lock-up-Kupplung**) wird der Trilok-Wandler überbrückt. Ein Schwingungsdämpfer sorgt in diesem Betriebszustand für den erforderlichen Fahrkomfort (Bild 5.90). Die Pumpe (5) ist über die äußere Schale mit dem Deckel verbunden, an dem die Flexplate angeschraubt wird. Die Flexplate erzeugt eine biegeweiche Anbindung des Trilok-Wandlers zur Kurbelwelle. Das Leitrad (4) ist über einen Freilauf (3) mit dem feststehenden Gehäuse verbunden. Turbine (6) und Überbrückungskupplung (8) sind mit der Turbinennabe (2) verbunden, in welche die Eingangswelle des Getriebes gesteckt wird. Der Trilok-Wandler ist mithilfe eines Zapfens (1) mit der Kurbelwelle zentriert.

Bild 5.91 zeigt ein modernes 8-Gang-Automatikgetriebe mit hydrodynamischem Drehmomentwandler (Trilok-Wandler), Lock-up-Kupplung und Schwingungsdämpfer als Anfahrelement. Das Getriebe überträgt mit 4 Radsätzen und nur 5 Schaltelementen (3 Kupplungen und 2 Bremsen) ein Drehmoment von 700 Nm. Aufgrund der hohen Getriebespreizung von insgesamt 7,0 und der 8 Gänge kann die Motordrehzahl immer im

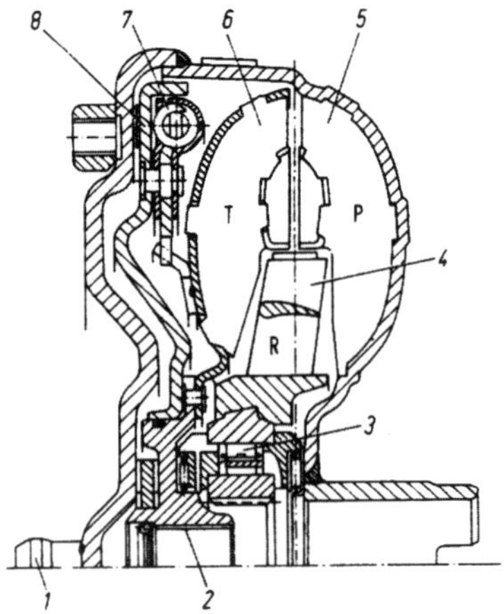

Bild 5.90 Trilok-Wandler mit mechanischer Überbrückungskupplung (8) und Schwingungsdämpfer (7) für den Einsatz in Automatikgetrieben für Pkw (*Fichtel und Sachs*)

Bild 5.91 8-Gang-Automatikgetriebe mit Trilok-Wandler und Überbrückungskupplung als Anfahrelement (*ZF Friedrichshafen AG*)

günstigsten Bereich gehalten werden. Hierdurch werden der Verbrauch reduziert und die Fahrleistungen erhöht.

Insbesondere bei Stadtbussen aber auch in Schienenfahrzeugen ist das **Automatikgetriebe mit Differentialwandler** weit verbreitet (**DIWA-Getriebe**). Beim Differentialwandler-Getriebe wird die vom Motor kommende Leistung durch ein als Planetengetriebe ausgebildetes Verteilgetriebe auf zwei Wege verteilt, von denen der eine über den Strömungswandler und der andere über eine Verzahnung führt (Bild 5.92). Bei stillstehendem Fahrzeug wird die gesamte Leistung durch den Differentialwandler übertragen.

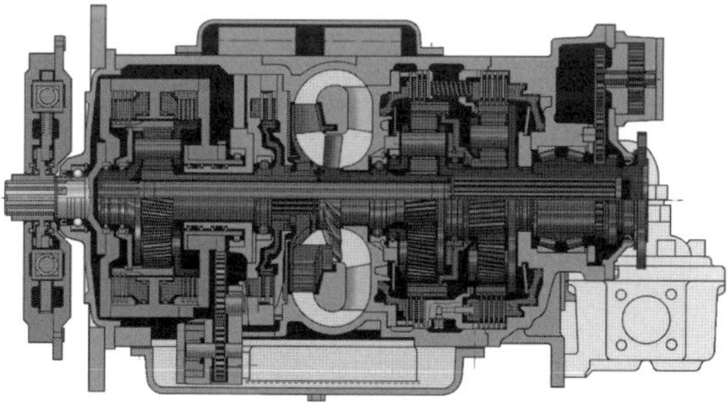

Bild 5.92 3-Gang-Automatikgetriebe mit Differentialwandler in Schienengetriebeausführung (*Voith Turbo*). Von links nach rechts: hydraulischer Torsionsschwingungsdämpfer, Planetengetriebe zur Leistungsverzweigung, Gegenlaufwandler mit Kupplung zum Festsetzen der Pumpe, Abtriebsplanetengetriebe, verstärkte Abtriebslagerung

Mit steigender Abtriebsdrehzahl wächst die mechanisch übertragene Leistung kontinuierlich an und beträgt kurz vor der Abschaltung des Wandlers durch die Festsetzung der Pumpe 90 %.

5.3.2.3 Hydrodynamische Getriebe in stationären Anwendungen

Drehmomentwandler zum Starten von Gasturbinen

Gasturbinen benötigen zum Starten/Anlassen eine Starteinrichtung, mit deren Hilfe sie bis zur Selbstauftriebsdrehzahl beschleunigt werden (Bild 5.93). Dank seiner Fähigkeit, eine Anfahrwandlung $\mu = M_T / M_P$ von bis zu 10 zu realisieren, ist hierzu ein **hydrodynamischer Wandler nach dem Lysholm-Prinzip** sehr gut geeignet. Zur Beschleunigung der Gasturbine wird der Wandler mit Öl befüllt. Nach abgeschlossenem Hochlauf der Gasturbine wird der Wandler entleert. Mithilfe der Leitradschaufelverstellung wird ein Wandlerkennfeld erzeugt. Pumpenaufnahmemoment und Momentenwandlung können stufenlos verändert werden, wodurch sich auch die Drehzahl der Gasturbine stufenlos einstellen lässt.

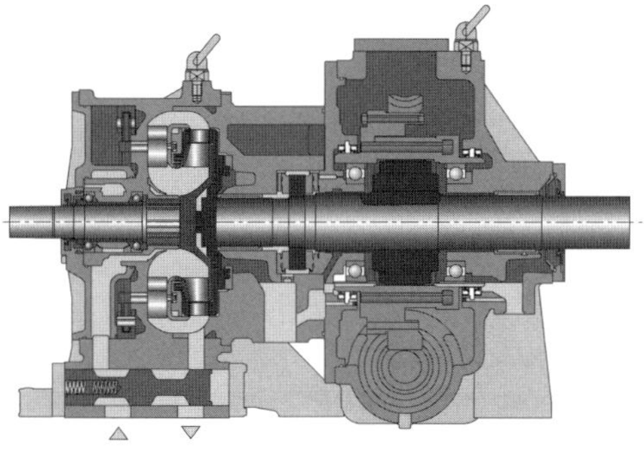

Bild 5.93 Hydrodynamischer Drehmomentwandler mit verstellbarer Leitradschaufel zum Starten von Gasturbinen (*Voith Turbo*). Bild von links nach rechts: Eingangswelle, hydrodynamischer Drehmomentwandler mit Leitradschaufelverstelleinrichtung und Füll- und Entleerventil, Dreheinrichtung mit Schneckengetriebe

Stufenlos verstellbare Getriebe mit hydrodynamischer Leistungsüberlagerung

Stufenlos verstellbare Getriebe mit hydrodynamischer Leistungsüberlagerung haben sich in Antrieben der Energie- und Versorgungstechnik, insbesondere in höheren Leistungsklassen von 1 ... 30 MW, bewährt (Bild 5.94).

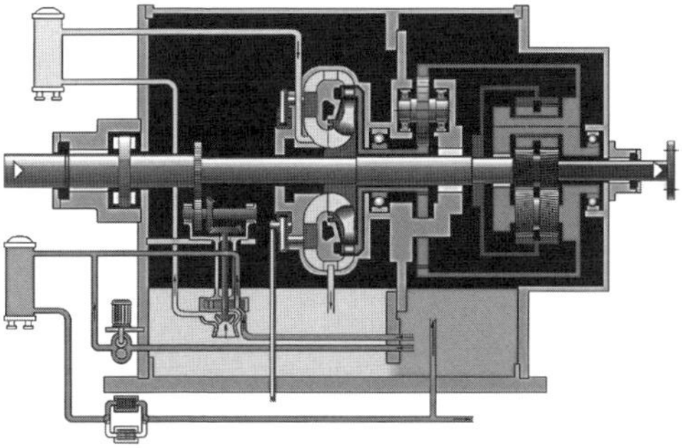

Bild 5.94 Stufenlos regelbares Getriebe mit hydrodynamischer Leistungsüberlagerung (*Voith Turbo*). Von links nach rechts: Ölkühler, hydrodynamischer Drehmomentwandler mit verstellbarer Leitradschaufel, Planentengetriebe als Standgetriebe, umlaufendes Planetengetriebe mit Leistungsüberlagerung

In diesen Anwendungen muss die Drehzahl der Arbeitsmaschine, z. B. Gebläse oder Lüfter in der Stahlindustrie, Kesselspeisepumpen in Kraftwerken, Kompressoren in der Öl- und Gasindustrie oder Verdichter in der Verfahrenstechnik, stufenlos einstellbar sein, sodass der Massenstrom bedarfsgerecht angepasst werden kann.

Die eingehende Leistung wird zu einem größeren Anteil, z. B. 75 %, auf das Hohlrad des abtriebsseitig angeordneten Planetenumlaufgetriebes geleitet. Ein kleinerer Leistungsanteil, z. B. 25 %, wird als Pumpenleistung vom hydrodynamischen Drehmomentenwandler aufgenommen. Die Turbine des Wandlers ist mit der Sonne des Standgetriebes verbunden. Die Leistungskomponenten Drehmoment und Drehzahl werden im Wandler und im Standgetriebe gewandelt und vom Hohlrad des Standgetriebes auf den Planetenträger des Umlaufgetriebes geleitet, wo sie mit dem direkt auf das Umlaufgetriebe geführten Leistungsanteil überlagert wird. Je nach Drehrichtung der Turbine führt die Überlagerung der Leistung im Planetenumlaufgetriebe zu einer Erhöhung der Sonnendrehzahl, wenn die Drehrichtung des Planetenträgers der des Sonnenrades entspricht, oder zu einer Reduzierung der Sonnenraddrehzahl, wenn die Drehrichtung des Planetenträgers entgegen der des Sonnenrades ist. Die **Getriebeausgangsdrehzahl** kann somit stufenlos in einem weiten Bereich ($0{,}6 < \nu < 1$) eingestellt werden. Die erzielbaren Wirkungsgrade eines Getriebes dieser Art sind aufgrund der Leistungsteilung im gesamten Drehzahl- und Lastbereich höher als ca. 75 % und betragen im Punkt des maximalen Wirkungsgrades bis zu 95 %. Die Leistungsaufnahme des hydrodynamischen Wandlers und damit die Höhe der überlagerten Leistung hängen von der charakteristischen Kennlinie des Wandlers ab. Diese wird je nach Drehzahlwunsch mittels der verstellbaren Leitradschaufel eingestellt.

Stufenlos verstellbare Getriebe mit hydrodynamischer Leistungsüberlagerung als Antrieb für Windenergieanlagen

In dieser Anwendung koppelt ein hydrodynamisches Überlagerungsgetriebe den drehzahlvariablen Windrotor mit einem drehzahlfesten Synchrongenerator für die Stromerzeugung (Bild 5.95). Das Getriebe stellt die Drehzahl des Windrotors so ein, dass bei den verschiedenen Windgeschwindigkeiten die Anlage stets im Punkt optimalen Wirkungsgrades betrieben wird.

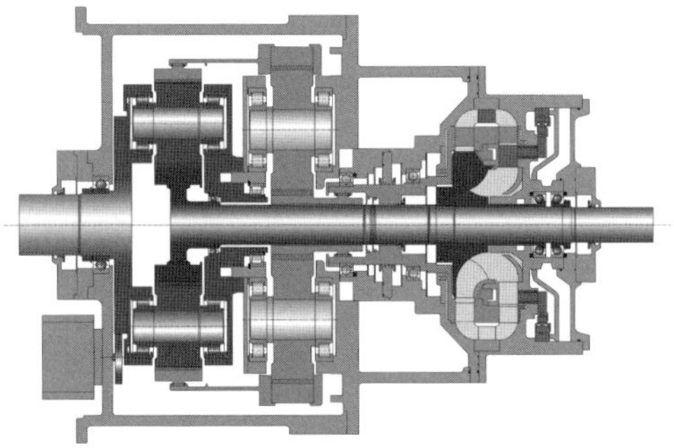

Bild 5.95 Stufenlos verstellbares Getriebe mit hydrodynamischer Leistungsüberlagerung (*Voith Turbo*) als Antrieb in einer Windenergieanlage. Von links nach rechts: Antriebswelle (Windrotor), Überlagerungsgetriebe, Standgetriebe, hydrodynamischer Drehmomentwandler mit verstellbarer Leitschaufel

Quellen und weiterführende Literatur

5.1.1.3

[5.1] *Babel, N.; Schwanke, U.:* Einführung Umlaufgetriebe. Norderstedt: BOD, 2012

[5.2] *Böge, A.:* Die Mechanik der Planetengetriebe. Braunschweig: Vieweg-Verlag, 1980

[5.3] *Haberhauer, H.; Bodenstein, F.:* Maschinenelemente. Berlin: Springer-Verlag, 2009

[5.4] *Looman, J.:* Zahnradgetriebe. Springer-Verlag, 1996

[5.5] *Müller, H.:* Die Umlaufgetriebe. Berlin: Springer-Verlag, 2008

[5.6] *Pickard, J.:* Planetengetriebe in der Praxis. Renningen: Expert-Verlag, 1978
[5.7] *Poppinga, R.:* Der Wirkungsgrad der Planetengetriebe. Archive of Applied Mechanics, 18 (1950) 1, Seite 39- 52
[5.8] *Schlecht, B.:* Dresdener Maschinenelemente Kolloquium; TUDpress, 2009
[5.9] VDI-Berichte 672; Planetengetriebe. Essen: VDI-Verlag, 1988
[5.10] VDI-Richtlinie 2157; Planetengetriebe. Essen: VDI-Verlag, 1978

5.1.2

[5.11] VDI 2758: Richtlinie Riemengetriebe. Düsseldorf: VDI-Verlag, 1993
[5.12] *Funk, W.:* Zugmittelgetriebe. Berlin: Springer-Verlag, 1995
[5.13] *Schäfer, F.:* Antriebsriemen. Höxter: Huxaria Verlag, 2007
[5.14] ISO 10823: Hinweise zur Auswahl von Rollenketten. Berlin: Beuth Verlag, 2006
[5.15] Mannesmann Rexnord GmbH: Katalog Zahnketten, 1990

5.1.3

[5.16] *Brändlein, J.; Eschmann, P.; Hasbargen, L.:* Die Wälzlagerpraxis. Mainz: Vereinigte Fachverlage, 1995
[5.17] *Golz:* Analyse, Modellbildung und Optimierung des Betriebsverhaltens von Kugelgewindetrieben. Dissertation Universität Karlsruhe, 1990
[5.18] DIN 13: Metrisches ISO-Gewinde allgemeiner Anwendung
[5.19] DIN 103: Metrisches ISO-Trapezgewinde
[5.20] DIN 513: Metrisches Sägengewinde
[5.21] DIN 69051: Werkzeugmaschinen - Kugelgewindetriebe
[5.22] ISO 3408: Kugelgewindetriebe

5.2

[5.23] *Fischer, R.; Küçükay, F.; Jürgens, G.; Najork, R.; Pollak, B.:* Das Getriebebuch. Berlin: Springer-Verlag, 2012
[5.24] *Klement, W.:* Fahrzeuggetriebe. München: Carl Hanser Verlag, 2011
[5.25] *Looman, J.:* Zahnradgetriebe. Berlin: Springer-Verlag, 1995
[5.26] *Bertsche, B.; Naunheimer, H.; Lechner, G.:* Fahrzeuggetriebe. Berlin: Springer-Verlag, 2007
[5.27] *Förster, H. J.:* Die Kraftübertragung im Fahrzeug. Köln: Verlag TÜV Rheinland, 1987

5.3.2

[5.28] VDI-Richtlinie 2153: Hydrodynamische Leistungsübertragung; Begriffe - Bauformen - Wirkungsweise. VDI 1994
[5.29] *Föttinger, H.:* Eine neue Lösung des Schiffturbinenproblems. Jahrbuch der Schiffbautechnischen Gesellschaft, 1910, S. 175–239
[5.30] *Schweickert, H.:* Voith Antriebstechnik, 100 Jahre Föttinger Prinzip. Berlin: Springer-Verlag, 2005

[5.31] Voith Turbo: Hydrodynamik in der Antriebstechnik; Wandler, Wandelgetriebe, Kupplungen, Bremsen. Mainz: Krausskopf-Verlag, 1987

[5.32] *Höller, H.:* Mehrkreisregelgetriebe – Ein hydrodynamisches Überlagerungsgetriebe mit hohem Wirkungsgrad. VDI-Berichte 618, 1986.

6 Messsysteme für E-Antriebe

Prof. Prof. h. c. mult. Dr.-Ing. Peter F. Brosch

6.1 Einleitung

Geber werden sowohl bei drehenden als auch bei linear bewegten elektrischen Maschinen und Systemen eingesetzt. Sie sollen die Drehzahl bzw. die Geschwindigkeit erfassen. Zum (indirekten) Positionieren ermitteln sie die Lage des Motor-Läufers oder des Primärteils bei Linearmotoren. Bei den vielen Anbietern findet man ein breites Lieferprogramm in allen Technologien und Preisklassen. Den Schluss bilden Geber zur Drehmomenterfassung von Antrieben.

Im Folgenden werden Geber – besonders Drehzahl- und Positions-/Lagegeber – vorgestellt, die bei Elektroantrieben eingesetzt werden (Tabelle 6.1). Während man bei **Drehzahlgebern** noch zwischen einem digitalen und einem analogen Drehzahl-Istwert wählen kann, liefern **Lagegeber** natürlich digitale Werte. Bei ihnen wählt man zwischen einem absoluten oder einem relativen (inkrementellen) Lage-Istwert. Wird der Lage-Istwert in einer Elektronik zyklisch verarbeitet, kann aus der Lageänderung die mittlere Drehzahl/Geschwindigkeit im betrachteten Zeitraum berechnet werden.

Tabelle 6.1 Ausführungen von Gebersystemen zur Drehzahlerfassung

Art	Messsignal	Nachteil
Impulsgeber	zwei 90°-Strichsignale, Auflösung	Totzeit
Digitaltacho	Sinus-Cosinus-Signal, hohe Genauigkeit	Datenübertragung
Resolver	zwei 90°-Signale, Totzeit	Trägerfrequenz
Tacho, bürstenlos	Wechselspannung, Gleichrichtung	Schwellwert
DC-Tachogenerator	Gleichspannung	kontaktbehaftet
AC-Tachogenerator	Wechselspannung, Gleichrichter	keine Richtungserkennung, Schwellwert
Maschinenmodell	intern auswertbar	softwarabhängig
Stroboskop	Lichtsignal	kleine Drehzahlen

Zur Erfassung von Drehzahl und Lage (Position) werden verschiedene physikalische Effekte ausgenutzt und Software eingesetzt, auf die nicht vertieft eingegangen werden kann. Es werden nur die Grundprinzipien dargestellt und besprochen, soweit sie zum Verständnis der Wirkungsweise notwendig sind. Messsysteme bieten viele Hersteller an, die für ihre Geber auch die genaue Beschreibung des Messverfahrens liefern (Tabelle 6.2). Wesentliches Kriterium ist die Qualität der Auflösung der Messgröße, die nicht besser als nötig gewählt werden soll.

Tabelle 6.2 Messsysteme für elektrische Antriebe – Übersicht

<table>
<tr><th colspan="6">Geber</th></tr>
<tr><td>Drehzahl
Beschleunigung</td><td colspan="5">Lage
Position</td></tr>
<tr><td rowspan="3"></td><td colspan="3">absolut</td><td colspan="2">inkrementell</td></tr>
<tr><td rowspan="2">linear</td><td colspan="2">drehend</td><td rowspan="2">linear</td><td rowspan="2">drehend</td></tr>
<tr><td>einfach</td><td>mehrfach</td></tr>
</table>

6.2 Messsysteme

Zur Erfassung der mechanischen Größen von Drehzahl, Beschleunigung und Lage (Position) werden verschiedene physikalische Effekte ausgenutzt. Für Drehzahl-/Lagegeber haben sich im industriellen Umfeld drei Messprinzipien etabliert (Tabelle 6.3):

Tabelle 6.3 Messsysteme

Effekt	induktiv	optisch	magnetisch
System	DC/AC-Tacho, Resolver	Strichscheibe, Gray/Inkrementell	magnetisches Maßband
Geräte-ansichten	 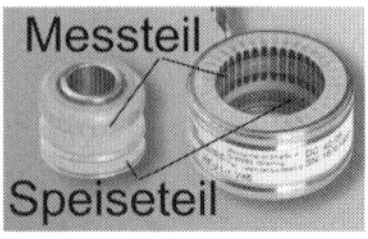	 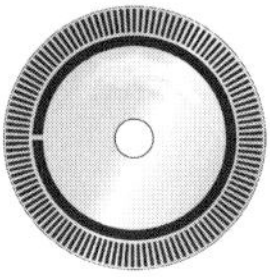	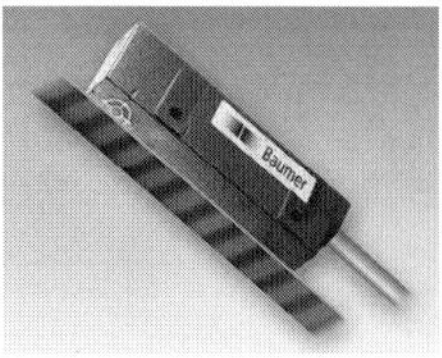

- Das induktive Messprinzip ist sehr robust.
- Die optische Funktionsweise bietet sehr hohe Auflösungen und Genauigkeiten und eine sehr hohe Widerstandsfähigkeit gegen elektromagnetische und/oder magnetische Störungen.
- Auch das magnetische Prinzip ist besonders robust und kann hohe Schutzgrade realisieren. Sein Einsatz nimmt in letzter Zeit zu.

Induktive Geber

Immer wenn ein elektrischer Leiter sich in einem Magnetfeld bewegt, wird in ihm eine elektrische Spannung induziert. Je nach Ausführung der Bewegung ist diese elektrische Spannung eine Gleich- oder Wechselspannung. Auf der Basis dieses Effekts werden **Tachogeneratoren** in der Gleich- oder Wechselspannungstechnik zur Drehzahlmessung eingesetzt. **Gleichspannungstachos** haben Bürsten, die einem gewissen Verschleiß unterliegen, der durch besondere Stromwender mit Silberspuren reduziert werden kann. **Resolver** übertragen die induzierten Spannungen berührungslos und sind daher sehr robust. Mit ihnen werden Drehzahl- und Winkelmessungen realisiert. Die erzeugten Sin- und Cos-Spannungssignale werden anschließend in einer Elektronik ausgewertet und zur Drehzahl- und/oder Winkelerfassung verwendet.

Optische Geber

Optische Geber besitzen meist eine (Glas-)Scheibe als Datenträger, die lichtdurchlässig ist und auf der zyklisch lichtundurchlässige Bereiche (Löcher, Striche) aufgebracht sind. Die angestrahlte Scheibe bewegt sich an einem lichtempfindlichen Sensor vorbei. Abhängig davon, ob der Sensor gerade verschattet oder beleuchtet wird, erzeugt dieser ein Spannungs- oder Stromsignal, das in einer nachgeschalteten Elektronik ausgewertet und zur Drehzahl- und/oder Positionserfassung genutzt werden kann. Die Erfassung ist verschleißfrei, da berührungslos.

Optische Geber nach dem **Reflexverfahren** messen die Bewegung über einen vom Gerät ausgesendeten Infrarot-Lichtstrahl, der von einer am bewegten Objekt angebrachten Marke reflektiert wird. Ein Maximalabstand (ca. 300 mm) zwischen Reflexmarke und Messgerät darf nicht überschritten werden. Diese Messmethode ist sehr flexibel, aber nicht immer ist es möglich, eine Reflexmarke anzubringen.

Optischer Geber nach der **stroboskopischen Messmethode** ist ein Blitzgerät. Das angestrahlte Messobjekt steht für den Betrachter still, wenn die Frequenz der Lichtblitze synchron zur Drehzahl (Bewegung) der Objekte ist.

Das Stroboskop-Prinzip hat gegenüber anderen Messmethoden mit den verschiedenen Messwertaufnehmern den entscheidenden Vorteil, dass die Messung der Drehzahl von sehr kleinen Objekten oder sogar an schlecht zugänglichen Stellen möglich ist. Die Bewegungen des Objekts werden nicht beeinflusst. Mit dem stroboskopischen Messverfahren sind auch Schwingungsermittlungen und Bewegungsbeobachtungen, z. B. von Bauteilen auf Platinen usw., möglich.

Magnetische Geber

Magnetische Geber gewinnen ihre (Lage-)Informationen aus den Schwankungen der magnetischen Feldstärke. In technischen Systemen werden ein Lesekopf und ein magnetisiertes Maßband genutzt. Entweder bewegt sich der Träger des Maßbandes und der Lesekopf ruht oder umgekehrt, das Maßband ruht und der Lesekopf verfährt. Das bewegliche Gebersystem kann auch nur aus einer stark genuteten Oberfläche (Zahnrad) mit magnetischen Vorzugsrichtungen bestehen. Ein solcher Geber entsteht entweder durch eine Folge von Nord- und Südpolen oder durch eine starke Nutung. Bewegt sich dieses System an einem fest montierten Messkopf vorbei, reagiert dieser auf die periodischen Schwankungen der magnetischen Feldstärke und setzt diese in entsprechende Spannungssignale um. Die Spannungssignale stehen anschließend für eine Drehzahl- oder Lageerfassung zur Verfügung. Die Erfassung ist verschleißfrei, da berührungslos.

Vergleich zwischen optischen und magnetischen Gebern

In Tabelle 6.4 sind Kenndaten von optischen und magnetischen Gebern gegenübergestellt. Die kleine Baugröße und die hohe Unempfindlichkeit gegen Umwelteinflüsse lässt den Einsatz von Magnetgebern ansteigen.

Tabelle 6.4 Kenndaten von optischen und magnetischen Gebern

Abtastung	optisch	magnetisch
Prinzip	Durchlicht-/Reflexanordnung, Codescheibe/Skale	Sensorabtastung von Polscheibe/Polrad/Magnetband
Anregung	LED/Glühlampe	Maßkörper
Spuranzahl	hoch	2
Inkrem. Genauigkeit	100 nm bis 1 mm	1 ... 30 mm
Signalfrequenz	> 1 MHz	< 50 kHz
Hauptvorteil	feiner Strichcode, hohe Genauigkeit	kleiner Bauraum, robust
Hauptnachteil	großer Bauraum, eher empfindlich	grober Code, mittlere Genauigkeit

6.3 Messsignale

Die **Messgeber** der elektrischen Antriebe liefern meist digitale, aber immer auch noch analoge Messsignale. Die Tabelle 6.5 zeigt die Unterscheidung der verschiedenen Arten, die im Folgenden betrachtet werden. Die Schnittstellen der Drehzahl- und Lagegeber sind herstellerspezifisch. Die große Anzahl der Anbieter ergibt eine Vielzahl von Lösungen mit einigen Gemeinsamkeiten und verschiedenen Auflösungen und Kosten.

Tabelle 6.5 Arten der Messsignale

Geber			
digital		analog	
kontinuierlich	zeitdiskret	kontinuierlich	zeitdiskret

Digitale kontinuierliche Signale werden z. B. von Impulsgebern erzeugt. Zwei um 90° verschobene Impulsketten werden von einer Auswerteelektronik erfasst und ermöglichen die inkrementelle Drehzahl- und/oder Lagemessung. Auch die Bewegungsrichtung kann erfasst werden.

Digitale zeitdiskrete Signale werden nach einem speziellen Übertragungsprotokoll verarbeitet. Die vom Geber erfasste aktuelle Lageinformation wird seriell zur Verarbeitungselektronik übertragen. Das Protokoll ist herstellerspezifisch, die höchsten nutzbaren Grenzfrequenzen und die Übertragungslänge ebenfalls.

Analoge kontinuierliche Signale werden direkt in Gleich- oder Wechselspannungs-Tachogeneratoren erzeugt, die ein sehr gutes drehzahlproportionales Spannungssignal abgeben. Der Gleichspannungstacho gibt auch durch die Polarität die Drehrichtung an. Zur besseren Signalübertragung kann der Stromwender mit einer Silberspur ausgeführt werden.

Encoder mit Sinusausgang liefern analoge sinusförmige Signale, die die Position abbilden. Da ein einzelnes sinusförmiges Signal nicht eindeutig ist, wird ein zweites, um 90° versetztes Signal erzeugt. Die Auswertung beider Signalspuren liefert die augenblickliche Position in einer Umdrehung. Meist wird noch eine Referenzspur mit einem Impuls je Umdrehung mitgeführt.

Analoge zeitdiskrete Signale liefern z. B. Resolver, die zwei um 90° versetzte Sinus-Cosinus-Hüllsignale in den Ständerwicklungen erzeugen. Da die Hüllsignale jedoch nur zu ganz bestimmten Zeitpunkten gültig sind (Hüllkurve), darf die Auswerteelektronik sie auch nur zu diesen bestimmten Zeitpunkten abtasten und zum Lage-/Positionssignal verarbeiten.

Die Arten der Lage-Gebersysteme sind in Tabelle 6.6 in der Übersicht zu sehen. Lagegeber werden bei Motoren und bei Positioniereinheiten benötigt. Wegen der vielen unterschiedlichen Einsatzfälle gibt es auch eine Vielzahl von Varianten, die sich in der Genauigkeit und in den Kosten unterscheiden. Bild 6.1 gibt eine Übersicht mit Hinweisen auf die Eigenschaften.

Tabelle 6.6 Arten von Lage-Gebersystemen

Lage-Gebersysteme				
absolut			inkrementell	
linear	drehend		linear	drehend
	einfach (single turn)	mehrfach (multi turn)		

Bei **absoluten Lagegebern** wird die Lage oder Position eindeutig in Bezug auf den Nullpunkt des Messsystems (Referenzpunkt) ausgegeben. Auch beim Abschalten der Versorgungsspannung bleibt die Lageinformation im Messsystem erhalten. Je nach Anforderung werden **lineare Lagegeber** (Linearmaßstäbe) oder **Drehgeber** (drehende Lagegeber) eingesetzt. Je nach Montage des Gebers unterscheidet man noch in **direkte** – am System – und **indirekte Lagemessung** am Motor.

Linearmaßstäbe decken mit ihrem Messbereich den gesamten Verfahrbereich des zu erfassenden Antriebs oder Maschinenteils ab. Bei Drehgebern wird unterschieden, ob die Lageinformation innerhalb einer mechanischen Umdrehung (einfach, single turn) oder über mehrere mechanische Umdrehungen (mehrfach, multi turn) absolut ausgegeben wird. Wird der absolute Messbereich des Drehgebers überschritten (also eine Umdrehung bei single turn oder die durch die Geberkonstruktion festgelegte Anzahl von Umdrehungen bei multi turn), ist keine eindeutige Aussage über die Lage des zu erfassenden Antriebs oder Maschinenteils ohne Zusatzinformationen mehr möglich.

Bei **inkrementellen Lagegebern** wird lediglich die Änderung der Lage von einem Messpunkt A zum nächsten Messpunkt B erfasst. Damit sind inkrementelle Lagegeber nur relative Lagegeber, und der Bezug zum absoluten Nullpunkt oder Bezugspunkt des Systems muss anders – z.B. durch eine Referenzfahrt – hergestellt werden. Die Lageinformation wird als eine Folge von Impulsen (= Inkrementen) geliefert, die von einem Zähler aufaddiert werden.

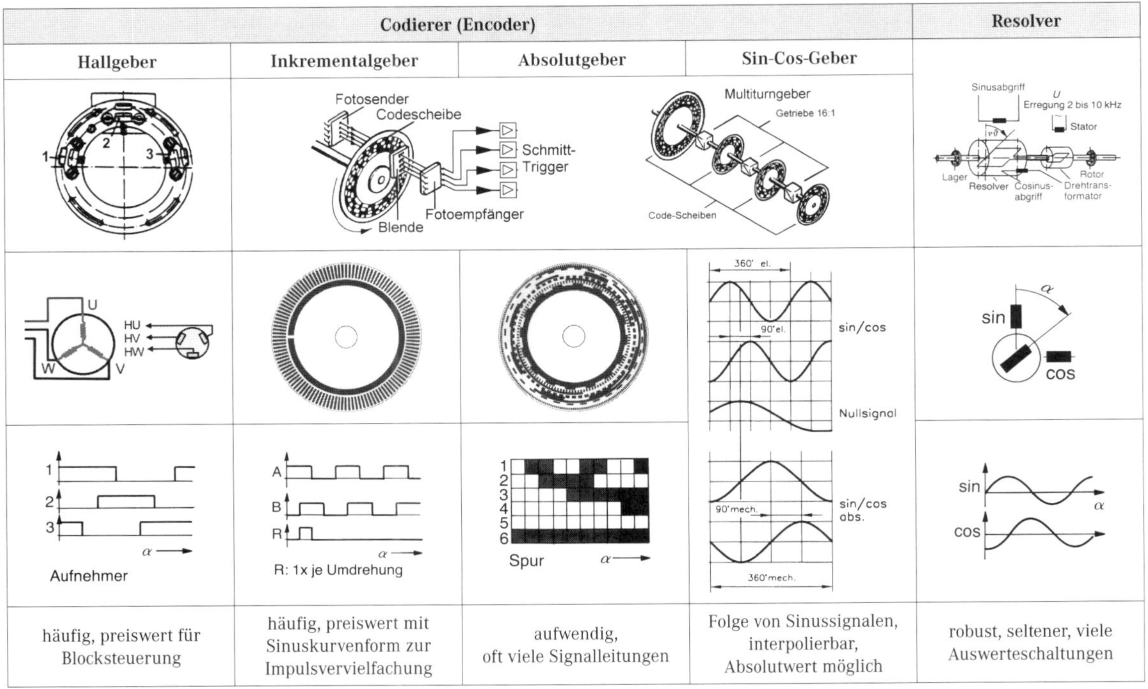

Bild 6.1 Geber – Übersicht mit Einsatzhinweisen

Die **absolute Lage** des zu erfassenden Antriebs oder eines Maschinenteils kann jedoch auch mit einem Inkrementalgeber erfasst werden. Dafür bieten sich zwei Möglichkeiten an:

- Nach dem Zuschalten der Versorgungsspannung wird der Antrieb oder das zu erfassende Maschinenteil in eine vorgegebene Richtung bewegt, bis ein in dieser Bewegungsrichtung angeordneter Schalter anspricht (Schalter am Referenzpunkt). Dieser aktiviert die Erfassung des Nullimpulses. Tritt der Nullimpuls das nächte Mal auf, wird in diesem Augenblick der Lage-Istwert in der Auswerteschaltung auf einen fest eingestellten Referenzwert gesetzt. Der Antrieb ist damit referenziert. Anschließend werden die einlaufenden Zählimpulse zum Lage-Istwert addiert oder subtrahiert. Damit wird fortlaufend ein neuer, quasi absoluter Lage-Istwert aus dem anfänglichen Referenzwert und der aufgetretenen Positionsänderung berechnet. Nachteil: Es entsteht ein „Kettenmaß", bei dem jeder Fehler weitergegeben wird. Daher werden die Zählerstände jeweils beim Überfahren des Referenzpunkts überprüft.
- Eine andere Möglichkeit ist, die einmal erfasste Referenzposition durch Puffern der Versorgungsspannung zu speichern, sodass sie auch nach Abschaltung der Versorgungsspannung im Gebersystem erhalten bleibt. Das Verhalten entspricht dann quasi dem eines Absolutwertgeber. Die Pufferbatterie ist für ca. 5 Jahre ausgelegt.
- Bei inkrementalen Längenmesssystemen gibt es mehrere Möglichkeiten zu referenzieren:
  - eine Referenzmarke in der Mitte des Verfahrweges,
  - mehrere Referenzmarken in bestimmtem Abstand,
  - abstandscodierte Referenzmarken.

Die absolute Position steht bei abstandscodierten Marken sehr schnell nach Überfahren von zwei Referenzmarken zur Verfügung. Der Abstand dieser Referenzmarken ist über den ganzen Verfahrweg unterschiedlich. Bei einer Teilungsperiode von 20 µm können es z. B. | 10,02 | 9,98 | 10,04 | 9,96 | ... | mm sein. Nach der Abtastung zweier Marken, kann die absolute Position errechnet werden.

6.4 Einsatz der Geber

Die Geber für elektrische Antriebe werden meist an der Welle über eine Kupplung montiert. **Hohlwellengeber** erleichtern den Anbau wesentlich. Eine Übersicht über Geber mit Einsatzdaten zeigt Tabelle 6.7. Der Einsatz hängt auch von der Art der elektrischen Maschine ab.

Tabelle 6.7 Übersicht über Geber mit Einsatzdaten

Geber / Einsatz	Resolver	Absolutgeber	Inkrementalgeber	Sin-Cos-Geber (single)	Sin-Cos-Geber (multi)
Asynchronmaschine	×		×	×	×
Synchronmaschine	×	×		×	×
Signale je Umdrehung je nach Aufgabe	verschieden	bis 16384 Strichzahlen	bis 8192 Strichzahlen, TTL-Signale	bis 4096 Perioden, Sinussignale, 1 Vss, asynchrone Halbduplexschnittstelle, RS 485 zur Übertragung der absoluten Position	
Absolute Positionierung	eine Umdrehung	auch mehrere Umdrehungen	nein	eine Umdrehung	4096 Umdrehungen

Messverfahren für das Prüffeld

Für die **Drehzahlmessung** im Prüffeld gibt es verschiedene Verfahren, die in Tabelle 6.8 zusammengestellt sind. Die Verfahren werden je nach Zugangsmöglichkeit oder Umfeld eingesetzt. Die Messdaten können auch geschrieben werden.

Für die **Drehmomentmessung** gibt es verschiedene Verfahren, die in Tabelle 6.9 zusammengestellt sind. Je nach Messaufgabe werden die Verfahren eingesetzt. Die Messwelle wird mechanisch zwischen die Wellen eingebaut. Durch die Torsion des Messstabes werden die Drehmomente über Dehnmessstreifen erfasst. Das Signal wird über Schleifringe oder drahtlos übertragen. Die Drehmomentmessung erlaubt hochdynamische Messungen. Gegen Überlast ist die Messeinrichtung empfindlich.

Eine andere Möglichkeit bietet die rechnerische Erfassung des Drehmoments bei Drehstrommaschinen über die Berechnung aus den Spannungs- und Stromwerten (Maschinenmodell). Die Ständerverluste können über die Einstellung des Ständerwirkwiderstands kompensiert werden.

Zusätzlich liefert das Gerät noch die XY-Daten des anstehenden Drehfeldes zur Anzeige auf einem Oszillokop (Bild 6.2).

Tabelle 6.8 Drehzahlmessung im Prüffeld

Messverfahren	mechanisch	Reflex	stroboskopisch
Geber	Tachogeber	Reflexmarke und Gerät	Stroboskop und Codescheibe
Gerät		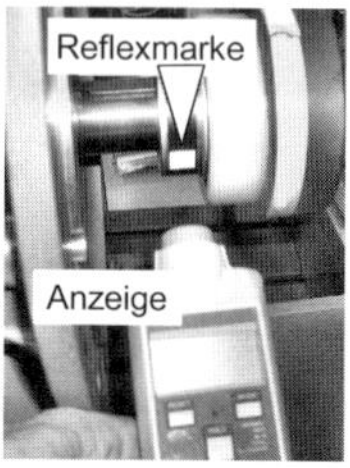	
Bemerkung		Handgerät	

Tabelle 6.9 Drehmomentmessung im Prüffeld

Verfahren	Messwelle	Gleichstrommaschine
Geber	Dehnmessstreifen	actio = reactio drehbarer Ständer mit Kraftmessung
Gerät		

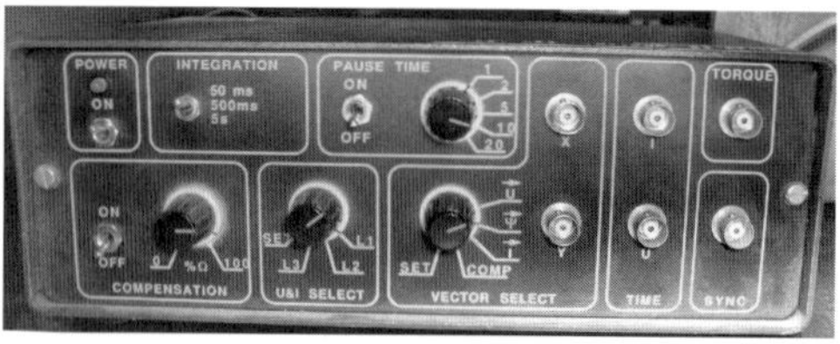

Bild 6.2 Messgerät zur Erfassung von Drehmoment und Drehfeld

6.5 Arbeitsweise

6.5.1 Tachogenerator

Tachogenerator ist der allgemeine Begriff für ein Gerät zur Drehzahlerfassung (Bild 6.3). Häufig wird hierunter ein konventioneller Gleichspannungstachogenerator verstanden. Er liefert eine der Drehzahl proportionale Gleichspannung (Toleranz und Temperatureinflüsse bestimmen die Qualität!), die für Anzeige- oder Regelungszwecke verwendet wird. Übliche Spannungen sind 10 ... 60 V pro 1 000 min^{-1}. Eine Übersicht über Geber mit Einsatzdaten zeigt Tabelle 6.6. Der Einsatz hängt auch von der Art der elektrischen Maschine ab.

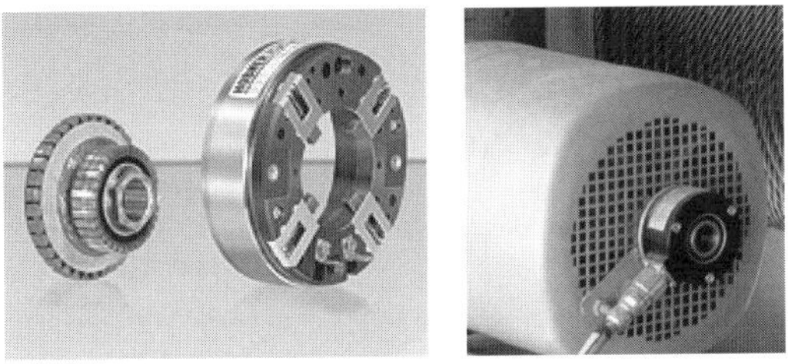

a) b)

Bild 6.3 Tachogenerator, a) Ansicht – Stromwender mit Silberspur, b) Anbau mit Hohlwelle (*Baumer Hübner GmbH Berlin*)

Tachogeneratoren erfassen Drehzahl und Drehrichtung in Echtzeit. Damit unterscheiden sie sich von inkrementellen Drehgebern, bei denen die Drehzahl aus dem pro Zeiteinheit überstrichenen Winkel, also durch Differenzieren, abgeleitet wird. Tachogeneratoren sind äußerst robust gebaut und standardmäßig in einem weiten Temperaturbereich einsetzbar. Stärken der Tachogeneratoren sind:

- Auch niedrige Drehzahlen werden präzise erfasst.
- Tachos sind unabhängig von einer Hilfsenergie.
- hohe Wandlungsgenauigkeit der Tachospannung über den gesamten Drehzahlbereich,
- einsetzbar unter widrigen Umwelteinflüssen,
- hervorragende wartungsfreie Standzeiten,
- Vollwellen- und Hohlwellen-Ausführung als Standard,
- mit einem zusätzlichen Oberflächenschutz lieferbar.

6.5.2 Resolver

Resolver sind elektromagnetische Koordinatenwandler der Winkellage des Läufers in eine elektrische Größe. Im Messteil (Ständer) sind zwei um 90° versetzte Wicklungen angeordnet. Die Läuferwicklung wird bürstenlos über einen Übertrager (Speisung, Trägerfrequenz 2 ... 20 kHz) erregt. Die in den Ständerwicklungen induzierten Sinus-Cosinus-Spannungen (Hüllsignale) hängen von der Stellung des Läufers ab (Bild 6.4). Während einer Umdrehung des Läufers liefert der Winkellagegeber eine Wechselspannung, deren Phasenlage sich von 0° bis 360° verändert.

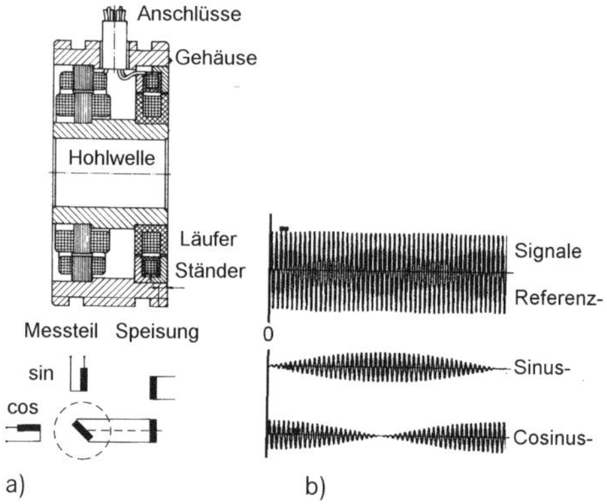

Bild 6.4 Resolver (a) mit Hüllsignalen (b)

Resolver sind wegen ihrer robusten Eigenschaften besonders geeignet für den Einsatz zur Kommutierung bürstenloser Motoren oder als Sensor für Servomotoren. Sie arbeiten in einem weiten Temperaturbereich und liefern präzise Analogsignale. Sie werden in einer Vielzahl von Einbauvarianten angeboten, sind aber nicht kostengünstig; daher geht die Bedeutung zurück.

6.5.3 Inkrementelle Impulsgeber

Inkrementelle Impulsgeber sind für die Messung von Drehbewegungen, also für die Messung von Drehzahlen oder Winkelgeschwindigkeiten, besonders geeignet. Daher nimmt der Einsatz stark zu. Mithilfe einer mechanischen Linear-Drehwandlung durch Riementriebe, Zahnstangen oder ein Reibrad können auch lineare Bewegungen erfasst werden. Diese Impulsgeber ermitteln die Position durch einfache Zählung der Impulse.

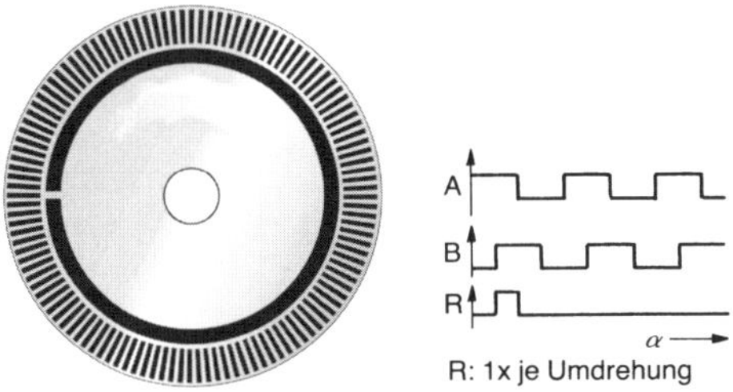

Bild 6.5 Strichscheibe (*Leine & Linde GmbH Aalen*) und Spursignale

Dabei kann die Drehrichtung anhand des Phasenversatzes zwischen den Kanälen A und B erkannt werden, sodass die Auswerteeinheit die vom Geber einlaufenden Impulse entweder addiert oder subtrahiert. Der Referenzimpuls des Kanals R markiert bei jeder Umdrehung eine absolute Position, mit der die berechnete Position auf ihre Richtigkeit hin überwacht werden kann (Bild 6.5). Die Auflösung wird durch die Strichzahl der Teilscheibe bestimmt. Mittels spezieller ICs sind eine Flankenauswertung und damit eine Verdopplung oder sogar eine Vervierfachung der Auflösung möglich.

- Hinweis: **Drehrichtung**
  Inkrementelle Impulsgeber mit nur einem Ausgangskanal gestatten lediglich Drehzahl- bzw. Geschwindigkeitsmessungen. Mittels eines zweiten Kanals, dessen Impulse um 90° el. in der Phasenlage verschoben sind, ist durch Auswertung der Vor- oder Nacheilung der Impulse eine Erkennung der Drehrichtung möglich.
- Hinweis: **Referenzimpuls**
  Auf dem Kanal R ist lediglich ein Impuls, der Referenzimpuls, aufgezeichnet. Dieser Referenzimpuls liefert pro Umdrehung der Teilscheibe einen absolut definierten Messschritt und ermöglicht es, nach einem Stromausfall oder nach dem Ausschalten den Messwert einer genauen Winkelposition zuzuordnen.

6.5.4 Sinus-Cosinus-Geber

Die inkrementellen Sinuskurven-Drehgeber unterscheiden sich von den normalen inkrementellen Drehgebern durch die Signale im Ausgang, die hier keine quadratische Form haben (digital), sondern eine Sinuskurve darstellen (analog). Sie garantieren eine Verbesserung der dynamischen Leistungen, bezogen auf die normalen Systeme.

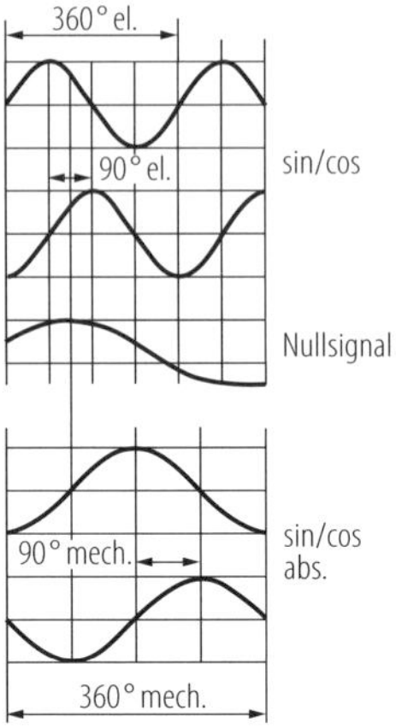

Bild 6.6 Sin-Cos-Gebersignale

Die Signale im Ausgang des Drehgebers bestehen aus zwei Sinuskurven, die untereinander um 90° el. verschoben sind und allgemein mit Sinus und Cosinus bezeichnet werden, sowie einem Nullsignal, das zwischen den beiden sinusförmigen Signalen zentriert ist (Bild 6.6). Das Nullsignal, ebenfalls analog, hat eine Form, die der halben Periode der Sinuskurve ähnelt und leicht quadratisch geformt werden kann, um einen Bezugsimpuls mit variablem Öffnungswinkel in Funktion des eingestellten „Trigger"-Niveaus zu liefern.

Bei den Sinuskurven-Drehgebern können auch zwei sinusförmige Signale mit einer Periode von 360° mechanisch (= 1 Sinuskurve pro Umdrehung) integriert werden, die im Falle der Anwendung der Drehgeber bei bürstenlosen Motoren (elektronisch kommutiert, EK) die Funktion des Umschaltsignals ausüben. Die Ausgänge mit Auflösungen von 1 Sinuskurve/Umdrehung sind nützlich, da man anhand dieser die absolute Winkelposition des Drehgebers erfahren und diesen somit wie einen Resolver einsetzen kann.

6.5.5 Absolutwertgeber

Bei den absoluten Impulsgebern ist die Winkelposition als digitale Information auf der **Teilscheibe** enthalten. Damit steht nach dem Einschalten, nach Stromunterbrechungen oder nach dem Überschreiten der Grenzfrequenz die genaue Position als digitales Bit-Muster zur Verfügung. Die Teilscheibe ist in mehrere Spuren aufgeteilt, die jeweils von einem optischen Sensor abgetastet werden. Die Werte werden digitalisiert und

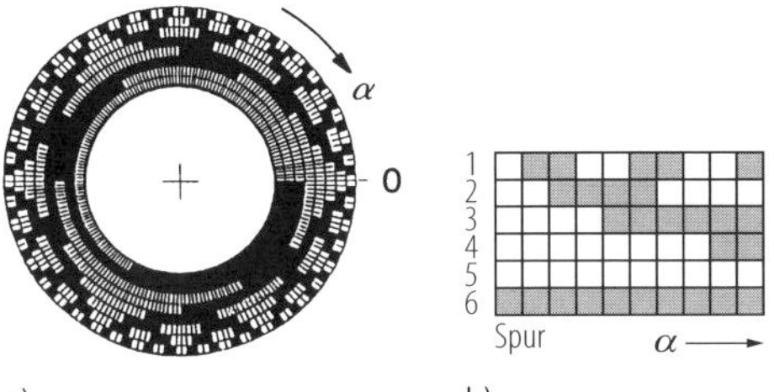

a) b)

Bild 6.7 Strichscheibe (*Leinelinde*) und Spursignal beim Gray-Code

können als Codierung am Ausgang abgegriffen werden. Am häufigsten wird der einschrittige **Gray-Code** (oder Gray-Excess-Code) verwendet, bei dem sich pro Messschritt nur eine Code-Information ändert und der daher leicht auf Übertragungsfehler überwacht werden kann (Bild 6.7). Verbreitet sind auch die **Binär**- und die **BCD-Codierung**. Inkrementelle und absolute Impulsgeber sind mit mechanischer oder optoelektronischer Abtastung erhältlich.

- Hinweis: **Absolutdrehgeber**
  Auf der Scheibe eines Absolutdrehgebers sind mehrere Spuren mit Gitterlinien bzw. Flächen konzentrisch angeordnet. Für jedes radiale Segment der Scheibe existiert dadurch ein charakteristisches Strichmuster, das einer absolut definierten Lage der Scheibe entspricht. Dieses Muster wird parallel ausgelesen und ergibt diskrete Zahlenwerte, die jeweils einer exakten Winkelposition entsprechen. Anders als beim inkrementellen Geber erkennt der Absolutdrehgeber immer die absolute Position der Scheibe – auch wenn die Versorgungsspannung unterbrochen und die Welle inzwischen bewegt wurde. Bei solchen Sensoren sind bei der Wiederinbetriebnahme keine Referenzfahrten erforderlich. Die Auflösung eines Absolutdrehgebers hängt von der Anzahl der konzentrischen Spuren auf der Scheibe ab. Jede Spur entspricht einem Bit. Da die Spuren die Fläche der Scheibe unterteilen, spricht man bei Absolutdrehgebern von **Teilungen**. Aktuell werden bis zu 21 Bit (also 21 Spuren) Teilung realisiert. Um den Verkabelungsaufwand zu begrenzen, kann man bei Absolutdrehgebern serielle Datenformate (RS 232, RS 422, SSI u. a.) wählen. Die Signalwandlung erfolgt geräteintern entweder durch eine Hardware-Logikschaltung oder einen Mikroprozessor. Absolutdrehgeber arbeiten nicht mit dem natürlichen Binär-Code, der EDV-technisch einfach zu verarbeiten ist. Bei der optischen Abtastung kann es jedoch zu Lesefehlern kommen.

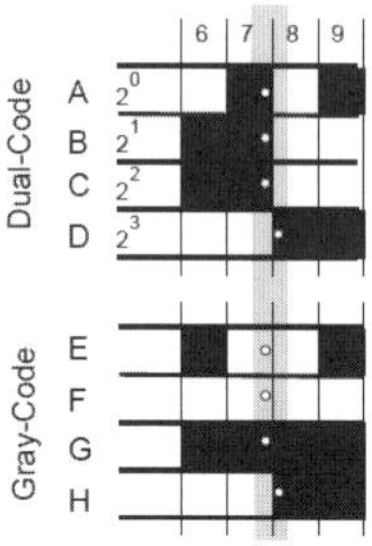

Bild 6.8 Vergleich Dualcode – Gray-Code

Es kann vorkommen, dass die Bitwechsel mehrerer Spuren nicht exakt zeitsynchron erfolgen (sog. **Glitch**) und somit eine falsche Positionszuordnung erfolgen kann. Absolutdrehgeber arbeiten mit Gray-Code. Der Gray-Code ist ein einschrittiger Code, bei dem gewährleistet ist, dass sich von Position zu Position jeweils nur 1 Bit ändert (Bild 6.8). Dies führt zu einer zuverlässigen Abtastung des Codes und somit der Positionen.

6.5.6 Drehgeber auf Hall-Effekt-Basis

Zur Messung von Winkelpositionen und Drehbewegungen lässt sich der **Hall-Effekt** benutzen, indem man einen Permanentmagneten in Abhängigkeit von dem zu messenden Winkel vor dem Hall-Element dreht. Es entsteht eine sinusförmige Ausgangsspannung. Da dieses Signal nach jeweils 90° aber mehrdeutig ausgewertet werden kann, werden in den Winkelsensoren zwei um 90° versetzte Hall-Elemente in einem Baustein

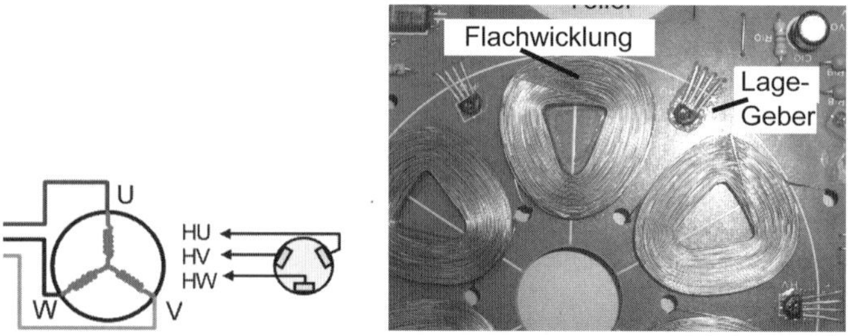

a) b)

Bild 6.9 Hall-Geber. a) Prinzipbild, b) für EK-Motoren (Speicherlaufwerk) eingesetzt. Bei EK-Motoren nutzt man drei Geber (Bild 6.9). Durch Quadrantenauswertung wird die Winkelposition des Magneten eindeutig ermittelt. Über eine nachfolgende Interpolation kann jeder Winkel innerhalb eines Vollkreises bis auf rund 260 000 Schritte aufgelöst werden.

6.5.7 TTL-Geber

TTL bezeichnet den Signalpegel (= 5 V) der Impulse von Encodern oder Absolutgebern. Um eine störsichere Übertragung dieser kleinen Spannung zu erreichen, wird ein Komplementärimpuls gebildet. Ist der Primärimpuls logisch „1“, so muss der Komplementärimpuls logisch „0“ sein und umgekehrt. Die Übertragung entspricht der Übertragung nach RS 422 (gemäß EIA-Standard).

6.5.8 HTL-Geber

HTL bezeichnet den Signalpegel (= 15 ... 30 V) der Impulse von Encodern oder Absolutgebern. Die Störsicherheit der Übertragung wird durch den höheren Spannungspegel erreicht. Komplementärimpulse sind deshalb unüblich. Durch die höheren Schaltflanken werden größere Leitungstreiberleistungen benötigt als in der TTL-Technik. Lange Geberleitungen (ab ca. 100 m) und hohe Impulsfrequenzen (ab ca. 50 kHz) werden besser durch TTL-Geber beherrscht.

6.5.8.1 Geberausführungen

Gebergeräte beinhalten als wesentliche Bestandteile Maßverkörperungen, meist in der Form von Strichgittern mit typischen Strukturbreiten von 0,25 ... 10 µm (Bilder 6.10 und 6.11). Diese Präzisionsteilungen werden nach vom Hersteller entwickelten Verfahren hergestellt und sind bestimmend für die Funktion und die Genauigkeit der Messgeräte. Sie bestehen aus Strichen und Lücken, deren definierte Abstände nur geringste Abweichungen aufweisen und deren Strukturen hohe Kantenschärfe besitzen. Die Teilungen sind widerstandsfähig gegen mechanische und chemische Einwirkungen und unempfindlich gegen Vibrations- und Schockbelastungen und haben ein definiertes thermisches Verhalten. Der Teilungsträger aus Glas erlaubt darüber hinaus den Betrieb der Drehgeber bei hohen Temperaturen (abhängig vom Drehgeber-Typ z. B. bis 100 °C), ohne dass sich eine gravierende Änderung der Signalgüte einstellt. Die Kreisteilung bildet auch bei Drehgebern die Grundlage für deren Genauigkeit.

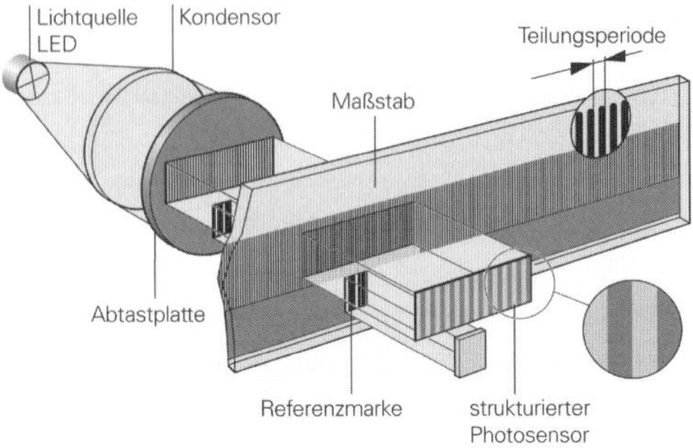

Bild 6.10 Beispiel eines Linearsystems (*Dr. Joh. Heidenhain GmbH*)

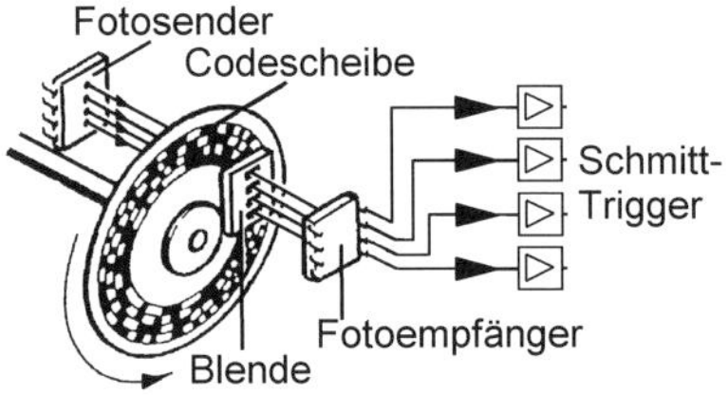

Bild 6.11 Beispiel eines Drehgebers (*Dr. Joh. Heidenhain GmbH*)

Die Genauigkeit von Drehgebern ist im Wesentlichen bestimmt durch:

- die Richtungsabweichungen der Radialgitterteilung,
- die Exzentrizität der Teilscheibe zur Lagerung,
- die Rundlauf-Abweichung der Lagerung,
- den Fehler durch die Ankopplung mit Läufer-Kupplungen; bei Drehgebern mit Ständerkupplung liegt dieser Fehler innerhalb der Systemgenauigkeit,
- die Interpolationsabweichungen bei der Weiterverarbeitung der Messsignale in der eingebauten oder externen Interpolations- und Digitalisierungs-Elektronik.

Für **Drehgeber** (Bild 6.11) mit einer Strichzahl bis 5 000 gilt: Die Extremwerte der Richtungsabweichungen liegen bei 20 °C Umgebungstemperatur und langsamer Drehung. Drehgeber mit Strichzahlen von 6 000 ... 10 000 haben eine Systemgenauigkeit von ±12 Winkelsekunden. Drehgeber arbeiten nach dem Prinzip der fotoelektrischen Abtastung feiner Strichgitter.

Die inkrementellen Drehgeber haben als Maßverkörperung eine Teilscheibe aus Glas mit einem Radialgitter aus Strichen und Lücken, der sog. **Inkrementalspur**. Auf einer zweiten zusätzlichen Spur befindet sich eine Referenzmarke. Im geringen Abstand gegenüber der drehbaren Teilscheibe ist eine Abtastplatte angeordnet, die eine Gitterteilung und eine Referenzmarkenteilung trägt.

Die Felder werden von einem parallel ausgerichteten Lichtbündel durchstrahlt, das von einer Beleuchtungseinheit – bestehend aus LED und Kondensor – ausgeht. Bei einer Drehung der Teilscheibe wird der Lichtstrom moduliert und seine Intensität von Silizium-Fotoelementen erfasst.

6.5.8.2 Signalgewinnung

Die Fotoelemente für die Inkrementalspur erzeugen Signale, die in einer speziellen Folgeelektronik ausgewertet werden.

Spannungssignale

Die sinusförmigen Inkrementalsignale A und B sind um 90° elektrisch phasenverschoben und haben Signalpegel von ca. 1 V_{SS}. Die Signalspitzen des Referenzmarkensignals haben einen Nutzanteil von ca. 0,5 V. Zur Signal-Interpolation und -Digitalisierung sind Elektroniken verfügbar, die TTL-kompatible Signale ausgeben.

Spannungssignale können über Kabellängen bis zu 150 m zur Folgeelektronik übertragen werden. Dabei muss die Versorgungsspannung am Drehgeber von 5 V ± 10 % gewährleistet sein. Drehgeber, die Spannungssignale ausgeben, haben Anschlüsse für Sensorleitungen, über welche die Versorgungsspannung am Gerät erfasst werden kann. Entsprechende Regeleinrichtungen in der Folgeelektronik können so die Toleranz der Versorgungsspannung einhalten.

Für die Folgeelektronik für Geber gibt es Empfehlungen für die Realisierung. Die Daten sind geräte- und herstellerspezifisch. So sind z.B. die Kabellängen wegen des Kapazitätsbelags begrenzt.

TTL-Rechtecksignale

Drehgeber mit TTL-Rechtecksignalen enthalten Elektroniken, welche die sinusförmigen Abtastsignale digitalisieren. Als Ausgangssignale stehen zwei um 90° elektrisch phasenverschobene TTL-Rechteck-Impulsfolgen U_1 und U_2 und ein Referenzimpuls U_0 zur Verfügung.

6.6 Sondermessungen

Geregelte Antriebe sind immer größeren Forderungen hinsichtlich Dynamik, Gleichlauf und Störsteifigkeit ausgesetzt. Relativbeschleunigungssensoren nach dem Ferraris-Prinzip (Bild 6.12) leisten wertvolle Dienste, wenn es darum geht, Antriebssysteme zu analysieren, um die Qualität der Gesamtanlage zu verbessern. Integriert man die Sensoren in den Regelkreis, lässt sich darüber hinaus die Regelgüte deutlich erhöhen.

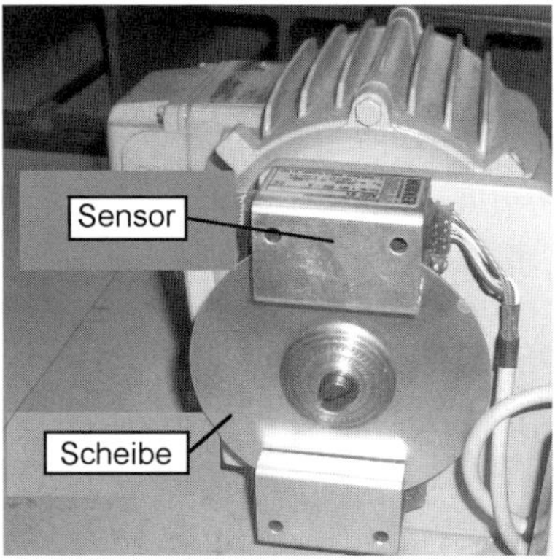

Bild 6.12 Beschleunigungsmesser (*Hübner*)

Funktionsprinzip (nach Galileo Ferraris)

Die in der festen Aufnehmereinheit montierten Permanentmagnete induzieren Wirbelströme in der sich bewegenden, elektrisch leitenden und nichtmagnetischen Wirbelstromglocke. Die Wirbelströme und die durch sie hervorgerufenen Magnetfelder sind proportional zur Winkelgeschwindigkeit der Wirbelstromglocke. Änderungen der Wirbelströme induzieren eine Spannung in ebenfalls in der Aufnehmereinheit montierten Spulen, die proportional zur Änderung der Winkelgeschwindigkeit ist und damit proportional zur Winkelbeschleunigung. So sind Gleichlaufschwankungen gut zu messen. Der Sensor kann zur Systemanalyse eingesetzt werden:

- Schwingungsanalyse und Gleichlauftest,
- Identifikation mechanischer Parameter (Massenträgheitsmoment),
- Kraft-, Momenten- und Reibungsrekonstruktion,
- Detektion der Ursachen von unerwünschten Geräuschen.
- Motor- und Lagerüberwachung.

Verbesserung der Regelgüte von Antriebssystemen

Integriert man den Ferraris-Sensor in den P-PI-Regelkreis, lassen sich Dynamik, Störsteifigkeit und Gleichlauf des Antriebs deutlich verbessern. Die resultierende höhere Systemruhe reduziert zudem den Verschleiß mechanischer Antriebskomponenten, unterbindet die Entstehung unerwünschter Geräusche und verringert die Verlustleistung im Motor.

Besondere Eigenschaften

Das System hat folgende besonderen Eigenschaften:

- relatives, berührungsloses und aktives Messprinzip,
- steifen, mechanischen Aufbau,
- keine Kupplung erforderlich,
- hohe Linearität und Empfindlichkeit,
- keine untere Grenzfrequenz,
- hohe Bandbreite möglich,
- sehr geringes Rauschen,
- prinzipbedingt keine Offsetspannung,
- keine Empfindlichkeit quer zur Messrichtung,
- kompakte Abmessung,
- einfache Montage,
- leichte Adaption an bestehende Aufbauten,
- große Einbautoleranzen zulässig,
- keine beweglichen Teile in der Aufnehmereinheit,
- verschmutzungsunempfindlich,
- sehr robust und resistent gegenüber höchstem Schock.

Benutzte Quellen

www.drivelab.de
www.haidenhein.de
www.schruefer-messtechnik.de
www.baumerhuebner.com
www.kuebler.com
www.twk.de

www.leinelinde.de
www.megatron.de
www.maccon.de
www.tr-electronic.de
www.elcis.elcis-encoder.com
www.micronar-ag.ch
de.wikipedia.org
de.rs-online.com

7 Stromrichter für die Antriebstechnik

Prof. Prof. h. c. mult. Dr.-Ing. Peter F. Brosch

7.1 Aufbau und Betrieb

Stromrichter werden bei elektrischen Antrieben zur Drehzahl- und/oder Drehmomentanpassung sowie zur Energieeinsparung eingesetzt. Sie sind ein wichtiger Teil der elektrischen Antriebe. Erst die großen Fortschritte in der Halbleitertechnik und bei der Software ermöglichten den hohen Entwicklungstand auch im Umfeld bei der digitalen Regelungs- und Messtechnik. So arbeiten heute z. B. aus Energiespargründen immer mehr Antriebe mit **prozessangepasster variabler Drehzahl**. Dadurch werden immer mehr kostengünstige leistungselektronische Stellglieder zum Variieren oder Anpassen von Drehzahl und Drehmoment benötigt. Im Bild 7.1 sind die Grundtypen der leistungselektronischen Stellglieder dargestellt. Man unterscheidet somit Stromrichter zur Umwandlung von:

- Wechselstrom in Gleichstrom: **Gleichrichter**,
- Gleichstrom in Wechselstrom: **Wechselrichter**,
- Wechselstrom/Drehstrom mit gegebener Spannung, Strangzahl und Frequenz in Wechselstrom/Drehstrom einer anderen Spannung, Strangzahl und/oder Frequenz: **Wechselstromumrichter**,
- Gleichstrom mit gegebener Spannung und Polarität in einen Gleichstrom einer anderen Spannung und/oder Polarität: **Gleichstromumrichter.**

Stromrichterstellglieder arbeiten mit **Halbleiterschaltern**. Im Folgenden wird die Arbeitsweise der Schalter kurz beschrieben, soweit dies für das Verständnis der Wirkungsweise der Stromrichter notwendig ist.

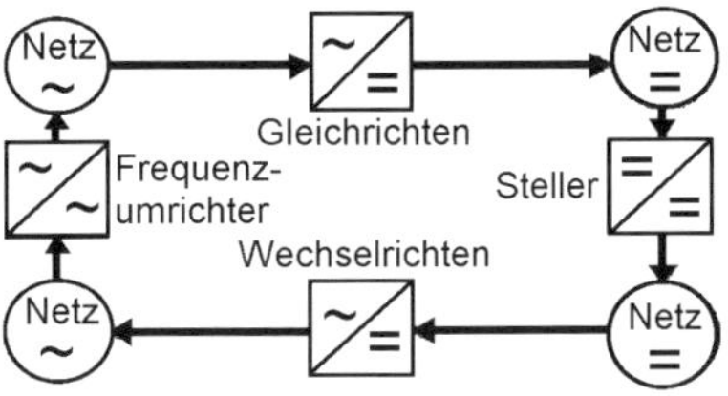

Bild 7.1 Grundtypen der Leistungelektronik. Stellglieder mit Funktionalitäten

7.2 Elektronische Schalter (Ventile)

7.2.1 Dioden

Die einfachsten Halbleiterventile sind **Dioden** (Bild 7.2 a). Sie lassen den Strom I bei positiver Spannung U_{AK} an der Anode (A) in Durchlassrichtung zur Kathode (K) passieren und sperren bei Umkehr der Spannungspolarität den Stromfluss. Diese Ventileigenschaften nutzt man aus, um mit einer sog. **Brückenschaltung** (Wechselstrom: B2 oder Drehstrom: B6) aus der 50-Hz-Netzwechselspannung eine Gleichspannung zu erzeugen (Bild 7.2 b). Da Dioden keinen Steueranschluss haben, sind sie ungesteuerte Stromrichter. Die Betriebsart dieser Stromrichter ist der Gleichrichterbetrieb, verkürzt bezeichnet man eine solche Schaltung daher auch als **Gleichrichter**. Bild 7.2 b zeigt Schaltungen von Diodengleichrichtern mit Eingangs- und Ausgangsspannungen bei der B2- und B6-Schaltung, die bei Umrichtern hauptsächlich als **Netzstromrichter** zur Speisung des Zwischenkreises eingesetzt werden. Zur Glättung der Zwischenkreisspannung U_Z wird bei U-Umrichtern ein Kondensator C benutzt (s. Tabelle 7.4).

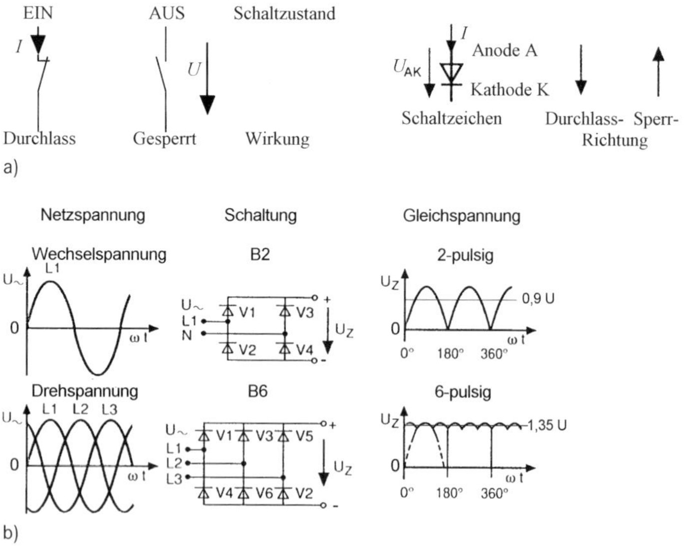

Bild 7.2 Diodengleichrichter. a) Schaltung und Arbeitsweise, b) B2- und B6-Schaltungen mit den Verläufen der Gleichspannung

7.2.2 Thyristoren

Thyristoren haben einen Steueranschluss (Gate). Liegt zwischen Anode und Kathode eine positive Spannung an, können sie über einen Steuerstrom am Gate eingeschaltet werden. Der Strom fließt dann bis zum natürlichen Stromnulldurchgang. Durch verzögertes Einschalten mit dem Steuerwinkel α kann die Spannungszeitfläche an der Last variiert werden (Bild 7.3). Diese gesteuerten Stromrichter werden bei drehzahlvariablen Gleichstromantrieben eingesetzt, da für diese $n \sim U$ gilt.

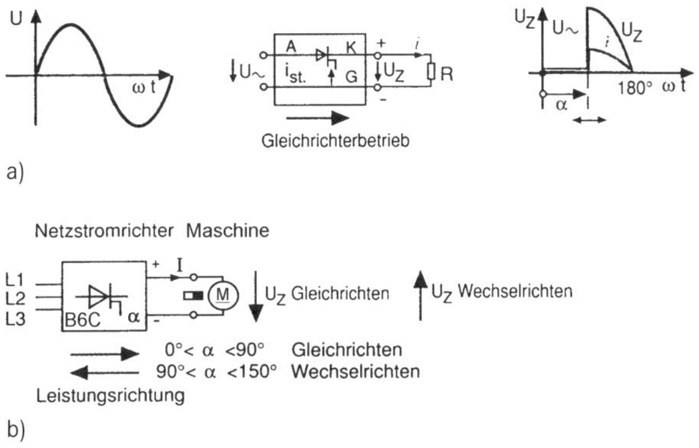

Bild 7.3 Thyristor. Arbeitsweise (a) und Einsatz bei einem Gleichstromantrieb (b)

7.2.3 Transistoren

Alle Typen – Bipolar-(BTR), Unipolar-(MOS) und Insulated-Gate-Bipolar-Transistoren (IGBT) – sind über einen Steueranschluss (Basis oder Gate) steuerbar (Bild 7.4). Um den Durchlasszustand aufrechtzuerhalten, muss die Steuerelektrode dauernd angesteuert werden. Anders als bei Dioden und Thyristoren kann der Stromfluss über die Steuerelektrode zu jedem beliebigen Zeitpunkt auch wieder ausgeschaltet werden. Der IGBT ist der nahezu ideale elektronische Schalter bis zu hohen Spannungen im kV-Bereich, der heute für den gesamten Leistungsbereich von wenigen Watt bis zu einigen 10 MW fast ausschließlich eingesetzt wird. Im Spannungsbereich bis ca. 150 V werden MOS eingesetzt, weil die Durchlassverluste kleiner sind. Antiparallel zu den Ventilen sind meist Freilaufdioden geschaltet, die den Blindstrom bei induktiven Lasten übernehmen. SiC-Dioden und Transistoren haben weniger Verluste.

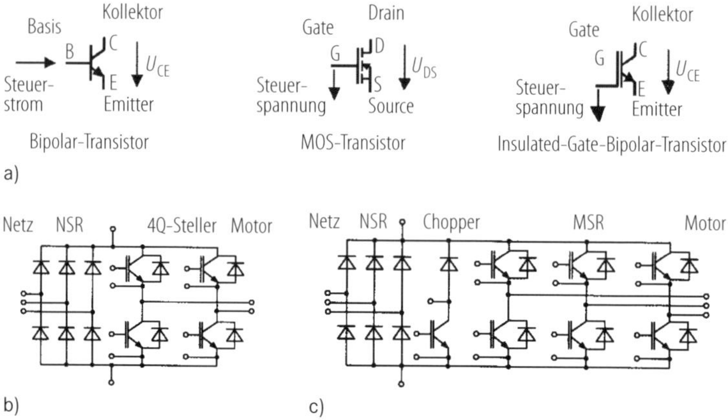

Bild 7.4 Transistoren. a) Bipolar-MOS- und IGB-Transistor, b) Wechselrichterschaltung mit Freilaufdioden für DC-Steller und c) Umrichter

7.2.4 Schutz und Kühlung von Halbleiterschaltern

Verschiedene Schutzmaßnahmen sollen verhindern, dass Halbleiterventile durch zu hohe Betriebswerte, wie Überstrom im Kurzzeit- oder Langzeitbereich, Überspannungen und Übertemperatur, beschädigt oder zerstört werden. Dioden und Thyristoren werden durch spezielle „superflinke“ **Halbleitersicherungen** gegen Überstrom geschützt. IGBTs müssen elektronisch im µs-Bereich abgeschaltet werden. Beschaltungen gegen Überspannungen (VDR-Elemente, Filter) werden am Eingang und Ausgang des Stromrichters angeordnet.

Zur Konvektions-Kühlung werden die Halbleiterschalter in montagefreundlicher Modulbauweise auf Kühlkörpern aufgebaut (Bild 7.5 f). Lüfter- oder gar Wasserkühlung sorgt für die Temperaturbegrenzung. Da im Ventil sowohl im Durchlass- als auch im Schaltbetrieb Verluste entstehen, müssen diese über die Kühlung abgeführt werden. Weil die Schaltverluste mit steigender Frequenz stark zunehmen, kann dadurch die nutzbare Schaltfrequenz begrenzt werden.Wegen der kleinen Masse der Halbleiterschalter haben sie auch kleine thermische Zeitkonstanten. Bei Überstrom erwärmen sie sich sehr schnell, und die Sperrschichttemperatur T_j folgt dem Laststrom fast unverzögert. Um den Ausfall des Bauelements durch Überhitzung zu verhindern, werden die Temperaturen der Schalter während des Betriebs überwacht.

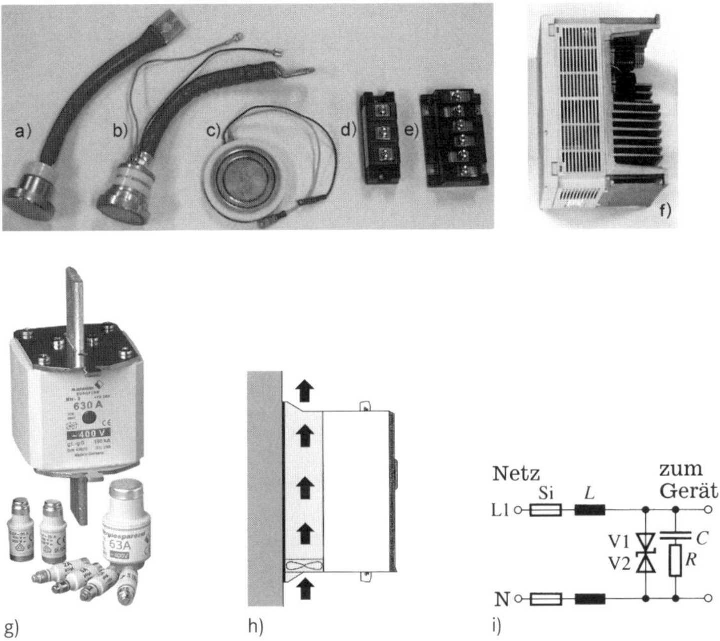

Bild 7.5 Halbleiterbauteile. a) Diode, b) Thyristor, c) Scheibenthyristor, d) und e) IGBT, f) Kühlkörper, g) Sicherungen, h) Stromrichter in Wandmontage, i) Spannungsbegrenzer

7.3 Stromrichter für Antriebe

Für drehzahlvariable Antriebe werden in DC- oder AC-Technik verschiedene Stromrichter-Lösungen angeboten. Tabelle 7.1 zeigt eine Übersicht über die Art des Antriebs und das eingesetzte Steuerverfahren. Die Antriebe werden in den folgenden Kapiteln beschrieben und der Betrieb sowie der Einsatz kurz dargestellt.

Tabelle 7.1 Stromrichter-Lösungen für drehzahlvariable Antriebe (Übersicht)

Antrieb	Motor	U-Steuerung	Einsatz
Gleichstrom DC	Gleichstrom-	Phasenanschnitt	Standard DC
	Gleichstrom-	Puls-Pausen	Standard bei Batteriebetrieb
Wechselstrom/ Drehstrom AC	Asynchron-	Phasenanschnitt	Sanftanlauf bis MW
	Synchron-Asynchron-Reluktanz-	Puls-Pausen	Standard-AC-Antrieb 100 W ... 30 MW
Sonstige	Schritt-Piezo/Folien	Puls-Pausen Analog	Positionieren mit (sehr) kleinen Wegen

7.3.1 Spannungseinstellung

Bei den Stromrichtern der Antriebstechnik werden zwei Verfahren zur Verstellung der Spannung eingesetzt: Phasenanschnitt und Pulsweitenmodulation (Bild 7.6). Beim **Phasenanschnitt** oder der **Zündeinsatzsteuerung** wird über den Zündwinkel α der Mittelwert der Ausgangsspannung U_a abgesenkt. Bei der Pulsweitenmodulation (PWM) hängt der Mittelwert der Ausgangsspannung vom Taktverhältnis t_e/T ab. Durch diese Verfahren entstehen prinzipbedingt keine Verluste bei der Leistungsverstellung.

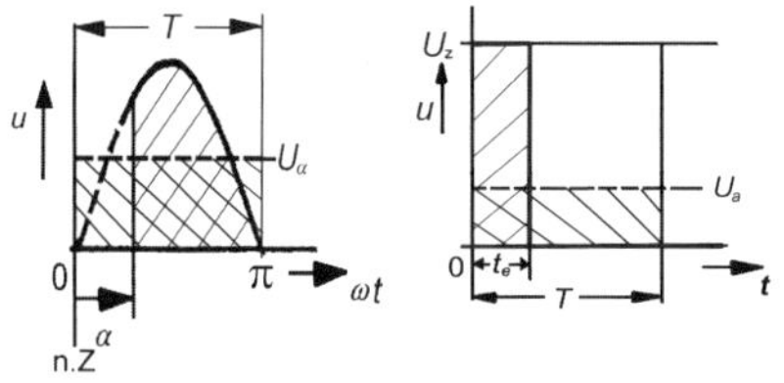

Bild 7.6 Spannungseinstellung (Prinzipbild) bei Wechselstrom und Gleichstrom

7.3.2 Netzgeführte Stromrichter

Bei den netzgeführten Stromrichtern für Gleichstromantriebe werden bei Standardantrieben hauptsächlich **Brückenschaltungen** am Wechsel- oder Drehstromnetz eingesetzt. Die sinusförmige Wechselspannung des Netzes wird dabei über die **Phasenanschnittsteuerung** in die variable Ausgangsgleichspannung umgeformt. Über den Zündwinkel α (siehe Steuerkennlinie im Gleichrichter- und Wechselrichter-Betrieb) lässt sich die Ausgangsspannung verstellen. Es gilt: $U_{dia}/U_{di0} = \cos\alpha$. Die Momentanwerte der Ausgangsspannung setzen sich aus Abschnitten der sinusförmigen Netzspannung zusammen. Falls erforderlich, muss die wellige Ausgansspannung über Kondensatoren oder der wellige Ausgangsstrom über Drosseln geglättet werden (Tabelle 7.2). Diese können entfallen, wenn die modernen geblechten Motoren mit B6-Schaltung betrieben werden. Durch die Anschnittsteuerung verschiebt sich der Netzstromblock, und es wird am Arbeitspunkt A auch noch Blindleistung (Q_A aus dem Netz) benötigt. Mit einer vollgesteuerten Schaltung ist 2-Quadranten-Betrieb möglich. Für 4-Quadranten-Betrieb schaltet man einen weiteren Stromrichter antiparallel (Schaltung (B6)A(B6)C). Dieser übernimmt dann die

Tabelle 7.2 Stromrichter in B2C- und B6C-Schaltung. Der Strom ist gut geglättet blockförmig, Steuerkennlinie, Blindleistungsdiagramm und Betriebsquadranten

Schaltung	**B2C**	**B6C**
Trafo oder Kommutierungsdrossel Glättungsdrossel L_d	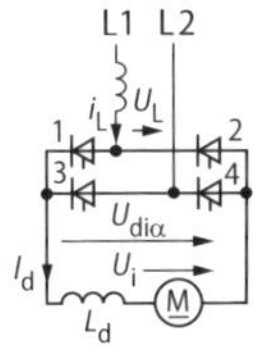	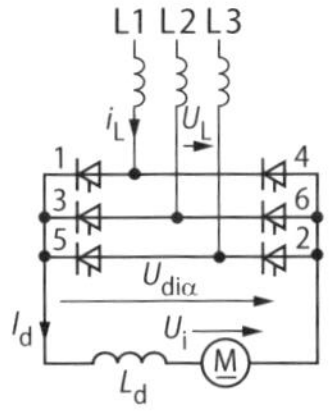
Spannungen U_S Strangwerte U_L Leiterwerte verkettet $U_{di\alpha}$ Gleichspannung Ströme I_L Leiterwerte	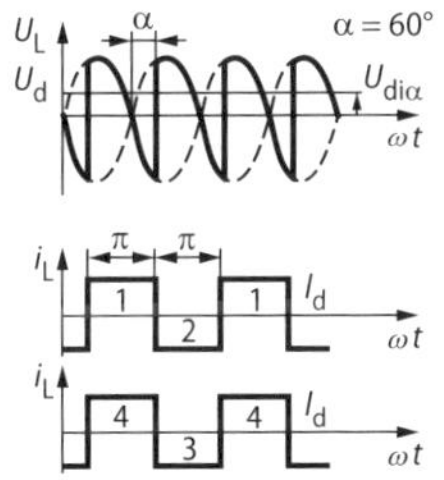	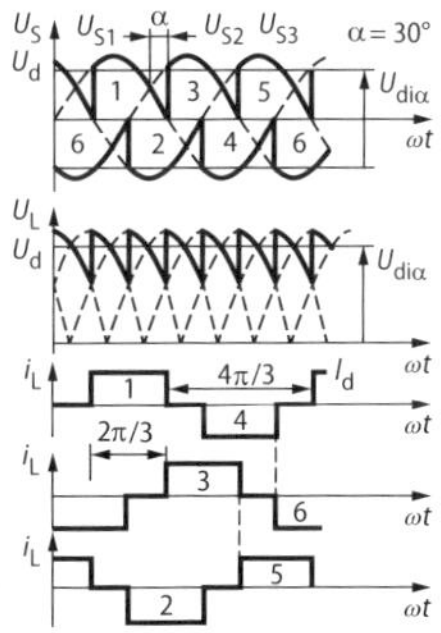
a) Steuerkennlinie b) Blindleistung im Betrieb c) Betriebsquadranten	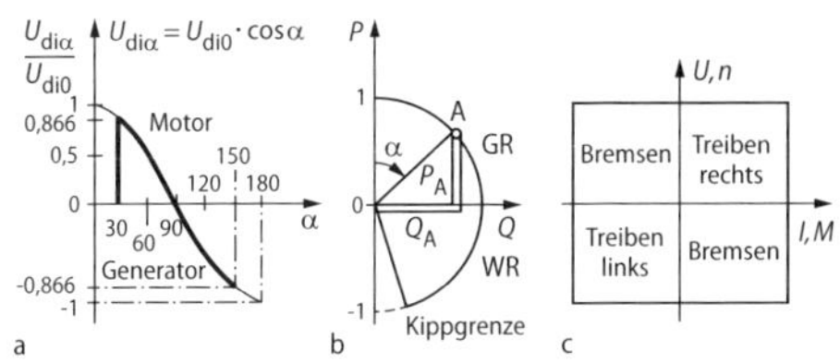	

andere Stromrichtung der Gleichstrommaschine. Damit sind dann auch beide Drehmomentrichtungen möglich. Aus Kostengründen werden auch Schaltungen mit nur einem Stromrichter und dann aber mit Anker- oder Feldkreisumschaltung über Schütze genutzt, wobei die Umkehrung länger als mit einer antiparallelen Schaltung dauert. Die dem Stromrichter vorgeschalteten Kommutierungsdrosseln (meist u_K = 4 %) sollen die Spannungseinbrüche im Netz während des Stromübergangs vom bisher leitenden Ventil zum Folgeventil (= Kommutierung) begrenzen.

Die Geräte der DC-Standard-Lösungen liefern Gleichspannungen, denen Bemessungsspannungen der Gleichstrommaschinen zur Speisung des Anker- und Feldkreises entsprechen (Tabelle 7.3). Zur Drehzahlregelung kann der Ankerkreisstromrichter auch voll ausgesteuert werden, um die Blindleistung zu reduzieren, und dann mit dem Feldstromrichter geregelt werden. Wegen der kostengünstigen Rückspeisemöglichkeit sind DC-Antriebe ab 30 kW eine Alternative zu AC.

Tabelle 7.3 Spannungen für Standard-Gleichstromantriebe

Netzanschluss und Schaltung	Bemessungs-Gleichspannung		Einsatz zur Speisung von
	1Q	4Q	
1 × AC 230 V, B2C	170 V	150 V	Ankerkreis
1 × AC 400 V, B2H	310 V	/	Feldkreis
3 × AC 400 V, B6C	470 V	400 V	Ankerkreis

7.3.3 Selbstgeführte Gleichstromsteller

Bei Betrieb aus einem Batterienetz oder aus einer Einspeiseeinheit, z. B. bei Werkzeugmaschinen, werden die Gleichstrom(servo)antriebe von 1Q- oder 4Q-Tiefsetzstellern gespeist. Diese selbstgeführten Gleichstromsteller erzeugen aus der gegebenen festen Gleichspannung U_Z durch Taktung eine variable Gleichspannung U_A für den drehzahlveränderbaren Betrieb. Die Taktung im 10-kHz-Bereich (0,1 ms) lässt im Vergleich zum netzgeführten Stromrichter (3 ... 10 ms) wesentlich kürzere Reaktionszeiten zu. Bei sehr kleinen Leistungen arbeitet der Steller kontinuierlich linear als variabler Vorwiderstand (mit entsprechenden Verlusten). Ab dem 100-W-Bereich werden die Stellerventile im Schaltbetrieb mit Puls-Pausen-Modulation getaktet betrieben, um die Verluste im Ventil zu reduzieren (Bild 7.7). Aus der konstanten Spannung U_Z des Gleichspannungszwischenkreises erzeugt der Schalter V1 durch Puls-Pausen-Modulation den variablen Mittelwert der Ausgangsspannung U_A für den Ankerkreis der Gleichstrommaschine.

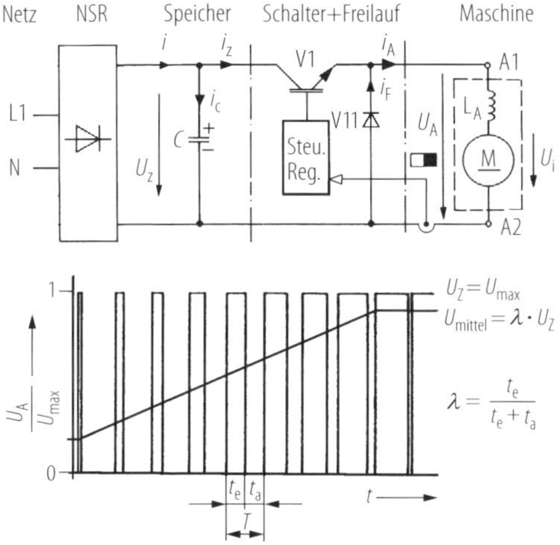

Bild 7.7 Kompletter 1Q-Gleichstrompulssteller mit Gleichspannungszwischenkreis, Schaltung und Taktung zur Spannungseinstellung

Trennt V1 die Verbindung zum Zwischenkreis, übernimmt die Freilaufdiode V11 den Maschinenstrom. Wegen der üblicherweise hohen Pulsfrequenz ist der Maschinenstrom gut geglättet und das erzeugte Drehmoment sehr konstant [7.1]. Gleichstromsteller (1Q- und 4Q in Brückenschaltung) werden bei Schraubern, Handbohrmaschinen, Werkzeugmaschinen, Werkzeugantrieben, Flurförderfahrzeugen sowie Stadtbahnen eingesetzt. Besonders bei Werkzeugmaschinen werden sie durch die Drehstromtechnik (immer weiter) verdrängt.

7.3.4 Wechselstromsteller – Sanftanlaufgerät

Lange Zeit wurden viele Asynchronmotoren zum Anlauf im Direktstart einfach an das Netz geschaltet oder in Stern-Dreieck-Schaltung angefahren. Stoßströme, Spannungseinbrüche sowie hohe Stoßbelastungen an den mechanischen Übertragungsgliedern waren die Folge. Heute setzt man vorteilhaft elektronische **Sanftanlaufgeräte** ein, die die am Netz parallel liegenden Verbraucher schonen und die mechanischen Übertragungselemente entlasten. Die kostengünstige Gerätevariante schaltet unsymmetrisch in zwei Strängen. Die High-End-Lösung dagegen schneidet symmetrisch in den drei Strängen die „Phase“ an, um die Speisespannung für die angeschlossenen Motoren abzusenken. Mit einem solchen zwischen Drehstromnetz und Drehstromasynchronmotor geschalteten Sanftanlaufgerät, das nach dem Prinzip der Phasenanschnittsteuerung der sinusförmigen Netzspannung arbeitet, kann der Drehstromasynchronmotor mit variabler Spannung U, aber weiterhin mit Netzfrequenz f, betrieben werden (Bild 7.8). Dadurch bleibt der Motor weiter an die starre, aus der Netzfrequenz f und der Polpaarzahl p abgeleitete, synchrone Drehfrequenz $n_d = f/p$ gebunden. Bei konstanter Speisefrequenz f ändert sich durch Absenken der Spannung sowohl der Strom- als auch der Drehmomentverlauf im ganzen Betriebsbereich (Bild 7.9), wobei die Kippdrehzahl erhalten bleibt. Für jeden Betriebspunkt mit der Drehzahl n gilt: $I \sim U$ und in erster Näherung $M \sim U^2$. Diese Stellmöglichkeiten werden technisch genutzt, um z. B. während des Motoranlaufs den hohen Schaltanzugsstrom I_A oder das Stoßanzugsdrehmoment M_A zu reduzieren und die Stoßbelastung für Speisenetz und Übertragungsmechanik zu senken [7.2].

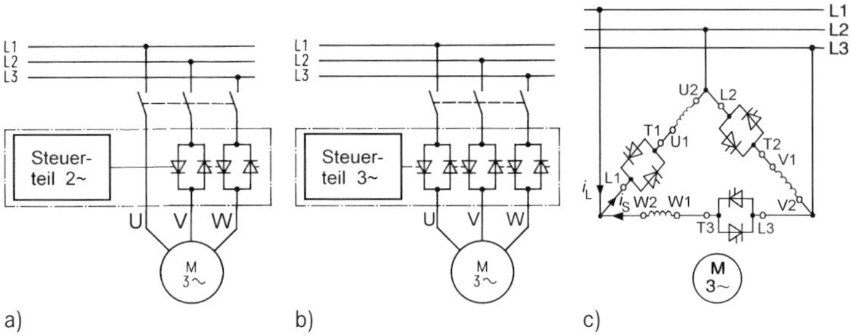

Bild 7.8 Elektronischer Steller und Drehstromasynchronmotor (Sanftanlaufgeräte). a) unsymmetrische Schaltung, b) symmetrische Schaltung, c) Delta-Schaltung

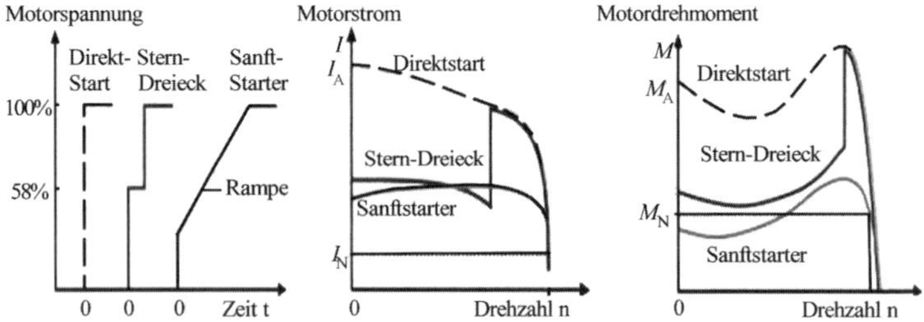

Bild 7.9 Vergleich der Anlaufarten (Prinzip):
Direkt-Start, Stern-Dreieck und elektronischer Sanft-Start (*Siemens*)

Die Einstellungen der Startspannung und der Rampe sind einfach, weil man die Auswirkung gleich testen kann. Die Bemessung der Geräte erfolgt nach dem maximalen Strom. Wegen der Drehmomentabsenkung eignen sich Sanftanlaufgeräte wegen deren geringen Drehmomentanforderung beim Start ideal für Zentrifugallüfter und -pumpen. High-End-Geräte ermöglichen auch Startimpulse, um Losbrechmomente zu überwinden [7.2]. Nach erfolgtem Hochlauf werden die Halbleiterschalter (Thyristoren) mechanisch durch interne Schützkontakte überbrückt, um die Verluste zu reduzieren. Sanftstarter bieten gegenüber dem Stern-Dreieck-Hochlauf auch Vorteile, weil die harte Umschaltung entfällt (Bild 7.9). Im Auslaufbetrieb verhindern sie z. B. bei Pumpen die gefürchteten Wasserschläge, die die Rückschlagventile schädigen können.

7.3.5 Frequenzumrichter – Übersicht

Bei Betrieb über Frequenzumrichter sind Drehfeldmaschinen nicht mehr an die aus der Frequenz der öffentlichen Netze abgeleitete starre synchrone Drehzahl gebunden. Für Drehstromantriebe, die drehzahlveränderbar arbeiten sollen, wird das 50-Hz-Netz durch ein elektronisch im Frequenzumricher erzeugtes frequenzvariables Netz ersetzt.

Es gibt hauptsächlich zwei Umrichterarten: **direkte** und **indirekte Umrichter** (Tabelle 7.4). Da Direktumrichter nur im MW-Leistungsbereich zum Einsatz kommen, sollen sie hier nicht näher behandelt werden [7.1]. Die Sonderbauform (der selbstgeführte Matrixumrichter mit den 9 abschaltbaren 2-Richtungs-Ventilen), auch für den Einsatz im unteren Leistungsbereich, ist noch im Entwicklungsstadium. Für ihn sind die Prognosen günstig, Hauptvorteile sind die sinusförmigen Netzströme und die Möglichkeit zur Einstellung von $\cos\varphi$ [7.1]. Gleiches gilt für den Z-Source-Umrichter. Indirekte Umrichter arbeiten mit **Energiespeichern in einem Zwischenkreis** (Tabelle 7.4). Von diesen Umrichtern mit Zwischenkreis werden im Folgenden nur solche mit Spannungszwischenkreis betrachtet (sog. U-Umrichter), da die Umrichter mit Stromzwischenkreis (I-Umrichter) in der Antriebstechnik immer weiter an Bedeutung verlieren [7.1]. Man findet sie jedoch bei der Hochspannungs-Gleichspannungsübertragung (HGÜ) wieder. Auch drehende Umformer werden noch vereinzelt zur Speisung von Asynchronmaschinen, z. B. bei Schleif- und Fräsmaschinen, mit einer festen Frequenz von 100 ... 400 Hz eingesetzt [7.1].

Bis etwa 3 kVA werden Umrichter am Wechselstromnetz betrieben, darüber am Drehstromnetz. Bei ganz großen Leistungen im MW-Bereich werden B12-Schaltungen eingesetzt, die über YD-Trafos gespeist werden.

Tabelle 7.4 Wechselstromumrichter (Frequenzumrichter)

<table>
<tr><th colspan="2">Frequenzumrichter mit Zwischenkreis</th></tr>
<tr><td>U-Umrichter (Standard)
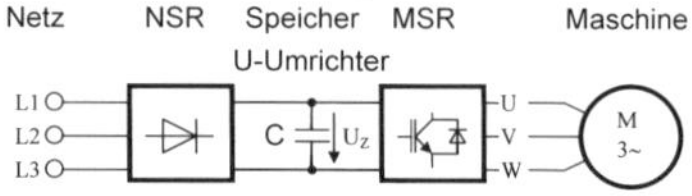</td><td>I-Umrichter
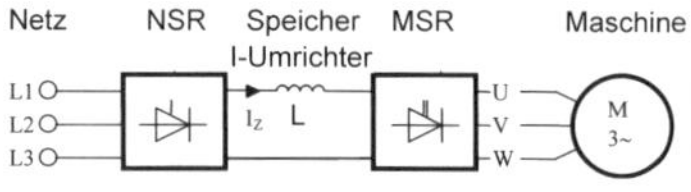</td></tr>
<tr><th colspan="2">Direkt-Umrichter ohne Zwischenkreis</th></tr>
<tr><td>netzgeführt, Großantriebe (MW)
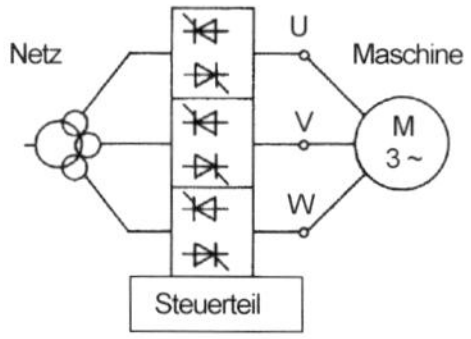
3 × (B6)A(B6)C mit Dreiwicklungstransformator am Netz</td><td>selbstgeführt ab 7 kW
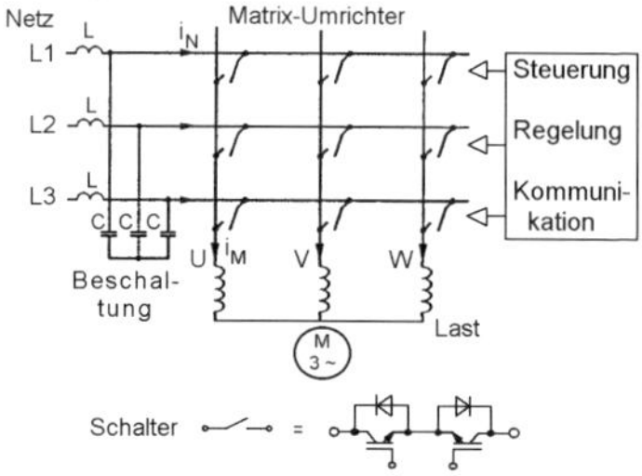</td></tr>
</table>

Der ganzheitliche Ansatz für die Projektierung von Antrieben erlaubt ein hohes Maß an Flexibilität: So können Frequenz- und Servoumrichter mit Asynchron-, Synchron-, drehenden, linearen oder Torque-Motoren in einer Konstruktionseinheit einzeln, gemischt oder vernetzt betrieben werden und die Systemaufgaben optimal erfüllen [7.2]. Alle diese drehzahl- oder geschwindigkeitsvariablen AC-Antriebe werden von optimierten Hard- und Softwareplattformen – angepassten Frequenz- oder Servo-Umrichtern – gespeist, deren Software-Bausteine die Koordination der Bewegung – z. B. im Motion-Control-Bereich – übernehmen. Welche Art Umrichter in welcher Ausführung und Schaltung entsprechend der Antriebsaufgabe zur Verfügung stehen und welche Eigenschaften die Antriebe dann im Zusammenwirken mit der Software haben, wird im Folgenden aufgezeigt.

7.3.5.1 Frequenzumrichter (Hardware)

Wird eine Drehstrommaschine beliebiger Bauart von einem Frequenzumrichter gespeist, spricht man von einem **Umrichter-Antrieb**. Leistungsabhängig formt der Frequenzumrichter dabei die elektrische Energie des Wechsel- oder Drehstromnetzes (konstanter Spannung und Frequenz, z. B. 230 V/400 V, 50/60 Hz) in die für die Drehstrommaschine in dem gewünschten Betriebsbereich erforderlichen Spannungen und Frequenzen um.

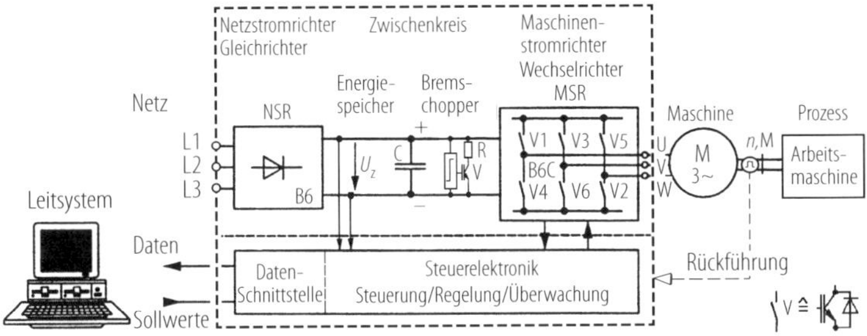

Bild 7.10 Aufbau eines typischen Frequenzumrichter-Antriebs mit Leitsystem

Die Ausgangsgrößen des Frequenzumrichters (Spannungen und Frequenzen) müssen hierzu unabhängig voneinander verstellbar sein. Bild 7.10 zeigt den prinzipiellen Aufbau eines typischen Umrichter-Antriebs. Bei dem Blockschaltbild eines Frequenz- oder Servoumrichters unterscheidet man zwei Bereiche:

- den Leistungsteil mit der Leistungsschiene zwischen Netz und Maschine und
- die Steuerelektronik mit der Software für Steuerung, Regelung, Überwachung und Kommunikation.

Bei der einfachsten Umrichterschaltung (Bild 7.10) wird der Kondensator *C* im Zwischenkreis (ZK) als Energiespeicher über einen Diodengleichrichter (NSR, B6) geladen. Aus der Gleichspannung U_Z im Zwischenkreis formt der Wechselrichter (MSR, B6C) die Speisespannung *U* für die elektrische Maschine mit entsprechender Frequenz *f*. Die Steuerung für die Modulation übernehmen heute allgemein Mikroprozessoren.

Die Dioden im Gleichrichter (NSR) können nur Ladeströme auf den Kondensator *C* durchlassen, wenn die Momentanwerte der Netzspannung größer als die Kondensatorspannung sind. Somit fließen im Netz pulsförmige Ladeströme (siehe Bild 7.13 b und c). Die Fourier-Analyse ergibt erhebliche Oberschwingungsanteile, die man durch Drosseln und/oder Filter zu verringern sucht. Zur Frequenz- und Spannungsanpassung werden die Halbleiterschalter im Wechselrichter getaktet betrieben. Durch die Takte sind den erwünschten Grundschwingungsströmen je nach Modulationsverfahren noch mehr oder weniger Oberschwingungsströme überlagert. Das Takten ist notwendig, um die sonst bei kontinuierlicher Steuerung anfallenden hohen Verluste in den Halbleiterschaltern zu reduzieren. Kontinuierliche Steuerungen werden nur bei sehr kleinen Leistungen eingesetzt (vgl. Kapitel 7.1.1.2.).

7.3.5.2 Wechselrichter MSR

Je nachdem, ob beim Modulationsverfahren die Taktung der Spannung oder des Stroms vorgegeben wird, stellen sich bestimmte Pulsmuster und daraus abgeleitete Kurvenverläufe für Strom und Spannung ein. Ziel der Modulationsverfahren ist es, für die gespeisten elektrischen Maschinen möglichst sinusförmige Spannungs- und Stromverläufe bereitzustellen, da die Maschinen für einen solchen Betrieb gebaut sind. In Bild 7.11 sorgt eine **sinusbewertete Taktung** der Spannung dafür, dass sich ein möglichst sinusförmiger Maschinenstrom mit möglichst wenigen Oberschwingungsanteilen einstellt. Allgemein gilt, je höher die eingesetzte Taktfrequenz ist, desto sinusförmiger ist der Strom, desto geringer sind die Oberschwingungen und umso „runder" ist das entstehende Drehfeld und somit der Rundlauf der Maschine besonders bei kleinen Drehzahlen. Aus Geräuschgründen sollte die Taktfrequenz möglichst oberhalb des hörbaren Bereichs von 16 kHz und mehr liegen.

Nachteilig bei hohen Taktfrequenzen ist, dass dadurch auch die Schaltverluste steigen. Ein guter Kompromiss bei der Taktfrequenz sind 4 ... 8 kHz und der Einsatz von SiC-Halbleitern mit geringeren Schaltverlusten. Aus thermischen Gründen muss man daher bei großen Strömen oft die Schaltfrequenz laststromabhängig reduzieren (**Derating**) oder verstärkt kühlen. Die Spannungspulse der Wechselrichterschalter laufen über die Anschlussleitungen zu den Klemmen der Maschine und werden dort reflektiert (Bild 7.11 c). Dies führt zu hin und her laufenden Spannungswellen. Deren Überlagerung (Addition) kann zu Spannungsüberhöhungen mit hohen Einschwingfrequenzen (d. h. hohen du/dt-Werten) führen, die die Isolation der Anschlussleitungen und Maschinenwicklungen gefährden können. Sinusfilter im Ausgang des Umrichters verhindern das [7.2], [7.13].

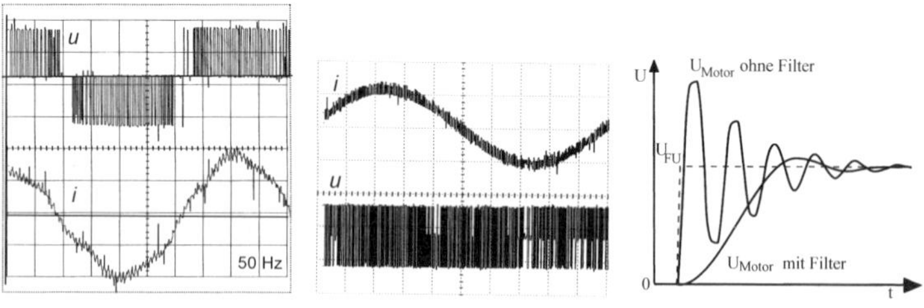

a) b) c)

Bild 7.11 a) Sinusbewertete Taktung, b) Sinus-Stromband, c) Spannungsüberhöhung

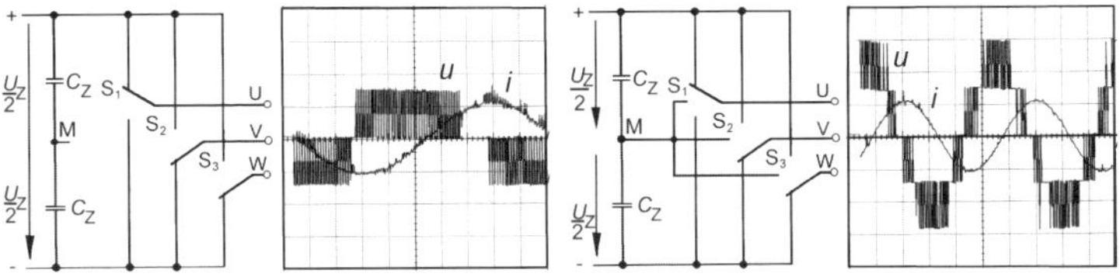

a) b)

Bild 7.12 3-Level- (a) und 5-Level-Betrieb (b). Schaltungsaufwand und Auswirkung

Wegen des Schaltens der Wechselrichterhalbleiter verharrt der Sternpunkt der Maschinenwicklung nicht auf Massepotenzial, wie das bei Betrieb am symmetrischen Drehspannungsnetz der Fall ist. Er springt mit etwa 1/6 der Zwischenkreisspannung U_Z. Dies kann zu Lagerströmen führen, die die Lager so stark schädigen können, dass diese ausfallen. Drosseln und/oder Sinusfilter in der Maschinenzuleitung sowie richtige Erdung der Maschinengehäuse und der Leitungsschirme können solche Schäden verhindern. Drosseln und Filter haben jedoch große Volumina, die den Umrichter stark aufblähen können. Eine andere Möglichkeit, Oberschwingungen zu reduzieren, ist der **Multilevel-Betrieb** des Wechselrichters. Der Vergleich der 3-Level-Technologie (Bild 7.12 a) und der 5-Level-Technologie zeigt die Auswirkungen: Die Spannungssprünge verringern sich. Allerdings steigt der Aufwand bei den Bauteilen und der Ansteuerung. Die Spannungsbelastung der schaltenden Halbleiter ist gegenüber der 3-Level-Topologie geringer, da nur die halbe Zwischenkreisspannung zu schalten ist. Die Verluste sinken bis zu 30 % [7.8], und der Strom wird auch ohne Glättungsmittel sinusförmiger.

7.3.5.3 Netzgleichrichter und Netzrückwirkungen

Der Dioden-Netzgleichrichter verursacht Lade-Pulsströme im Netz. In Bild 7.13 a sind Oszillogramme von Geräteströmen im Drehstromnetz gezeigt. Drei Umrichter mit B2-Netzstromrichter sind quasi „symmetrisch" auf die drei Stränge des Netzes verteilt und nehmen jeweils um zeitlich 120° versetzt Ladeströme auf. Es ist auch zu sehen, dass sich der Summenrückstrom dreifacher Frequenz im Neutralleiter - bei einer solchen „symmetrischen" Last - nicht zu null ergänzt, sondern im Gegenteil sogar stark ansteigt. Dadurch kann der Neutralleiter überlastet (!) werden, was in der Praxis schon zu Brandschäden geführt hat.

In Bild 7.13 b ist der Verlauf der Netzströme in einem Strang bei einer B6-Schaltung gezeigt. In jedem Strang ergeben sich zwei Ladestrompulse

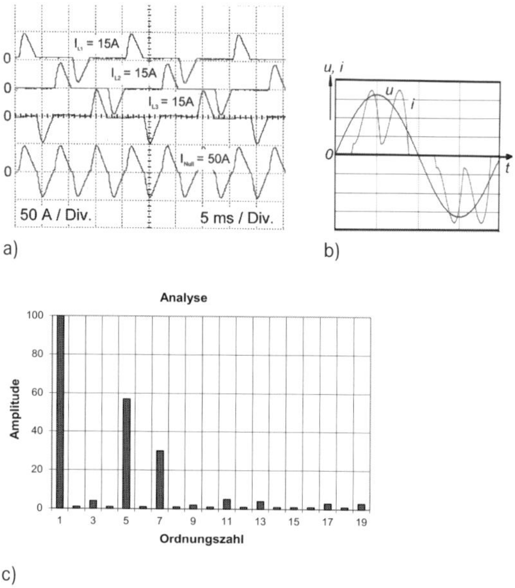

Bild 7.13 Oberschwingungen im Netz. a) drei Einzelumrichter, b) Pulsströme (B6) und c) Fourier-Analyse der B6-Schaltung

je Halbschwingung. Der Ladestrom setzt kurz vor dem Maximum der Netzspannung des Stranges ein. Die Fourier-Analyse zeigt erhebliche Oberschwingungsströme der 5. und 7. Harmonischen der Netzfrequenz (Bild 7.13 c). Umrichter werden aus Kostengründen gern möglichst ohne Zusatzelemente geliefert (Bild 7.10). Durch Netzdrosseln (AC-Drosseln) vor dem Umrichtereingang oder durch DC-Drosseln im Zwischenkreis werden die Oberschwingungen im Netz verringert. In kritischen Fällen müssen auch spezielle (aktive) Netzfilter eingesetzt werden, um die schädlichen Netzrückwirkungen zu reduzieren.

7.3.5.4 Energierichtung und Bremsenergie

Bei der Auswahl der Netzstromrichterschaltung ist es das Ziel, für den anstehenden Betrieb die passende Einspeisung zu wählen. Im einfachsten Fall ist der **Netzstromrichter** (NSR) als Diodengleichrichter aufgebaut. Dann ist allerdings nur eine Energierichtung möglich. Ist nur wenig Bremsenergie zu erwarten, so reicht ein **Brems-Chopper** aus (Bild 7.10).

Die anfallende Wärme im Bremswiderstand muss allerdings aus dem Schaltschrank und dem Betriebsraum abgeführt werden! Fallen erhebliche Mengen an Bremsenergie an, z. B. bei Hebezeugen, die aus dem Zwischenkreis in das Netz zurückgespeist werden sollen, nutzt man einen antiparallelen gesteuerten Stromrichter im Eingang. Eine kostengünstige und nachrüstbare Lösung kann ein **Rückspeisestromrichter** mit Thyristoren oder IGBTs sein. Diese Stromrichter arbeiten dann im einfachen Schaltbetrieb mit Grundfrequenztaktung und folglich mit Stromblöcken im Netz.

Tabelle 7.5 Schaltungen von Netzstromrichtern und zum Bremsen

Energiebetrachtung	Netzstrom	Schalter	Blockschaltung	Bemerkung	Einsatz
Netzeinspeisung	Puls	Dioden	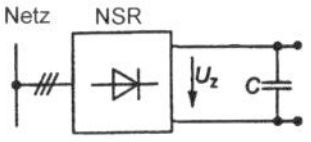 B2/B6 B12 bei großen Leistungen mit DY-Trafo	Standard	Lüfter, Pumpen, Transportbänder, Rührwerke, Extruder
	Block	Thyristor-Brücken	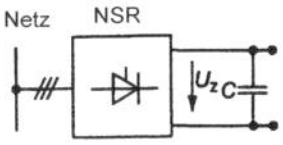	kostengünstig	Ladeschaltung bei Kondensatoren mit großen Kapazitäten
aktiv frontend beide Energierichtungen	Sinus Block	IGBT-Brücke		konstante ZK-Spannung, Netzdrossel, kein WR-Kippen	(Ab-)Wickler, Werkzeugmaschinen, schwache Netze
Rückspeisung	Block	Thyristor-Brücke	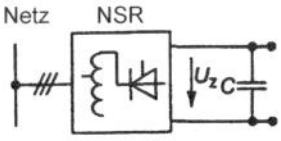	kostengünstig	Anpass-Spartrafo, WR-Kippgefahr
DC-Verbund, DC-Schiene	kein	Zwischenkreis-Kopplung	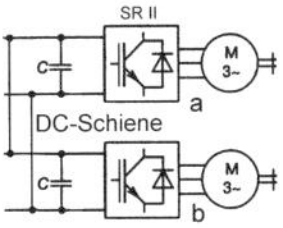	Energieaustausch zwischen a und b und/oder umgekehrt	Werkzeugmaschinen, Fertigungsstraßen, Verpackungslinien
Verlustbremsen	kein	Zusatzgerät	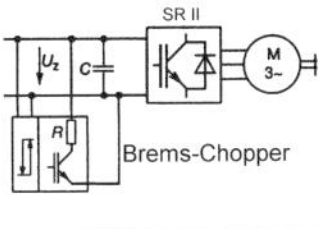	Bremsenergie als Verluste im Bremswiderstand R	Notbetrieb, Stillsetzen

So belasten sie das Netz entsprechend mit Oberschwingungen. Zu beachten ist, dass Thyristorstromrichter nicht kippsicher sind. Für einen sicheren Betrieb benötigt man einen vollgesteuerten IGBT-Netzpulsstromrichter. Er kann einfach mit Grundfrequenztaktung arbeiten oder „sinusbewertet" so getaktet werden, dass der Netzstrom sehr sinusförmig wird. Dann reichen nur kleine Filter zum Glätten des Netzstroms, der dann auch im Motorbetrieb sinusförmig ist. Durch diesen Hochsetzstellerbetrieb kann auch die Zwischenkreisspannung U_Z konstantgehalten werden, was besonders bei schwachen Netzen sehr erwünscht ist. Ein solcher **Netzpulsstromrichter** ist allerdings etwa so aufwendig wie ein Maschinenwechselrichter. Ein weiterer Vorteil ist, dass $\cos\varphi$ eingestellt werden kann. Arbeiten mehrere Wechselrichter gemeinsam an einer DC-Schiene, so gleichen sich in der Energiebilanz treibende und bremsende Antriebe oft fast aus, wenn ähnliche Lastspiele durchlaufen werden. Der Einsatz einer **Rückspeiseeinheit** kann in Applikationen wirtschaftlich sinnvoll sein, wenn die Antriebsleistung ca. 5 kW übersteigt. Dabei muss man zwischen Applikationen mit längeren oder nur kurzen Rückspeisezeiten unterscheiden. In Tabelle 7.5 ist eine Schaltungsübersicht mit den Einsatzfällen zu sehen.

7.3.5.5 Bauformen

Frequenzumrichter werden in verschiedenen Leistungsstufen und Bauformen angeboten. Bild 7.14 zeigt Varianten. Durch die Vernetzung über Busse wird der dezentrale Kompaktumrichter, der direkt am Motor sitzt, immer interessanter, da man teuren Platz im Schaltschrank „spart".

7.3.5.6 Betrieb und Software

Um den einfachen Betrieb oder die Aufgaben in der Fertigungs- und Prozessautomatisierung zu bewältigen, sollte ein Umrichterantrieb folgende Eigenschaften aufweisen:

- kontinuierlich veränderbare Drehzahl bei gutem Rundlauf,
- beliebig einstellbares Drehmoment mit geringer Welligkeit,
- kompakter und robuster Aufbau (auch mit hoher Schutzart),
- guter Wirkungsgrad u. U. mit Rückspeisung von Bremsenergie,
- Kommunikation über die gängigen Bussysteme,
- integrierte Sicherheitstechnik.

Zur Erleichterung der Projektierung und der späteren Inbetriebnahme gibt es unterstützende und abgestimmte Software-Hilfsmittel (**Tools**). Dank des Internets kann man solche Hilfen heute aus dem Netz herunterladen [7.7], ohne gleich gebundener Kunde zu werden.

Bild 7.14 Bauformen Buchform, Chassis, Schaltschrank Kompakt mit Getriebe und Wechselrichter am Motor (*Lenze, Mitsubishi, ABB, SEW, Bosch Rexroth*)

7.3.5.7 Steuerung des Drehfeldmotors

Für drehzahlveränderbare Antriebe wird der **Asynchron**- oder **Synchrondrehfeldmotor** über einen Umrichter gespeist. Um den Motor magnetisch gut auszunutzen, ergibt sich bei Frequenzverstellung der Zusammenhang: Φ = konst. ~ U/f. Daraus folgt, dass bei Änderung der Drehzahl über die Speisefrequenz f auch die Speisespannung U frequenzproportional verstellt werden muss, um die Forderung nach konstantem Fluss Φ zu erfüllen. Daraus leitet sich die U/f-Kennliniensteuerung der Frequenzumrichter im Spannungsstellbereich ab. Der Betriebsbereich zwischen Stillstand ($n = 0$) und der Bemessungsfrequenz f_N ist der **Spannungsstellbereich** (Grunddrehzahlbereich). Hier ist bei konstantem Strom I wegen des konstanten Flusses Φ das entwickelte Drehmoment M konstant. Die mechanische Leistung P an der Motorwelle steigt mit der Drehzahl n an, bis die Bemessungsdrehzahl n_N (auch **Grunddrehzahl** genannt) erreicht wird.

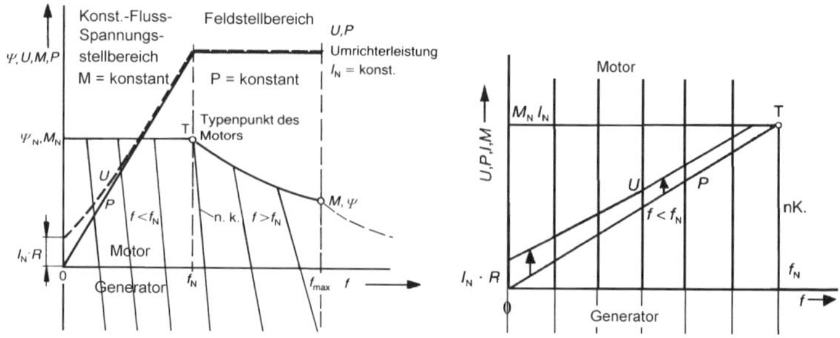

Bild 7.15 Kennlinien für Asynchron- und Synchronmotoren oder Reluktanzmotoren am U-Umrichter, IR-Kompensation

Bei abnehmender Speisefrequenz f tritt der durch den Wirkwiderstand R_1 der Ständerwicklung hervorgerufene Spannungsfall ΔU immer stärker in Erscheinung. Dieser Spannungsfall verringert den Motorfluss Φ. Um auch bei kleinen Frequenzen den Betrieb des Motors mit konstantem Bemessungsfluss sicherzustellen, ist es notwendig, in diesem Frequenzbereich die Spannung überproportional über die U/f-Kennlinie anzuheben (IR-Kompensation im unteren Bereich). Bei allen Frequenzumrichtern lässt sich der Verlauf der U/f-Kennlinie parametrieren, um den Betrieb an den Drehstrommotor (DAM oder SYM) anzupassen (Bild 7.15). Um beim Asynchronmotor die Drehzahl über die Bemessungsdrehzahl hinaus weiter zu steigern, muss die Speisefrequenz f erhöht werden. Weil die Motorspannung U bei einer weiteren Frequenzerhöhung aber nicht mehr ansteigen kann, sinkt der Magnetisierungsstrom, und damit wird der Motorfluss geschwächt. Der Asynchronmotor arbeitet dann im **Feldstellbereich** (Feldschwächbereich). Hier reduziert sich das thermisch nutzbare Drehmoment ($M \sim 1/f$), und es entsteht ein Bereich konstanter Leistung P. Das Kippmoment sinkt mit zunehmender Frequenz wegen des abnehmenden Flusses stark ab ($M_K \sim 1/f^2$), sodass auch die Überlastungsfähigkeit (M_K/M_N) in diesem Bereich abnimmt.

7.3.5.8 Regelung – Drehmoment

Für den Betrieb ist jeder Umrichter mindestens mit einer Frequenzsteuerung (U/f-Kennliniensteuerung) ausgerüstet. Das Drehmoment stellt sich dann abhängig von der Parametrierung ein und lässt sich über den Strom begrenzen. Die **Kennliniensteuerung** reicht für eine Vielzahl von Anwendungen, wie z. B. Lüfter, Pumpen und Transportbänder, aus.

Für eine echte Drehmomentregelung muss entweder die **feldorientierte Regelung** (FOR) oder die **direkte Selbstregelung** (DTC) im Umrichter implementiert sein (siehe unten). Wegen der komplizierten Einstellung für das Maschinenmodell sorgen integrierte Selbstoptimierungsroutinen in der Software für optimale Anpassung des Umrichters an die jeweilige elektrische Maschine mit und ohne Geber. Wird nur einfaches Positionieren gefordert, benötigt man auch keinen Geber auf der Maschinenwelle (geberlos), wenn PM-Synchron- oder Reluktanzmaschinen gespeist werden (Bandantriebe).

Feldorientierte Regelung (FOR, Vektorregelung)

Eine exakte Führung des Drehmoments erlaubt feldorientiert arbeitende Verfahren. Der Grundgedanke der feldorientierten Regelung ist dem Regelverfahren bei der fremderregten Gleichstrommaschine sehr ähnlich.

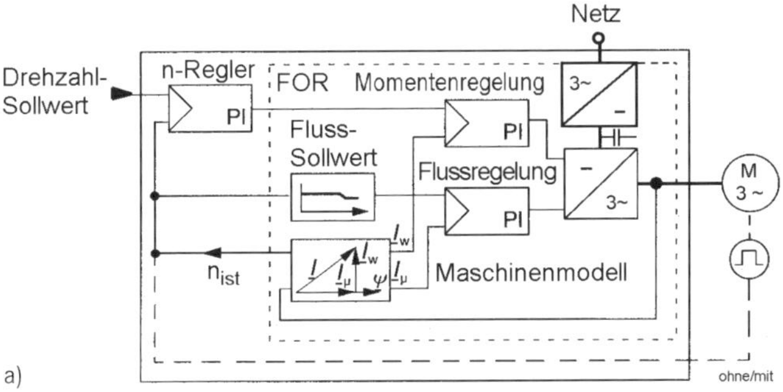

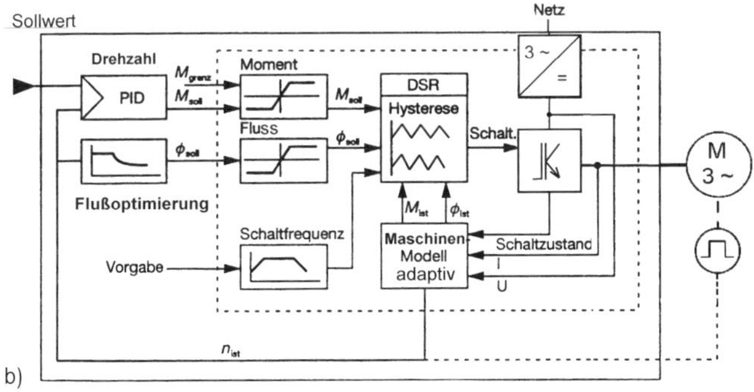

Bild 7.16 Drehmomentregelung.
a) feldorientierte Regelung und b) direkte Selbstregelung

Auch die Regelqualitäten werden oft miteinander verglichen. Bei der Asynchronmaschine kann der Ständerstrom $\underline{i}_1$ in die zur Läuferflussverkettung parallele flussbildende Stromkomponente $\underline{i}_\mu$ und in die dazu senkrechte drehmomentbildende Stromkomponente $\underline{i}_\mathrm{w}$ zerlegt werden, die sich berechnen lassen. Regelungstechnisch betrachtet lassen sich dann diese beiden Stromkomponenten getrennt ihren Sollwerten nachführen und somit wieder einzeln, z. B. mit PI-Reglern, regeln. Bild 7.16 a zeigt im Maschinenmodell für eine Asynchronmaschine die Lage der beiden Stromkomponenten des Ständerstroms $\underline{i}$ und am Ausgang des Maschinenmodells die Aufteilung auf die zwei Regelkreise für Wirkstrom (Drehmoment) und Fluss (Magnetisierungsstrom). Hier ist die Nähe zur Gleichstrommaschine zu erkennen. Der Geber auf der Maschinenwelle liefert den Istwert der Drehzahl. Die benötigten Parameter des Maschinenmodells werden bei der feldorientierten Regelung in einem Motoridentifikationslauf ermittelt.

Direkte Selbstregelung (DSR, Direct Torque Control)

Das Verfahren der direkten Selbstregelung nutzt die Möglichkeit, das Drehmoment durch die Raumzeiger von Ständerflussverkettung (Ψ_1) und Ständerstrom (i_1) zu beeinflussen. So wird das Drehmoment direkt über zwei getrennte Hystereseregler für M und Ψ_1 auf seinen Sollwert geregelt. Das Grundkonzept ist somit sehr einfach. Durch den Vergleich mit dem Sollwert der Flussverkettung werden die Pulszeiten der Steuersignale für die Wechselrichterventile abgeleitet, in einer Schaltlogik optimiert (Bild 7.16 b) und an die Halbleiterschalter im Wechselrichterteil (MSR) des Umrichters weitergegeben. Auch der Betrieb im Feldschwächbereich ist bei DSR möglich. Bei der direkten Selbstregelung werden die benötigten Parameter des Maschinenmodells durch einen Motoridentifikationslauf ermittelt.

Ist der Verfahrweg begrenzt, wie z. B. bei Linearmotoren, so muss immer ein Gebersystem den Ort des Sekundärteils rückmelden. Auch bei elektronisch kommutierten Motoren (EK-Motoren, DC-Motoren mit elektronischer Kommutierung) ist ein Geber notwendig, der die Steuerung des Wechselrichters von der Läuferstellung ableitet und die Wicklungen entsprechend – in Block- oder Sinusbetrieb – bestromt.

7.3.5.9 Integrierte Sicherheitsfunktionen

Die Maschinenrichtlinien fordern sicheren Betrieb der Maschinen. Nur wenn die Sicherheitskonzepte umgesetzt werden, kann davon ausgegangen werden, dass die Anforderungen erfüllt sind. Die strukturellen Anforderungen der alten Norm (EN 954) sind jetzt um Zuverlässigkeitsanforderungen ergänzt worden. So ist z. B. die Ausfallrate der Sicherheitsfunktion zu bestimmen. Für diese Aufgaben stehen im Internet Hilfen zur Verfügung [7.7], [7.8].

Antriebe und Kommunikationsnetzwerke sollen durch **integrierte Sicherheitstechnik** Schutz gegen unkontrollierte Bewegungen oder die Ausführung von Funktionen [7.10], [7.11] bieten. Um das zu erreichen, sind im Frequenzumrichter Schutzfunktionen implementiert, die z. B. zum sicheren Stillsetzen des Umrichterantriebs führen, ohne die Leistungsverbindung zum Netz aufzutrennen Dies soll beispielhaft an den zwei Funktionen: „Sicher abgeschaltetes Moment" (STO) und „Sicherer Stopp 1" (SS1) gezeigt werden (Bild 7.17). So sorgt die Funktion STO dafür, dass an der Motorwelle kein Drehmoment (T, Torque) mehr abgegeben werden kann. Die Funktion SS1 bremst einen Antrieb aktiv ab, bevor im Stillstand die Funktion STO aktiviert wird. Antriebe mit hoher Bewegungsenergie können mit dieser Funktion im Gefahrenfall schnell zum Stillstand gebracht werden. Die beiden Beispiele zeigen nur einen kleinen Ausschnitt aus der Vielzahl der angebotenen Sicherheitsfunktionen.

Fehlersichere Kommunikation kann über einen der sicheren Feldbusse erfolgen, z. B. ASIsafe oder PROFIsafe. Für mobile Teilnehmer kann die fehlersichere drahtlose Kommunikation über PROFINET und IWLAN abgewickelt werden.

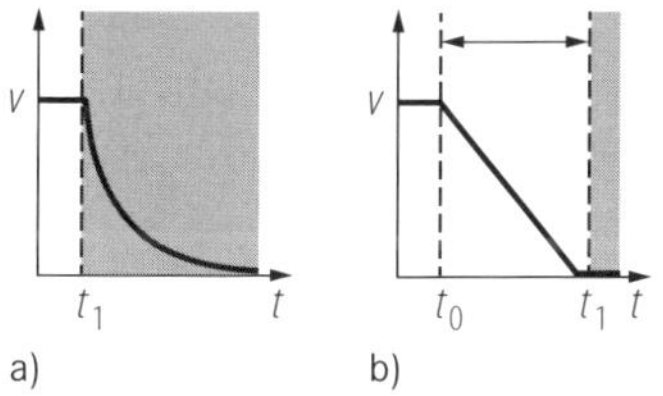

Bild 7.17 Beispiele für integrierte Sicherheitsfunktionen.
a) STO Safe Torque off,
b) SS1 Safe Stopp 1

7.3.5.10 Automatisierungssysteme – Leitsystem

In Bild 7.10 ist auch ein Leitsystem angedeutet. Besonders in größeren Anlagen, z. B. bei Motion Control, arbeiten mehrere Umrichterantriebe im Verbund. Für das Leitsystem – die übergeordnete Steuerung – stehen vier Varianten zur Verfügung:

- klassische speicherprogrammierbare Steuerung, SPS,
- Motion Controller für viele vernetzte Antriebseinheiten,
- HMI-Controller als kompakte Einheit,
- Drive Controller als dezentrale Umrichterintegrierte Steuerung.

7.3.5.11 Motion Control

Da für den Begriff **Motion Control** (MC) keine exakte Definition existiert, werden heute in der industriellen Praxis unter dieser Bezeichnung die unterschiedlichsten Bewegungssteuerungen verstanden. Je nach Anbieter können diese Motion-Control-Systeme in dem weiten Feld von den einfacheren Positionierungen mit einzelnen Achsen in Kleinanlagen bis zu hochdynamischen Mehrachssystemen mit komplexen Bewegungsabläufen im Großanlagenbau reichen, bei denen z. B. in Verpackungsmaschinen bis zu 100 gekoppelte Einzelachsen gezielt koordiniert bewegt und positioniert werden. Endziel des Einsatzes von Motion Control ist die komplette Ablösung der bisher genutzten verschleißbehafteten mechanischen Systeme durch eine flexible elektronische Lösung. So wird z. B. die aufwendige und starre Realisierung von Gleichlaufaufgaben mit einer Königswelle bei Motion Control durch elektrisch gekoppelte flexible Einzelantriebe ersetzt oder es sind Mehrachs-Lösungen in Maschinen aus den Bereichen:

- Druck und Papier,
- Holz und Glas,
- Kunststoff und Textil,
- Verpackung,
- Bearbeitungs- und Verformungstechnik.

Ausgehend von einer einheitlichen Motion-Control-Plattform (Hardware) lassen sich mit den vorhandenen Antriebsmodulen alle denkbaren Konfigurationen zusammenstellen, aufbauen und betreiben. Passende Softwarepakete (Tools) unterstützen den Systemaufbau und die Inbetriebnahme.

7.3.5.12 Was ist EMV?

EMV steht für **elektromagnetische Verträglichkeit** und beschreibt entsprechend der Definition des EMV-Gesetzes § 2 (7) „die Fähigkeit eines Gerätes, in der elektromagnetischen Umwelt zufriedenstellend zu arbeiten, ohne dabei selbst elektromagnetische Störungen zu verursachen, die für andere in dieser Umwelt vorhandene Geräte unannehmbar wären“. Im Prinzip ist damit gemeint, dass Geräte sich nicht gegenseitig stören sollen. Um das zu erreichen, müssen oft Filter im Ein- und/oder Ausgang des Geräts eingeschaltet werden (Bild 7.11).

7.3.5.13 Umrichter-Auswahl

Entsprechend der Aufgabenstellung - applikationsgestützte Auswahl - muss zunächst der Leistungsteil des Frequenzumrichters ausgewählt werden. Dabei entscheiden Leistung (aus der Motorauslegung) und Energiefluss die Wahl. Betrieb mit oder ohne Gebersystem ist eine neue Verzweigung (Tabelle 7.6). Beim nächsten Schritt entscheidet die Wahl der Software entsprechend der Aufgabenstellung: „einfache" Aufgabe oder „Motion Control". Für die rechnergestütze Antriebsauslegung stehen im Internet mehrere freie Programme zur Verfügung [7.8].

Frequenzumrichter arbeiten am 230-V-, 400-V- oder 500-V-Netz. Der benötigte Strom - entsprechend der Motorbemessung - bestimmt die Gerätegröße. Überlastzeiten können höchstens für 30 ... 60 s genutzt werden und sind stark herstellerabhängig bestimmt.

Die Standardanpassung des Umrichters an den Motor erfolgt heute weitgehend mit **Selbstabgleichprogrammen**, ebenso die Einstellung des Drehzahlreglers. Aktive Dämpfungen und Frequenzausblendungen verhindern das Aufschaukeln von Schwingungen.

Tabelle 7.6 Auswahlkriterien für einen Frequenzumrichter

Frequenzumrichter kostengünstig		**Servoumrichter** aufwendig
ohne Rückführung/einfache Rückführung, Geber		Rückführung, Geber
U/*f*-Kennliniensteuerung	Vektorregelung	feldorientierte Regelung, direkte Selbstregelung
geringere Drehzahlgenauigkeit, geringere Überlastfähigkeit	gute Überlastfähigkeit, hoher Drehmomentstellbereich	höhere Überlastfähigkeit, Winkelregelung, Lageregelung, hoher Drehmomentstellbereich

Hinweis: Elektronisch kommutierte Motoren (EK-Motor) arbeiten meist mit einem speziell angepassten Umrichter, mit Block- oder Sinusstromregelung. Gleiches gilt für Piezo-, Tauchspul- und Kunststoffaktuatoren, die mit sehr speziellen Umrichtern arbeiten.

7.5.3.14 Drehspannungserzeugung

Die Drehspannungen des öffentlichen Netzes werden von Synchrongeneratoren erzeugt, sie sind sinusförmig. Dagegen entstehen die Ausgangsspannungen eines Umrichters aus der Gleichspannung U_Z des Zwischenkreises durch geeignetes Takten der elektronischen Halbleiterventile V1 bis V6. Die so erzeugten Spannungen sind blockförmig. Der Wechselrichter ist mit drei Wechselschaltern S1, S2 und S3 dargestellt (Bild 7.18 a).

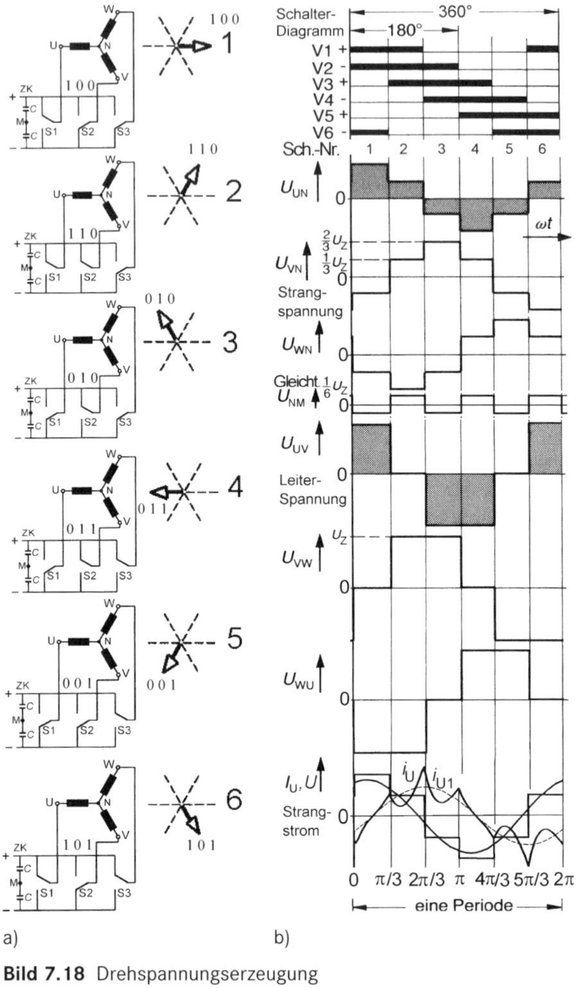

Bild 7.18 Drehspannungserzeugung

Diese legen die Wicklungsanschlüsse der Maschine U, V und W entweder an die Plus- (+ = „1") oder Minus-Schiene (– = „0") der Zwischenkreisspannung U_Z. Im realen Umrichter werden die Schalter des Wechselrichters durch sechs elektronische Schalter V1 ... V6 realisiert (Bild 7.18 b).

Zur Erzeugung der Drehspannung werden die sechs Ventile mit der Schaltsequenz von Bild 7.18 b über eine Periode T_p (360°) angesteuert und erzeugen so an den drei Wicklungen der Drehfeldmaschine drei um 120° phasenverschobene getreppte Spannungen. In jedem Schaltaugenblick sind immer drei Schalter aktiv. Somit liegen immer zwei Wicklungen parallel und mit der 3. Wicklung in Reihe. Dadurch steht an der einzelnen Wicklung abwechselnd die Spannung $^1/_3\, U_Z$ und zum anderen Zeitpunkt $^2/_3\, U_Z$ an. Der Sternpunkt (N) der drei Wicklungen hat eine Spannungsdifferenz von $^1/_6\, U_Z$, bezogen auf das Mittenpotenzial (M) der Kondensatoren des Zwischenkreises.

Quellen und weiterführende Literatur

[7.1] *Brosch, P. F.:* Moderne Stromrichterantriebe. Würzburg: Vogel Verlag, 2008

[7.2] *Brosch, P. F.:* Praxis der Drehstromantriebe. Würzburg: Vogel Buchverlag, 2002

[7.3] *Brakelmann, H. et al.:* Überspannungen auf umrichtergespeisten Kabeln. Bulletin SEV/VSE 24/25 03

[7.4] *Brosch, P. F.:* Qual der Wahl: Welcher Aktuator (Motor) passt am besten? Konstruktion S1(2010), S. 38–42

[7.5] Internet bei Siemens: PFAD, STARTER und DRIVE ES

[7.6] Mitsubishi Druckschrift: Hy-Line Regel-, Steuer- und Leistungselektronik. 04/2009

[7.7] Rexroth IndraSize – Turbo für die Antriebsauslegung – Programm „IndraSize" kostenfreie ZIP-Datei im Internet www.boschrexroth.com

[7.8] Rexroth Leitfaden: 10 Schritte zum Performance Level. Download: www.boschrexroth.com/Sicherheit

[7.9] *Wratil, P.:* Gesetzeskraft. Sichere Antriebstechnik und die neue Maschinenrichtlinie. Drives&motion 02(2009)

[7.10] www.pilz.de/products/index.de.jsp

[7.11] Safety Network International e. V. www.safety-network.de; info@safety-network.de

[7.12] Maschinenrichtlinien EN ISO 13849-1 und EN 62061

[7.13] *Kieferndorf, F. et al.:* Der Fünf-Stufen-Umrichter. ABB Technik 1/11

8 Energieeffizienz

Prof. Prof. h. c. mult. Dr.-Ing. Peter F. Brosch

8.1 Einleitung

Nach Untersuchungen der EU werden etwa 2/3 der erzeugten elektrischen Energie durch elektrische Antriebe umgesetzt und davon wiederum etwa 60 % in Zentrifugalpumpen-, Lüfter- und Kompressoranlagen. Die Energie wird mit hohem Wirkungsgrad umgesetzt und nur ein verschwindend kleiner Teil als Verlustleistung „verbraucht". Der größte Teil wird an die nachfolgenden Prozesse „durchgeleitet".

Somit sind in industriellen Anwendungen Elektroantriebe die größten **Umsetzer** elektrischer Energie. Die weitergeleitete mechanische Energie wird dann für die unterschiedlichsten Produktions-, Materialtransport- und Infrastrukturprozesse genutzt. Für diese angetriebenen Prozesse ist es entscheidend, dass dort die notwendige mechanische Leistung zur Verfügung steht. Bei jeder Betrachtung der Energieeffizienz dieser Antriebssysteme schaut man zunächst auf den Einzel-Wirkungsgrad der Komponenten in der Wirkungskette (Bild 8.1), wobei man sich an der (elektrischen) Leistung orientiert, ohne gleich zu ermitteln, wie viel mechanische Energie eigentlich aus der zugeführten elektrischen Energie tatsächlich erzeugt wird und wie mit der mechanischen Energie umgegangen wird. Die **Drehzahlregelung** ist besser als die Drosselregelung des Massestroms!

Der entscheidende Faktor zur Reduzierung des Energieverbrauchs heißt: Nur soviel Energie aufzuwenden wie tatsächlich für den bestimmten Anwendungsfall benötigt wird. Der optimierte Einsatz von Motor und Stromrichter, deren Auslegung, Bemessung und richtige Anwendung kann wesentlich zur Energie- und Kosteneinsparung beitragen.

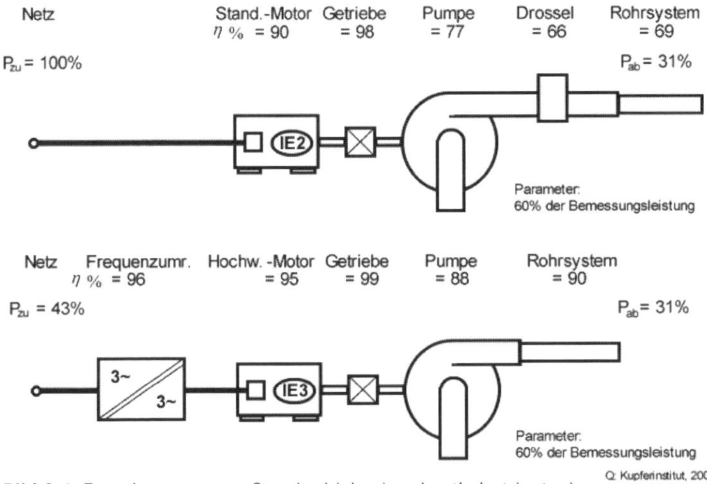

Bild 8.1 Energieumsetzung. Standard (oben) und optimiert (unten)

8.2 Forderungen an die Antriebe

Für energieeffiziente elektrische Antriebe leiten sich aus dem oben Gesagten folgende Forderungen ab:

- generell sparsamer, d. h. intelligenter Einsatz elektrischer Energie,
- Umwandlung der elektrischen in mechanische Energie mit möglichst hohem Wirkungsgrad in allen Betriebszuständen,
- Einsatz von Energiesparmotoren, besonders bei Antrieben mit hoher Betriebsstundenzahl im Jahr,
- Einsatz drehzahlveränderbarer Antriebe zur Mengensteuerung,
- für den dynamischen Betrieb: geführter Hoch- und Tieflauf,
- bei der Stoffmengenregelung z. B. in der Klimatechnik statt der immer noch (!) weitverbreiteten Drossel- oder Bypassregelung,
- Einstellung angepasster *U/f*-Spar-Kennlinie am Frequenzumrichter bei Pumpenantrieben,
- Energie-Rückspeisung der anfallenden Bremsenergie in das Netz (Hebezeugen),
- Getriebe mit hohem Wirkungsgrad und/oder Leichtlaufölen.

Tabelle 8.1 zeigt eine Zusammenstellung von Antrieben mit hohem Rückspeisepotenzial.

Tabelle 8.1 Typische Möglichkeiten zum Energie einsparen

Antriebe für	Betriebsart	Rückspeise-potenzial	Hauptsächliche Maßnahme
Heben/Senken 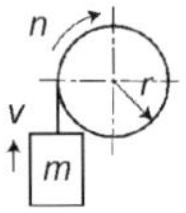	beim Senken Rückspeisung über längere Zeit	hoch	Netzrückspeisung
Abwickeln 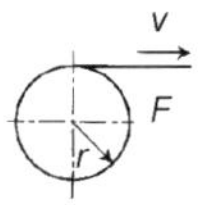	durchgängiger Bremsbetrieb	hoch	Netzrückspeisung
getaktete Prozesse 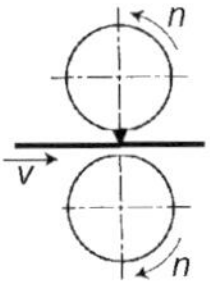	dynamischer Wechsel zwischen motorischem und generatorischem Betrieb	antriebsspezifisch mittel bis hoch	Kondensator-Speicherung, DC-Verbund
Kurvenscheiben 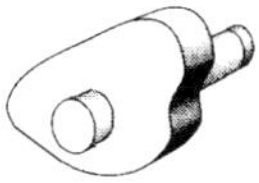			DC-Verbund, oder Netzrückspeisung
Positionieren 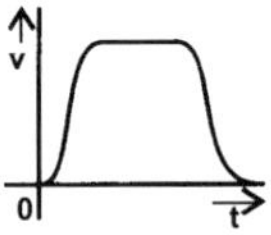			DC-Verbund, oder Netzrückspeisung

8.3 Sparsamer Energieeinsatz

Der sparsame Einsatz elektrischer Energie ist Objekt der **Energieeffizienzforschung**, da er ein hohes Potenzial besitzt [8.1] bis [8.4]. Alle Komponenten eines Antriebsstrangs haben einen optimalen Arbeitsbereich, der meist knapp unter dem Bemessungspunkt der Anlage liegt. Daraus folgt, dass die Komponenten so zu bemessen sind, dass sie möglichst im Optimum ihres Kennfeldes mit hohem Wirkungsgrad arbeiten. Die Praxis lehrt, dass der Angstfaktor des Konstrukteurs vor dem zu kleinen Antrieb hier die grundlegenden Fehler verursacht. Antriebskomponenten exakt auszulegen, ist eine Kunst, die viel Erfahrung erfordert. Während die exakte Bemessung Kosten spart, zeigt die Praxis immer wieder, dass oft zu groß bemessen wird. Leistungsfähige Programme – sogar von Bewegungsgesetzen höherer Ordnung – unterstützen heute den Konstrukteur [8.5]. Dadurch ist bereits der erste Einstieg zur Energieeffizienz gegeben.

8.4 Nutzung der Bremsenergie

8.4.1 Rückspeisung ins Netz

Der kostengünstige Frequenzumrichter mit Diodennetzstromrichter kann keine Energie in das Netz zurückspeisen (siehe Kapitel 7). Ist die Rückspeisung in das Netz wirklich sinnvoll, muss der Netzstromrichter SRI entweder für den Betrieb in beide Energierichtungen ausgelegt sein oder es muss eine zusätzliche Rückspeiseeinheit an den Spannungszwischenkreis angeschlossen werden. Im ersten Fall sind die Dioden des SRI durch IGBTs ersetzt. Der nun selbstgeführte Pulsstromrichter kann Energie in beiden Richtungen führen und sogar den Netzstrom so pulsen, dass er sinusförmig ist und kaum Oberschwingungsströme hat. Ein weiterer Vorteil ist die Möglichkeit, die Zwischenkreisspannung auch bei schwankender Netzspannung konstant zu halten. Im zweiten Fall stehen zwei Stromrichter-Varianten zur Verfügung: einmal ein kostengünstiger netzgeführter Thyristor-Stromrichter mit oder ohne Anpasstransformator oder ein selbstgeführter IGBT-Stromrichter (siehe Kapitel 7).

8.4.2 Energieaustausch zwischen Antrieben (DC-Schiene)

In verschiedenen Bearbeitungszentren oder Produktionslinien arbeiten mehrere Antriebe gleichzeitig. Während die einen motorisch laufen, arbeiten andere gerade zur gleichen Zeit mit nennenswerter Bremsleistung. In solchen Fällen ist es sinnvoll, die **Maschinenstromrichter** (SRII) aus einem gemeinsamen Spannungszwischenkreis zu speisen, man spricht dann von einem **DC-Verbund** (DC-Schiene). Dies ermöglicht einen direkten Energieaustausch zwischen motorisch oder generatorisch arbeitenden Einzelantrieben.

8.4.3 Energiespeicherung in einem Kondensator

Bei hochdynamischen, sehr schnell getakteten Antrieben, z. B. Querschneidern, besteht die Möglichkeit zur Nutzung von Bremsenergie und deren Speicherung in einem vergrößerten Zwischenkreis-Kondensator. Dieser stellt die Energie beim nächsten motorischen Beschleunigungsvorgang wieder zur Verfügung. Das speisende Netz wird stark entlastet. Diese Art der Energiespeicherung ist bei sehr schnell getakteten speziellen Antrieben wegen der geringen Kosten wirtschaftlich. Da das Speichervermögen des Kondensators begrenzt ist, weicht man, z. B. bei Stadtbahnen mit höherem Energieanfall, auf drehende Energiespeicher aus.

8.5 Energiesparmotoren

Bei Speisung über einen Umrichter für den drehzahlvariablen Betrieb lässt sich z. B. statt eines Asynchronmotors auch ein permanentmagneterregter Synchronmotor oder moderner Reluktanzmotor einsetzen (Tabelle 8.2). Weil bei diesem Synchronmotor die Magnetisierung von den auf den Läufer aufgesetzten Dauermagneten (NeFeB) erzeugt wird, erreicht er einen deutlich besseren Wirkungsgrad. Dies hat weiter zur Folge, dass die Verluste beim speisenden Frequenzumrichter wegen der verringerten Motorströme sinken und der Gesamtwirkungsgrad steigt. Beim Reluktanzmotor mit optimiertem Läufer entfallen die teuren Permanentmagnete, und sein Wirkungsgrad liegt nahe dem PM-Synchronmotor. Bei allen umrichtergespeisten drehzahlvariablen Applikationen, die zurzeit mit Asynchronmotoren laufen, ist zu prüfen, ob der Einsatz eines Reluktanz- oder Synchronmotors wegen der höheren Energieeffizienz nicht die optimalere Lösung darstellt.

Tabelle 8.2 Energiesparen bei Motoren [1.10]

Läuferausführung	Bewertung	Einsatz
Al-/Kupferwicklung 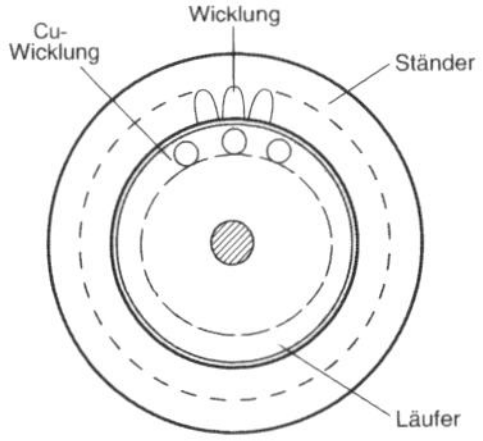 	Vorteil: geringe Läuferverluste, IE4 DOL möglich Nachteil: hohes Massenträgheitsmoment	S1-Betrieb, nicht bei dynamischen Antrieben
Permanentmagnete 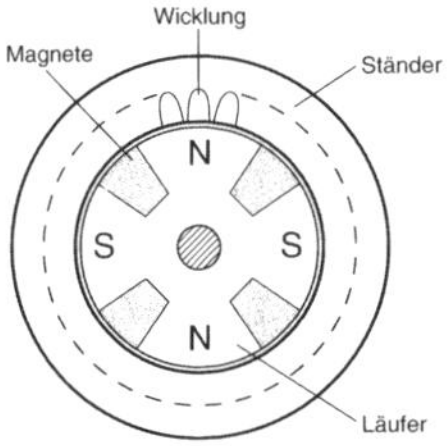 	Vorteil: kaum Läuferverluste, IE4 mit FU möglich IE5 wird bereits angeboten Nachteil: hohe Magnetkosten	S1-Betrieb, Positionieren
Reluktanz 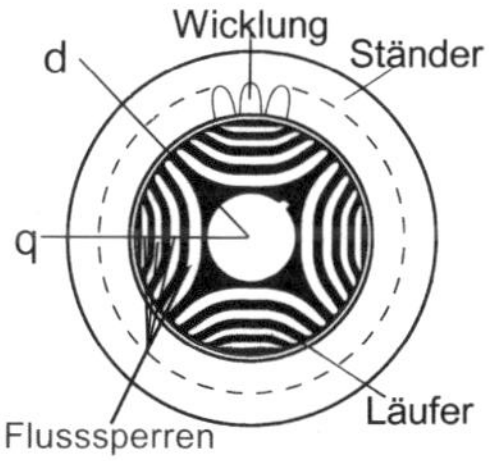 	Vorteil: kaum Läuferverluste, IE4 mit FU möglich Nachteil: Magnetisierung	S1-Betrieb, Pumpen und Lüfter, Kompressoren

8.6 IE-Klassen

In Europa und vielen Teilen der Welt dürfen nur noch Motoren mit Klasse IE2 und besser in den Verkehr gebracht werden. Bild 8.2 zeigt für vierpolige Asynchronmaschinen im entsprechenden Leistungsbereich die Wirkungsgrade in den vier IE-Klassen (IE1 bis IE4) im Vergleich zu den alten Wirkungsgradklassen [8.6]. Der Wirkungsgradgewinn ist im unteren Leistungsbereich - dem Bereich mit den hohen Stückzahlen - besonders groß. Damit sind dort auch die Amortisationszeiten entsprechend kurz und liegen oft im Bereich von Monaten! Die Ein- und Anbaumaße entsprechen denen der Normmotoren.

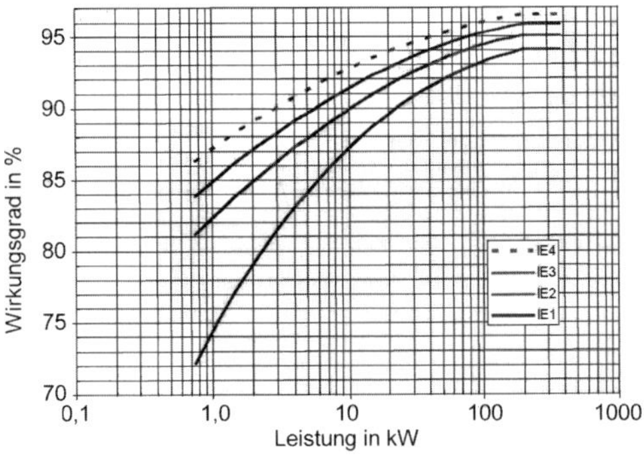

Bild 8.2 Wirkungsgradklassen nach IEC/CD 60034-30 (2011-05)

8.7 Geführte Rampen bei Hoch- und Bremslauf

Beim Anlauf eines Antriebs mit einer Asynchronmaschine wird dem Netz elektrische Energie entnommen. Diese zugeführte Energie W_{el} wird in der elektrischen Maschine gewandelt und abzüglich der Verlustenergie an der Welle als mechanische Energie W_{mech} abgegeben. Ziel ist es, die Verlustarbeit W_V (proportional Δn) möglichst klein zu halten. Die an die Arbeitsmaschine übertragene Energie zur Überwindung des Lastmoments ist zeitabhängig, der Anteil zur Beschleunigung des Trägheitsmoments ist abhängig von der Drehzahl. Die Verlustenergie erwärmt den Motor ([8.7] bis [8.10]).

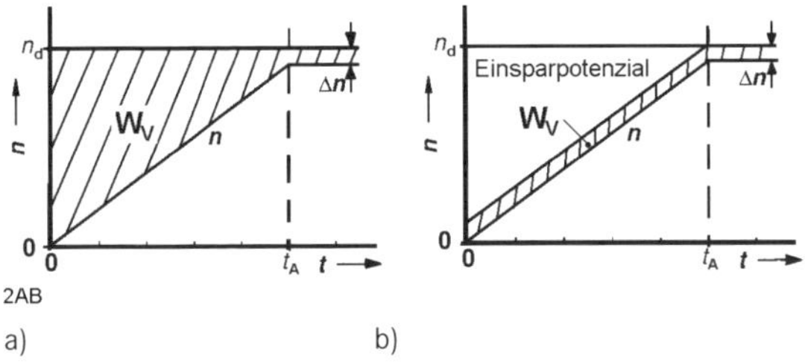

Bild 8.3 Verluste beim Direkteinschalten (a) und Rückgewinnungspotenzial bei geführtem Hoch- und Bremslauf von Umrichterantrieben (b)

In Bild 8.3 a ist die Fläche oberhalb der n-Linie proportional der Verlustarbeit W_V beim Direkteinschalten. Bild 8.3 b zeigt die deutliche Energieeinsparung bei einem geführten Hochlauf im Vergleich zum Direkteinschalten. Hieraus ist auch das Einsparpotenzial für Antriebe, die sehr oft eingeschaltet werden, zu erkennen. Beim geführten Hochlauf über Frequenzumrichter bestimmt nur die Schlupfdrehzahl Δn die Verluste. Neben der Energieeinsparung können noch Schonung der Mechanik und geringere Belastung des Netzes (Sanftanlauf) Argumente für diesen geführten Betrieb sein. Potenzielle Einsatzgebiete sind Taktantriebe jeglicher Art. So führt ein Fertigungstakt von 20 s bei einem Zweischichtbetrieb zu ca. einer halben Million Beschleunigungsvorgängen mit Hochlauf und Bremsen.

8.8 Stoffmengenregelung

In vielen Industriezweigen – besonders in der Gebäude- und Haustechnik (HKL) – werden Zentrifugalpumpen und -lüfter benötigt. Oft arbeiten diese Aggregate „rund um die Uhr". Bislang wurden sehr oft einfache Festdrehzahlantriebe mit Asynchronmotoren benutzt und die gewünschte Anpassung des Volumenstroms über eine Drosselung, eine Drallregelung mit verstellbaren Schaufeln oder einen Bypass vorgenommen. Manche Anlagen werden sogar nur grob über periodisches Ein- und Ausschalten des Antriebs im mittleren Volumenstrom geregelt. Durch diese beschriebenen Arten der Regelung treten erhebliche Verluste auf. Sie lassen sich allerdings durch dem Einsatz drehzahlverstellbarer Antriebe stark reduzieren, weil der Massestrom bei Pumpen und Lüftern über eine elektronische Regelung prozessoptimiert angepasst werden kann. Bild 8.4 a zeigt die Hauptverfahren, bei denen der Einsatz von Frequenzumrichtern Einsparungen bis zu

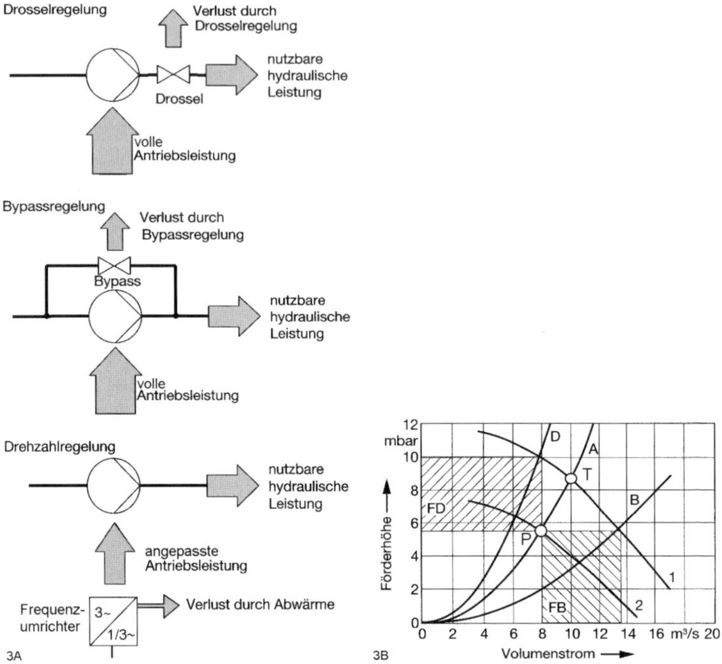

a) b)

Bild 8.4 Varianten der Stoffmengenregelung (a) und Kennlinien (b)

50 % bringen kann und sich die erforderlichen Investitionen beim Antrieb schnell amortisieren. Es lassen sich sogar Umrichter ohne mechanische Eingriffe gut nachrüsten.

In Bild 8.4 b ist das Arbeitsdiagramm eines Pumpen- oder Ventilatorantriebs dargestellt. Dabei stellt Kurve A die normale Anlagenkennlinie dar. Die Kurven 1 und 2 sind die Pumpenkennlinien bei 100 % bzw. 80 % der Drehzahl. Die Pumpe arbeitet mit 100 % Leistung im Bemessungspunkt (T). Soll der Volumenstrom auf 80 % reduziert werden, ergibt sich der neue Arbeitspunkt P. Dabei gibt es drei Möglichkeiten zur Anpassung:

- Über die verlustarme Drehzahlverstellung auf 80 % reduziert man die Pumpenleistung von 100 % (Bemessungspunkt T) auf etwa 50 % im Betriebspunkt P. Dabei treten im Umrichter nur die geringen Verluste auf.

- Bei Bypassbetrieb erhält man die neue Anlagenkennlinie (B). Die Fläche (FB) zeigt die dabei entstehenden Verluste gegenüber dem Betrieb mit Drehzahlverstellung.
- Bei Drosselung erhält man die neue Anlagenkennlinie (D). Die Fläche (FD) zeigt die dabei entstehenden Verluste gegenüber dem Betrieb mit Drehzahlverstellung.

Die im Diagramm markierten Verlustflächen zeigen das große Einsparpotenzial, das noch in solchen Antrieben steckt. Es lassen sich etwa 50 % der Energie einsparen. Weitere Einsparungen bringt der Einsatz von Energiesparmotoren oder die Nutzung von PM-Synchronmotoren oder Reluktanzmotoren statt der bisher hauptsächlich eingebauten Asynchronmotoren [8.13].

8.9 Energiesparkennlinie am Umrichter

Frequenzumrichter müssen durch Parametrieren an Motor und Antrieb angepasst werden. Bei Pumpen- und Lüfterantrieben weicht man von der quasilinearen *U/f*-Kennlinie 1 im Spannungsstellbereich ab und wählt für diesen Einsatzfall eine angepasste Pumpenkennlinie 2 (Bild 8.5). Dies ist möglich, weil die Lastkennlinie der Pumpe quadratisch über der Drehzahl ($M_{\text{Pumpe}} \sim n^2$) verläuft, d. h., dass im unteren Drehzahlbereich auch nur kleinere Drehmomente erforderlich sind. Durch die Spannungsabsenkung (ΔU) sinken der Magnetisierungsstrom und damit die Verluste in Umrichter, Motor und Zuleitung. Dies ist besonders dort interessant, wo (z. B. in der chemischen Industrie) sehr viele solcher Pumpenantriebe eingesetzt werden.

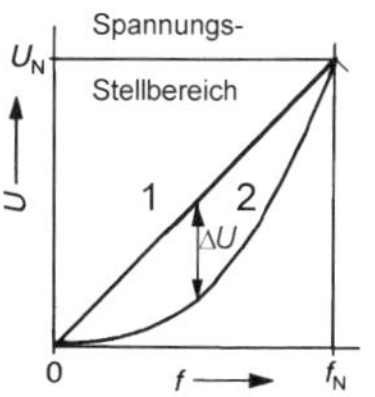

Bild 8.5 Pumpen-Energiesparkennlinie 2 statt der Standardkennlinie 1

8.10 Getriebe mit hohem Wirkungsgrad und Leichtlaufölen

Zur Erhöhung des Motordrehmoments werden Getriebe eingesetzt, die oft als **Kompaktlösung** (Getriebemotoren) aufgebaut sind. Stirnrad- und Kegelradgetriebe haben im Vergleich zu Schneckengetrieben deutlich höhere Wirkungsgrade und sollten bevorzugt werden. Schneckengetriebe-Motoren mit hohen Übersetzungen arbeiten mit Wirkungsgraden zwischen 85 und 45 %. Dagegen haben Kegelradgetriebe bei gleicher Übersetzung Wirkungsgrade von über 94 %. Mit diesen Getrieben reichen dann sogar kleinere Motoren mit kleineren Frequenzumrichtern aus, sie verbessern die Energieeffizienz. So sinken die Betriebskosten, und die Investitionen amortisieren sich in kurzer Zeit. Weiterhin lassen sich die Verluste und der Verschleiß im Getriebe durch den Einsatz von synthetischen Leichtlaufölen senken.

8.11 Energy-Monitoring-System und Energierückgewinnung

Nach verschiedenen Untersuchungen kann die Energieeffizienz im Anlagenbetrieb durch Energieüberwachungssysteme verbessert werden. Solch ein Überwachungssystem erkennt beispielsweise sofort Leckagen und trägt dazu bei, sie schnellstmöglich einzudämmen. Beim Bearbeiten – Fräsen, Drehen und Bohren – entstehen in Werkzeugmaschinen erhebliche Energiemengen. Über Wärmetauscher können die Maschinen zur Gewinnung von Heizenergie eingesetzt werden [8.12]. Eine solche Anlage zeigt Bild 8.6.

Da die Anschlussmaße der neuen Hochwirkungsgrad-Motoren zu den vorhandenen Motoren passen, können die vorhandenen Asynchronmaschinen im Retrofitverfahren z. B. gegen Synchron- oder Reluktanzmaschinen ausgetauscht werden. Der Umrichter benötigt allerdings auch die angepasste Software für geberlosen Betrieb dieser elektrischen Maschinen.

In Tabelle 8.3 ist ein Beispiel zu Retrofit wiedergegeben, das für Pumpen und Lüfter gilt, die ganzjährig – aber auch jahrelang – im Einsatz sind. Den 37-kW-Standardmotor muss man mit ca. 1 500 € ansetzen. Da kann man schon an einen IE4-Ersatz-Motor denken.

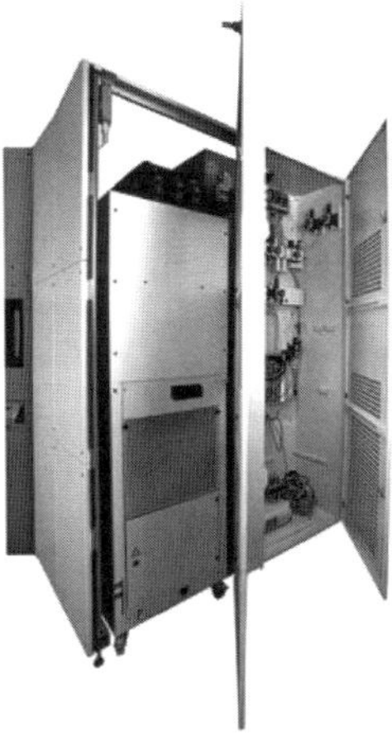

Bild 8.6 Anlage zur Rückgewinnung der Wärme von Bearbeitungsmaschinen

Tabelle 8.3 Beispiel zu Retrofit, Basis: 0,1 €/kWh (*ABB*)

Motor in kW	Eta-Klasse	Verluste in kW	Eta in %	Betrieb in h	Gewinn in €
37	IE2	2,9	92,7	8760	-
37	IE4	1,8	95,3		964

Gesetzliche Vorgaben

Zur verbindlichen Einführung der Wirkungsgradklassen gibt es gesetzliche Vorgaben (Tabelle 8.4). In den USA und in Kanada ist die Klasse IE3 (Premium) bereits Pflicht.

Tabelle 8.4 Gesetzliche Vorgaben nach EU-Motorrichtlinie

Bereich	Pflicht ab
mindestens IE2	16.06.2011
IE3 oder IE2 mit Frequenzumrichter	1.1.2015 $P > 7{,}5$ kW
	1.1.2017 $P < 7{,}5$ kW

8.12 Checkliste zur Energieeinsparung:

Die nachfolgende Checkliste sollte jeder Verantwortliche für seinen Bereich prüfen:

- Einsatz von Energiesparmotoren [8.10],
- geführter Hoch- oder Bremslauf über Frequenzumrichter,
- optimierte drehzahlvariable Antriebe mit optimierter Parametrierung,
- Energierückspeisung oder -rückgewinnung,
- Einsatz von Getrieben mit hohem Wirkungsgrad,
- Einsatz von Leichtlaufölen.

Alle Punkte stellen (große) Einsparpotenziale dar, die sich relativ leicht auch bei vorhandenen (!) Antrieben umsetzen lassen. Die Realisierung senkt die Betriebskosten und amortisiert sich meist in kurzen Zeiten, wie firmenunabhängig nachgewiesen wurde. An vielen angesprochenen Antrieben ist eine Nach- oder Umrüstung heute leicht möglich [8.13].

Quellen und weiterführende Literatur

[8.1] *Verl, A.; Dietmair, A.:* Energieeffizienz in der Produktion: Potenziale der Automatisierungstechnik. Trendsession Energieeffizienz in der Produktion, SPS/IPC/Drives 2008, Nürnberg, 25.11.2008

[8.2] *Dietmair, A.; Verl, A.; Huf, A.:* Automatisierung spart Energie – Direkte und indirekte Maßnahmen in der Gerätetechnik. energy 2.0, Heft März 2009

[8.3] ZVEI-Bericht: Energiesparen mit elektrischen Antrieben. ZVEI, Frankfurt, 1999

[8.4] *Brosch, P. F.:* Wach geküsst? – IE4 als Reluktanzmotor. elektrotechnik, Juli 2011

[8.5] Rexroth IndraSize – Turbo für die Antriebsauslegung. Programm „IndraSize“ kostenfrei als ZIP-Datei unter www.boschrexroth.com

[8.6] IEC 600034 Teil 30

[8.7] *Brosch, P. F.:* Praxis der Drehstromantriebe. Würzburg: Vogel Buchverlag, 2002

[8.8] *Brosch, P. F.:* Wirkungsgrad bei Umrichterantrieben. VDI-special Antriebstechnik, S1/2004, Konstruktion, S. 58–62

[8.9] *Greiner, H.:* Anlaufen, Bremsen, Positionieren mit Drehstrom-Asynchronmotoren. Danfoss Bauer GmbH, Esslingen, 2001

[8.10] *Brosch, P. F.:* Moderne Stromrichterantriebe. Würzburg: Vogel Buchverlag, 2008

[8.11] Siemens: SinaSave 3.0, Energiesparprogramm

[8.12] *Brosch, P. F.:* Hightech-Industrie braucht energieeffiziente Antriebskonzepte. Konstruktion Juni 6-2010, S. 12–15

[8.13] *Brosch, P. F.:* Er ist wieder da. elektrotechnik Juni 2011

[8.14] http://fluidfuture.ksb.com und www.reel.it

[8.15] Bundesamt für Wirtschaft und Ausfuhrkontrolle (BAFA), Frankfurter Straße 29, 65760 Eschborn

[8.16] Zusammenfassung der einschlägigen Rechtsvorschriften der EU http://europa.eu/legislation_summaries/energy/index_de.htm

9 Anwendungen

9.1 Solartracker-Positionierung mit Getriebemotoren

Dipl.-Ing. Gunthart Mau

9.1.1 Einleitung

Eine Photovoltaikanlage im Norden von Karlsruhe bildet ein neues, markantes Wahrzeichen der Stadt (Bild 9.1). Der Einsatz dreier großer Solarsegel als architektonisches Element ist bislang noch ungewöhnlich. Um eine hohe Stromausbeute zu erzielen, werden die Segel mit Getriebemotoren der Sonne nachgeführt.

Bild 9.1 Solarsegel der Stadtwerke Karlsruhe (*SEW-EURODRIVE GmbH & Co KG*)

Die Senkung des globalen CO_2-Ausstoßes ist eine Aufgabe, die durch vielfältigste Maßnahmen unterstützt werden kann. Dabei ist die Nutzung von Sonnenenergie eine gesellschaftlich akzeptierte und geförderte Form der Energiegewinnung. Aus dem Erscheinungsbild vieler Städte und Dörfer sind Photovoltaikanlagen mittlerweile nicht mehr wegzudenken. Auch die Stadtwerke Karlsruhe bieten ihren Kunden mit Naturstromangeboten die Möglichkeit, einen persönlichen Beitrag zur Förderung regenerativer Stromerzeugung zu leisten. Engagierte Kunden können sich schon seit über zehn Jahren aktiv am Ausbau regenerativer Energien in Karlsruhe beteiligen, indem sie einen Aufschlag auf den Bezugspreis bezahlen. Dieses Einnahme-Plus fließt komplett in den Bau regenerativer Energieerzeugungsanlagen mit Wasser- und Windkraft, Sonnenenergie und Biomasse.

Das Versorgungsunternehmen ist Eigentümer dreier Solarsegel, die auf einem Betriebsgelände im Norden von Karlsruhe vor einem Verwaltungsgebäude installiert wurden. Mehrere Zulieferer und Dienstleister berieten gemeinsam mit den Stadtwerken, wie man hier eine Photovoltaikanlage mit außergewöhnlichem Design – in Form eines Segels – installieren kann. Das Ergebnis der gemeinsamen Bemühungen ist ein architektonisches und technisches Highlight (Bild 9.2).

Bild 9.2 Drei Solarsegel vor dem Vollack-Gebäude in Karlsruhe (*Stadtwerke Karlsruhe*)

9.1.2 Mechanische Konstruktion

Das gesamte Segel hat eine Bauhöhe von etwa 13 m, seine Masse beträgt 4,4 t. Für die Unterkonstruktion und Fundamentierung war die Firma Vollack zuständig. Jedes der drei Solarsegel liefert über 5 kW Spitzenleistung.

Die Steuerung der Photovoltaikanlage befindet sich im Keller des nahen Verwaltungsgebäudes. Eine Ingenieurgesellschaft sorgte für den elektrischen Anschluss und übernahm den Aufbau und die Montage der Unterkonstruktion, Getriebe und Photovoltaikmodule sowie die Inbetriebnahme der Wechselrichter, die sich direkt am Mast des Segels befinden.

Um die Energieausbeute zu maximieren, müssen die Solarsegel der Sonne nachgeführt werden. Durch die einachsige Nachführtechnik erhöht sich der Solarertrag um etwa 20 %, wie man rechnerisch ermitteln kann. Der Nachweis im praktischen Alltagsbetrieb über mindestens 20 Jahre ist eines der Ziele. Über den reinen Erkenntnisgewinn hinaus wollen die Stadtwerke Karlsruhe mit diesen weithin sichtbaren „Vorzeigeobjekten" auch Maßstäbe setzen und Nachahmer anregen, umwelt- und klimafreundliche Energietechnik in anspruchsvolle architektonische Konzepte zu integrieren [9.1].

9.1.3 Antriebstechnik

Der Mast ist um den feststehenden Winkel von 15° geneigt und stellt somit sehr hohe Anforderungen an die Gesamtkonstruktion. Um die hohen Kipplasten zu beherrschen, insbesondere wenn Wind auf das Segel drückt, wurde der Schwenktrieb eines Spezialanbieters eingesetzt (Bild 9.3).

Die Antriebskraft liefern je zwei 0,75-kW-Drehstrommotoren DRS 80 mit vorgeschaltetem Stirnradgetriebe RF87 (Bild 9.4). Ein Motor ist mit einem Absolutwertgeber ausgerüstet. Die Stirnradgetriebe der Baugröße 87 wurden für ein maximales Abtriebsdrehmoment von 1 550 Nm ausgelegt.

Bild 9.3 Getriebemotoren mit Schwenktrieb (*SEW-EURODRIVE GmbH & Co KG*)

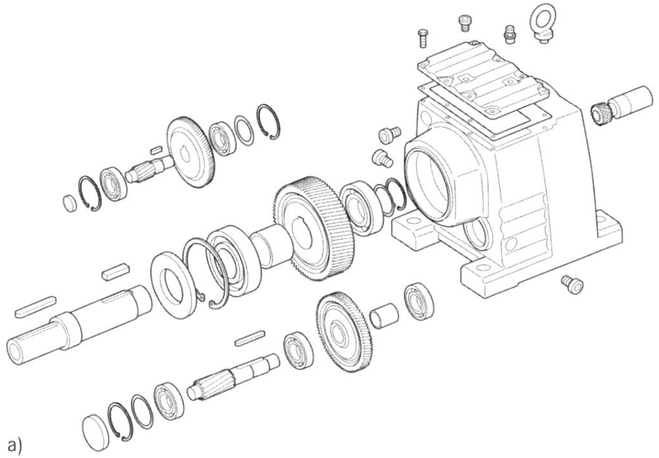

a)

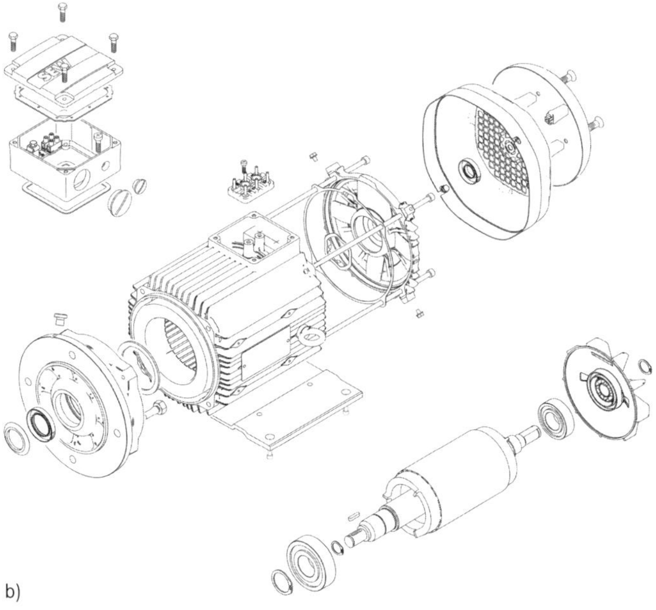

b)

Bild 9.4 Explosionszeichnung des R-Getriebes (a) und des DR-Motors (b) (*SEW-EURODRIVE GmbH & Co KG*)

9.1.4 Nachführung

In Abhängigkeit der Einflussfaktoren Aufstellungsort und Datum werden der zugehörige Sonnenverlauf exakt berechnet und die Achse der Segel in Ost-West-Richtung das ganze Jahr über der Sonne nachgeführt. Das erhöht die Effizienz der Photovoltaikanlage und die Energieausbeute der Solarmodule. Nachts verharren sie in einer Ruhestellung parallel zur vorbeiführenden Straße.

Ab einer Windstärke von 12,9 m/s verstellen sich die Segel innerhalb von 30 s um 90° zur Windangriffsfläche. Zur Messung der Windstärke wurde auf dem hinteren Segel ein Sensor installiert. Zusätzlich befindet sich auf dem Dach des Verwaltungsgebäudes ein Windrichtungsmesser. Beide Messwerte werden je Minute abgefragt, um die Segel bei veränderter Windrichtung nachzuführen. Selbst bei einem kompletten Spannungsausfall kann die Position der Segel durch die eingesetzten Absolutwertgeber ohne zeitaufwendige Referenzfahrt ermittelt werden.

Die Berechnungen erfolgen mithilfe einer nach IEC 1131 programmierbaren Steuerung MOVI-PLC DHE41B (Bild 9.5). Neben dieser Steuerung lassen sich mit einem millionenfach kombinierbaren Getriebemotor-Baukastensystem passende technische Lösungen für alle Anforderungen aus dem Bereich der regenerativen Energien realisieren [9.2].

Bild 9.5 Kompaktsteuerung MOVI-PLC (*SEW-EURODRIVE GmbH & Co KG*)

Quellen und weiterführende Literatur Kapitel 9.1

[9.1] Website der Stadtwerke Karlsruhe
http://www.stadtwerke-karlsruhe.de/swka-de/aktuelles/2010/08/20100806.php
[9.2] SEW-EURODRIVE: Prospekt „Innovative Antriebs- und Automatisierungslösungen für Solar-Trackingsysteme", Sachnummer: 1929 0802/0611
http://www.sew-eurodrive.de/download/pdf/19290802.pdf

9.2 Servogetriebe in der Lebensmittelbranche

Dipl.-Ing. Gunthart Mau

9.2.1 Einleitung

Vor allem in Städten dominieren heute Großbäckereien mit einem flächendeckenden Filialnetz, die täglich tausende Torten und zehntausende Stück Kuchen backen. Weil niemand diese großen Warenmengen mit der erforderlichen Präzision und Geschwindigkeit manuell schneiden kann, ist hier Automatisierungstechnik gefordert. In **Bäckerei-Schneidemaschinen** ermöglichen Servomotoren, -getriebe und -umrichter präzise Bewegungen (Bild 9.6).

Bild 9.6 Servogetriebemotoren in einer Kuchenschneidemaschine (*SEW-EURODRIVE GmbH & Co KG*)

9.2.2 Sauberer Schnitt mit Ultraschall

Das automatisierte Schneiden von Backwaren erfolgt heute mithilfe von **Ultraschall**. Schon seit Jahren hat sich diese Methode auch zum Schneiden von mehrschichtigen und klebrigen Lebensmitteln wie Kuchen oder Torten bewährt. Die Schneidklinge (Bild 9.7) aus einer Titan-Legierung wird zu Schwingungen im Mikrometer-Bereich angeregt. Dadurch gibt es keine Produktanhaftung, und das Ergebnis ist ein glatter Schnitt. Zudem tritt durch die Vibration ein Selbstreinigungseffekt auf. Die Schwingungen erfolgen im Frequenzbereich zwischen 20 und 40 kHz. An der Messerspitze entsteht eine voreilende Schwingungsglocke. Sie sorgt für die saubere Durchtrennung der Backwaren.

Der Schnittqualität hängt von der Konsistenz der Backware ab. Daher muss die genaue Klingengeometrie gemeinsam mit dem Kunden ausprobiert werden. Die Ansteuerung der Klingen erfolgt über einen Ultraschallgenerator. Er regt die Schneidklinge auf ihrer gesamten Länge zu Resonanzschwingungen an.

Nach dem Schneiden können die Messer in einer **Reinigungsstation** gesäubert werden. Je nach Schnittgut – von Butterkuchen bis Sahneschnitten – muss das unterschiedlich intensiv erfolgen. Die Reinigung geschieht mithilfe von Wasserdüsen. Durch die Vibration der Messer erzeugt das Wasser eine kleine Gischt, die anhaftende Krümel, Sahne und dergleichen abträgt. Zur Trocknung werden die Klingen über Luftdüsen abgeblasen. Zusätzlich kann man eine Reinigung mit ultraviolettem Licht zur Entkeimung vorsehen.

Bild 9.7 Schneidklinge aus einer Titan-Legierung (*SEW-EURODRIVE GmbH & Co KG*)

9.2.3 Anlagenkonstruktion

Die Backwaren werden auf einem Förderband angeliefert, müssen auf Abstand positioniert und zentriert werden (Bild 9.8). Daher bildet eine **Vereinzelungsstrecke** am Eingang der Kuchenschneidemaschine den Anfang der Materialflusskette. Sie sorgt für die gleichmäßige Entfernung zwischen den einzelnen ankommenden Produkten. Dieser ist notwendig, um den vorgegebenen Abstand zwischen den Messern einzuhalten, der durch den Aufbau des Schneidwerks bedingt ist. Hierbei kommen Kleinförderbänder zum Einsatz, die jeweils durch einen 0,25-kW-Drehstrommotor mit einem dreistufigen Stirnradgetriebe über Zahnriemen angetrieben werden.

Die Ansteuerung jedes Motors erfolgt durch je einen Umrichter (Bild 9.9). Dieser Frequenzumrichter ist durch Modularität und damit Vielseitigkeit sowie ein geringes Bauvolumen gekennzeichnet. Neben der umfangreichen

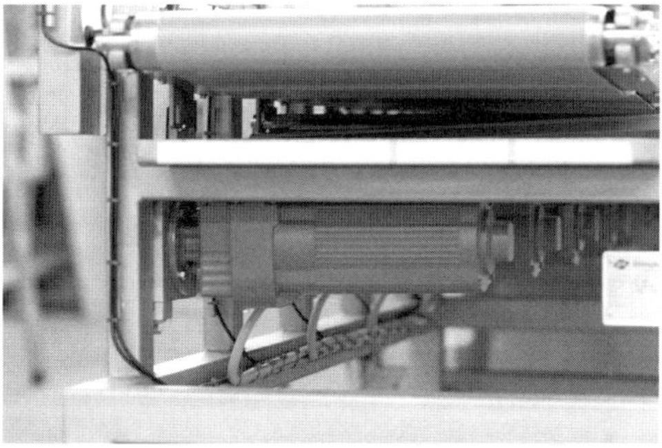

Bild 9.8 Kleinförderband mit Antriebsmotor (*SEW-EURODRIVE & Co KG*)

Bild 9.9 Frequenzumrichter MOVITRAC B (*SEW-EURODRIVE GmbH & Co KG*)

Geräteausstattung und dem hohen EMV-Schutz lässt sich der Umrichter einfach in Betrieb nehmen und bedienen.

9.2.4 Großes Handlingsportal

Die nachfolgenden Bearbeitungsschritte übernimmt ein Portal, das Bewegungen in mehrere Richtungen ausführt. Hierbei wird die Backware zugeführt, zentriert, geschnitten und ausgeschleust. Zunächst nimmt eine **Handlingseinheit** mit dem **Servoplanetengetriebe** (Bild 9.10) die Kuchenstücke in Empfang, positioniert sie und führt sie der Anlage zu. Diese spielarmen Planetengetriebe sind konzipiert für Drehmomentklassen von 30 ... 320 Nm. Sie bilden die Grundlage für vielfältige und dynamische Antriebslösungen.

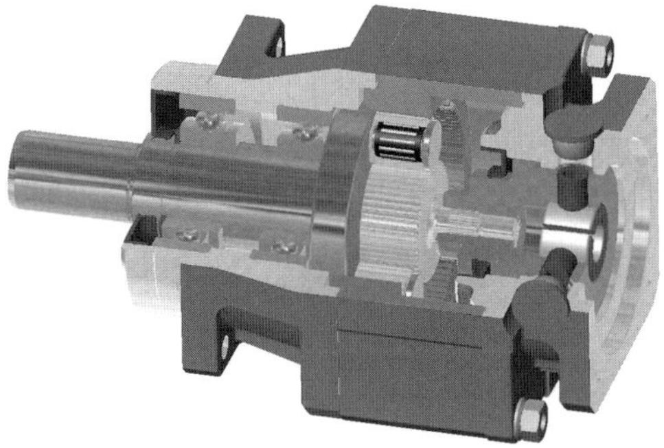

Bild 9.10 Servoplanetengetriebe PSC (*SEW-EURODRIVE GmbH & Co KG*)

Es folgen zwei kompakte, spielarme **Servowinkelgetriebe** in Hohlwellenausführung, die auf die Längs- und Querachse eines Handlingportals wirken. Ein spielarmes Flanschblock-Planetengetriebe sorgt hochdynamisch für die exakte Position der Hubachse. Hier sind höchste Präzision, extreme Verdreh- und Kippsteifigkeit vereint, allesamt Eigenschaften, die einen extrem schnellen und gleichzeitig präzisen Schnitt ermöglichen. Jedes Getriebe wird exakt anhand der jeweiligen Antriebsaufgabe bzw. des Kundenwunsches aus einem umfangreichen Servogetriebeportfolio ausgesucht. Der Kunde wählt hierzu einfach aus einer Vielfalt von serienmäßigen Optionen aus, beispielsweise den – hier in allen Getrieben verwendeten – lebensmittelverträglichen Schmierstoff. Alle Getriebe zusammen treiben das Handlingportal für die Bewegung der Schneidmesser an.

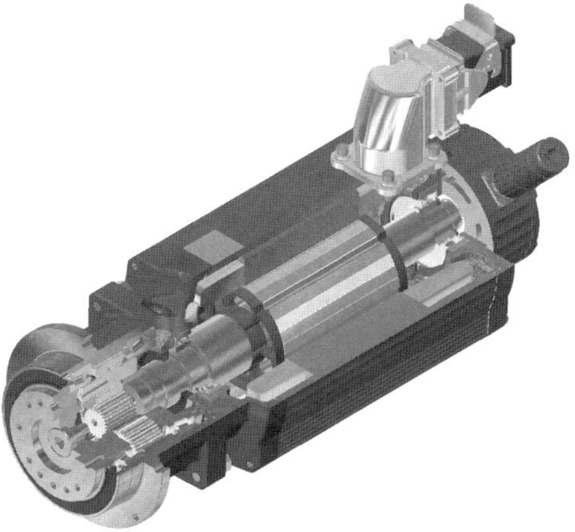

Bild 9.11 Servoplanetengetriebe PSBF mit direkt angebautem Synchron-Servomotor (*SEW-EURODRIVE GmbH & Co KG*)

Eine Drehachse verstellt mehrere Schneidmesser gemeinsam über eine Zahnstange. Dadurch wird die höchste Winkelgenauigkeit erzielt. In der aktuellen Ausbaustufe sind vier Messer vorgesehen, für spätere Erweiterungen wurden aber insgesamt fünf Messeraufnahmen vorbereitet. Ein spielarmes Servoplanetengetriebe, das formschlüssig, also ohne zusätzliche Kupplung, an einen hochdynamischen Synchron-Servomotor angebaut ist, sorgt für die Verstellung der Drehachse (Bild 9.11). Durch ihren konstruktiven Aufbau erzielen die spielarmen Servoplanetengetriebe hohe zulässige Drehmomente und Querkräfte. Höchste Fertigungsqualität und sorgfältige Montage ermöglichen bei den ein- und zweistufigen Ausführungen Verdrehspiele von weniger als einer Winkelminute.

Die Servogetriebe haben eine dauerfeste Verzahnung und lassen sich direkt, also ohne zusätzliche Kupplung, an die Servomotoren montieren. Diese verdrehsteifen, durchgängig formschlüssigen und spielfreien Servogetriebemotoren sorgen dank ihrer Leistung und Regelgüte für höchste Präzision bei allen Positionieraufgaben. Die Kegelradendstufe sowie die schrägverzahnte Eintriebsstufe bei der Baureihe BSF sind durch eine besonders geringe Geräuschentwicklung und ein spielarmes Laufverhalten gekennzeichnet (Bild 9.12). Diese Servowinkelgetriebe sind über einen Drehmomentenbereich von 40 ... 1 500 Nm mit drei und sechs Winkelminuten Verdrehspiel sowie Beschleunigungsmomenten bis 2 250 Nm verfügbar.

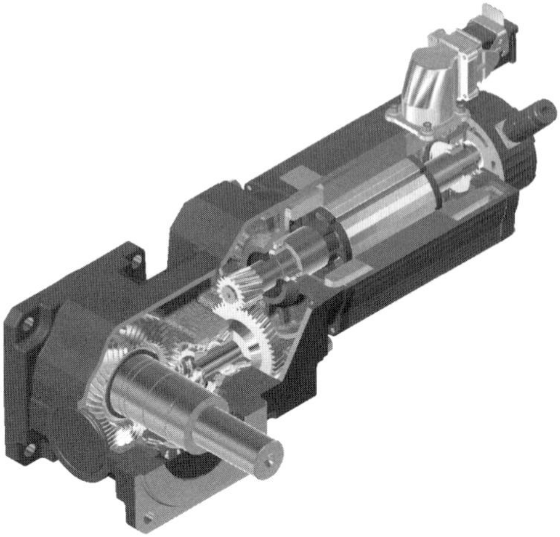

Bild 9.12 Servowinkelgetriebe BSF mit direkt angebautem Synchron-Servomotor (*SEW-EURODRIVE GmbH & Co KG*)

9.2.5 Hygieneanforderungen

Bei der Herstellung von Nahrungsmitteln werden hohe Anforderungen an die Hygiene gestellt. Daher kommen in dieser Branche Stirnrad-, Flach-, Kegelrad- und Schnecken-Getriebemotoren in **Aseptic-Ausführung** zum Einsatz, die sich für die regelmäßige Hochdruckreinigung mit entsprechenden Reinigungsmitteln eignen.

Als Antrieb für das Hauptband der Kuchenschneidemaschine wird ein Asynchronmotor in Aseptic-Ausführung verwendet. Diese Motoren haben Nennleistungen bis 1,5 kW, eine glatte Oberfläche, Schutzart IP 65 (optional IP 66) und arbeiten mit Konvektionskühlung, also lüfterlos. Hinzu kommt ein Standard-Schneckengetriebe. Bei diesem Aufsteckgetriebe befindet sich der Verschlussdeckel auf der Getrieberückseite gegenüber der Anschlussseite. Abtriebsseitig sind doppelte Wellendichtringe vorhanden. Sämtliche Getriebe in dieser Applikation sind mit lebensmittelverträglichem Getriebeöl befüllt. Die Einheit aus Getriebe und Motor ist die optimale Antriebslösung für sensible Bereiche in der Nahrungs-, Getränke- und Genussmittelindustrie. Getriebemotoren in der Ausführung Aseptic Plus erhalten eine spezielle Lackierung. In der Lebensmittelbranche gilt die HACCP-Norm, eine internationale Hygieneanforderung.

Die Komponenten erhalten je nach Einsatz einen Korrosionsschutz (Oberflächenschutz) von OS1 bis OS4. Die höchste Stufe OS4 kommt bei Anlagen zum Einsatz, auf denen beispielsweise Fleisch oder Sahnekuchen verarbeitet und ein aggressiver Reiniger verwendet wird.

9.2.6 Umrichter mit integrierter Steuerung

Die positions- und geschwindigkeitsgenaue Steuerung der Servogetriebemotoren erfolgt mit einem intelligenten Antriebsumrichter, der hohen Ansprüchen an Dynamik und Regelgüte gerecht wird (Bild 9.13). Ob asynchroner Drehstrommotor oder synchroner Servomotor – dieser Frequenzumrichter kann universell eingesetzt werden. Bereits serienmäßig ist im Umrichter eine flexible Positionier- und Ablaufsteuerung integriert. Mit ihr lassen sich Applikationsmodule, also bereits erstellte Steuerungsprogramme, nutzen. So werden für die Kuchenschneideanlage fertige Positionierungsmodule verwendet. Die Ablaufsteuerung ermöglicht das Ausführen eines Anwenderprogramms unabhängig vom gewählten Regelverfahren. Weil in der gesamten Anlage Hyperface-Absolutwertgeber zum Einsatz kommen, ist nach einmaliger Referenzierung keine Nullpunktfahrt notwendig.

Mit der im Umrichter integrierten Positionier- und Ablaufsteuerung kann die übergeordnete SPS in vielen Fällen erheblich entlastet werden. Dadurch ergibt sich für den Kunden ein erhebliches Sparpotenzial bei der Hardware und beim Aufwand für die elektrische Installation. Der Programmieraufwand wird auf SPS und Umrichtersteuerung aufgeteilt.

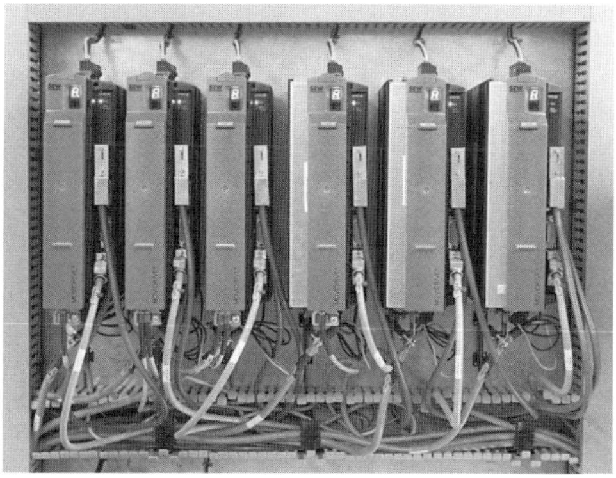

Bild 9.13 Frequenzumrichter MOVIDRIVE B (*SEW-EURODRIVE GmbH & Co KG*)

Eine besondere technische Herausforderung stellt das **fliegende Messer** dar, das bei durchlaufendem Betrieb zum Einsatz kommt. Fliegende Bearbeitungsvorgänge sind dadurch gekennzeichnet, dass das Material während der Bearbeitung nicht gestoppt werden muss. Beim fliegenden Messer wird ein Schlitten – in diesem Fall der Messerträger – auf die Materialgeschwindigkeit synchronisiert: Somit bewegt sich das Messer im Schnittbereich mit der gleichen Geschwindigkeit wie die Warenbahn.

Für die Kommunikation mit anderen Anlagenkomponenten beinhaltet die Steuerung umfangreiche Möglichkeiten. Auf der hier beschriebenen Anlage wird ein optionales Profibus-Gateway verwendet. Der Antriebsumrichter (Bild 9.13) führt das Anwenderprogramm auch bei einer Störung des Geräts weiter aus. Daher ist im Anwenderprogramm eine Fehlerbehandlung möglich. Falls eine Modem-Fernwartung eingerichtet ist, werden hierfür das Profibus-DPV-Protokoll genutzt sowie die Engineering-Software MOVITOOLS Motion Studio zur Inbetriebnahme, Diagnose und Wartung. Im Servicefall kann der Kunde selbst den Antriebsumrichter tauschen – einfach per Plug and Play.

9.3 Industriegetriebe für Turbinenschweißanlagen

Dipl.-Ing. Gunthart Mau

9.3.1 Einleitung

Um den steigenden Strombedarf auf der Welt zu decken, werden in Kraftwerken zur Energiewandlung in der Regel hochleistungsfähige Turbinen eingesetzt. Vor allem die Qualität der Schweißverbindungen muss diesen hohen Anforderungen genügen. Der gesamte Strombedarf auf der Erde wird aktuell auf etwa 20 Peta-Wattstunden (20×10^{15} Wh) pro Jahr geschätzt [9.3]. Die Ressourcen, aus denen unser Strom erzeugt wird, sind vielfältig: Wind- und Wasserkraft, Erdöl und Erdgas, Kohle und Solarenergie. Oft werden zur Erzeugung dieser astronomisch großen Energiemenge in den Kraftwerken **Turbinen** benötigt. Diese Strömungsmaschinen wandeln die kinetische Energie von Flüssigkeiten oder Gasen in Rotationsenergie an ihrer Achse um, mit der man einen Generator betreiben kann. Der steigende Energiebedarf ist auch ein Wachstumsbeschleuniger für Turbinen.

Mit Massen bis ca. 400 t und Leistungen bis etwa 1,5 GW gehören sie zu den größten Maschinen überhaupt [9.4]. Auch aus weiteren Gründen stellen sie technische Meisterleistungen dar: Die hohen Geschwindigkeiten an den Schaufelenden und die großen Fliehkräfte, die bei Turbinen auftreten, erfordern eine sorgfältige Konstruktion und Verarbeitung. Besonderes Augenmerk liegt auf der Qualität der Schweißverbindungen.

9.3.2 Positionierung großer Massen

Rotoren von Turbinen werden zunächst vorgeschweißt und anschließend mit dem Unterpulverschweißverfahren komplett fertig geschweißt. Weil das in horizontaler Position erfolgt, benötigt man hierfür ein Portal mit zwei Auflageböcken für die Turbine sowie eine Rotordrehvorrichtung (Bild 9.14). Wegen der unterschiedlichen Wellendurchmesser der zu schweißenden Rotoren ist eine Höhenverstellung erforderlich. Die technische Herausforderung an dieser Lösung besteht darin, dass die Rotoren exakt horizontal liegen müssen und dabei noch justiert werden können. Die Rotoren wiegen bis zu 400 t – so viel wie fünf Güterlokomotiven zusammen. Daher kann jeder der beiden **Unterstützungsböcke** 200 t tragen (Bild 9.15).

Bild 9.14 Rotordrehvorrichtung mit Getriebemotoren
(*SEW-EURODRIVE GmbH & Co KG*)

Bild 9.15 Unterstützungsböcke mit Hubantrieben
(*SEW-EURODRIVE GmbH & Co KG*)

Das dritte Befestigungselement der Turbinen – der Positionierer – muss keine Last tragen, aber Zugkräfte in axialer Richtung aushalten (Bild 9.16). Sie entstehen durch Unregelmäßigkeiten und können bis zu 100 t betragen. Die Drehmitte der Antriebsstelle muss exakt auf der Mitte der Rotor-Drehachse liegen. Daher ist die Welle der Schweißanlage über eine Kardanwelle flexibel aufgehängt. Am deren Ende sitzt der Drehantrieb. Das ist ein Industrie-Planetengetriebe in Hohlwellenausführung (Bild 9.17) mit Drehmomentstütze und einem vorgeschalteten Kegelstirnradgetriebe mit Drehstrommotor. Die Drehmomentübertragung erfolgt kraftschlüssig über eine Schrumpfscheibenverbindung.

Bild 9.16 Positionierantrieb
(*SEW-EURODRIVE GmbH & Co KG*)

a) b)

Bild 9.17 Industrie-Planetengetriebe PHF042/T –
Anlagenfoto (a) und Schnittzeichnung (b) (*SEW-EURODRIVE GmbH & Co KG*)

9.3.3 Leistungsstarke Antriebstechnik

Unter der Last von 400 t muss man die Turbine anheben und verschieben können. Daher ruht sie auf höhenverstellbaren **Unterstützungsböcken**, an deren Seite Positionierantriebe angebracht sind. Es handelt sich hierbei um Stirnrad-Flachgetriebemotoren.

Für die Schweißarbeiten muss die Turbine auch in horizontaler Richtung sauber justiert werden. Daher lässt sich der gesamte Unterstützungsbock auf Schienen verschieben. Als Fahrantrieb fungieren ebenfalls Flachgetriebe mit vorgeschalteten Standard-Getriebemotoren (Bild 9.18).

Bild 9.18 Fahrantrieb (*SEW-EURODRIVE GmbH & Co KG*)

Die Rotoren werden fest auf eine Planscheibe gespannt, damit man sie drehen kann. Auf diese Scheibe, die sich an einem Wellenende der Turbine befindet, setzt ein zur Turbinenschweißanlage gehörender Kran eine Spannvorrichtung auf. Sie überträgt die Antriebskraft vom Planetengetriebe auf den Rotor der Turbine. Während sich der Rotor dreht, werden die Sektionen zusammengeschweißt. Weil die Schlitze zwischen den einzelnen zu verschweißenden Sektionen der Turbine sehr eng und bis zu 500 mm tief sind, wird zum Schweißen der Turbine eine **Engspalt-Schweißmaschine** eingesetzt.

9.3.4 Bequeme Anlagensteuerung

Am Kopfende der Anlage befindet sich ein klimatisierter Schaltschrank mit Luftfilterung. Das ist nötig wegen der salzhaltigen Seeluft beim chinesischen Endkunden, der seinen Firmensitz an der Küste des Pazifischen Ozeans hat. Er beinhaltet die Frequenzumrichter, die die Getriebemotoren ansteuern sowie die SPS zur Steuerung der Turbinenschweißanlage. Sämtliche Antriebsachsen der Anlage werden nach den Vorgaben der SPS über eine Bus-Positionierung verstellt. Der Turbinenhersteller braucht nur den Auflage-Durchmesser in die Steuerung eingeben. Dann verfährt die Anlage so, dass sie automatisch die richtige Höhe und Position erreicht.

Quellen und weiterführende Literatur Kapitel 9.3

[9.3] Key World Energy Statistics 2013, Internationale Energieagentur, Paris. http://www.iea.org/publications/freepublications/publication/KeyWorld2013.pdf

[9.4] Website der Deuzer Maschinenfabrik http://www.deuma.de/deutsch/uber.html

9.4 Hydrostatischer Antrieb

Dr.-Ing. Ulrich Bräckelmann

9.4.1 Leistungsverzweigung

Mechanische Getriebe in Bauform der Zahnradgetriebe zeigen in der Regel einen sehr hohen Wirkungsgrad, sind jedoch in ihrer Übersetzung nicht verstellbar. Schaltgetriebe ermöglichen die Wahl zwischen verschiedenen Übersetzungen, weisen jedoch Stufensprünge auf. Variable Getriebe lassen sich stufenlos verstellen und benötigen keine Anfahrkupplung, zeigen jedoch im Allgemeinen schlechtere Wirkungsgrade als Zahnradgetriebe. **Leistungsverzweigte Getriebe** vereinigen den hohen Wirkungsgrad der mechanischen Getriebe mit der stufenlosen Verstellbarkeit der variablen Getriebe. Bild 9.19 zeigt das Prinzip der Leistungsverzweigung. Die Leistung wird auf einen mechanischen und einen variablen Pfad verzweigt und vor dem Getriebeausgang wieder summiert. Der Anteil der variablen bzw. mechanischen Leistung variiert dabei mit der Übersetzung des Getriebes, dieses beeinflusst auch den Gesamtwirkungsgrad. Durch geeignete Auslegung lassen sich Bereiche mit hohem Wirkungsgrad in die häufig benötigten Übersetzungsverhältnisse legen.

Leistungsverzweigte Getriebe sind häufig mit **hydrostatischen Komponenten** im variablen Pfad ausgeführt, da diese eine hohe Leistungsdichte besitzen. Daneben existieren ebenso mechanische Lösungen (Reibradgetriebe, Schubgliederkette) wie auch elektrische Bauweisen (Motor, Generator).

Ist der Pfad der mechanischen Leistung baulich vom variablen Pfad getrennt, so spricht man von **äußerer Leistungsverzweigung**. Fließt die Leistung des variablen und des mechanischen Pfads über dieselben

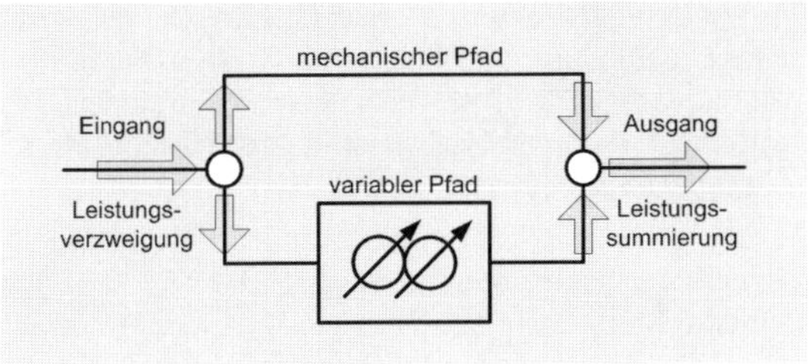

Bild 9.19 Prinzip der Leistungsverzweigung

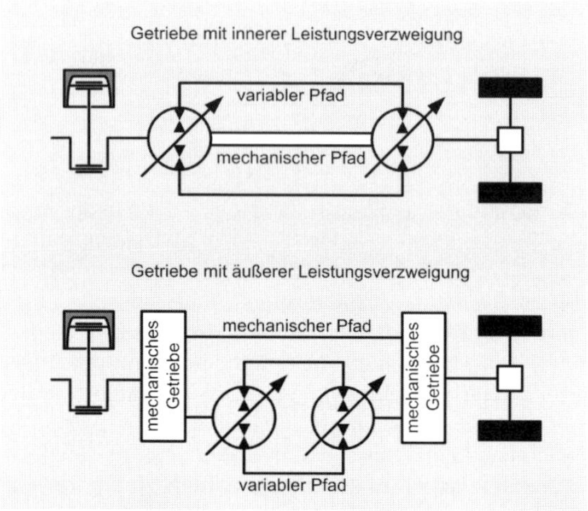

Bild 9.20 Schaltschema von Getrieben mit innerer und äußerer Leistungsverzweigung

Baugruppen oder Bauelemente des Getriebes (z.B. über die Triebwerke von Hydrostaten), so liegt eine innere Leistungsverzweigung vor. Bild 9.20 verdeutlicht die Struktur.

Innere Leistungsverzweigung

Zum Verständnis der inneren Leistungsverzweigung dient eine Pumpe, die den zusätzlichen Freiheitsgrad eines rotierenden Gehäuses aufweist. Die Antriebswelle leitet mechanische Leistung ein, und bei Stillstand des Gehäuses wird diese von der Pumpe in hydraulische Leistung gewandelt. Lässt man das Gehäuse rotieren, so fließt bei Verbindung des Gehäuses mit dem Abtrieb ein Teil der Leistung mechanisch durch. Als Grenzfall fördert die Pumpe keinen Volumenstrom, sie wirkt wie ein starrer Durchtrieb. Die Leistungssummierung erfolgt in einem Hydromotor, der hydraulisch und mechanisch mit der Pumpe gekoppelt ist.

Ein Patent wurde bereits 1909 an Louis Renault erteilt. Dieses Getriebe war für den Einsatz in Personenkraftwagen konzipiert. Bild 9.21 zeigt den Aufbau. Die Welle treibt die Taumelscheibenpumpe (links), hier erfolgt die Leistungsverzweigung. Die Schrägscheibeneinheit (rechts) bewirkt die Leistungssummierung auf die Abtriebswelle.

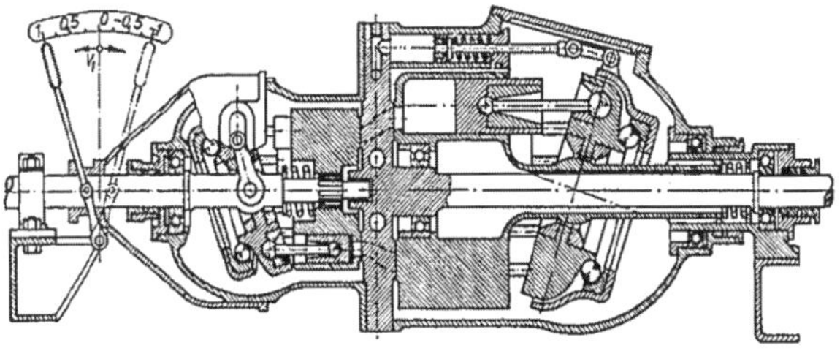

Bild 9.21 Hydrostatisches Getriebe mit innerer Leistungsverzweigung, Louis Renault (nach Patent No 10,108, 1909, Birmingham Free Libraries)

Getriebe mit innerer Leistungsverzweigung sind wenig verbreitet und auf Anwendungen mit geringem Gewicht beschränkt, so z. B. Motorräder und -roller.

Äußere Leistungsverzweigung

Leistungsverzweigungsgetriebe mit äußerer Leistungsverzweigung stellen zurzeit die am weitesten verbreitete Form dar. Dabei kommen je nach Anwendung verschiedene Getriebestrukturen zum Einsatz. Die in Bild 9.20 gezeigten mechanischen Getriebeteile zur Leistungsverzweigung und Leistungssummierung können entweder ein festes Verhältnis der Drehzahlen oder ein festes Verhältnis der Drehmomente aufweisen. Ein festes Verhältnis der Drehzahlen lässt sich durch ein **Stirnradgetriebe** darstellen. Feste Verhältnisse der Drehmomente liegen zwischen Sonnenrad, Steg und Hohlrad eines **Planetengetriebes** vor. Um die erforderliche Anzahl der Freiheitsgrade zu realisieren, muss eines der mechanischen Getriebe ein festes Drehzahlverhältnis aufweisen, während das andere mit festem Drehmomentverhältnis ausgeführt ist.

Liegt das feste Drehzahlverhältnis in der Leistungsverzweigung am Getriebeeingang, so handelt es sich um ein **eingangsgekoppeltes Getriebe**. Eine Getriebestruktur mit festem Drehzahlverhältnis in der Leistungssummierung am Getriebeausgang heißt **ausgangsgekoppelt**. Bild 9.22 zeigt die Getriebestrukturen aus- und eingangsgekoppelter Getriebe sowie die zugehörigen charakteristischen Wirkungsgradverläufe in Vorwärtsfahrt.

Ausgangsgekoppelte Getriebe weisen einen hohen Wirkungsgrad über einen weiten Teil der Fahrgeschwindigkeit auf, bei Rückwärtsfahrt lassen sich jedoch nur geringe Geschwindigkeiten bei niedrigem Wirkungsgrad erzielen. Ausgangsgekoppelte Getriebe eignen sich daher besonders für Fahrzeuge, die überwiegend in Vorwärtsfahrt betrieben werden.

Eingangsgekoppelte Getriebe zeigen ein ausgeprägtes Wirkungsgradmaximum. Bei geringen Fahrgeschwindigkeiten bewirkt jedoch Blindleistung einen ungünstigen Wirkungsgrad. Dieses Manko lässt sich durch einen zusätzlichen, rein hydrostatischen Fahrbereich ausgleichen. In der Praxis sind zudem weitere Fahrbereiche mit Leistungsverzweigung üblich, um die Wirkungsgradeinbrüche abzufangen.

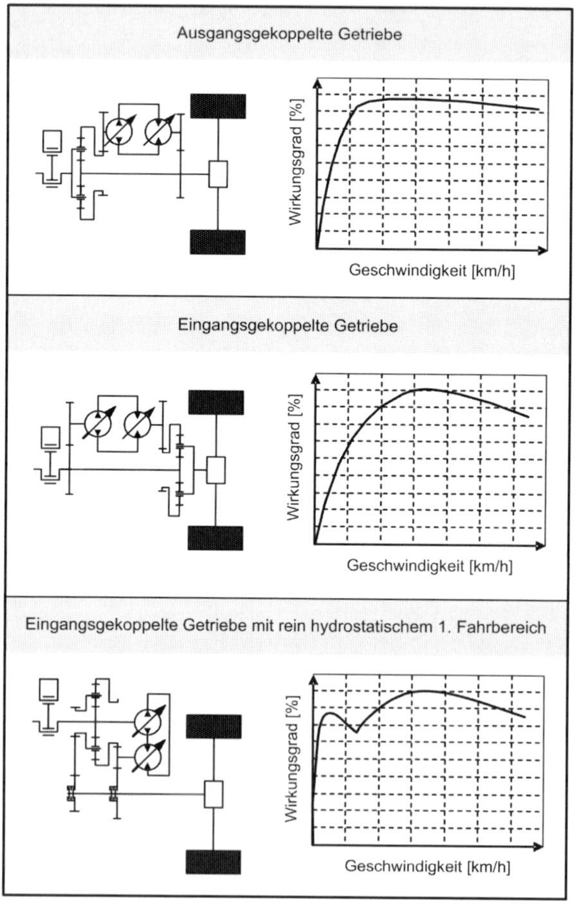

Bild 9.22 Schaltschema und Wirkungsgrad ein- und ausgangsgekoppelter Getriebe

9.4.2 Drehzahlentkoppelter Antrieb

Getriebe mit variabler Übersetzung ermöglichen es, die Drehzahl des Abtriebs (und damit bei Fahrzeugen die Fahrgeschwindigkeit) unabhängig von der Drehzahl des Antriebs zu verändern. Dieses kann insbesondere dann von Interesse sein, wenn in Teilen des Arbeitszyklus oder für einen Teil der Anwendungen die volle Leistung des Antriebsmotors nicht benötigt wird. Ein solcher **Teillastbetrieb** tritt z. B. in Fahrzeugen bei Fahrgeschwindigkeiten unterhalb der Höchstgeschwindigkeit auf. Auch mobile Arbeitsmaschinen werden beim Antrieb von Geräten mit geringem Leistungsbedarf oder während Transportfahrten in Teillast betrieben.

Die Wahl der optimalen Getriebeübersetzung ermöglicht im Teillastbetrieb von Verbrennungskraftmaschinen erhebliche Kraftstoffersparnis. Bild 9.23 zeigt das Kennfeld eines Dieselmotors. Im Bereich der maximalen Leistung (Punkt 1) ist keine Veränderung der Motordrehzahl möglich, ohne die Leistung zu reduzieren. Werden jedoch nur z. B. 60 % der Maximalleistung benötigt, so ergibt sich bei maximaler Motordrehzahl (Punkt 2) ein spezifischer Kraftstoffverbrauch von z. B. 260 g/kWh. Ist der Antrieb mithilfe variabler Übersetzung drehzahlentkoppelt, so kann die Drehzahl

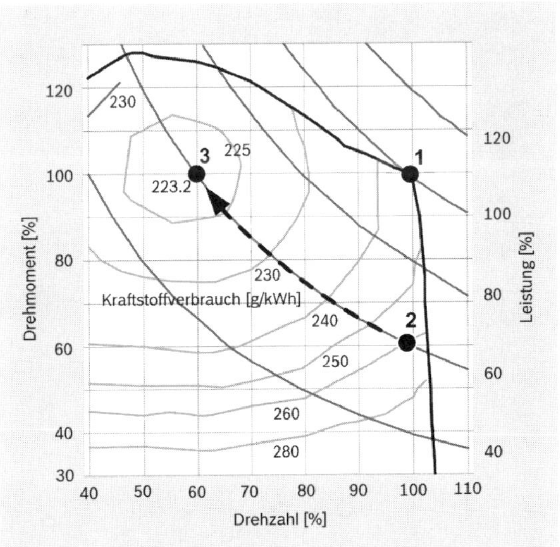

Bild 9.23 Kraftstoffersparnis bei Verwendung eines drehzahlentkoppelten Antriebs

der Arbeitsmaschine unverändert hoch sein, während sich die Drehzahl des Dieselmotors auf 60 % der Maximaldrehzahl reduzieren lässt (Punkt 3). In diesem Arbeitspunkt beträgt der spezifische Kraftstoffverbrauch z. B. 223 g/kWh, dieses entspricht einer Kraftstoffersparnis von 14 %.

Bild 9.24 zeigt als Ausführungsbeispiel ein hydrostatisch stufenlos verstellbares Getriebe für schwere Radlader. Das Getriebe besitzt einen rein hydrostatischen Fahrbereich für geringe Geschwindigkeiten sowie zwei Fahrbereiche mit Leistungsverzweigung für mittlere und hohe Fahrgeschwindigkeiten.

Bild 9.24 Leistungsverzweigungsgetriebe HVT (Hydrostatic Variable Transmission) (*Bosch Rexroth*)

9.5 Automatisierungstechnik an Druckmaschinen

Dipl.-Ing. (FH) Jörg Giebler

Rollendruckmaschinen ziehen eine „endlose" Druckbahn durch die Druckstationen. Die Druckwerke arbeiten dabei nach dem Rotationsprinzip, bei dem das Papier zwischen zwei gegeneinander rotierenden Zylindern hindurch läuft. Die erste Rotationsdruckmaschine wurde von Friedrich König entwickelt und 1814 bei der Londoner Times in Betrieb genommen. Nach ihm ist auch die „Königswelle" benannt: Eine komplexe Mechanik, die die Kraft eines zentralen Antriebs auf die einzelnen Stationen verteilt und diese synchronisiert.

Erst in den 1990er-Jahren erlaubte der Stand der Technik eine grundlegende Modernisierung der Maschinenkonzepte. Seitdem basiert die Synchronisation der einzelnen Walzen und Zylinder auf einer elektronischen Welle. Eine Bewegungssteuerung „Motion Control" koordiniert Drehzahl und Position von bis zu mehreren hundert Antrieben hochgenau.

Die elektronische Welle ersetzt verschleißanfällige Mechanik durch wartungsfreie Servomotoren, steigert die Druckgenauigkeiten und die Druckgeschwindigkeit. Die Rüstzeiten sinken drastisch. Während bei der alten Technik die Maschine komplett abgeschaltet werden musste, ermöglich die elektronische Welle einen fliegenden Wechsel im Betrieb.

9.5.1 Automationstechnik

Die moderne Automatisierung von Rollendruckmaschinen (Bild 9.25) erfordert aufeinander abgestimmte Antriebs- und Steuerungskomponenten.

Bild 9.25 Akzidenzdruckmaschine (*Koenig & Bauer AG*)

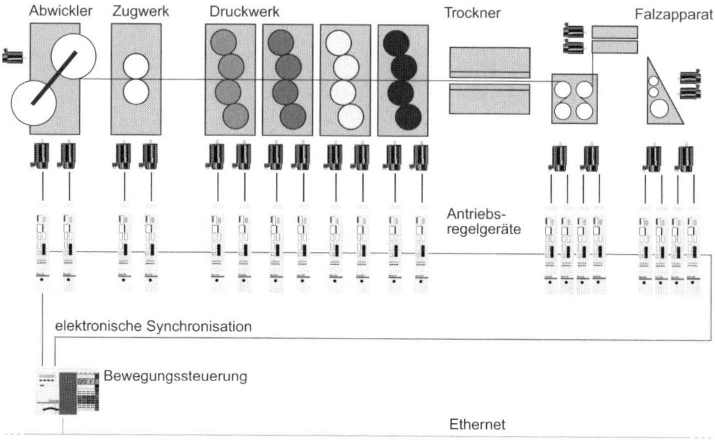

Bild 9.26 Elektronische Synchronisation (*Bosch Rexroth*)

Dabei setzt das Konzept der elektronischen Welle auf eine dezentrale Automations-Architektur. Intelligente Antriebe regeln eigenständig ihre Aufgaben nach den Vorgaben der Steuerung (Bild 9.26). Dadurch erreicht die Systemlösung eine höhere Regelgüte als zentrale Konzepte.

9.5.1.1 Antriebstechnik

Elektrische Antriebe übernehmen grundsätzlich zwei verschiedene Aufgaben. In den Prozess-Achsen, z. B. Bahntransport, Ein- und Auszugswerk, Druckwerke, Auf-/Abwickler sowie Falzapparat, übernehmen sie die Synchronisation und Leistungsbereitstellung. Als Hilfsantriebe stellen sie zu und sorgen für den Weiterlauf der Farbwerke (Bild 9.27).

Antriebsregler

Antriebsregler bestehen aus einem Leistungsteil für die Stromversorgung des Motors sowie einem digitalen Steuerteil für das Schließen des Regelkreises (Bild 9.28).

Elektrische Servoantriebe nutzen eine kaskadierte Regelungsstruktur, um in mehreren überlagerten Regelkreisen die wesentlichen Zustandsgrößen Drehmoment (Strom), Drehzahl und Lage zu regeln.

Dabei berechnet der überlagerte Regler jeweils den Sollwert für den unterlagerten Regelkreis. Der Stromregler ermittelt als unterster Regler den

Spannungssollwert, übergibt ihn innerhalb des Stellgerätes an das Leistungsteil, das dann die entsprechende Spannung für den Motor bereitstellt.

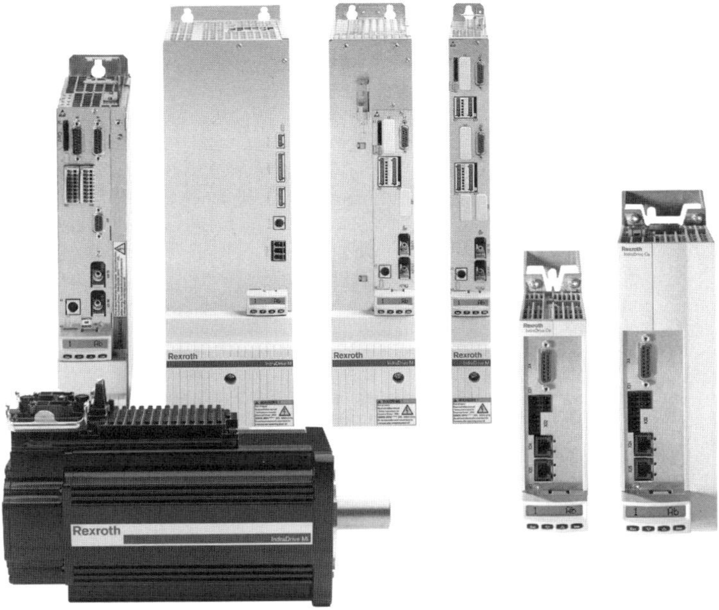

Bild 9.27 Moderne Antriebstechnik für Druckmaschinen (*Bosch Rexroth*)

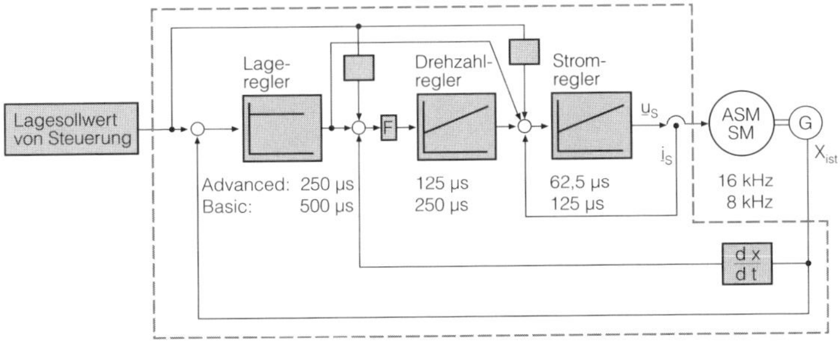

Bild 9.28 Regelungsstruktur

High-End-Servoantriebe schließen den Stromregelkreis alle 62,5 Mikrosekunden und sorgen so für eine extrem feinfühlige Regelung. Sensoren und Geber erfassen zusätzlich zyklisch die Drehzahl- und Lageistwerte. Das Steuerteil vergleicht kontinuierlich die Ist- mit den Sollwerten. Die Software moderner Servoregler umfasst eine Vielzahl von Technologiefunktionen, Überwachungen und Diagnosemöglichkeiten.

Echtzeitkommunikation

Für die Synchronisation ist der Echtzeit-Austausch von Daten zwischen der Steuerung und den intelligenten Antrieben notwendig. Bei Druckmaschinen kommt meist der international standardisierte Automationsbus sercos zum Einsatz. Ein kollisionsfreier Echtzeit-Kanal überträgt mit hoher Protokolleffizienz in jedem Zeitschlitz Datenpakete an alle Teilnehmer. Je nach Teilnehmerzahl beträgt die Zykluszeit des Datenaustausches zwischen 31,25 µs und 65 ms. Die Datenübertragung in einem festen Zeittakt wird auch als deterministisch bezeichnet.

Eine Besonderheit: sercos eröffnet die Möglichkeit der Echtzeit-Querkommunikation zwischen mehreren Steuerungen. Das ist gerade für die Verknüpfung von Druck- und Verarbeitungsmaschinen zu hochproduktiven Inline-Prozessen interessant.

9.5.1.2 Steuerungstechnik

Das Herzstück der Druckmaschinenautomatisierung ist die Bewegungssteuerung, auch Motion Control genannt (Bild 9.29).

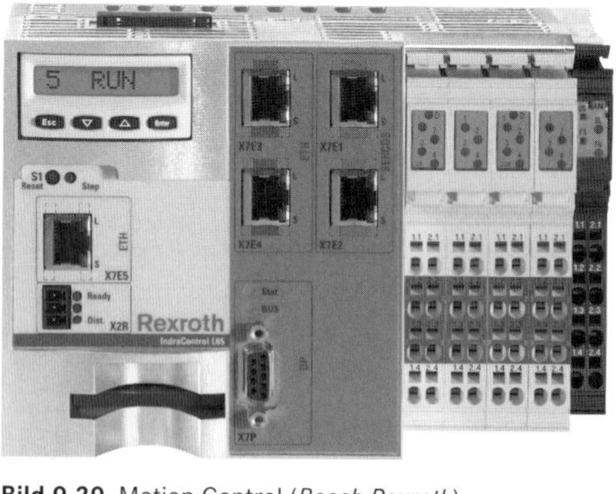

Bild 9.29 Motion Control (*Bosch Rexroth*)

Sie synchronisiert und koordiniert alle Bewegungen der angeschlossenen Antriebe. Darüber hinaus wertet sie die Signale aller angeschlossenen Sensoren und Aktoren aus. Zunehmend verbinden Steuerungshersteller die Motion Control mit einer SPS-Steuerung zu einem Motion Logic System, das auch die Prozesssteuerung der Maschine übernimmt.

9.5.2 Elektronische Welle

Die Steuerung synchronisiert alle Module der Druckmaschine: Wickler, Einzug, Druckwerke, Trocknung und Falzapparat über eine virtuelle Leitachse – die elektronische Welle. Grundvoraussetzungen dazu sind eine standardisierte Kommunikation und leistungsfähige Einzelantriebe. Alle digitalen Servoregler folgen dieser virtuellen Leitachse entweder winkel- oder drehzahlsynchron.

Elektronische Getriebe bilden die Übersetzungsverhältnisse mechanischer Getriebe und Zahnriemenübertragungen nach. Dabei verstellen sie die Übertragungsverhältnisse stufenlos.

Im Gegensatz zu mechanischen Wellen überträgt die elektronische Welle keine Kräfte oder Drehmomente zwischen den Baugruppen, sondern nur Daten. Bei Direktantrieben erreicht sie höchste Gleichlaufgenauigkeiten mit Winkelabweichungen unter 0,005°. Das Ergebnis ist eine deutlich gesteigerte Druckqualität bei gleichzeitig höheren Druckgeschwindigkeiten.

Grundfunktionen der elektronischen Welle

Die elektronische Welle ersetzt Differenzialgetriebe, Getriebe mit variablem Übersetzungsverhältnis, Zahnradgetriebe sowie mechanische Kurvenscheiben (Bild 9.30).

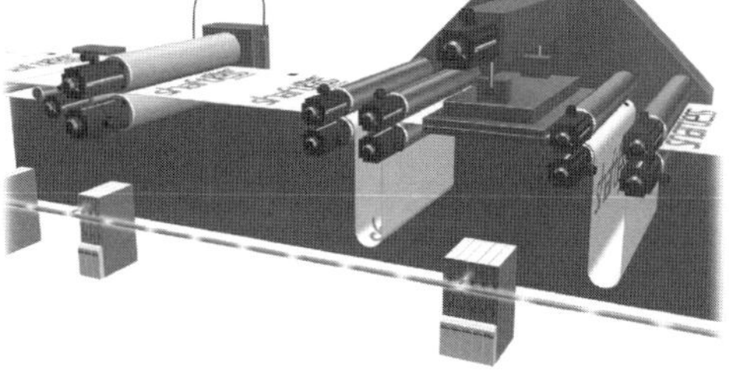

Bild 9.30 Elektronische Welle als Ersatz mechanische Grundelemente

Bei einer Maschinenerweiterung spielt die „Reale Leitachse“ eine entscheidende Rolle. Reale Leitachsen koppeln elektronisch synchronisierte Maschinen oder Maschinenmodule an konventionell angetriebene Maschinen. Die Motion Control liest über einen Winkelgeber an der „Master“-Maschine die Positionswerte ein und erzeugt daraus die Leitachspositionen für die Einzelantriebe. Die elektronische Welle folgt der mechanischen Welle. Die reale Leitachse ermöglicht wirtschaftliche Erweiterungen und Modernisierungen bestehender Anlagen.

9.5.3 Prozessregler

Prozessregler dienen als überlagerte Regelkreise der kompletten Maschine. Sie optimieren anhand von Änderungen verschiedener Parameter den Bahnlaufprozess. Dabei erfassen Sensoren den Druckprozess, werten die Daten aus und die Bewegungssteuerung verändert auf dieser Datenbasis Geschwindigkeiten oder Positionen.

Damit sich in einer Mehrfarbenmaschine, z. B. in einer 4-Farben-Druckmaschine, die Drucke der einzelnen Farben auch sauber decken, werden entweder außerhalb oder auch innerhalb des eigentlichen Druckbereiches Druckmarken oder Bilderkennungsmerkmale mitgedruckt. Sensoren erfassen diese Druckmarken und senden die Position an die Registerregelung. Die verstellt die Längs- und Seitenregister im jeweiligen Druckwerk so, dass die Farben passgenau übereinander gedruckt werden.

9.5.4 Trends in der Automatisierung

Erweiterbarkeit

Die standardisierte Kommunikation ermöglicht es, Zusatzaggregate von unterschiedlichen Herstellern ohne größeren mechanischen Aufwand auch nachträglich noch problemlos miteinander zu verbinden. Die Motion Control verfügt über alle Funktionen, die Druckmaschinen in Verbindung mit den Antriebsbewegungen benötigen.

Höhere Energieeffizienz

Bei der Stromerzeugung durch konventionelle Gas- und Kohlekraftwerke entstehen klimaschädigende CO_2-Emissionen. Immer mehr Unternehmen verfolgen das Ziel, ihren Stromverbrauch zu reduzieren, um den Klimaschutz voranzutreiben. Gleichzeitig senken sie damit die Betriebskosten angesichts ständig steigender Strompreise.

Die Automatisierungstechnik stellt verschiedene Hebel zur Verfügung, den Energieverbrauch zu senken und dennoch die Produktivität mindestens zu erhalten.

Im Wirkungsgrad optimierte Komponenten bilden dabei die Basis. Eine immer häufiger eingesetzte Lösung besteht in der Rekuperation. Jede Achse, die beschleunigt wurde, muss auch wieder abbremsen. In modernen Lösungen schalten die Motoren zum Verzögern in den Generatorbetrieb und erzeugen so Strom aus der Bremsenergie - ähnlich wie bei Hybridautos. Diese Energie leiten die Regler über einen Zwischenkreis an andere Verbraucher, speichern sie oder speisen sie zurück in Netz.

Eine komplette Systembetrachtung zeigt weitere Einsparmöglichkeiten auf. So kann die Steuerung automatisch aktuell nicht benötigte Verbraucher und Maschinenmodule in einen energiesparenden Stand-by-Modus schalten und sie bei Bedarf rechtzeitig wieder „aufwecken". Die meisten Energieeffizienz-Maßnahmen können auch nachträglich in bereits installierten Maschinen nachgerüstet werden.

Maschinensicherheit

In Europa regelt die Maschinenrichtlinie 2006/42/EG die Vorgaben für den Schutz von Maschinenbedienern und anderen Personen. Sie fordert von Maschinenherstellern, stets den aktuellen Stand der Technik einzusetzen und mit einer technologieübergreifenden Systematik umzusetzen.

Der innovative Ansatz antriebsintegrierter Sicherheitsfunktionen ist gerade für Druckmaschinen dabei besonders interessant, weil hier häufig Rüstarbeiten bei laufender Produktion anfallen. Mit Safety On Board lassen sich die Antriebe einzeln in sichere Zustände wie „Sicherer Halt", „Sichere reduzierte Geschwindigkeit" sowie zahlreiche weitere Betriebsarten versetzen. Die Sicherheitsfunktionen sind ohne Umweg über die übergeordnete Steuerung im Antrieb integriert und lösen im Fehlerfall extrem schnell aus. Dazu ein Rechenbeispiel: Selbst der reaktionsschnellste Bediener braucht für den Reflex, in einer Gefahrensituation einen dreilagigen Zustimmungstaster in die Panikstellung durchzudrücken, rund 200 Millisekunden, durchschnittliche Bediener bis zu 400 Millisekunden. Gerade bei hochdynamischen Linearmotoren mit entsprechend hohen Beschleunigungen und Verfahrgeschwindigkeiten entspricht diese Reaktionszeit bis zu 800 mm unkontrollierter Fahrt. Die antriebsintegrierte Sicherheitstechnik dagegen reagiert automatisch innerhalb von 2 ms und verkürzt die unkontrollierte Fahrt auf weniger als 2 mm.

Condition Monitoring

Moderne Automatisierungskonzepte ermögliche zustandsabhängige Wartungsstrategien, auch Condition Monitoring genannt. Bislang erfolgt die Wartung in festen Intervallen, wie die Inspektionen beim Auto. Dieser Ansatz hat zwei große Nachteile: Zum einen werden Komponenten unabhängig vom tatsächlichen Verschleiß vorsorglich ausgetauscht, was zu unnötigen Kosten führt. Auf der anderen Seite können verschlissene Teile unentdeckt bleiben, weil der Austausch laut Wartungsplan noch nicht fällig ist.

Beim Condition Monitoring nutzt der intelligente Antrieb die vorhandenen Daten der Regelkreise, um Verschleiß an der Achse zu erkennen. Der Antrieb kennt beispielsweise das Spiel eines Getriebes im Neuzustand und vergleicht im Betrieb die Drehmoment-Daten kontinuierlich mit dieser Kennlinie. Wenn durch Verschleiß ein Spiel entsteht, verändert sich die Kennlinie. Beim Erreichen einer kritischen Abweichung warnt der Antrieb über die Steuerung den Bediener rechtzeitig, dass an dieser Achse ein mechanischer Verschleiß entstanden ist. Die Instandhaltung hat genügend Zeit, den Austausch für eine ohnehin produktionsfreie Zeit einzuplanen und damit einen teuren Maschinenstillstand zu verhindern.

Einzelne Automatisierungshersteller bieten umfangreiche Dienstleistungspakete rund um das Condition Monitoring an. Dabei werten die Softwarelösungen neben den Antrieben auch zahlreiche Prozessdaten, Parameter und Zustände der gesamten Druckmaschine kontinuierlich aus. Im Ergebnis senkt dieser Ansatz die Wartungskosten und erhöht die Maschinenverfügbarkeit erheblich.

Sachwortverzeichnis

M

N

O

P

R

S

T

Z